Quantitative Methoden der Wirtschaftswissenschaften

Mit 181 Aufgaben nebst ausführlich ausgearbeiteten Lösungen

von

Prof. Dr. Claus-Michael Langenbahn
RheinAhrCampus Remagen

3., erweiterte und überarbeitete Auflage

Oldenbourg Verlag München

Lektorat: Johannes Breimeier
Herstellung: Tina Bonertz
Einbandgestaltung: hauser lacour

Bibliografische Information der Deutschen Nationalbibliothek
Die Deutsche Nationalbibliothek verzeichnet diese Publikation in der Deutschen Nationalbib-
liografie; detaillierte bibliografische Daten sind im Internet über http://dnb.dnb.de abrufbar.

Library of Congress Cataloging-in-Publication Data
A CIP catalog record for this book has been applied for at the Library of Congress.

© 2013 Oldenbourg Wissenschaftsverlag GmbH
Rosenheimer Straße 143, 81671 München, Deutschland
www.degruyter.com/oldenbourg
Ein Unternehmen von De Gruyter

Gedruckt in Deutschland

Dieses Papier ist alterungsbeständig nach DIN/ISO 9706.

ISBN   978-3-486-72130-0
eISBN 978-3-486-85612-5

Vorwort

Die Wirtschaftswissenschaften und die Mathematik sind eng miteinander verflochten und beeinflussen bzw. inspirieren sich gegenseitig. So werden etwa ökonomische Probleme häufig anhand mathematischer Modelle dargestellt und gelöst, wie z. B. Entscheidungs- oder Investitionsprobleme mit Hilfe von Extremwertberechnungen und der damit verbundenen Differentialrechnung. Andererseits prägen wirtschaftswissenschaftliche Teilgebiete in entscheidendem Maße mathematische Disziplinen, wie z. B. die Bewertung derivativer Finanzinstrumente das Gebiet der stochastischen Prozesse und Integrale.

Das Werk versucht, dem Anspruch zu genügen, mathematische Methoden für Betriebs- und Volkswirte verständlich darzustellen ohne die mathematische Exaktheit zu opfern. Aus diesem Grund wird in diesem Buch auf zwei Aspekte besonderer Wert gelegt. Zum einen wird die praktische Anwendung der gängigen mathematischen Methoden in Form von Beispielen und Übungen ausführlich dargestellt. Da allerdings ein Computer im Zweifelsfall immer schneller und fehlerfreier rechnet als ein Mensch und der spätere Arbeitgeber meist über eine entsprechende Software zur rechnerischen Lösung der Probleme verfügt, soll zum zweiten der Lernende in die Lage versetzt werden, die angewandten Modelle analysieren, weiterentwickeln und auf die Erfordernisse der Praxis hin anpassen zu können. Daher ist es für ein tieferes Verständnis unerlässlich, die Aussagen und Behauptungen, die in den Kapiteln formuliert werden, dort wo es förderlich ist zu begründen, um zu verstehen, wo genau die Voraussetzungen eingehen, die für die Gültigkeit einer Aussage notwendig sind. Allerdings wird auf die Darstellung all zu komplexer und insbesondere rein technischer Beweise verzichtet, um die Ausführungen übersichtlich zu gestalten und sich auf das Wesentliche zu konzentrieren. In solchen Fällen wird der Beweis durch eine Beweisskizze ersetzt, oder es wird auf die einschlägige Fachliteratur verwiesen.

Mit dem vorliegenden Lehrbuch soll Studierenden der Wirtschaftswissenschaften im Hinblick auf eine mathematische Grundlagenveranstaltung eine vorlesungsbegleitende Schrift zur Verfügung gestellt werden, die sich aber ebenso gut auch zur Vorbereitung auf das Hochschulstudium oder zum Selbststudium eignet. Dem Buch zugrunde liegt die drei- plus zweistündige Vorlesung *Mathematik und Operations Research* im ersten Semester des Bachelorstudiengangs im Fachbereich Betriebs- und Sozialwirtschaft am Standort Remagen der Fachhochschule Koblenz. Das Manuskript behandelt daher drei Schwerpunktthemen in eigenen Kapiteln. Dies sind die Themen Finanzmathematik, Extremwertberechnung und Operations Research.

Das erste Kapitel zur Finanzmathematik gliedert sich in die Abschnitte Zins-, Renten- und Tilgungsrechnung. Ein Ausblick auf den Themenbereich der Investition und Finanzierung rundet das Eingangskapitel ab. Extremwertberechnungen stehen im Mittelpunkt des zweiten Kapitels. Da praxisbezogene Probleme fast immer von mehr als von nur einer unbekannten Größe abhängen, wird die Differentialrechnung in mehreren Veränderlichen behandelt. Das dritte Kapitel widmet sich der Lösung von Gleichungssystemen und erörtert ausgewählte Themen der Unternehmensforschung. Im letztgenannten Themengebiet beschränken wir uns im Wesentlichen auf die Betrachtung graphischer Lösungen. Der Simplexalgorithmus wird nur am Rande besprochen, die berechneten Lösungen kontextbezogen interpretiert.

Alle Rechnungen werden im Text exakt durchgeführt, um das Aufschaukeln von Rundungs-differenzen zu vermeiden. Lediglich Endergebnisse werden auf zwei Stellen gerundet. Dies geschieht insbesondere dann, wenn es sich um Prozentzahlen oder um Geldbeträge handelt. Wesentliche Begriffe werden mittels einer *Definition* eingeführt. Dadurch sind sie für den Leser leichter aufzufinden, und im späteren Text kann darauf verwiesen werden. Wichtige Schluss-folgerungen und Aussagen samt ihrer Voraussetzungen sind aus demselben Grund in *Sätzen* zusammengefasst, die gemeinsam mit den Definitionen innerhalb eines Kapitels fortlaufend durchnummeriert sind. Das Ende der Begründung einer Aussage ist mit einem schwarzen Qua-drat ■ auf der rechten Textseite versehen. Alle mathematischen Aussagen beziehen sich auf den für den Anwender maßgeblichen mehrdimensionalen Anschauungsraum. Schlagwörter aus dem Stichwortverzeichnis sind **fett** gedruckt. Jedes Kapitel schließt mit einfachen Verständ-nisfragen zum vorangehenden Text, gefolgt von den Antworten. Nach dem Theorieteil in den ersten drei Kapiteln stößt der Leser auf 131 Aufgaben nebst ausführlich ausgearbeiteten Lösun-gen in den Kapiteln vier und fünf. Darin enthalten sind acht Klausuren über jeweils 90 Minuten. Man beachte, dass die Aufgabennummer in Kapitel vier mit der zugehörigen Lösungsnummer aus Kapitel fünf identisch ist. So kann die Lösung zu einer Aufgabe leicht gefunden werden.

Als Voraussetzung zum Verständnis der Inhalte sind solide mathematische Schulkenntnisse vonnöten. Um dem Leser den Einstieg zu erleichtern, findet sich im Anhang ein Repetitori-um Schulmathematik, das entsprechendes Wissen, falls nötig, mittels einer Zusammenfassung der wichtigsten Grundlagen auffrischt.

Bedanken möchte ich mich bei Frau Dipl.-Volksw. Birgit Lentz und Frau Julia Hornung, die mir u. a. geholfen haben, das Übungsprogramm in eine elektronische Form zu bringen sowie die Vorlage an die Formatvorgaben des Verlages anzupassen. Mein Dank gilt ferner Herrn Mathi-as Knops, der mir manches Geheimnis der Graphikerstellung näher brachte. Besonderer Dank gebührt auch Frau Dr. Margit Roth und Herrn Dr. Rolf Jäger, die mich von Seiten des Olden-bourgverlags stets vorbildlich betreut und unterstützt haben. Ganz herzlich bedanken möchte ich mich auch bei meiner Ehefrau Anja sowie den beiden Jungs, Erik und Tim.

Remagen, im Oktober 2007   Claus-Michael Langenbahn

Vorwort zur zweiten und dritten Auflage

Das Kapitel Operations Research wurde um weitere Abschnitte zur Dualitätstheorie, inversen Basismatrix und Sensitivitätsanalysen ergänzt. Damit deckt das Buch nun auch die Inhalte ab, die in der fortgeschrittenen Bachelorveranstaltung *Grundlagen der Optimierung* des fünften Fachsemesters am RheinAhrCampus Remagen gelehrt werden. Ferner erweitern zusätzliche Übungsaufgaben samt Lösungsvorschläge die Aufgabensammlung.

Während die erste Auflage des Buches unter Microsoft Word entstand, wurden die zweite und dritte Auflage mittels LaTeX 2_ε erstellt. Fehler sind korrigiert worden. Den Studenten, die mich auf sie aufmersam machten, danke ich sehr.

Remagen, im Juli 2013   Claus-Michael Langenbahn

Inhaltsverzeichnis

1   Finanzmathematik

Die grundlegenden Begriffe der Finanzmathematik sind die Begriffe Kapital, Zeit und Zins. **Kapital** bzw. Vermögensgegenstände im Allgemeinen können einer anderen Person zwecks weiterer Verwendung überlassen werden. Beispielsweise wird eine Wohnung vermietet oder ein Grundstück verpachtet. Gelder werden geliehen oder angelegt. Die Angabe eines Kapitalbetrags allein ist jedoch nutzlos, wenn unklar ist, zu welchem **Zeitpunkt** er vorliegt. So sind z. B. 100 € heute nicht gleich 100 € in einem Jahr, denn das Geld kann zwischenzeitlich bei einer Bank verzinslich angelegt werden. Der **Zins** ist das Entgelt für die vorübergehende Überlassung von Kapital. Zeitpunkte, zu denen die Zinsen dem Kapital zugerechnet werden und sich anschließend zusammen mit dem Kapital weiterverzinsen, nennt man **Zinszuschlagstermine**. Betrachtet man etwa ein Sparbuch, so werden normalerweise die Zinsen am Ende des Jahres dem Kapital zugeschlagen.

Wir beschäftigen uns im ersten Abschnitt zunächst mit der Zinsrechnung, also der Art und Weise wie Zinsen berechnet werden, und erörtern die am Kapitalmarkt gebräuchlichen Zinskonventionen. Darauf aufbauend wenden wir uns der Renten- sowie der Tilgungsrechnung zu. Betrachtungen zur Barwert- und internen Zinsfußmethode zur Beurteilung der Vorteilhaftigkeit alternativer Investitionsformen runden das Kapitel ab. **Tageszählkonventionen** bzw. **Day Count Conventions** (man rechnet bspw. pauschal mit 30 Tagen pro Monat und mit 360 Tagen pro Jahr oder stattdessen mit der tatsächlichen Anzahl an Kalendertagen) und **Feiertagskonventionen** bzw. **Business Day Conventions** (gezahlt wird bei Fälligkeit an einem Bankfeiertag am Geschäftstag davor oder danach) spielen für die folgenden Ausführungen keine Rolle, um die Sachverhalte übersichtlicher zu gestalten. Stattdessen stellen wir die Laufzeit einer Geldanlage oder eines Kredits als Bruchteil der jeweiligen Zinsperiode dar, die den Betrachtungen zugrunde liegt. Das werden in den meisten Fällen Bruchteile eines Jahres sein.

1.1   Zinsrechnung

1.1.1   Zeitwert des Geldes

Aufgrund der Möglichkeit mit Kapital Zinsen zu erwirtschaften, ist die Größe eines Kapitals vom betrachteten Zeitpunkt abhängig. Man spricht vom **Zeitwert des Geldes**. Die dadurch implizierte zeitliche Abhängigkeit eines Kapitals K kann man sich so vorstellen, dass jedem Geldbetrag ein Vermerk anheftet, der angibt, zu welchem Zeitpunkt p er vorliegt. Mathematisch betrachtet handelt es sich demnach um eine Funktion

$$K_p \quad \text{bzw.} \quad K(p).$$

Aus den Überlegungen zum Zeitwert des Geldes folgt, dass man ohne die Berechnung von Zinsen Kapitalbeträge zu unterschiedlichen Zeitpunkten nicht einfach miteinander vergleichen oder gar verrechnen kann. Man muss sie zu diesem Zweck erst unter Berücksichtigung der Zinsen auf einen gemeinsamen Bezugszeitpunkt umrechnen. Dies geschieht durch Auf- oder Abzinsen (Diskontieren) mittels gegebener **Zinssätze**. Die Zinsrechnung hat deshalb nicht nur die Aufgabe, die Höhe der Zinsen zu ermitteln, sondern darüber hinaus, was Geldbeträge angeht, eine gemeinsame Datenbasis zu schaffen. Wird bspw. das Guthaben eines Sparbuchs mit 3 % verzinst, so sind 100 € zu Jahresbeginn 103 € in einem Jahr und umgekehrt. Diese Beträge sind **äquivalent**, d. h. gleichwertig. Nach zwei Jahren liegen bereits 106,09 € vor. Bezeichnet man den Startzeitpunkt als Zeitpunkt 0, so erhält man

$$K_0 = 100, \quad K_1 = 103, \quad K_2 = 106,09$$

als Zahlenfolge äquivalenter Geldbeträge. Erweitert man das Beispiel dahingehend, dass man 100 € zu Beginn des Betrachtungszeitraums und noch einmal 100 € nach einem Jahr vorliegen hat, so verfügt man in der Summe über 203 € nach einem Jahr.

In der Folge bezeichnen wir mit s den Startzeitpunkt einer Geldanlage und mit t den Zeitpunkt, zu dem das Kapital fällig wird. Die während der Anlagedauer aufgelaufenen Zinsen Z berechnen sich als Differenz zwischen Anfangs- und Endkapital:

$$K_t - K_s = Z \quad \text{bzw.} \quad K_t = K_s + Z \,.$$

Zinssätze unterscheiden sich je nachdem, ob sie sich auf das Start- oder Endkapital beziehen.

Definition 1.1
*Bezieht sich ein Zinssatz auf das Startkapital einer Geldanlage, so spricht man von **nachschüssigen** bzw. **dekursiven Zinsen**, bezieht er sich auf das Endkapital, so handelt es sich um **vorschüssige** bzw. **antizipative Zinsen**.*

Man beachte, dass in obiger Definition keine Aussage darüber getroffen wird, zu welchem Zeitpunkt die Zinsen tatsächlich gezahlt werden, wann also Zinszuschlagstermin ist. Die Annahme, dass nachschüssige Zinsen immer am Ende sowie vorschüssige Zinsen stets am Anfang eines Anlagezeitraums gezahlt werden, ist demnach im Allgemeinen falsch. Vielmehr verweisen die Begriffe „vorschüssig" bzw. „nachschüssig" auf eine Bezugsgröße, nämlich das Bezugskapital zur Berechnung der Zinsen, nicht jedoch auf einen konkreten Zahlungszeitpunkt. Als Beispiel für nachschüssige Zinsen kann man sich die Verzinsung eines traditionellen Sparbuchs vorstellen. Die Zinsen fast aller gängigen festverzinslichen Wertpapiere wie Anleihen, Obligationen oder Schuldverschreibungen sind nachschüssig. Als Beispiel für eine vorschüssige Verzinsung dient die Einreichung eines **Wechsels** bei einer Bank oder die Skontoberechnung bei Barzahlung einer Ware. Ebenso ist der Zinssatz von **Finanzierungsschätzen des Bundes** vorschüssig.

Legt man, wie oben geschehen, z. B. 100 € zu Jahresbeginn auf einem Sparbuch zu 3 % an, so hat man am Ende des Jahres inkl. Zinsen 103 €. Es handelt sich um einen nachschüssigen Zinssatz, da sich die 3 % auf das Anfangskapital beziehen. Anfangskapital und Zins zusammen ergeben in der Summe das Endkapital.

100 € Startkapital plus 3 % Zinsen auf 100 € macht 103 € Endkapital

oder formal

$$K_t = K_s + Z = K_s + 0,03 \cdot K_s = 100 + 3 = 103 \, € \,.$$

Gewährt ein Lieferant auf einen Zahlungsbetrag von 1.000 € 2 % **Skonto** bei Barzahlung, so kann man 980 € sofort zahlen oder alternativ 1.000 € zu einem späteren Zeitpunkt begleichen. Demnach wären es 980 € zu Beginn des Betrachtungszeitraums und 1.000 € am Ende.

980 € Startkapital plus 2 % Skonto auf 1.000 € macht 1.000 € Endkapital.

Der Zins ist vorschüssig, da sich der Zinssatz auf das Endkapital bezieht. Anhand einer Formel dargestellt bedeutet das:

$$K_s = K_t - Z = K_t - 0{,}02 \cdot K_t = 1000 - 20 = 980\,\text{€}\,.$$

Wie man einen nachschüssigen Zinssatz in einen **äquivalenten** vorschüssigen Zinssatz umrechnet bzw. umgekehrt, darüber gibt der nächste Satz Aufschluss. „Gleichwertig" oder „äquivalent" heißt der Zinssatz in diesem Zusammenhang, da er dasselbe Endkapital liefert.

Satz 1.2
Seien i_{nach} und i_{vor} äquivalente vor- bzw. nachschüssige Zinssätze bezogen auf eine Zinsperiode, dann gelten folgende Zusammenhänge:

$$i_{\text{vor}} = \frac{i_{\text{nach}}}{1 + i_{\text{nach}}} \quad und \quad i_{\text{nach}} = \frac{i_{\text{vor}}}{1 - i_{\text{vor}}}\,.$$

Begründung
Seien K_s und K_t das Start- bzw. Endkapital, so folgen aus Definition 1.1 und der geforderten Äquivalenz:

$$K_t = K_s + K_s \cdot i_{\text{nach}} = K_s + K_t \cdot i_{\text{vor}}\,.$$

Löst man die letzte Gleichung nach dem vorschüssigen Zinssatz auf, so erhält man:

$$i_{\text{vor}} = \frac{K_s \cdot i_{\text{nach}}}{K_t} = \frac{K_s \cdot i_{\text{nach}}}{K_s \cdot (1 + i_{\text{nach}})} = \frac{i_{\text{nach}}}{1 + i_{\text{nach}}}$$

und damit die erste Formel der Behauptung. Löst man hingegen nach dem nachschüssigen Zinssatz auf, so ergibt sich:

$$i_{\text{nach}} = \frac{K_t \cdot i_{\text{vor}}}{K_s} = \frac{K_t \cdot i_{\text{vor}}}{K_t \cdot (1 - i_{\text{vor}})} = \frac{i_{\text{vor}}}{1 - i_{\text{vor}}}\,.$$

∎

Aus den Umrechnungsformeln folgt unmittelbar, dass der nachschüssige Zinssatz immer größer sein muss als der äquivalente vorschüssige Zinssatz. Dies liegt auf der Hand, da sich der vorschüssige Zinssatz bei gleicher Zinshöhe mit dem Endkapital im Vergleich zum Startkapital auf das größere Kapital bezieht.

Rechnet man z. B. den oben angegebenen nachschüssigen Sparbuchzinssatz von 3 % in einen gleichwertigen vorschüssigen Zinssatz um, so erhält man:

$$i_{\text{vor}} = \frac{i_{\text{nach}}}{1 + i_{\text{nach}}} = \frac{0{,}03}{1{,}03} = 2{,}91\,\%\,.$$

1.1.2   Einfache Verzinsung und Zinseszinsen

In der Folge wollen wir voraussetzen, dass alle Zinsperioden für eine gegebene Kapitalanlage
gleich lang und alle Zinszuschlagstermine äquidistant sind, also gleich weit voneinander ent-
fernt liegen. Dies ist in der Praxis meist der Fall, da man als Zinsperioden Monate, Quartale,
häufig jedoch Jahre hat. Die Zinsperioden grenzen lückenlos aneinander und enden jeweils mit
einem Zinszuschlagstermin. Wir vereinbaren ferner, dass, sollte nichts anderes angegeben sein,
ein Zinssatz nachschüssig und auf die Zinsperiode bezogen ist. Auch dies deckt sich mit den
praktischen Erfahrungen. Wir sprechen z. B. von 4 % p. a. Die Abkürzung steht für **per anno**,
also „pro Jahr". Schließlich legen wir fest, dass die Laufzeit der Geldanlage, also die Differenz zwischen Start- und Endzeitpunkt, stets in Zinsperioden gemessen wird. Hat man es bspw.
mit Zinsperioden zu tun, die ein Kalenderjahr betragen, so entspricht eine Laufzeit von einem
Monat einem Zwölftel Jahr, ein Quartal wäre ein Viertel Jahr.

Zu den **Zinszuschlagsterminen** werden die Zinsen dem Kapital zugerechnet und verzinsen sich
ab diesem Zeitpunkt zusammen mit dem Kapital weiter. Liegt die komplette Laufzeit einer Ka-
pitalanlage z. B. innerhalb einer Zinsperiode, so gibt es abgesehen vom Fälligkeitszeitpunkt am
Laufzeitende keinen Zinszuschlagstermin und damit auch keinen Zinseszinseffekt. In diesem
Fall handelt es sich um die so genannte einfache Verzinsung. Die einfache Verzinsung hat aufgrund der fehlenden Zinseszinsen die Eigenschaft, dass bei doppelter Laufzeit doppelt so viele
Zinsen anfallen, bei dreifacher Laufzeit innerhalb der Zinsperiode dreimal so viele Zinsen. Die
Zinsen sind also zur Laufzeit proportional. Über diese Eigenschaft wird die Zinskonvention
definiert.

Definition 1.3
*Ist die Höhe der Zinsen zur Anlagedauer proportional, so spricht man von **einfachen Zinsen**
bzw. von **einfacher Verzinsung**.*

Ausgehend von der Definition der einfachen Verzinsung stößt man unmittelbar auf die anschließende Folgerung.

Folgerung 1.4
*Sei i ein einfacher nachschüssiger Periodenzinssatz, dann gilt für zwei Zeitpunkte s und t mit s
vor t und Laufzeit t − s (Laufzeit angegeben in Zinsperioden):*

$$K_t = K_s + Z = K_s + K_s \cdot (t - s) \cdot i = K_s \cdot [1 + (t - s) \cdot i] \ .$$

Im Bankgewerbe wird aufgrund der Tatsache, dass sich eine Zinsperiode oft über ein komplettes
Kalenderjahr erstreckt mit Zinszuschlagstermin am Jahresende, häufig anstatt von einfacher
Verzinsung auch von **unterjähriger Verzinsung** gesprochen.

Man legt bspw. 100 € zwischen Mai und August für 4 Monate auf einem Sparbuch mit einem
jährlichen Zinssatz von 3 % an. Dann erhält man am Ende der Laufzeit bei Auflösung des
Sparbuchs natürlich nicht die vollen 3 % Zinsen, die es für eine Anlage über das gesamte Jahr
gegeben hätte, sondern der Zins wird anteilig gemäß der Laufzeit berechnet. Man erhält nur
den Bruchteil, auf den man einen Anspruch erworben hat, in diesem Fall also ein Drittel der

Zinsen, da das Geld auch nur ein Drittel des Jahres angelegt war. Demnach hat man am Ende der Laufzeit

$$K_t = K_s + Z = K_s \cdot [1 + (t - s) \cdot i] = 100 \cdot \left[1 + \frac{1}{3} \cdot 0{,}03\right] = 101 \, \text{€}.$$

Wenden wir uns als nächstes den **Zinseszinsen** zu und betrachten den Spezialfall, dass Start- und Endzeitpunkt einer Kapitalanlage jeweils genau auf einen Zinszuschlagstermin fallen. Die Laufzeit $t - s$ ausgedrückt in Zinsperioden ist demnach eine ganze Zahl. Angenommen man legt zu Beginn eines Jahres 100 € auf einem Sparbuch zu 2 % an und lässt das Kapital volle drei Jahre stehen. Dann verfügt man

- am Ende des 1. Jahres über $K_1 = K_0 \cdot (1 + i) = 102 \, \text{€}$,
- am Ende des 2. Jahres über $K_2 = K_1 \cdot (1 + i) = K_0 \cdot (1 + i)^2 = 104{,}04 \, \text{€}$ und
- am Ende des 3. Jahres über $K_3 = K_2 \cdot (1 + i) = K_0 \cdot (1 + i)^3 = 106{,}12 \, \text{€}$.

Definition 1.5
*Sei i ein gegebener Periodenzinssatz, so nennt man $q = 1 + i$ den **Aufzinsungsfaktor**.*

Satz 1.6
*Für zwei Zinszuschlagstermine s und t mit s vor t gilt im Hinblick auf einen vorliegenden Periodenzinssatz i die folgende **Zinseszinsformel**:*

$$K_t = K_s \cdot q^{t-s}.$$

Begründung
Man führt den Beweis mittels vollständiger Induktion nach der Anzahl der Zinsperioden. ∎

Normalerweise werden in der Praxis weder der Start- noch der Endzeitpunkt einer Geldanlage genau auf einen Zinszuschlagstermin fallen. Man gelangt daher zum allgemeinen Fall, der es erforderlich macht, die einfache Verzinsung mit der Zinseszinsrechnung zu kombinieren.

Als Beispiel betrachte man ein Kapital von 1.000 €, das am 01.07.2004 zu einem Zinssatz von 2 % p. a. auf einem Sparbuch angelegt wird. Die Zinszuschlagstermine sind jeweils am Jahresende. Am 01.04.2007 soll das Geld zur Verfügung stehen. Welchen Wert hat das Kapital zu diesem Zeitpunkt?

Abb. 1.1: Zinsperiodenkonforme Zeitachse

Als Zeitpunkt 0 wählt man den letzten Zinszuschlagstermin vor der Einzahlung des Kapitals. Das ist der 31.12.2003. Nun zählt man alle folgenden Zinszuschlagstermine der Reihe nach durch. Der Zeitpunkt der Einzahlung ist dann auf dieser **zinsperiodenkonformen Zeitachse** der Zeitpunkt $s = 0,5$ und $t = 3,25$ ist der Auszahlungszeitpunkt zur Fälligkeit.

Der nächste Zinszuschlagstermin, der auf den Startzeitpunkt folgt, liegt am Ende des ersten Jahres. Für ein halbes Jahr Geldanlage bekommt man zu diesem Zeitpunkt die Hälfte der jährlichen Zinsen. Mittels einfacher Verzinsung rechnet man:

$$K_1 = K_{0,5} \cdot \left(1 + \frac{1}{2} \cdot i\right) = 1.000 \cdot 1,01 = 1.010 \, €.$$

Dieser Betrag liegt auf einem Zinszuschlagstermin. Es schließen sich zwei volle Zinsperioden an, weshalb sich aus der Zinseszinsformel ergibt:

$$K_3 = K_1 \cdot q^2 = 1.010 \cdot 1,02^2 = 1.050,804 \, €.$$

Anschließend steht das Kapital noch einmal ein Viertel Jahr bis zur Fälligkeit. Es handelt sich wieder um eine einfache Zinsrechnung, und man erhält den Endbetrag

$$K_{3,25} = K_3 \cdot \left(1 + \frac{1}{4} \cdot i\right) = 1.050,804 \cdot 1,005 = 1.056,06 \, €.$$

Die gesamte Rechnung in einer Formel übersichtlich zusammengefasst liefert:

$$K_{3,25} = K_{0,5} \cdot \left(1 + \frac{1}{2} \cdot 0,02\right) \cdot 1,02^{3-1} \cdot \left(1 + \frac{1}{4} \cdot 0,02\right) = 1.056,06 \, €.$$

Satz 1.7
*Seien s und t mit s vor t zwei beliebige Zeitpunkte, zwischen denen mindestens ein Zinszuschlagstermin liegt, und sei ferner i ein gegebener Periodenzinssatz. Dann gilt die folgende Formel der **gemischten Zinsrechnung**:*

$$K_t = K_s \cdot (1 + (\lceil s \rceil - s) \cdot i) \cdot (1 + i)^{\lfloor t \rfloor - \lceil s \rceil} \cdot (1 + (t - \lfloor t \rfloor) \cdot i).$$

Dabei bezeichnet

- *$\lceil s \rceil$ den auf den Startzeitpunkt unmittelbar folgenden Zinszuschlagstermin und*
- *$\lfloor t \rfloor$ den auf den Endzeitpunkt unmittelbar vorangehenden Zinszuschlagstermin.*

Begründung
Zwischen s und $\lceil s \rceil$ liegt kein Zinszuschlagstermin. Für diesen Zeitraum ist demnach die einfache Verzinsung anzuwenden, und man erhält:

$$K(\lceil s \rceil) = K_s \cdot (1 + (\lceil s \rceil - s) \cdot i).$$

Da $\lceil s \rceil$ und $\lfloor t \rfloor$ Zinszuschlagstermine sind, folgt mit Hilfe der Zinseszinsformel:

$$K(\lfloor t \rfloor) = K(\lceil s \rceil) \cdot (1 + i)^{\lfloor t \rfloor - \lceil s \rceil} = K_s \cdot (1 + (\lceil s \rceil - s) \cdot i) \cdot (1 + i)^{\lfloor t \rfloor - \lceil s \rceil}.$$

Zwischen $\lfloor t \rfloor$ und t liegt wieder kein Zinszuschlagstermin. Die einfache Verzinsung liefert:

$$K_t = K(\lfloor t \rfloor) \cdot (1 + (t - \lfloor t \rfloor) \cdot i),$$

weshalb man insgesamt die Behauptung gezeigt hat.

∎

Falls im Übrigen in obiger Situation zwischen Start- und Endzeitpunkt kein Zinszuschlagstermin liegen sollte, so braucht man die gemischte Verzinsung nicht, sondern der gesuchte Zins ist mit Hilfe der einfachen Verzinsung leicht zu bestimmen.

Zum Abschluss dieses Abschnitts soll auf einen Sachverhalt hingewiesen werden, der die gleichwertige Umrechnung von Kapitalbeträgen von einem Zeitpunkt auf einen anderen Zeitpunkt betrifft. Liegt ein Kapital zu einem Zinszuschlagstermin vor, so spielt es keine Rolle, auf welche Art und Weise das Kapital auf einen anderen Zinszuschlagstermin umgerechnet wird. Man kann das Kapital direkt auf den anderen Zinszuschlagstermin auf- oder abzinsen, man kann das Kapital jedoch auch ebenso gut auf einem Umweg über andere Zinszuschlagstermine umrechnen, ohne zu verschiedenen Ergebnissen zu gelangen. Dies liegt mathematisch gesehen an den Potenzrechenregeln. Verfügt man bspw. zu Jahresbeginn über ein Kapital von $500\,€$, so hat man bei einem zugrunde gelegten Zinssatz von $4\,\%$ p. a. nach zwei Jahren $540,80\,€$. Hätte man den Betrag stattdessen zunächst auf fünf Jahre aufgezinst, um ihn dann um drei Jahre abzuzinsen, so hätte man denselben Betrag erhalten:

$$500 \cdot 1{,}04^5 \cdot 1{,}04^{-3} = 500 \cdot 1{,}04^2 = 540{,}80\,€\,.$$

Diese Unabhängigkeit vom konkreten Rechenweg hat man im unterjährigen Bereich leider nicht. Die Rechenwege bedürfen deshalb aus Gründen der Vergleichbarkeit der Kapitalbeträge einer besonderen Beachtung. Dazu betrachte man z. B. vor dem Hintergrund jährlicher Zinsperioden $1.000\,€$ zum 1. April. Am Jahresende ergeben sich mit $4\,\%$ p. a.

$$K_1 = 1.000 \cdot \left(1 + \frac{3}{4} \cdot 0{,}04\right) = 1.000 \cdot 1{,}03 = 1.030\,€\,.$$

Zinst man hingegen zunächst auf den vorangegangenen Zinszuschlagstermin ab, um anschließend für ein volles Jahr aufzinsen zu können, so erhält man

$$\tilde{K}_1 = 1.000 \cdot \left(1 + \frac{1}{4} \cdot 0{,}04\right)^{-1} \cdot 1{,}04 = \frac{1.040}{1{,}01} = 1.029{,}70\,€\,.$$

Man gelangt je nach Rechenweg, Rechenwege (1) bzw. (2) siehe Graphik, zu einem anderen Betrag bezogen auf denselben Zeitpunkt. Der Grund liegt in den nicht vorhandenen unterjährigen Zinszuschlagsterminen. Die anschließende Folgerung fasst die Ergebnisse zusammen.

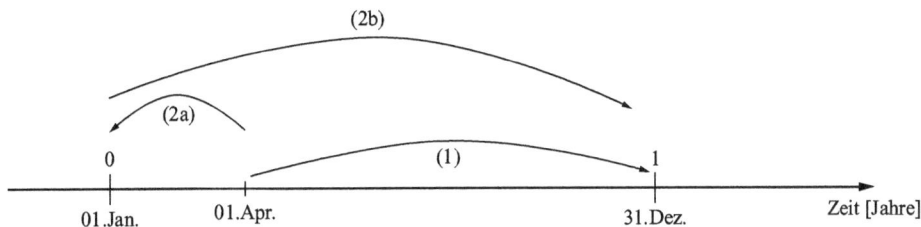

Abb. 1.2: Unterschiedliche Rechenwege bei unterjähriger Verzinsung

Folgerung 1.8
Das mehrfache einfache Auf- und Abzinsen innerhalb einer Zinsperiode stellt im Allgemeinen keine äquivalente Umformung von Kapitalbeträgen dar. Das Umrechnen eines Kapitalbetrags mittels der Zinseszinsrechnung von einem Zinszuschlagstermin auf einen anderen dagegen schon.

Die praktische Konsequenz aus dieser Erkenntnis besteht darin, dass unterjährige Kapitalbeträge in der Regel auf den unmittelbar folgenden Zinszuschlagstermin aufzuzinsen sind, bevor man sie weiter verrechnet. Der nächste Abschnitt behandelt, auf den bisherigen Ausführungen aufbauend, weitere am Kapitalmarkt gängige Zinskonventionen.

1.1.3   Marktübliche Zinskonventionen

Im ersten Abschnitt dieses Kapitels wurden vor- und nachschüssige Zinsen behandelt. Der letzte Abschnitt erörterte die gemischte Verzinsung, die ihrerseits in die einfache sowie die Zinseszinsrechnung untergliedert werden kann. In diesem Abschnitt machen wir uns mit den einzelnen Zinskonventionen vertraut, die am Kapitalmarkt gebräuchlich sind. Die erste Zinskonvention, die besprochen wird, tritt in der Praxis meist dann in Erscheinung, wenn sich die Zinsperioden nicht über ein ganzes Jahr erstrecken.

Definition 1.9
Sei m die Anzahl unterjähriger Zinsperioden und i der gegebene Periodenzinssatz, so heißt

$$i_{\text{nom}} = m \cdot i$$

*der zu i gehörende **nominelle Jahreszinssatz**.*

Verspricht bspw. eine Kapitalanlage 1 % pro Quartal, so beträgt der nominelle Jahreszinssatz das Vierfache davon, also 4 %.

Kommen wir als nächstes zu einer besonders im Kreditwesen gebräuchlichen Zinskonvention, die von der **Preisangabenverordnung** (PAngV) gesetzlich geschützt wird. Es handelt sich um den Begriff der Effektivverzinsung.

Definition 1.10
*Der **Effektivzinssatz** i_{eff} ist ein äquivalenter nachschüssiger Jahreszinssatz.*

Bildlich gesprochen handelt es sich also im Fall des Effektivzinses um einen fiktiven gleichwertigen Sparbuchzins, der einschließlich etwaiger Zurechnungen oder Kosten dieselbe Verzinsung liefert wie der angegebene Periodenzinssatz. In obigem Beispiel fallen die Zinsperioden mit den Quartalen zusammen. Der Ansatz für die Berechnung des Effektivzinssatzes lautet demnach

$$K_1 = K_0 \cdot 1{,}01^4 = K_0 \cdot (1 + i_{\text{eff}}),$$

und es folgt

$$i_{\text{eff}} = 1{,}01^4 - 1 = 4{,}06 \, \% \, .$$

Der vorliegende Effektivzinssatz ist größer als der nominelle Jahreszinssatz von 4 %, da er aufgrund der geforderten Äquivalenz außer den Zinsen auch die anfallenden Zinseszinsen mitberücksichtigt.

Der Gesetzgeber versucht, anhand von Beispielen die Anwendung der mathematischen Formel zur Effektivzinsberechnung zu verdeutlichen. Wir betrachten demzufolge ein weiteres Beispiel, zu finden im Anhang zu §6 der Preisangabenverordnung:

> *Die Summe eines Darlehens beträgt 1.000 €, jedoch behält der Darlehensgeber 50 € für Kreditwürdigkeitsprüfungs- und Bearbeitungskosten ein, so dass sich der Auszahlungsbetrag des Darlehens auf 950 € beläuft. Die Rückzahlung des Darlehens erfolgt in einer Summe über 1.200 € eineinhalb Jahre nach der Darlehensauszahlung.*

An diesem Beispiel wird exemplarisch ein entscheidendes Problem im Zusammenhang mit Definition 1.10 deutlich, es handelt sich um das Problem der Zinszuschlagstermine. Zunächst muss man sich fragen, wo die Zinszuschlagstermine im konkreten Fall tatsächlich liegen. Daraus resultierend hat man es dann häufig mit einer gemischten Zinsrechnung zu tun. Geht man im Beispiel von einer Auszahlung der Darlehenssumme zu Beginn des Jahres aus, und unterstellt jährliche Zinsperioden mit entsprechenden Zinszuschlagsterminen, so ergibt sich folgende Rechnung im Hinblick auf den Effektivzins:

$$950 \cdot (1 + i_{\text{eff}}) \cdot \left(1 + \frac{1}{2} \cdot i_{\text{eff}}\right) = 1.200$$

$$\Longleftrightarrow \frac{i_{\text{eff}}^2}{2} + \frac{3}{2} \cdot i_{\text{eff}} + 1 = \frac{1.200}{950}$$

$$\Longleftrightarrow i_{\text{eff}}^2 + 3 \cdot i_{\text{eff}} - \frac{10}{19} = 0.$$

Unter Vernachlässigung der negativen Lösung der quadratischen Gleichung erhält man den Effektivzinssatz

$$i_{\text{eff}} = -\frac{3}{2} + \sqrt{\frac{9}{4} + \frac{10}{19}} = 16{,}62 \,\%.$$

Um die angesprochenen Probleme im Hinblick auf die Zinszuschlagstermine in der praktischen Anwendung zu umgehen, begnügt sich der Gesetzgeber mit einer Näherungsformel zur Effektivzinsberechnung. Man gelangt auf diesem Weg zum Begriff der exponentiellen Verzinsung.

Definition 1.11
Seien s und t mit s vor t zwei beliebige Zeitpunkte. Ist der Zusammenhang zwischen Anfangs- und Endkapital gegeben durch eine Gleichung der Form

$$K_t = K_s \cdot (1 + i_{\text{exp}})^{t-s},$$

*so spricht man von einer **exponentiellen Verzinsung**, und i_{exp} heißt **exponentieller Zinssatz**.*

Die Vorteile der exponentiellen Verzinsung liegen darin, dass Zinszuschlagstermine keine Rolle mehr spielen und man deshalb nicht mit der gemischten Zinsformel zu rechnen braucht. Im obigen Beispiel führt die Berechnung des exponentiellen Zinssatzes zur angegebenen Laufzeit von anderthalb Jahren zu einer näherungsweisen Bestimmung des gesuchten Effektivzinssatzes:

$$950 \cdot (1 + i_{\text{exp}})^{1,5} = 1.200$$

$$\Longleftrightarrow i_{\text{exp}} = \left(\frac{1.200}{950}\right)^{\frac{2}{3}} - 1 = 16,85\,\% \,.$$

Die Näherung basiert auf einer Anwendung des **Satzes von Taylor**, der eine Aussage darüber macht, wie man differenzierbare Funktionen durch Polynome approximieren, also annähern kann. Reduziert auf unsere Anwendung folgt aus dem Satz unter Inkaufnahme einer gewissen Ungenauigkeit:

$$1 + i \cdot b \approx (1 + i)^b$$

mit Periodenzinssatz i und $0 < b < 1$. Im oben angegebenen Beispiel folgt daraus:

$$(1 + i_{\text{eff}}) \cdot \left(1 + \frac{1}{2} \cdot i_{\text{eff}}\right) \approx (1 + i_{\text{eff}}) \cdot (1 + i_{\text{eff}})^{0,5} = (1 + i_{\text{eff}})^{1,5}.$$

Die Näherung weicht im konkreten Fall um 0,23 Prozentpunkte von der exakten Lösung ab. Der genaue Wortlaut des §6 der Preisangabenverordnung lautet:

(1) Bei Krediten sind als Preis die Gesamtkosten als jährlicher Vomhundertsatz des Kredits anzugeben und als „effektiver Jahreszins" ... zu bezeichnen. ...

(2) Der anzugebende Vomhundertsatz gemäß Absatz 1 ist mit der im Anhang angegebenen mathematischen Formel und nach den im Anhang zugrunde gelegten Vorgehensweisen zu berechnen. Er beziffert den Zinssatz, mit dem sich der Kredit bei regelmäßigem Kreditverlauf, ausgehend von den tatsächlichen Zahlungen des Kreditgebers und des Kreditnehmers, auf der Grundlage taggenauer Verrechnung aller Leistungen abrechnen lässt. Es gilt die exponentielle Verzinsung auch im unterjährigen Bereich. ...

Ein zentraler Punkt der Preisangabenverordnung ist das so genannte **Äquivalenzprinzip**, das besagt, dass unter dem Effektivzinssatz gelten muss:

Leistung des Gläubigers (Kreditgebers) = Leistung des Schuldners (Kreditnehmers).

Aus diesem Prinzip ergibt sich der Ansatz zur Berechnung des Effektivzinssatzes im praktischen Fall. Der folgende Satz stellt einen Zusammenhang zwischen nominellem Jahreszinssatz und Effektivzinssatz her.

Satz 1.12
Für m unterjährige Zinsperioden erhält man bei Vorgabe eines nominellen Jahreszinssatzes im Hinblick auf den effektiven Zinssatz:

$$i_{\text{eff}} = \left(1 + \frac{i_{\text{nom}}}{m}\right)^m - 1\,.$$

Begründung
Über die Forderung der Äquivalenz des Effektivzinssatzes gemäß seiner Definition, siehe Definition 1.10, gelangt man zur Bestimmungsgleichung

$$K_1 = K_0 \cdot (1 + i_{\text{eff}}) = K_0 \cdot \left(1 + \frac{i_{\text{nom}}}{m}\right)^m$$

woraus unmittelbar die Behauptung folgt. ∎

Ein diesbezügliches Berechnungsbeispiel hatten wir bereits im unmittelbaren Anschluss an Definition 1.10 gesehen.

Eine abschließend zu betrachtende Zinskonvention, die u. a. bei der Bewertung von Finanzobjekten Verwendung findet, weist analoge Vorteile wie die exponentielle Verzinsung auf. Zur Veranschaulichung dient folgendes Beispiel: Ausgehend von einem nominellen Jahreszinssatz i betrachte man ein Kapital über die Dauer eines kompletten Jahres. Je nach Anzahl der unterjährigen Zinsperioden m hat man am Jahresende folgenden Betrag zur Verfügung:

$$K_1 = K_0 \cdot \left(1 + \frac{i}{m}\right)^m.$$

Handelt es sich demnach bzgl. der Zinsperioden bspw. um

- Jahre, so ist $m = 1$,
- Halbjahre, so ist $m = 2$,
- Quartale, so ist $m = 4$,
- Monate, so ist $m = 12$,
- Tage, so ist $m = 365$, usw.

Für eine immer größer werdende Anzahl von Zinsperioden beobachtet man zwei Effekte, die in entgegengesetzte Richtungen wirken, sich aber auf einen gemeinsamen Wert einpendeln: Der Periodenzinssatz wird immer kleiner, und durch die wachsende Anzahl unterjähriger Zinsperioden wird im Gegenzug der Zinseszinseffekt immer größer. Im Grenzübergang stößt man auf die e-Funktion. Drückt man diesen Sachverhalt in übersichtlicher Schreibweise mathematisch aus, so lautet der Ausdruck:

$$\left(1 + \frac{i}{m}\right)^m \xrightarrow{m \to \infty} e^i.$$

Definition 1.13
Ist der funktionale Zusammenhang zwischen den Kapitalbeträgen zu den Zeitpunkten s, t mit s vor t gegeben durch

$$K_t = K_s \cdot e^{(t-s) \cdot i_{\text{stet}}},$$

*so spricht man von **stetiger Verzinsung** mit i_{stet} als dem **stetigen Zinssatz**.*

Der Vorteil der stetigen Verzinsung liegt, wie bereits erwähnt, darin, dass jeder Zeitpunkt Zins-zuschlagstermin ist und man daher, wie bei der exponentiellen Verzinsung, keine gemischte Zinsrechnung braucht. Daher gibt es auch insbesondere keinen Unterschied zwischen vorschüs-siger und nachschüssiger Verzinsung.

Satz 1.14

Zwischen stetigem Zinssatz und Effektivzinssatz besteht bezogen auf eine Zinsperiode folgender Zusammenhang:

$$i_{\text{eff}} = e^{i_{\text{stet}}} - 1 \, .$$

Begründung

Legt man den Betrachtungen eine Laufzeit von einem Jahr zugrunde, so folgt aus der Definition des Effektivzinssatzes

$$K_1 = K_0 \cdot (1 + i_{\text{eff}}) = K_0 \cdot e^{i_{\text{stet}}}$$

und damit die Behauptung.   ∎

Bevor wir, ausgehend von der Zins-, die Rentenrechnung behandeln, werden die in diesem Ab-schnitt aufgeführten Zinskonventionen durch folgendes Beispiel illustriert. Angenommen die Zinsperioden seien Monate mit Zinszuschlag jeweils am Monatsende, und es läge ein Peri-odenzinssatz von 0,5 % vor. Dann erhält man für den nominellen Jahreszinssatz:

$$i_{\text{nom}} = m \cdot i = 12 \cdot 0{,}5\,\% = 6\,\% \, .$$

Aus Satz 1.12 folgt daraus für den Effektivzinssatz

$$i_{\text{eff}} = \left(1 + \frac{i_{\text{nom}}}{m}\right)^m - 1 = 1{,}005^{12} - 1 = 6{,}17\,\% \, .$$

Löst man die Formel aus Satz 1.14 nach dem stetigen Zinssatz auf, so gilt für den äquivalenten stetigen Zinssatz in diesem Beispiel

$$i_{\text{stet}} = \ln(1 + i_{\text{eff}}) = 12 \cdot \ln(1{,}005) = 5{,}985\,\% \, .$$

Der äquivalente exponentielle Zinssatz ist in diesem Fall gleich dem Effektivzinssatz, was für eine Laufzeit von einem Jahr sofort aus den Definitionen 1.10 und 1.11 folgt.

1.2   Rentenrechnung

In diesem Abschnitt geht es um die Betrachtung periodisch wiederkehrender Zahlungen, so ge-nannter Renten. Es gilt die Frage zu beantworten, welchen Wert alle Rentenzahlungen zusam-mengenommen zu einem bestimmten Zeitpunkt haben. Diese Frage stellt sich unter anderem, wenn man nicht nur einzelne Kapitalbeträge, sondern ganze Zahlungsfolgen miteinander ver-gleichen möchte. Oder wenn in der Praxis Zahlungen unter der Berücksichtigung von Zinsen zusammengefasst werden, um sie durch eine Einmalzahlung abzugelten.

1.2.1   Kapitalwert, Rentenbarwert und Rentenendwert

Wir hatten bereits bemerkt, dass sich, bedingt durch den Zeitwert des Geldes, Kapitalbeträge zu verschieden Zeitpunkten nicht ohne weiteres miteinander vergleichen lassen. Bevor Geldbeträge addiert werden, muss man sie erst auf einen gemeinsamen Vergleichszeitpunkt auf- bzw. abzinsen. Hat man z. B. zu Jahresbeginn (Zeitpunkt 0) und in zwei Jahren (Zeitpunkt 2) jeweils 100 € zur Verfügung, so beträgt der Wert der Summe der beiden Beträge zum Zeitpunkt 1, also nach exakt einem Jahr, bei einem nominellen Jahreszinssatz von 4 % und Zinszuschlagsterminen am Jahresende:

$$K_1 = K_0 \cdot q + K_2 \cdot q^{-1} = 100 \cdot 1{,}04 + \frac{100}{1{,}04} = 200{,}15\,€.$$

Sucht man den Gesamtwert einer Rente zu einem bestimmten Zeitpunkt, so ergibt sich dieser durch Auf- bzw. Abzinsen der einzelnen Rentenzahlungen auf diesen Zeitpunkt und anschließendes Addieren der Beträge. Um eine formelmäßige Zusammenfassung zu erlauben, setzt man voraus, dass der zeitliche Abstand zwischen allen Zahlungsterminen identisch ist, die Zahlungszeitpunkte also äquidistant sind. Um die Betrachtungen übersichtlicher zu gestalten, setzen wir ferner voraus, dass alle Zeitpunkte, zu denen Gelder fließen, Zinszuschlagstermine sind. Ist dies nicht der Fall, so sind die Beträge mit Hilfe der Zinsrechnung zunächst auf den nächsten Zinszuschlagstermin aufzuzinsen, man beachte dazu die Bemerkungen ab Seite 8 am Ende von Kapitel 1.1.2. Davon betroffen sind unterjährige Zahlungen. Wie man dabei im Detail vorgeht wird in Kapitel 1.2.4 ausführlich behandelt.

Definition 1.15
*Unter einer **Rente** verstehen wir periodisch wiederkehrende Zahlungen. Wird die Rente stets am Anfang der Zinsperiode gezahlt, so spricht man von einer **vorschüssigen Rente**, wird sie im Gegensatz dazu regelmäßig am Ende der Zinsperiode gezahlt, so handelt es sich um eine **nachschüssige Rente**. Der Gesamtwert aller Rentenzahlungen, ausgedrückt als gleichwertige Einmalzahlung zu einem bestimmten Zeitpunkt, heißt **Kapitalwert**. Besondere Kapitalwerte sind die zu Beginn bzw. zum Ende des Betrachtungszeitraums. Man nennt diese Werte **Rentenbarwert** bzw. **Rentenendwert**.*

Es ist darauf zu achten, dass die Begriffe „vor-" und „nachschüssig" in Bezug auf Renten nicht mit den entsprechenden Begriffen in Bezug auf Zinsen, vgl. Definition 1.1, verwechselt werden. Im ersten Fall wird auf Zahlungszeitpunkte hingewiesen, im zweiten Fall auf Bezugsgrößen.

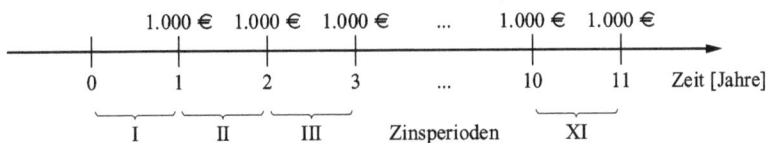

Abb. 1.3: *Konstante Rente*

Betrachten wir, als Beispiel für eine Rente, jährliche Zahlungen von je 1.000 € über eine Zeitspanne von 11 Jahren in eine festverzinsliche Geldanlage, z. B. eine Lebensversicherung. Die

Zahlungen werden jeweils am Jahresende gezahlt, und den Betrachtungen liegt ein Kalkulationszinssatz von 5 % p. a. zugrunde. Am Ende des Betrachtungszeitraums verfügt der Anleger, inkl. der letzten Zahlung am Ende des 11. Jahres, über ein Kapital von insgesamt

$$K_{11} = 1.000 \cdot q^{10} + 1.000 \cdot q^9 + \ldots + 1.000 \cdot q^2 + 1.000 \cdot q^1 + 1.000.$$

Zusammengefasst dargestellt und mit Hilfe der **geometrischen Summenformel** ausgerechnet, siehe Hilfssatz zu Beginn des kommenden Abschnitts, erhält man folgendes Ergebnis:

$$K_{11} = 1.000 \cdot \sum_{k=0}^{10} q^k = 1.000 \cdot \frac{q^{11} - 1}{q - 1} = 1.000 \cdot \frac{1{,}05^{11} - 1}{0{,}05} = 14.206{,}79 \, €.$$

Bei diesem Betrag handelt es sich um den Rentenendwert. Fragt man sich, welche Einmalzahlung der Anleger zu Beginn hätte leisten müssen, um dieselbe Ablaufleistung zu erhalten, so ist das die Frage nach dem Rentenbarwert:

$$K_0 = K_{11} \cdot q^{-11} = 8.306{,}41 \, €.$$

1.2.2   Konstante, geometrische und arithmetische Renten

Neben der im vorangegangenen Beispiel angewandten geometrischen Summenformel ist noch eine zweite Formel im Bereich der Rentenrechnung von Nutzen. Es handelt sich um die **Gauß-formel** zur Berechnung der Summe der Zahlen von 1 bis n, wobei n eine vorgegebene natürliche Zahl ist. Zur Entstehungsgeschichte der Gaußformel gibt es folgende Anekdote: Carl Friedrich Gauß (deutscher Mathematiker von 1777 bis 1855) war als Schüler im Mathematikunterricht unartig. Zur Strafe gab ihm sein Lehrer die Aufgabe, die Summe der Zahlen von 1 bis 100 zu berechnen. Jedoch bereits nach wenigen Augenblicken legte der junge Gauß die Lösung vor. Dabei schrieb er die Zahlen von 1 bis 100 geschickt untereinander und addierte paarweise auf:

$$
\begin{array}{ccccccc}
1 & + & 2 & +\ldots+ & 49 & + & 50 & + \\
100 & + & 99 & +\ldots+ & 52 & + & 51 \\
\hline
101 & & 101 & & 101 & & 101
\end{array}
$$

Auf diese Art erhielt er 50-mal die Zwischensumme 101 und damit das Endergebnis

$$1 + 2 + \ldots + 100 = \sum_{k=1}^{100} k = \frac{100 \cdot 101}{2} = 50 \cdot 101 = 5.050.$$

Hilfssatz 1.16
Sei $q \neq 1$ eine reelle Zahl und $n \in \mathbb{N}$, so gelten

*a) die **geometrische Summenformel** $\sum_{k=0}^{n-1} q^k = \dfrac{q^n - 1}{q - 1}$ und*

*b) die **Gaußformel** $\sum_{k=1}^{n} k = \dfrac{n \cdot (n + 1)}{2}$.*

Begründung

Die Formel von Gauß beweist man mittels vollständiger Induktion nach der Anzahl der zu summierenden Zahlen. Im Hinblick auf die geometrische Summenformel rechnet man

$$(q-1) \cdot \sum_{k=0}^{n-1} q^k = \sum_{k=1}^{n} q^k - \sum_{k=0}^{n-1} q^k = q^n - 1\,,$$

woraus nach einer Division durch $q-1$ die Behauptung folgt.

∎

Hinsichtlich der formelmäßigen Zusammenfassung von Renten unterscheidet man konstante, arithmetische sowie geometrische Renten. Eine konstante Rente haben wir bereits kennen gelernt, 11 Jahre lang wurden jedes Jahr 1.000 € gezahlt, siehe Ende von Kapitel 1.2.1. Was es mit den restlichen Begriffen auf sich hat, klärt folgende Definition.

Definition 1.17
*Eine **konstante Rente** ist eine Rente, bei der die einzelnen Rentenzahlungen über die Laufzeit hinweg konstant bleiben. Unter einer **arithmetischen Rente** versteht man eine Rente, bzgl. derer sich zwei aufeinander folgende Zahlungen um einen fest vorgegebenen Differenzbetrag voneinander unterscheiden. Unterscheiden sich die Zahlungen hingegen durch einen fest vorgegebenen Multiplikator, so spricht man von einer **geometrischen Rente**.*

Als Beispiele arithmetischer Renten betrachte man eine Zahlungsreihe, die mit 200 € startet und dann von einer Zahlung zur nächsten stets um 10 € abnimmt (Rente A), oder man nehme eine Rente, bei der, ausgehend von 100 €, jeweils 20 € von Zahlung zu Zahlung hinzukommen (Rente B).

> Rente A: 200, 190, 180, ... bzw.
>
> Rente B: 100, 120, 140, ...

Um geometrische Renten zu veranschaulichen, gehen wir von Anfangszahlungen in einer Höhe von 500 € bzw. 100 € aus. Im ersten Fall werden die Zahlungen jeweils um 10 % reduziert (Rente C), während sie im zweiten Fall um 30 % steigen (Rente D).

> Rente C: 500, 450, 405, ... bzw.
>
> Rente D: 100, 130, 169, ...

Im Rahmen der hier behandelten Rentenrechnung gilt es demnach, sechs Fälle zu unterscheiden: Eine Rente kann zum einen vor- oder nachschüssig gezahlt werden, und sie kann zum anderen konstanten, arithmetischen oder geometrischen Charakter haben. Für jeden dieser sechs Fälle werden wir im Anschluss eine Berechnungsformel für Rentenbar- und Rentenendwert herleiten. Der nächste Satz behandelt als erstes nachschüssige Renten. Um vorschüssige Renten kümmert sich der übernächste Satz.

Satz 1.18
*Die **nachschüssigen** Rentenzahlungen $R_1, \ldots, R_n$ seien zu den Terminen $1, \ldots, n$ gegeben.*

a) *Sind alle Raten **konstant**, d. h. $R_k = R$ für alle $k = 1, \ldots, n$, dann hat die Zahlungsfolge zu Beginn bzw. zum Ende des Betrachtungszeitraums folgenden Gesamtwert:*

$$K_n = R \cdot \text{REF}_{\text{nach}}(n, i) \quad mit \quad \text{REF}_{\text{nach}}(n, i) = \frac{q^n - 1}{q - 1},$$

$$K_0 = R \cdot \text{RBF}_{\text{nach}}(n, i) \quad mit \quad \text{RBF}_{\text{nach}}(n, i) = \frac{1 - q^{-n}}{q - 1}.$$

b) *Handelt es sich hinsichtlich der Rentenzahlungen um eine **geometrische** Zahlenfolge, d. h. $R_k = R \cdot z^{k-1}$ für $k = 1, \ldots, n$ und R, z konstant, so gilt:*

$$K_n = \begin{cases} R \cdot \dfrac{q^n - z^n}{q - z}, & falls\ q \neq z \\ n \cdot R \cdot q^{n-1}, & falls\ q = z \end{cases}$$

c) *Liegt eine **arithmetische** Rentenzahlungsfolge vor, d. h. ist $R_k = R + (k - 1) \cdot d$ für alle $k = 1, \ldots, n$ mit R, d konstant, dann folgt:*

$$K_n = R \cdot \text{REF}_{\text{nach}}(n, i) + \frac{d}{q - 1} \cdot (\text{REF}_{\text{nach}}(n, i) - n).$$

In den Fällen b) und c) gilt darüber hinaus: $K_0 = q^{-n} \cdot K_n$.

Begründung
Man zeigt die Behauptungen mit Hilfe arithmetischer und geometrischer Summenformeln, die wir teilweise bereits kennen gelernt haben. Exemplarisch wird die Aussage a) bewiesen. Seien dazu alle Zahlungen der Rente konstant. Dann gilt:

$$K_n = \sum_{k=0}^{n-1} R \cdot q^k = R \cdot \sum_{k=0}^{n-1} q^k = R \cdot \frac{q^n - 1}{q - 1} \quad \text{und}$$

$$K_0 = q^{-n} \cdot K_n = R \cdot q^{-n} \cdot \frac{q^n - 1}{q - 1} = R \cdot \frac{1 - q^{-n}}{q - 1}.$$

Die restlichen Aussagen ergeben sich analog.

∎

Durch Verschiebung der zinsperiodenkonformen Zeitachse um eine Zeiteinheit erhält man entsprechende Rechenregeln auch für vorschüssige Rentenzahlungen. Dabei werden die sich ergebenden Kapitalwerte, die zunächst nachschüssig berechnet werden, noch um eine Zinsperiode mit Hilfe des Faktors q aufgezinst. Wieder wird nach konstanten, geometrischen und arithmetischen Zahlungsfolgen einerseits sowie dem Rentenbar- und Rentenendwert andererseits unterschieden.

Satz 1.19

*Die **vorschüssigen** Rentenzahlungen $R_0, \ldots, R_{n-1}$ seien zu den Terminen $0, \ldots, n-1$ gegeben.*

a) *Sind alle Raten **konstant**, d. h. $R_k = R$ für alle $k = 0, \ldots, n-1$, dann hat die Zahlungsfolge zu Beginn bzw. zum Ende des Betrachtungszeitraums folgenden Gesamtwert:*

$$K_n = R \cdot \mathrm{REF}_{\mathrm{vor}}(n, i) \quad mit \quad \mathrm{REF}_{\mathrm{vor}}(n, i) = \frac{q^n - 1}{q - 1} \cdot q,$$

$$K_0 = R \cdot \mathrm{RBF}_{\mathrm{vor}}(n, i) \quad mit \quad \mathrm{RBF}_{\mathrm{vor}}(n, i) = \frac{1 - q^{-n}}{q - 1} \cdot q.$$

b) *Handelt es sich hinsichtlich der Rentenzahlungen um eine **geometrische** Zahlenfolge, d. h. $R_k = R \cdot z^k$ für $k = 0, \ldots, n-1$ und R, z konstant, so gilt:*

$$K_n = \begin{cases} R \cdot \dfrac{q^n - z^n}{q - z} \cdot q, & falls\ q \neq z \\[2mm] n \cdot R \cdot q^n, & falls\ q = z \end{cases}$$

c) *Liegt eine **arithmetische** Rentenzahlungsfolge vor, d. h. ist $R_k = R + k \cdot d$ für alle Zeitpunkte $k = 0, \ldots, n-1$ mit R, d konstant, dann folgt:*

$$K_n = R \cdot \mathrm{REF}_{\mathrm{vor}}(n, i) + \frac{d}{q - 1} \cdot (\mathrm{REF}_{\mathrm{vor}}(n, i) - n \cdot q).$$

In den Fällen b) und c) gilt darüber hinaus: $K_0 = q^{-n} \cdot K_n$.

Definition 1.20

*Man nennt $\mathrm{REF}_{\mathrm{nach}}(n, i)$ bzw. $\mathrm{REF}_{\mathrm{vor}}(n, i)$ den **nachschüssigen** bzw. **vorschüssigen Rentenendwertfaktor** und $\mathrm{RBF}_{\mathrm{nach}}(n, i)$ bzw. $\mathrm{RBF}_{\mathrm{vor}}(n, i)$ den **nachschüssigen** bzw. **vorschüssigen Rentenbarwertfaktor** unter Beachtung der Laufzeit und des Zinssatzes.*

Zur Veranschaulichung dienen die folgenden Beispiele: Gegeben sei eine vorschüssige geometrische Rentenzahlung über eine Laufzeit von 10 Jahren. Der nominelle Jahreszinssatz beträgt 5 %, die erste Zahlung 1.000 €. Um die Inflation auszugleichen wachsen die Zahlungen jedes Jahr um 2 %. Mit welcher Einmalzahlung kann die Rente zu Beginn des Betrachtungszeitraums abgegolten werden?

Es ist die Formel aus Satz 1.19 b) anzuwenden. Man hat eine Laufzeit von $n = 10$ Jahren, $q = 1{,}05$ als Zinsfaktor, $z = 1{,}02$ als **Zuwachsfaktor** sowie $R = 1.000$ als Anfangszahlung.

$$K_{10} = R \cdot \frac{q^{10} - z^{10}}{q - z} \cdot q = 1.000 \cdot \frac{1{,}05^{10} - 1{,}02^{10}}{0{,}03} \cdot 1{,}05 = 14.346{,}51 \, €$$

ist der Rentenendwert. Da nach dem Rentenbarwert gefragt ist, rechnet man weiter

$$K_0 = q^{-10} \cdot K_{10} = 8.807{,}51.$$

Man beachte, dass Zuwachsfaktoren von geometrisch steigenden Renten größer 1 sind, von geometrisch fallenden Renten jedoch einen Wert kleiner 1 haben.

Nehmen wir als ein weiteres Beispiel eine nachschüssige arithmetische Rente. 15 Jahre lang werden, ausgehend von 10.000 € zu Beginn, jedes Jahr 500 € weniger gezahlt als im Jahr zuvor. Der Kalkulationszinssatz bleibt wie oben angegeben. Dann berechnet man den Rentenbarwert laut Satz 1.18 c) gemäß der Formel

$$K_0 = K_n \cdot q^{-n} = \left[R \cdot \frac{q^n - 1}{q - 1} + \frac{d}{q - 1} \cdot \left(\frac{q^n - 1}{q - 1} - n \right) \right] \cdot q^{-n}.$$

Setzt man die im Text angegebenen Werte ein, so erhält man:

$$K_0 = \left[10.000 \cdot \frac{1{,}05^{15} - 1}{0{,}05} + \frac{-500}{0{,}05} \cdot \left(\frac{1{,}05^{15} - 1}{0{,}05} - 15 \right) \right] \cdot 1{,}05^{-15} = 72.152{,}56\,€.$$

Durch die folgenden beiden Abschnitte, die sich speziellen Themen widmen, werden die Betrachtungen zur Rentenrechnung abgerundet.

1.2.3   Modellierungsunabhängigkeit im Rahmen der Rentenrechnung

Ausgehend von praktischen Fragestellungen können im konkreten Fall Sachverhalte auf ganz unterschiedliche Weise modelliert werden. Die Freiheit der Modellierung berührt das Resultat, wie wir im nachfolgenden Anwendungsbeispiel sehen werden, jedoch nicht. Die unterschiedlichen Wege führen stets zum selben Endergebnis, da die oben behandelten Modelle zur Rentenrechnung alle untereinander konsistent sind. Dies liegt an dem Umstand, dass die angegebenen Formeln nur für Renten mit Zahlungen zu Zinszuschlagsterminen gelten, vgl. dazu auch die Bemerkungen am Ende von Kapitel 1.2.1. Aus mathematischer Sicht ist diese Tatsache nicht sonderlich verwunderlich, da man die Gleichwertigkeit der Modelle sofort an den zum Einsatz kommenden Formeln erkennt.

Gegeben seien fünf Zahlungen zu je 600 €. Die Zahlungen werden an fünf aufeinander folgenden Zinszuschlagsterminen geleistet. Wie groß ist der Kapitalwert dieser Rente zum Zeitpunkt der zweiten Zahlung bei einem Kalkulationszinssatz von 3 % pro Zinsperiode?

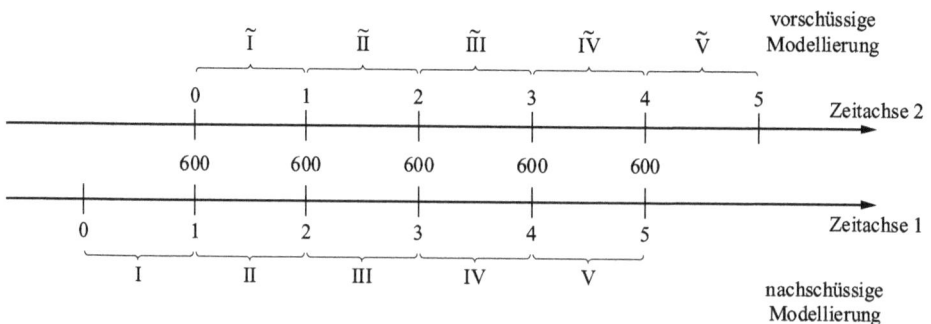

Abb. 1.4: Beispiele der vor- bzw. nachschüssigen Modellierung einer Rente

Es handelt sich zweifelsohne um eine konstante Rente. Jedoch hat man die Freiheit, die Rente vor- oder nachschüssig zu modellieren. Modelliert man die Rente nachschüssig, so liegt den

Betrachtungen die zinsperiodenkonforme Zeitachse 1 zugrunde, und man sucht den Kapitalwert zum Zeitpunkt 2. Modelliert man sie hingegen vorschüssig, so ergibt sich die Zeitachse 2 mit gesuchtem Kapitalwert zum Zeitpunkt 1 bezüglich dieser speziellen Zeitachse. Verfolgen wir zunächst die nachschüssige Modellierung. Berechnet man den gesuchten Kapitalwert über den Rentenendwert, so ergibt sich

$$K_n = R \cdot \text{REF}_{\text{nach}}(n, i) \quad \text{mit} \quad \text{REF}_{\text{nach}}(n, i) = \frac{q^n - 1}{q - 1}, \text{ also}$$

$$K_5 = R \cdot \frac{q^5 - 1}{q - 1} = 600 \cdot \frac{1{,}03^5 - 1}{0{,}03} = 3.185{,}48 \,\text{€},$$

und damit der gesuchte Kapitalwert in einer Höhe von

$$K_2 = K_5 \cdot q^{-3} = 3.185{,}48 \cdot 1{,}03^{-3} = 2.915{,}17 \,\text{€}.$$

Alternativ könnte man die gesuchte Größe auch über den Rentenbarwert bestimmen, also mit Hilfe der Formel

$$K_0 = R \cdot \text{RBF}_{\text{nach}}(n, i) \quad \text{mit} \quad \text{RBF}_{\text{nach}}(n, i) = \frac{1 - q^{-n}}{q - 1}.$$

In diesem Fall rechnet man

$$K_0 = 600 \cdot \frac{1 - 1{,}03^{-5}}{0{,}03} = 2.747{,}82 \,\text{€}$$

und gelangt zum selben Ergebnis wegen

$$K_2 = K_0 \cdot q^2 = 2.747{,}82 \cdot 1{,}03^2 = 2.915{,}17 \,\text{€}.$$

Modellieren wir den Sachverhalt nun vorschüssig und rechnen über den Rentenendwert

$$\tilde{K}_n = R \cdot \text{REF}_{\text{vor}}(n, i) \quad \text{mit} \quad \text{REF}_{\text{vor}}(n, i) = \frac{q^n - 1}{q - 1} \cdot q.$$

Diese Vorgehensweise liefert ausgehend von

$$\tilde{K}_5 = R \cdot \frac{q^5 - 1}{q - 1} \cdot q = 600 \cdot \frac{1{,}03^5 - 1}{0{,}03} \cdot 1{,}03 = 3.281{,}05 \,\text{€}$$

abermals das Endergebnis

$$\tilde{K}_1 = \tilde{K}_5 \cdot q^{-4} = 3.281{,}05 \cdot 1{,}03^{-4} = 2.915{,}17 \,\text{€}.$$

Rechnet man alternativ über den vorschüssigen Rentenbarwert

$$\tilde{K}_0 = R \cdot \text{RBF}_{\text{vor}}(n, i) \quad \text{mit} \quad \text{RBF}_{\text{vor}}(n, i) = \frac{1 - q^{-n}}{q - 1} \cdot q,$$

so erhält man

$$\tilde{K}_0 = R \cdot \frac{1 - q^{-n}}{q - 1} \cdot q = 600 \cdot \frac{1 - 1{,}03^{-5}}{0{,}03} \cdot 1{,}03 = 2.830{,}26 \,€$$

und schließlich wiederum als Kapitalwert zum angegebenen Zeitpunkt

$$\tilde{K}_1 = \tilde{K}_0 \cdot q = 2.830{,}26 \cdot 1{,}03 = 2.915{,}17 \,€.$$

Alle vier Varianten führen, wie bereits erwähnt, zum selben Endergebnis. Es gibt über die bisherigen Varianten hinaus sogar noch einen fünften Weg, der jedoch bei großen Laufzeiten aufgrund des damit verbundenen Rechenaufwands nicht zu empfehlen ist. Man rechnet den Wert durch entsprechendes Auf- und Abzinsen der Einzelzahlungen und anschließender Summation direkt aus. Auch in diesem Fall hätte man letztlich wieder

$$600 \cdot 1{,}03 + 600 + 600 \cdot 1{,}03^{-1} + 600 \cdot 1{,}03^{-2} + 600 \cdot 1{,}03^{-3} = 2.915{,}17 \,€.$$

Es bleibt also dem Betroffenen in der jeweiligen Situation selbst überlassen, welches Modell der Rentenrechnung er im konkreten Fall für geeignet hält und mit Hilfe welcher Modellbildung er den Sachverhalt darstellen und einer Lösung zuführen möchte. Er kann der Tatsache gewiss sein, dass die gewählte Modellierung das Endergebnis nicht beeinflusst.

1.2.4   Unterjährige Renten

Jährliche Renten treten in der Praxis eher selten auf. Häufiger zahlt der Kunde, sei es im Rahmen einer Lebensversicherung, eines Sparplans oder eines Darlehens, in monatlichen, sprich unterjährigen Raten. Aus diesem Grund gehen wir im Folgenden auf diesen Sachverhalt näher ein. Zu unterscheiden sind wieder vor- bzw. nachschüssige Zahlungen, also Zahlungen, die zu Beginn oder erst am Ende eines Zeitabschnitts gezahlt werden. Um das bisher entwickelte Instrumentarium der Rentenrechnung anwenden zu können, ist es notwendig, wie am Anfang des Kapitels über Renten bereits erwähnt, unterjährige Beträge auf den nächsten Zinszuschlagstermin aufzuzinsen. Machen wir die konkrete Vorgehensweise an einem Beispiel deutlich. Man zahlt im Rahmen eines Sparplans jeden Monat zum Monatsanfang, also vorschüssig, 50 € auf ein Sparbuch ein. Die Einlagen auf dem Sparbuch werden mit 2 % p. a. verzinst. Wie groß wäre eine gleichwertige Jahreszahlung zum Jahresende?

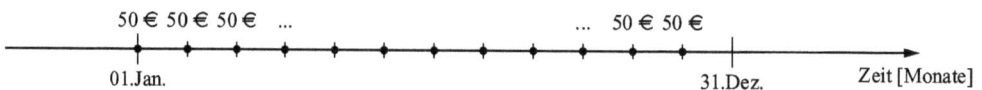

Abb. 1.5: Beispiel einer vorschüssigen unterjährigen Rente

Um die äquivalente Jahresrente zu bestimmen, sind alle unterjährigen Zahlungen eines Jahres auf das Jahresende aufzuzinsen. Die ersten 50 €, die Anfang Januar gezahlt werden, erwirtschaften Zinsen für das komplette Jahr, also über 12 Monate hinweg. Die zweiten 50 €, Anfang Februar, liegen 11 Monate lang auf dem Sparbuch. Gemäß der einfachen Zinsrechnung bekommt man hierfür am Ende des Jahres 11 Zwölftel der Jahreszinsen usw. Die zuletzt gezahlten 50 € Anfang Dezember stehen gerade noch einen Monat lang auf dem Konto, bevor die Zinsen fällig werden. Entsprechend bekommt man die Zinsen anteilig für diesen Zeitraum ausgezahlt.

$$50 \cdot \left(1 + \frac{12}{12} \cdot 0{,}02\right) + 50 \cdot \left(1 + \frac{11}{12} \cdot 0{,}02\right) + \ldots + 50 \cdot \left(1 + \frac{1}{12} \cdot 0{,}02\right)$$

Diese Summe rechnet man mit Hilfe der Gaußformel aus:

$$50 \cdot \sum_{k=1}^{12} \left(1 + \frac{k}{12} \cdot 0{,}02\right) = 50 \cdot \left[12 + \frac{0{,}02}{12} \cdot \sum_{k=1}^{12} k\right] = 50 \cdot \left[12 + \frac{0{,}02}{12} \cdot \frac{12 \cdot 13}{2}\right] = 606{,}50 \,€.$$

Der allgemeine Fall ist im anschließenden Satz zusammengefasst.

Satz 1.21
Sei i ein nachschüssiger Jahreszinssatz, und teilt man ferner das Jahr in m gleichlange Abschnitte ein. Zahlt man die konstante Rente r in jedem Abschnitt, so ergibt sich die äquivalente nachschüssige Jahresrente R im Fall nachschüssiger unterjähriger Zahlungen anhand der Formel

$$R = r \cdot \left(m + i \cdot \frac{m-1}{2}\right),$$

im Fall vorschüssiger unterjähriger Zahlungen gemäß

$$R = r \cdot \left(m + i \cdot \frac{m+1}{2}\right).$$

Begründung
Im Fall nachschüssiger unterjähriger Zahlungen wird mittels einfacher Zinsrechnung der zuerst gezahlte Betrag über $m - 1$ Abschnitte hinweg verzinst, der vorletzte Betrag einen Abschnitt lang und der zuletzt gezahlte Betrag gar nicht mehr. Daraus folgt mit Hilfe der Gaußformel:

$$R = r \cdot \sum_{k=0}^{m-1} \left(1 + \frac{k}{m} \cdot i\right) = r \cdot \left(m + \frac{i}{m} \cdot \sum_{k=0}^{m-1} k\right) = r \cdot \left(m + \frac{i}{m} \cdot \frac{(m-1) \cdot m}{2}\right) = r \cdot \left(m + i \cdot \frac{m-1}{2}\right).$$

Liegt eine vorschüssige unterjährige Rente vor, so ergibt sich analog:

$$R = r \cdot \sum_{k=1}^{m} \left(1 + \frac{k}{m} \cdot i\right) = r \cdot \left(m + \frac{i}{m} \cdot \frac{m \cdot (m+1)}{2}\right) = r \cdot \left(m + i \cdot \frac{m+1}{2}\right).$$

■

Greifen wir zur Veranschaulichung des weiteren Fortgangs das oben begonnene Beispiel auf. Jeden Monat werden zum Monatsanfang 50 € gezahlt. Man geht von einem Kalkulationszinssatz von 2 % p. a. aus und plant, die Zahlungen 10 Jahre lang aufrechtzuerhalten. Wie groß ist unter diesen Voraussetzungen die Ablaufleistung?

Wir hatten bereits aus den monatlichen Zahlungen eine äquivalente nachschüssige Jahreszahlung in Höhe von 606,50 € gemacht. Der gesuchte Rentenendwert beträgt dann

$$K_{10} = R \cdot \frac{q^{10} - 1}{q - 1} = 606,50 \cdot \frac{1,02^{10} - 1}{0,02} = 6.641,01 \text{ €}.$$

Wir haben bislang über Zinskonventionen gesprochen und haben uns im Anschluss daran, unter der Berücksichtigung von Zinsen, um die betragsmäßige Zusammenfassung von Renten gekümmert. Der nächste Abschnitt widmet sich nun besonderen Renten in Form von Zahlungen, die ein Schuldner an einen Gläubiger zu leisten hat.

1.3   Tilgungsrechnung

Dieser Abschnitt behandelt Kredite und deren Rückzahlung. Dabei erwartet der **Kreditgeber**, der **Gläubiger**, dass ihm der **Kreditnehmer**, der **Schuldner**, das Kapital nebst Zinsen über eine festgelegte Laufzeit zurückzahlt. Laut Äquivalenzprinzip der Preisangabenverordnung muss dabei die Leistung des Gläubigers der Leistung des Schuldners entsprechen, wobei der effektive Zinssatz zugrunde gelegt wird, vgl. S. 10. Die Zahlungen des Schuldners setzen sich aus einem Zins- und einem Tilgungsanteil zusammen. Der Tilgungsanteil verringert die Restschuld, der Zins ist das Entgelt für die Überlassung des Kapitals. Man beachte zudem den steuerlichen Aspekt dieser Unterscheidung, dass nämlich Zinsen aufwands- und ertragswirksam sind, Tilgungsleistungen dagegen nicht.

Der Einfachheit halber gehen wir im Folgenden davon aus, dass der Gläubiger dem Schuldner das Kapital zu Beginn des Betrachtungszeitraums in einer Summe überlässt. Ist dies nicht der Fall, so bildet man den Barwert aller Zahlungen. Wie bisher auch, leistet der Schuldner in äquidistanten Zeitabständen, und wir nehmen an, dass es sich bei allen Zahlungszeitpunkten um Zinszuschlagstermine handelt. Um dies zu erreichen würde man ansonsten die unterjährigen Zahlungen, wie im Bereich der Rentenrechnung, zu einer äquivalenten Jahreszahlung zusammenfassen. Demnach wird zu Beginn der Betrachtungen, zum Zeitpunkt 0, das Darlehen vom Gläubiger an den Schuldner ausgezahlt, und zu den Zeitpunkten $1, \ldots, n$ wird vom Schuldner mit Zinsen getilgt.

Definition 1.22
*Die Leistungen des Schuldners $A_1, \ldots, A_n$ zu den Zeitpunkten $1, \ldots, n$ heißen **Annuitäten**,*

$$A_k = Z_k + T_k \quad \text{für alle } k = 1, \ldots, n,$$

*bestehend aus jeweils einem **Zins-** und einem **Tilgungsanteil**.*

Die verbleibende Restschuld zu einem gewissen Zeitpunkt ergibt sich durch die Anfangsschuld abzüglich der bis dahin geleisteten Tilgungen. Des Weiteren bezieht sich der zu zahlende Zins in jeder Periode stets auf die Restschuld am Periodenanfang.

Folgerung 1.23
Sei S_0 die Darlehenssumme und S_k die Restschuld nach Zahlung von k Annuitäten, so folgt:

$$S_k = S_0 - \sum_{j=1}^{k} T_j = S_{k-1} - T_k$$

und bezüglich eines Periodenzinssatzes i gilt für den Zinsanteil:

$$Z_k = i \cdot S_{k-1} \quad \text{für alle } k = 1, \ldots, n \,.$$

Während die Verzinsung der Restschuld nur vom Zinssatz abhängt, kann die Höhe der Tilgungsleistungen individuell vereinbart werden. Diesbezüglich unterscheidet man:

Definition 1.24
Sind im Hinblick auf die Annuitäten alle Tilgungsraten gleich hoch, hat man also

$$T_1 = \ldots = T_n = T \,,$$

so handelt es sich um eine **Ratentilgung**. *Vereinbart man hingegen über die Laufzeit gleich bleibende Annuitäten*

$$A_1 = \ldots = A_n = A \,,$$

so spricht man von einer **Annuitätentilgung**.

Da bei einer Ratentilgung die Restschuld und damit die Zinsen darauf immer kleiner werden, die Tilgungsraten aber konstant bleiben, ist die Folge der Annuitäten fallend. Bei einer Annuitätentilgung verhält es sich bezüglich der Restschulden und damit der Zinsen genauso. Da allerdings die Annuitäten konstant bleiben, muss die Folge der Tilgungsanteile wachsen.

Bei Aufnahme eines Kredits werden i. d. R. der Zinssatz, die Laufzeit und die Darlehenssumme festgelegt. Möchte man ausgehend von diesen Anfangsdaten wissen, wie hoch die Zins- bzw. Tilgungsleistungen und damit die Annuität oder wie groß die verbleibende Restschuld zu einem gewissen Zeitpunkt während der Laufzeit ist, so sind die Formeln der folgenden beiden Sätze hilfreich. Die beiden Sätze unterscheiden dabei zwischen Raten- und Annuitätentilgung.

Satz 1.25
Bei einer **Ratentilgung** *sind die Folgen der Zinsen, der Restschulden sowie der Annuitäten jeweils fallende arithmetische Zahlenfolgen. Für $k = 1, \ldots, n$ gilt:*

a) $T = \dfrac{S_0}{n}$

b) $S_k = S_0 - k \cdot T$

c) $Z_k = \dfrac{S_0}{n} \cdot (n - k + 1) \cdot i$

d) $A_k = \dfrac{S_0}{n} \cdot [(n - k + 1) \cdot i + 1]$

Begründung

Die ersten beiden Aussagen sind klar. Die Behauptung c) für $k = 1, \ldots, n$ folgt aus

$$Z_k = S_{k-1} \cdot i = [S_0 - (k-1) \cdot T] \cdot i = \left[S_0 - (k-1) \cdot \frac{S_0}{n} \right] \cdot i = \frac{S_0}{n} \cdot (n - k + 1) \cdot i$$

und Behauptung d) erhält man durch

$$A_k = Z_k + T_k = \frac{S_0}{n} \cdot (n - k + 1) \cdot i + \frac{S_0}{n} = \frac{S_0}{n} \cdot [(n - k + 1) \cdot i + 1]$$

∎

Satz 1.26

*Bezüglich einer **Annuitätentilgung** bilden die Tilgungszahlungen eine steigende geometrische Zahlenfolge mit dem Aufzinsungsfaktor q als Multiplikator. Für $k = 1, \ldots, n$ gilt:*

a) $A = \dfrac{S_0}{\mathrm{RBF}_{\mathrm{nach}}(n, i)}$

b) $T_k = A \cdot q^{-n+k-1}$

c) $S_k = T_1 \cdot [\mathrm{REF}_{\mathrm{nach}}(n, i) - \mathrm{REF}_{\mathrm{nach}}(k, i)] = A \cdot q^{-n} \cdot \dfrac{q^n - q^k}{q - 1}$

d) $Z_k = A \cdot (1 - q^{-n+k-1})$

Begründung

Nach dem Äquivalenzprinzip und Satz 1.18a) gilt:

$$S_0 = A \cdot \mathrm{RBF}_{\mathrm{nach}}(n, i),$$

woraus Behauptung a) folgt. Des Weiteren erhält man aus

$$Z_k + T_k = A_k = A = A_{k+1} = Z_{k+1} + T_{k+1}$$

die Gleichung

$$T_{k+1} = T_k + (Z_k - Z_{k+1}) = T_k + i \cdot (S_{k-1} - S_k) = T_k + i \cdot T_k = q \cdot T_k = q^k \cdot T_1,$$

weswegen die Tilgungszahlungen eine wachsende geometrische Folge sind. Dies liefert

$$S_k = S_0 - \sum_{j=1}^{k} T_j = S_0 - T_1 \cdot \sum_{j=1}^{k} q^{j-1} = S_0 - T_1 \cdot \mathrm{REF}_{\mathrm{nach}}(k, i)$$

für alle $k = 1, \ldots, n$ und damit speziell für $k = n$ die Übereinstimmung

$$0 = S_n = S_0 - T_1 \cdot \mathrm{REF}_{\mathrm{nach}}(n, i) \Longleftrightarrow S_0 = T_1 \cdot \mathrm{REF}_{\mathrm{nach}}(n, i).$$

Daraus folgt mit

$$S_k = S_0 - T_1 \cdot \mathrm{REF}_{\mathrm{nach}}(k, i) = T_1 \cdot [\mathrm{REF}_{\mathrm{nach}}(n, i) - \mathrm{REF}_{\mathrm{nach}}(k, i)]$$

und unter Berücksichtigung von

$$T_1 \cdot \text{REF}_{\text{nach}}(n, i) = S_0 = A \cdot \text{RBF}_{\text{nach}}(n, i) = A \cdot q^{-n} \cdot \text{REF}_{\text{nach}}(n, i) \Longleftrightarrow T_1 = A \cdot q^{-n}$$

die Behauptung c). Zudem folgt aus der letzten Gleichung auch die Aussage b) wegen

$$T_k = T_1 \cdot q^{k-1} = A \cdot q^{-n} \cdot q^{k-1} = A \cdot q^{-n+k-1}.$$

Schließlich gilt d) wegen

$$Z_k = S_{k-1} \cdot i = A \cdot q^{-n} \cdot \frac{q^n - q^{k-1}}{q-1} \cdot i = A \cdot q^{-n} \cdot (q^n - q^{k-1}) = A \cdot (1 - q^{-n+k-1}).$$

∎

Veranschaulichen wir die Anwendung an folgendem Beispiel: Eine Firma nimmt ein Darlehen über 600.000 € auf. Der Zinssatz beträgt 9 % p. a. über eine Laufzeit von 15 Jahren. Man fragt sich nach der Höhe der Zinsen im 9. Jahr, der Restschuld am Ende des 10. Jahres, der Annuität im 11. Jahr sowie der Tilgungsleistung im 12. Jahr. Laut Fragestellung sind demnach gegeben:

$$S_0 = 600.000 \, \text{€}, \quad n = 15 \, \text{Jahre}, \quad i = 9 \, \%.$$

Zunächst gehen wir von einer Ratentilgung aus:

$$T_{12} = T = \frac{S_0}{n} = \frac{600.000}{15} = 40.000 \, \text{€},$$

$$S_{10} = S_0 - 10 \cdot T = 600.000 - 10 \cdot 40.000 = 200.000 \, \text{€},$$

$$Z_9 = \frac{S_0}{n} \cdot (n - 9 + 1) \cdot i = 40.000 \cdot (15 - 9 + 1) \cdot 0,09 = 25.200 \, \text{€},$$

$$A_{11} = \frac{S_0}{n} \cdot [(n - 11 + 1) \cdot i + 1] = 40.000 \cdot [(15 - 11 + 1) \cdot 0,09 + 1] = 58.000 \, \text{€}.$$

Liegt eine Annuitätentilgung vor, so ergibt sich demgegenüber:

$$A_{11} = A = \frac{S_0}{\text{RBF}_{\text{nach}}(n, i)} = \frac{S_0}{1 - q^{-n}} \cdot i = \frac{600.000}{1 - 1,09^{-15}} \cdot 0,09 = 74.435,33 \, \text{€},$$

$$T_{12} = A \cdot q^{-n+k-1} = A \cdot 1,09^{-4} = 52.731,86 \, \text{€},$$

$$S_{10} = A \cdot \frac{1 - q^{k-n}}{q-1} = A \cdot \frac{1 - 1,09^{-5}}{0,09} = 289.527,47 \, \text{€},$$

$$Z_9 = A \cdot (1 - q^{-n+9-1}) = A \cdot (1 - 1,09^{-7}) = 33.716,66 \, \text{€}.$$

Werden Zins- und Tilgungsleistungen zusammen mit der jeweiligen Restschuld übersichtlich in einer Tabelle zusammengetragen, so spricht man von einem **Tilgungsplan**. Häufig lassen Banken ihren Schuldnern bei Kreditaufnahme, der besseren Übersichtlichkeit wegen, einen Tilgungsplan zukommen.

Tabelle 1.1: Tilgungsplan einer Ratentilgung

k	S_{k-1}	Z_k	T_k	A_k	S_k
1	100.000	6.000	20.000	26.000	80.000
2	80.000	4.800	20.000	24.800	60.000
3	60.000	3.600	20.000	23.600	40.000
4	40.000	2.400	20.000	22.400	20.000
5	20.000	1.200	20.000	21.200	0

Für den Bau eines Hauses nimmt ein Schuldner zu Jahresbeginn ein Hypothekendarlehen über 100.000 € auf, das er jeweils am Jahresende in 5 Annuitäten zurückzahlen will. Der Zinszuschlagstermin liegt am Jahresende, und man kalkuliert mit 6 % p. a. Zinsen.

Da im Hinblick auf eine Ratentilgung alle 5 Tilgungsraten gleich hoch sind, lässt sich der Tilgungsplan direkt aufstellen, siehe oben. Bevor wir den Tilgungsplan für die Annuitätentilgung angeben können, muss zuerst die Annuität berechnet werden:

$$A = \frac{S_0}{\text{RBF}_{\text{nach}}(n, i)} = 100.000 \cdot \frac{q-1}{1-q^{-n}} = 100.000 \cdot \frac{0{,}06}{1-1{,}06^{-5}} = 23.739{,}64\,€.$$

Daraus resultiert der auf Seite 26 dargestellte Tilgungsplan.

Tabelle 1.2: Tilgungsplan einer Annuitätentilgung

k	S_{k-1}	Z_k	T_k	A_k	S_k
1	100.000,00	6.000,00	17.739,64	23.739,64	82.260,36
2	82.260,36	4.935,62	18.804,02	23.739,64	63.456,34
3	63.456,34	3.807,38	19.932,26	23.739,64	43.524,08
4	43.524,08	2.611,44	21.128,20	23.739,64	22.395,88
5	22.395,88	1.343,76	22.395,88	23.739,64	0,00

Als besonders nützlich bei der Erstellung des Tilgungsplans im Fall der Annuitätentilgung erweist sich, dass die Tilgungsleistungen eine geometrische Folge bilden, vgl. Satz 1.26. Konkret bedeutet das in diesem Beispiel, dass man ausgehend von der ersten Tilgungsleistung alle darauf folgenden Tilgungsleistungen berechnen kann, indem man mit dem Aufzinsungsfaktor $q = 1{,}06$ multipliziert, z. B.

$$T_3 = 19.932{,}26 = 18.804{,}02 \cdot 1{,}06 = T_2 \cdot q.$$

Es kommt vor, dass dem Kunden von Banken ein **Disagio**, d. h. ein Abschlag auf die Kreditsumme, in Rechnung gestellt wird. Dadurch verringert sich aber lediglich der Auszahlungsbetrag, während die Kreditsumme, die zu tilgen ist und auf die sich auch die Zinsberechnung bezieht, unverändert bleibt. So ergäbe sich z. B. bei einem Disagio von 5 % in obigem Beispiel ein Auszahlungsbetrag von nur noch 95.000 €, während nach wie vor 100.000 € inklusive Zinsen zu tilgen sind.

1.4 Barwert- und interne Zinsfußmethode

Zum Abschluss des Kapitels zur Finanzmathematik wagen wir einen Einblick in das Anwendungsgebiet der *Investition und Finanzierung*. Gibt es z. B. ausgehend von einer zur Verfügung stehenden Investitionssumme mehrere sich ausschließende Handlungsalternativen, so stellt sich die Frage, wie die Vorteilhaftigkeit einer Alternative beurteilt bzw. gemessen werden kann. Hierzu betrachten wir die Barwert- sowie die interne Zinsfußmethode.

Zur Vereinfachung der Darstellungen gehen wir davon aus, dass alle Zahlungen eines Jahres am Jahresende anfallen und der Zinssatz über den kompletten Betrachtungszeitraum konstant bleibt. Ferner sehen wir von Steuern und Kosten des Geldverkehrs ab. Negative Zahlen weisen auf Auszahlungen hin, positive Werte auf Einzahlungen bzw. Mittelrückflüsse.

1.4.1 Barwertmethode

Alternativ zur Durchführung einer Investition besteht immer die (fiktive) Möglichkeit, das Geld auf dem Kapitalmarkt anzulegen. Sei i der konstante Zinssatz, der uns über die gesamte Anlagedauer seitens der Bank garantiert wird. Dann ist die Idee der **Barwertmethode** die, dass man die Zahlungsfolgen der zur Disposition stehenden Investitionsalternativen durch die Berechnung ihres Barwerts zum Kalkulationszinssatz vergleichbar macht. Von mehreren Investitionsalternativen wählt man, gemäß den Überlegungen in Abschnitt 1.2.1, diejenige aus, die den größten positiven Barwert liefert.

Zur Illustration betrachte man folgendes Beispiel: Für eine Investition über eine Laufzeit von zwei Jahren steht am Jahresanfang eine Summe von 3 Geldeinheiten (GE) zur Verfügung. Man hat die Wahl zwischen zwei sich ausschließenden Handlungsalternativen. Die erste verspricht einen Mittelrückfluss von 1 GE nach einem Jahr und, inklusive etwaiger Liquidationserlöse, 3 GE nach 2 Jahren. Die zweite Alternative liefert zunächst 4,5 GE nach einem Jahr, kostet aber aufgrund von anfallenden Entsorgungskosten im 2. Jahr 1 GE. Man kann die Investitionssumme alternativ auch am Kapitalmarkt anlegen. Die Bank gewährt für die zwei Jahre einen festen Zinssatz von 5 % p. a.

Tabelle 1.3: Investitionsalternativen

Alternative	Investitionssumme	nach 1 Jahr	nach 2 Jahren
A	−3 GE	1 GE	3 GE
B	−3 GE	4,5 GE	−1 GE

Die Barwerte der Alternativen berechnen sich gemäß der vorliegenden Daten wie folgt:

$$-3 + q^{-1} + 3 \cdot q^{-2} = -3 + 1{,}05^{-1} + 3 \cdot 1{,}05^{-2} = 0{,}67\,\text{GE}\,,$$
$$-3 + 4{,}5 \cdot q^{-1} - q^{-2} = -3 + 4{,}5 \cdot 1{,}05^{-1} - 1{,}05^{-2} = 0{,}38\,\text{GE}\,.$$

Demnach erwirtschaften wir mit Alternative A, bezogen auf den Investitionszeitpunkt, einen Betrag von 0,67 GE mehr als bei einer Anlage zu 5 % p. a. über dieselbe Laufzeit. Bezüglich Alternative B sind es 0,38 GE. Beide Investitionsalternativen sind also besser als das Alternativ-angebot der Bank. Ferner ist Alternative A vor diesem Hintergrund Alternative B vorzuziehen, da sie den größeren Barwert liefert.

1.4.2   Interne Zinsfußmethode

Im Gegensatz zur Barwertmethode vergleicht die interne Zinsfußmethode die erwarteten Renditen der Investitionen. Dabei werden in diesem Zusammenhang die Begriffe **Rendite**, **Rentabilität**, **Effektivverzinsung** oder eben interne Verzinsung synonym benutzt. Während vom Effektivzins eher in Bezug auf Kreditgeschäfte unter besonderer Berücksichtigung der Preisangabenverordnung, vgl. Kap. 1.1.3, gesprochen wird, redet man von Rendite oder Rentabilität meist in Zusammenhang mit Geldanlagen zwecks Wertsteigerung. Dem Äquivalenzprinzip im Hinblick auf den Effektivzins folgend, vgl. Definition 1.10, muss der Barwert aller Einzahlungen gleich dem Barwert aller Auszahlungen sein, mit anderen Worten:

Definition 1.27
Der interne Zinssatz ist der Zinssatz einer Investitionsfolge, der einen Barwert von 0 liefert.

Eine Kapitalanlage gilt dabei als vorteilhaft, wenn sie einen internen Zinssatz hat, der größer ist als der Kalkulationszinssatz. Liegt mehr als eine Investitionsalternative vor, so ist diejenige die bessere, die den größeren internen Zinssatz oberhalb des Kalkulationszinssatzes besitzt. Im obigen Beispiel führen die beiden Ausgangsgleichungen zur Bestimmung der internen Zinssätze auf die Nullstellenprobleme

$$-3 + q^{-1} + 3 \cdot q^{-2} = 0 \quad \text{bzw.} \quad -3 + 4,5 \cdot q^{-1} - q^{-2} = 0$$

und somit im Fall von Investitionsfolge A auf folgende Rechnung:

$$q^2 - \frac{1}{3} \cdot q - 1 = 0 \Longleftrightarrow \frac{1}{6} \pm \sqrt{\frac{1}{36} + 1}.$$

Unter Vernachlässigung der negativen Lösung erhält man damit einen internen Zinssatz von 18,05 % für Investition A. Analog berechnet man im Hinblick auf Investitionsfolge B einen internen Zinssatz von 22,87 %.

Beide Zinssätze liegen über dem angegebenen Kalkulationszinssatz von 5 %. Des Weiteren übertrifft der interne Zinssatz von B den internen Zinssatz von Alternative A, weswegen laut dieser Methode Investition B den Vorzug erhält. Man stellt fest, dass die Vorteilhaftigkeit der Investitionsalternativen von beiden Verfahren unterschiedlich beurteilt wird. Bezüglich der Barwertmethode ist Investition A besser, zieht man die interne Zinsfußmethode zu Rate, so ist Investition B die vielversprechendere. Der Grund für diesen scheinbaren Widerspruch ist der, dass beide Methoden unterschiedliche Fragen stellen. Daher können natürlich von Fall zu Fall auch die Antworten auf diese verschiedenen Fragen unterschiedlich sein. Betrachten wir dazu die Barwertfunktionen der beiden Investitionsfolgen, also jeweils die Barwerte in Abhängigkeit vom Zinssatz resp. Aufzinsungsfaktor, siehe Abb. 1.6.

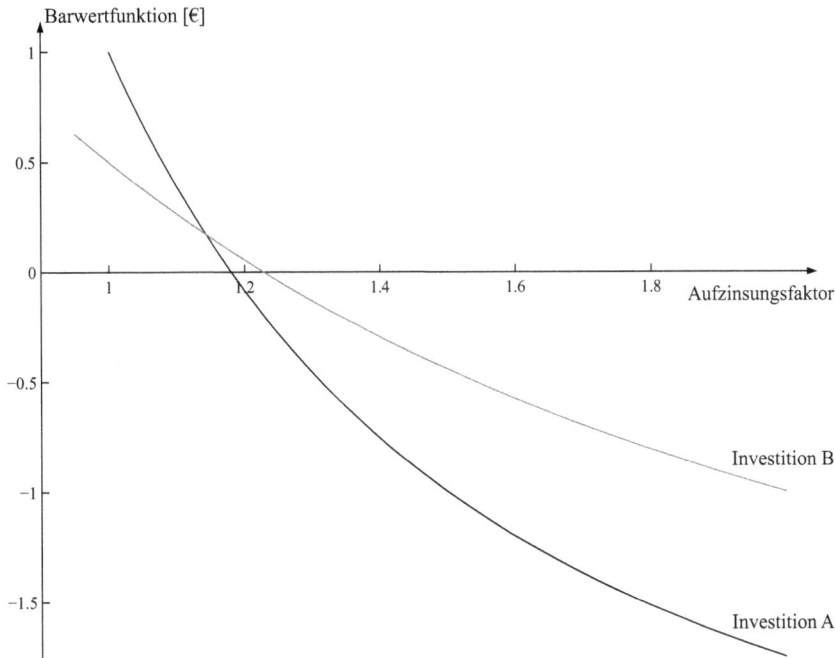

Abb. 1.6: *Barwertfunktionen zweier Investitionsfolgen*

Mathematisch gesehen betrachtet die Barwertmethode die Werte der Barwertfunktionen an einer ganz bestimmten Stelle, nämlich an der Stelle des durch den Kalkulationszinssatz gegebenen Aufzinsungsfaktors. Im Gegensatz dazu fragt die interne Zinsfußmethode nach den Nullstellen der Barwertfunktionen, sucht also die Schnittpunkte mit der Abszisse. Bedingt durch ein unterschiedliches Steigungsverhalten der Barwertfunktionen verwundert es demnach vom mathematischen Standpunkt her nicht, dass eine Funktion an einer Stelle größer sein kann als eine andere und trotzdem die Abszisse früher schneidet, siehe Abb. 1.6.

Argumentiert man betriebswirtschaftlich, so ist zu beachten, dass der Barwert eines Kapitalbetrags bei steigendem Zinssatz umso kleiner wird, je weiter er in der Zukunft liegt. Aufgrund unterschiedlicher Zahlungsbeträge zu den angegebenen Zeitpunkten wirkt sich dieser Effekt bei den Investitionsfolgen unterschiedlich stark aus, so dass die Vorteilhaftigkeit bei steigenden Zinsen von der einen Investition auf die andere übergehen kann.

Die interne Zinsfußmethode wird in der betriebswirtschaftlichen Praxis zur Beurteilung der Vorteilhaftigkeit einer Investition durchaus kritisch gesehen. Dies liegt nicht zuletzt an dem Umstand, dass der interne Zinsfuß einer Investitionsfolge weder existieren muss, noch, falls er doch existiert, i. a. eindeutig bestimmt ist. Investiert man bspw. für einen Zeitraum von zwei Jahren 1.000 €, um nach einem Jahr 2.090 € zu erhalten und am Ende 1.092 €, etwa für Entsorgungskosten, wieder ausgeben zu müssen, so findet man, ausgehend von der zugehörigen Barwertfunktion

$$-1.000 + 2.090 \cdot q^{-1} - 1.092 \cdot q^{-2} = 0 \,,$$

zwei interne Zinssätze. Der eine beträgt 4 %, der andere 5 %, und man stellt sich als Investor zu Recht die Frage, welcher Zinssatz denn nun unter ökonomischen Aspekten der „richtige" sei, vgl. Abb. 1.7. Durch längere Laufzeiten kann es gar noch mehr Nullstellen der Barwertfunktion geben.

Oder man nehme eine Zahlungsfolge mit einem Ertrag von 1.000 € am Jahresanfang, einem Aufwand von 2.000 € nach einem Jahr und einem weiteren Ertrag von 2.000 € nach zwei Jahren. Diese Folge besitzt keinen internen Zinsfuß, siehe zugehörige Barwertfunktion

$$1.000 - 2.000 \cdot q^{-1} + 2.000 \cdot q^{-2} = 0$$

in Abb. 1.8.

Weitere Kritikpunkte, und diese treffen ebenso auf die Barwertmethode zu, sind fehlende Liquiditätsbetrachtungen oder der Umstand, dass zukünftigen Zahlungen geschätzt werden müssen, was stets mit Unsicherheiten verbunden ist. Trotz aller Probleme ist die Bedeutung beider Verfahren in der Praxis nicht zu unterschätzen. Dies liegt bspw. im Fall des internen Zinsfußes resp. der Rendite zum einen an den gesetzlichen Vorgaben, etwa durch die Preisangabenverordnung, oder zum anderen an der weiten Verbreitung des Sparbuchs, weshalb die Frage nach der Rendite stets die Frage des Kapitalanlegers nach einem äquivalenten Sparbuchzins ist.

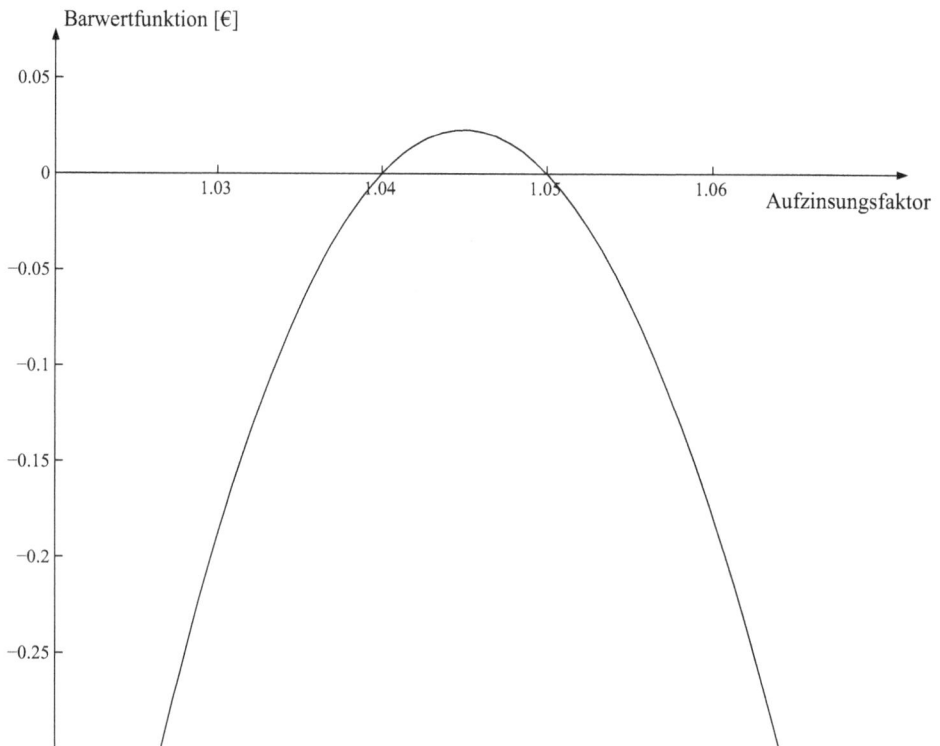

Abb. 1.7: Investitionsfolge mit zwei Kandidaten für den internen Zinsfuß

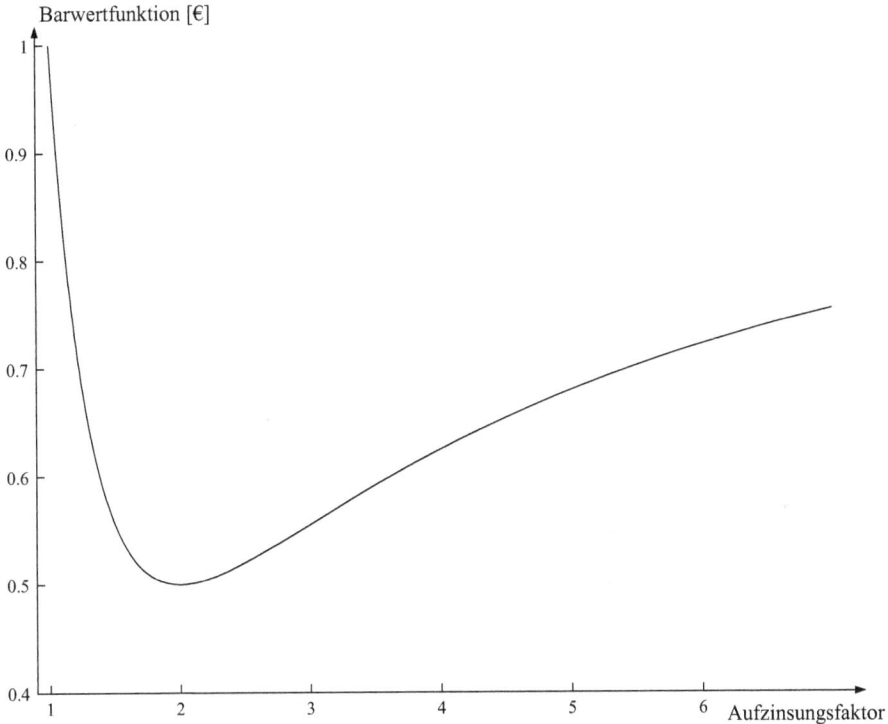

Abb. 1.8: *Zahlungsfolge ohne internen Zinsfuß*

Zu analysierende Investitionen sollten aus Gründen der Vergleichbarkeit stets dieselbe Laufzeit haben sowie dieselbe Investitionssumme aufweisen. Erstreckt sich die Laufzeit der Investitionen über mehrere Jahre, so lassen sich die Nullstellen der Barwertfunktionen in Gestalt von Polynomen i. a. nicht mehr, wie in obigen Beispielen, analytisch berechnen. Man greift spätestens dann auf Näherungs- bzw. Approximationsverfahren wie bspw. das Newtonverfahren oder Regula Falsi, vgl. nächstes Kapitel, zur Lösung der Probleme zurück.

1.5 Lernkontrolle

1.5.1 Verständnisfragen

1) Nennen und erörtern Sie die drei grundlegenden Begriffe der Finanzmathematik.
2) Was versteht man unter Day Count Conventions bzw. Business Day Conventions?
3) Was ist ein Zinszuschlagstermin?
4) Erklären Sie, was sich hinter dem Zeitwert des Geldes verbirgt.
5) Wann heißen zwei Kapitalbeträge äquivalent?
6) Worin unterscheiden sich nachschüssige und vorschüssige Zinsen? Nennen Sie Beispiele aus der Praxis.

7) Wann heißen zwei Zinssätze äquivalent?

8) Welcher von zwei äquivalenten Zinssätzen ist größer und warum, der vor- oder der nachschüssige?

9) Erklären Sie, wann die einfache Verzinsung zum Einsatz kommt.

10) Was versteht man unter einer zinsperiodenkonformen Zeitachse?

11) Welche Zinsarten verbindet die gemischte Verzinsung?

12) Führt mehrfaches einfaches Auf- und Abzinsen innerhalb derselben Zinsperiode zu äquivalenten Kapitalbeträgen? Wie verhält es sich mit der Umrechnung von einem Zinszuschlagstermin auf einen anderen?

13) Nennen Sie einige marktübliche Zinskonventionen.

14) Was regelt die Preisangabenverordnung?

15) Definieren Sie, was man unter dem Effektivzinssatz versteht.

16) Der Gesetzgeber berechnet den Effektivzins über die Näherung einer exponentiellen Verzinsung. Warum verlangt er keine exakte Berechnung?

17) Was besagt das finanzmathematische Äquivalenzprinzip?

18) Wie kommt man im Rahmen der Finanzmathematik auf die e-Funktion?

19) Worin liegt der Vorteil der stetigen Verzinsung im Vergleich zu anderen Zinskonventionen? In welchem bankfachlichen Bereich bzw. in welcher bankinternen Abteilung wird die stetige Verzinsung vor allem angewandt?

20) Welche unterschiedlichen Rentenarten kennen Sie?

21) Klären Sie die Begriffe Kapitalwert, Rentenend- und Rentenbarwert. Welcher der Begriffe ist der allgemeinere?

22) Was unterscheidet die vorschüssige von der nachschüssigen Rente?

23) Welche beiden Hilfsformeln erleichtern die Berechnungen im Rahmen der Rentenrechnung ungemein? Nennen Sie lediglich die beiden Namen der Formeln.

24) Erklären Sie, wodurch konstante, arithmetische sowie geometrische Renten charakterisiert sind. Geben Sie Beispiele an.

25) Wie berechnet man (ohne Formel) aus einem Rentenend- einen Rentenbarwert?

26) Nennen Sie mindestens fünf verschiedene Arten (ohne Formel), wie Sie den Wert von fünf Zahlungen zu je 500 € ausrechnen können, wenn die Zahlungen bei jährlichen Zinsperioden jedes Jahr gezahlt werden, und man den Wert der Rente zum Zeitpunkt der zweiten Zahlung wissen möchte.

27) Nur unter welchen Voraussetzungen gelten die in den Sätzen 1.18 und 1.19 angegebenen Formeln?

28) Was tut man mit unterjährigen Zahlungen im Rahmen der Rentenrechnung meistens dann, wenn die Zinsperioden Jahre sind?

29) Welche Tilgungsarten kennen Sie?

30) Beschreiben Sie, wie sich Restschuld, Zinszahlung, Tilgungsrate und Annuität während der Laufzeit entwickeln, wenn eine Ratentilgung vorliegt.

31) Wie lautet die Antwort auf die vorangehende Frage, wenn es sich um eine Annuitätentilgung handelt?

32) Was wissen Sie über die Existenz und Eindeutigkeit des internen Zinsfußes? Man könnte mit anderen Worten fragen: Warum ist der interne Zinsfuß in der Praxis nicht unumstritten?

33) Erörtern Sie ohne Formeln, was sich hinter der Barwert- und der internen Zinsfußmethode verbirgt.

34) Warum kann die Vorteilhaftigkeit einer Investitionsfolge von der Barwertmethode und der internen Zinsfußmethode unterschiedlich beurteilt werden?

1.5.2   Antworten

1) Kapital, Zins und Zeit, siehe Einleitung des Kapitels

2) Tageszählkonventionen, Feiertagskonventionen

3) Es ist ein Termin, zu dem der Zins dem Kapital zugeschlagen wird und sich ab diesem Zeitpunkt zusammen mit dem Kapital weiterverzinst (Zinseszinseffekt). Am Anfang und am Ende jeder Zinsperiode befindet sich ein Zinszuschlagstermin.

4) siehe Kap. 1.1.1

5) vgl. S. 2 oben

6) Nachschüssige Zinsen beziehen sich auf das Anfangskapital (Sparbuch, Festgeld), vorschüssige Zinsen auf das Endkapital (Skonto, Wechsel). Der Zahlungszeitpunkt ist davon nicht betroffen.

7) Zwei Zinssätze heißen äquivalent, wenn sie bezogen auf die Laufzeit dasselbe Endkapital liefern.

8) Der nachschüssige Zinssatz ist größer, da er sich mit dem Anfangskapital im Vergleich zum Endkapital auf den kleineren Geldbetrag bezieht und trotzdem, verglichen mit der vorschüssigen Verzinsung, zum selben Endkapital führen soll.

9) Die einfache Verzinsung kommt zum Einsatz, wenn Anfangs- und Endzeitpunkt einer Geldanlage innerhalb derselben Zinsperiode liegen (unterjährige Verzinsung).

10) siehe S. 6

11) Einfache Verzinsung, Zinseszins

12) siehe Folgerung 1.8

13) Nomineller Jahreszins, Effektivzins, stetiger Zins, exponentieller Zins, nach- und vorschüssiger Zins

14) vgl. Kap. 1.1.3

15) Der Effektivzinssatz ist ein äquivalenter, nachschüssiger Jahreszinssatz. Er ist durch die Preisangabenverordnung geschützt.

16) In der Praxis bereitet die Lage der Zahlungstermine Probleme, da zur exakten Berechnung des Effektivzinssatzes ein Ansatz mittels gemischter Verzinsung unter Beachtung der Zinszuschlagstermine notwendig wäre. Zur Verbesserung der Lösbarkeit des Problems zieht man sich auf die exponentielle Verzinsung zurück, die vergleichbare Vorteile bietet wie die stetige Verzinsung. Jeder Zeitpunkt ist Zinszuschlagstermin.

17) Mit dem Effektivzinssatz als Kalkulationszinssatz muss die Leistung des Gläubigers gleich der Leistung des Schuldners sein.

18) siehe S. 12 unten

19) Jeder Zeitpunkt ist Zinszuschlagstermin, wodurch man auf eine gemischte Verzinsung verzichten kann. Der stetige Zins findet insbesondere im Investment Banking Verwendung.

20) Vor- und nachschüssige Rente bzw. konstante, arithmetische und geometrische Rente

21) Der Wert einer Rente, ausgedrückt als Kapitalbetrag zum Ende der Laufzeit, heißt Rentenendwert. Zu Beginn der Laufzeit nennt man ihn Rentenbarwert. Ein Kapitalwert ist ein gleichwertiger Kapitalbetrag in Bezug auf die Rente, der zu einem beliebigen Zeitpunkt vorliegen kann. Demnach ist dieser Begriff der allgemeinere.

22) Im Gegensatz zur Zinsrechnung sind diesmal tatsächlich Zeitpunkte gemeint. Eine vorschüssige Rente wird stets am Anfang, eine nachschüssige Rente stets zum Ende einer Periode, z. B. eines Monats, gezahlt.

23) Geometrische Summenformel, Gaußformel, vgl. Hilfssatz 1.16

24) siehe Definition 1.17 mit anschließenden Beispielen

25) Man zinst den Rentenendwert über die Laufzeit ab.

26) Nachschüssig über den Rentenendwert mit anschließendem Diskontieren, nachschüssig über den Rentenbarwert mit anschließendem Aufzinsen, vorschüssig über den Rentenendwert mit anschließendem Diskontieren, vorschüssig über den Rentenbarwert mit anschließendem Aufzinsen, jede Zahlung einzelnen auf den gewünschten Zeitpunkt auf- oder abzinsen, vgl. Kap. 1.2.3

27) Zahlungen stets nur zu Zinszuschlagsterminen, äquidistante Zinszuschlagstermine

28) Man zinst sie mittels einfacher Zinsrechnung auf den nächsten Zinszuschlagstermin auf.

29) Ratentilgung und Annuitätentilgung

30) Liegt eine Ratentilgung vor, dann sind die Tilgungsraten über die Laufzeit konstant, die Restschuld sowie die darauf anfallenden Zinsen sinken, wodurch auch die Annuitäten abnehmen.

31) Im Fall einer Annuitätentilgung sinken Restschuld und Zinsen mit zunehmender Laufzeit. Da die Annuitäten über die Laufzeit konstant bleiben, müssen aufgrund der fallenden Zinszahlungen die Tilgungsanteile steigen.

32) Der interne Zinsfuß einer Investitionsfolge muss weder existieren noch muss er, falls er doch existiert, eindeutig bestimmt sein. Beispiele siehe Kap. 1.4.

33) Barwertmethode siehe Kap. 1.4.1, interne Zinsfußmethode siehe Kap. 1.4.2.

34) vgl. Ausführungen ab S. 28 unten

2 Extremwertberechnung

Das Kapitel beschäftigt sich mit der Lösung betriebswirtschaftlicher Optimierungsprobleme. So mag ein Betrieb beispielsweise im Rahmen seiner Produktion nach minimalen Kosten streben, oder er möchte Umsatzerlöse und Kosten so gestalten, dass sein Gewinn maximal wird. In solchen und ähnlichen Fällen gilt es zunächst, alle für das Problem bedeutsamen Größen gemäß ihrer Abhängigkeit mittels einer mathematischen Abbildung zusammenzutragen, bevor man diese Abbildung dann mit Hilfe der Differentialrechnung analysiert.

Aus diesem Grund steht im ersten Abschnitt die mathematische Funktion *in einer Veränderlichen* samt ihrer Eigenschaften im Vordergrund. Dem folgen erste betriebswirtschaftliche Anwendungen in Gestalt der Elastizität sowie des im Kapitel Finanzmathematik zur Renditeberechnung angesprochenen Newtonverfahrens. Der dritte Abschnitt widmet sich der Differentialrechnung *in mehreren Veränderlichen*, und er legt damit den Grundstein für die darauf aufbauende Extremwertberechnung bzw. Optimierung. Das Kapitel endet mit der Optimierung unter Nebenbedingungen in Form von einzuhaltenden, z. B. produktionsbedingten Restriktionen.

2.1 Funktionen und ihre Eigenschaften

In der betriebswirtschaftlichen Praxis stößt man häufig auf Sachverhalte, die mit Hilfe mathematischer Abbildungen bzw. Funktionen beschrieben werden. Einer Funktion bedient man sich, wenn eine Größe von anderen Größen abhängt. Es folgen Beispiele.

- **Preisabsatz-** oder **Nachfragefunktionen** zeigen, wie sich die am Markt absetzbare Menge eines Gutes bei variierenden Angebotspreisen verhält.
- Man stellt mit Hilfe von **Produktionsfunktionen** im Rahmen eines Produktionsprozesses das Verhältnis zwischen Inputfaktoren und Ausbringungsmengen dar.
- **Erlösfunktionen** beschreiben den Zusammenhang zwischen absetzbaren Gütermengen sowie Verkaufspreisen einerseits und wertmäßigem Umsatz andererseits.
- Die **Konsumfunktion** im Bereich der Makroökonomie gibt den Verbrauch einer Volkswirtschaft in Abhängigkeit vom Volkseinkommen an.

Schließlich erfassen **Kostenfunktionen** die Produktionskosten in Abhängigkeit von den zu produzierenden Mengeneinheiten, dazu das folgende Beispiel einer Dose Ravioli. Eine zylindrische Dose mit Ravioli besteht aus Weißblech. Auf der Außenseite soll die Dose bis auf Deckel und Bodenseite vollständig mit einem Etikett beklebt werden. Seien dazu

a die Kosten des Etiketts der Dose in Cent pro cm^2,

b die Kosten des Blechs der Dose in Cent pro cm^2.

Gesucht ist die minimale Kostenkombination für die Produktion einer solchen Dose unter der Bedingung, dass jede Dose genau 800 ml Ravioli (= 800 cm^3) aufnehmen kann. Bezeichne

> $r > 0$ den Radius der Dosengrundfläche und
>
> $h > 0$ die Höhe der Dose,

so ergeben sich die Gesamtkosten der Dosenherstellung anhand folgender Funktion:

$$K(r, h) = 2\pi \cdot r^2 \cdot b + 2\pi \cdot r \cdot h \cdot (a + b).$$

Da das Volumen der Dose auf 800 ml festgelegt ist, muss zusätzlich folgende Volumenrestriktion als Nebenbedingung eingehalten werden:

$$\pi \cdot r^2 \cdot h = 800.$$

Am Beispiel der Kostenfunktion wird der Unterschied zwischen **Variable** und **Parameter** deutlich. Die Produktionskosten hängen von den Materialkosten für Etikett und Blech ab. Es handelt sich um Größen, die zwar beliebig aber von außen fest vorgegeben sind. Sie können vom Betrieb im Rahmen des Produktionsprozesses nicht beeinflusst werden. Es handelt sich daher um Modellparameter. Demgegenüber kann man Radius und Höhe der Dose in gewissen Grenzen frei wählen. Man spricht von Variablen, also Stellgrößen, durch deren Anpassung das Ziel, eine kostenminimale Produktion, erreicht werden soll. Die Lösung des Problems erfolgt an späterer Stelle, wenn die notwendigen Mittel zur Verfügung stehen.

Definition 2.1
*Eine **Abbildung** f besteht aus zwei Mengen $\mathbb{D}$ und $\mathbb{W}$ sowie einer Abbildungsvorschrift:*

$$f : \mathbb{D} \longrightarrow \mathbb{W} \quad mit \quad x \longmapsto f(x).$$

*Man nennt $\mathbb{D}$ **Definitions-** und $\mathbb{W}$ **Wertebereich**. Ist $\mathbb{W} \subseteq \mathbb{R}$, so spricht man von einer **Funktion**. Die Abbildungsvorschrift gibt an, wie man zu jedem **Urbild** x aus $\mathbb{D}$ eindeutig das Bild $f(x)$ bestimmt. Alle Bilder zusammen ergeben die **Bildmenge** $f(\mathbb{D})$ der Abbildung.*

Die Bildmenge ist eine Teilmenge des Wertebereichs, und es ist zu beachten, dass zwar jedem Urbild anhand der Abbildungsvorschrift eindeutig ein Bild zugeordnet werden muss, umgekehrt aber nicht jedes Element des Wertebereichs auch tatsächlich als Bild aufzutreten braucht. Als Beispiel betrachte man eine **konstante Funktion**

$$f : \mathbb{R} \longrightarrow \mathbb{R} \quad mit \quad x \longmapsto f(x) = 1,$$

die beispielsweise alle Zahlen auf die 1 abbildet. Definitions- und Wertebereich sind jeweils die Menge $\mathbb{R}$ der reellen Zahlen, während die Bildmenge nur aus der Zahl 1 besteht. Weitere elementare Funktionen auf ihrem maximalen Definitionsbereich sind

- **Potenzfunktionen**, z. B. $7x^5$ auf $\mathbb{R}$,
- **Polynome**, z. B. $x^3 + 4x - 3$ auf $\mathbb{R}$,

- **gebrochenrationale Funktionen**, z. B. $-\dfrac{3}{x^2}$ auf $\mathbb{R} \setminus \{0\}$,

- die Wurzelfunktion $\sqrt{x}$ für nichtnegative reelle Zahlen,

- Logarithmusfunktionen, z. B. $\ln(x)$ für positive reelle Zahlen,

- Exponentialfunktionen, z. B. die e-Funktion e^x auf $\mathbb{R}$,

- trigonometrische Funktionen, wie $\sin(x)$ oder $\cos(x)$ auf $\mathbb{R}$ oder

- die **Betragsfunktion** für reelle Zahlen, die durch $|x| = \begin{cases} x, & \text{für } x \geq 0 \\ -x, & \text{für } x < 0 \end{cases}$ definiert ist.

Wenden wir uns den Eigenschaften von Abbildungen zu. Um die Anschauung zu erleichtern, beschränken wir uns stellvertretend für den allgemeinen, mehrdimensionalen Fall auf Funktionen mit $\mathbb{R}$ als Definitionsbereich. Aus Sicht der Optimierung sind zwei Eigenschaften von herausragender Bedeutung, die Stetigkeit und die Differenzierbarkeit.

2.1.1 Stetigkeit

Anschaulich bedeutet die Stetigkeit für Funktionen auf $\mathbb{R}$, dass man den Graph der Funktion in einem durchzeichnen kann, ohne absetzen zu müssen. Die Funktion hat *keine Sprungstellen*, also Stellen, an denen sie unstetig wäre. Als Beispiel nehme man etwa ein Unternehmen, das Sand transportiert und zwischenlagert. Ein Lagerplatz für maximal 100 Mengeneinheiten Sand kostet pauschal 5.000 Euro pro Monat. Ist kein Sand vorhanden, so braucht auch kein Lagerplatz angemietet zu werden, und es fallen keine Kosten an. Wenn das Unternehmen im Normalfall mit 0 bis 200 Mengeneinheiten Sand im Monat rechnet, so ergeben sich die Kosten in Euro anhand der folgenden Kostenfunktion in Abhängigkeit von der in dem betreffenden Monat gelagerten Sandmenge. Die Kostenfunktion muss dazu abschnittsweise definiert werden, d. h. je nachdem, in welchem Abschnitt des Definitionsbereichs man sich befindet, gilt eine andere Abbildungsvorschrift, in diesem Fall je eine Konstante.

$$f : [0, 200] \longrightarrow \mathbb{R} \quad \text{mit} \quad f(x) = \begin{cases} 0, & \text{für } x = 0 \\ 5.000, & \text{für } 0 < x \leq 100 \\ 10.000, & \text{für } 100 < x \leq 200 \end{cases}$$

Am Graph der Funktion lässt sich deutlich erkennen, dass die Kostenfunktion an allen Stellen des Definitionsbereichs stetig ist mit Ausnahme von 0 und 100. An diesen Stellen springt die Kostenfunktion, aufgrund des Umstands, dass das Unternehmen für die vorhandene Sandmenge einen neuen Lagerplatz anmieten muss.

Vom mathematischen Standpunkt her kann die Stetigkeit einer Funktion wie folgt definiert werden. Nähert man sich einer Stelle des Definitionsbereichs beliebig nahe an, so müssen die Funktionswerte der Näherungsfolge gegen den Funktionswert an der betreffenden Stelle streben. Nähert man sich z. B. der Stelle 100 in obigem Beispiel „von unten", also aus der Richtung kleinerer Zahlen, so streben die Funktionswerte gegen 5.000. Nähert man sich demgegenüber „von oben", d. h. aus Richtung größerer Zahlen, so beträgt der Grenzwert 10.000, während der Funktionswert an der Stelle 100, zu erkennen an dem ausgefüllten Punkt im Schaubild, 5.000 beträgt. Die Kostenfunktion ist damit an der Stelle 100 nicht stetig. Gleiches gilt für die Stelle 0

des Definitionsbereichs, wobei man sich diesbezüglich der Stelle nur aus Richtung der positiven
Zahlen nähern kann, da die Funktion für andere Werte nicht definiert ist.

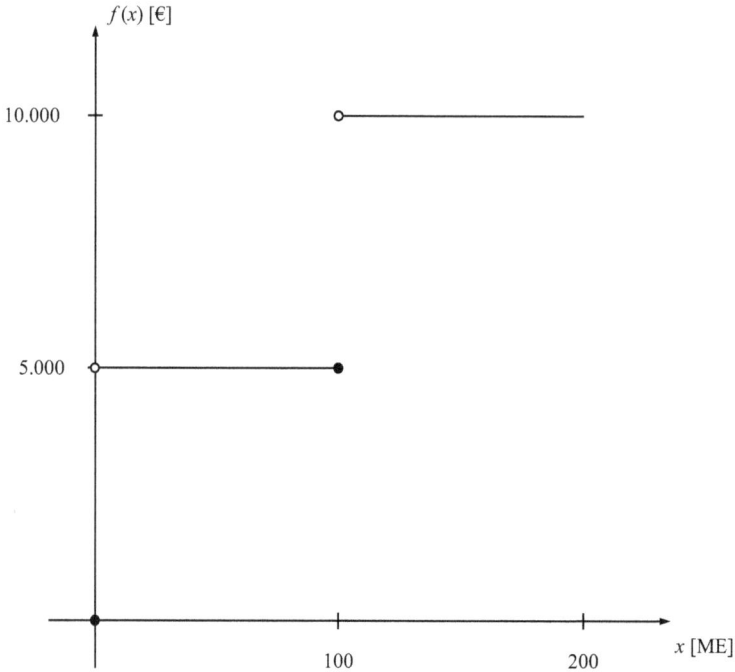

Abb. 2.1: *Unstetige Funktion*

Fasst man die bisherigen Überlegungen in einer Definition zusammen, so lässt sich die Stetigkeit wie folgt definieren.

Definition 2.2
*Eine Funktion f heißt an der Stelle x_0 ihres Definitionsbereichs $\mathbb{D} \subseteq \mathbb{R}$ **stetig**, wenn*

$$\lim_{x \to x_0} f(x) = f(x_0)$$

*gilt. Sie heißt **stetig** auf ganz $\mathbb{D}$, wenn sie an jeder Stelle des Definitionsbereichs stetig ist.*

Alle oben aufgelisteten Funktionen, wie Polynome, Wurzel- oder e-Funktion, sind auf ihrem
gesamten Definitionsbereich stetig, denn sie besitzen keine Sprungstellen. Zudem ist die Komposition, also Summe, Produkt sowie auch die Hintereinanderausführung, stetiger Funktionen
wieder stetig. Daher wird es der Betriebswirt, falls es sich nicht um eine abschnittsweise definierte Funktion handelt, in der Regel im Rahmen seiner Modellierung mit stetigen Funktionen
zu tun haben.

2.1.2   Differenzierbarkeit

Eng verknüpft mit der Stetigkeit ist die Differenzierbarkeit einer Funktion. Man kann zeigen, dass jede differenzierbare Funktion stetig ist, umgekehrt aber nicht jede stetige Funktion differenzierbar sein muss. Für letzteres ist, wie wir noch sehen werden, die Betragsfunktion ein Beispiel. Die Differenzierbarkeit ist also die stärkere Eigenschaft, da aus ihr die Stetigkeit folgt, nicht aber umgekehrt.

Im Zuge der Differenzierbarkeit soll an einer bestimmten Stelle einer Ausgangsfunktion, falls möglich, das Steigungsverhalten, also der zahlenmäßige Zuwachs, in einer infinitesimalen Umgebung um die betreffende Stelle ermittelt werden. Beispielsweise spricht der Volkswirt von **Grenzkosten** oder **Grenzerlösen** und meint damit die Kosten bzw. Erlöse, die von der letzten kleinen Mengeneinheit, die noch dazukommt, verursacht werden. Ein weiteres Beispiel ist die Geschwindigkeit aus dem Themenbereich der Physik, die angibt, wie sich die zurückgelegte Wegstrecke quantitativ verändert, wenn mehr Zeit vergeht.

Das Steigungsverhalten einer Funktion hängt von der jeweils betrachteten Stelle ab, d. h. man ordnet jeder Stelle des Definitionsbereichs die Steigung der Funktion an dieser Stelle zu. Es liegt demnach wieder eine Funktion vor. Man nennt sie (erste) Ableitung der Ausgangsfunktion. Es bleibt die Frage zu beantworten, wie man die Steigung an einer Stelle und damit die Ableitung einer Funktion konkret bestimmt. Dazu betrachte man z. B. einen Studenten, der am Wochenende von einem Hochschulstandort im Rheinland zu seinem Wohnort nach München

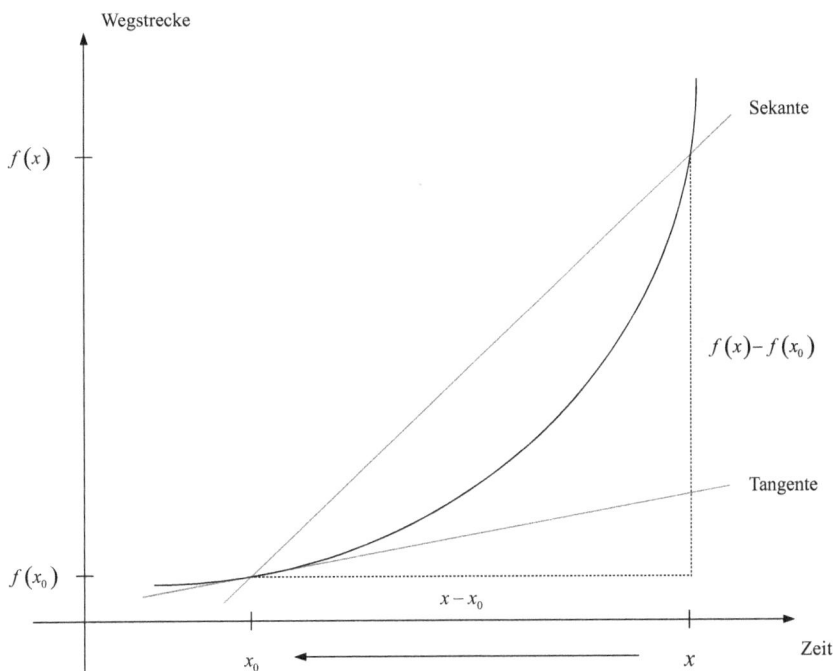

Abb. 2.2: *Ableitung einer differenzierbaren Funktion*

fährt. Wir stellen uns vor, dass im Fahrzeug ein Fahrtenschreiber angebracht ist, mit dessen Hilfe Fahrzeit und zurückgelegte Wegstrecke erfasst werden. Die absolvierte Wegstrecke lässt sich als Funktion in Abhängigkeit von der Zeit beschreiben. Das bedeutet, dass man am Ende der Fahrt anhand der Aufzeichnungen des Fahrtenschreibers exakt ablesen kann, wie viele Kilometer der Gesamtwegstrecke das Fahrzeug zu einem vorgegebenen Zeitpunkt bereits zurückgelegt hatte. Ein Ausschnitt des Graphen der Funktion wird in ein Koordinatensystem eingezeichnet.

Interessiert man sich für die Durchschnittsgeschwindigkeit zwischen zwei Zeitpunkten, so ergibt sich die gesuchte Geschwindigkeit dadurch, dass man die zurückgelegte Wegstrecke durch die dafür benötigte Zeit teilt. Der berechnete Wert, man nennt ihn **Differenzenquotient**, liefert die Durchschnittsgeschwindigkeit, in unserem Fall

$$\frac{f(x) - f(x_0)}{x - x_0}$$

Der Differenzenquotient stellt die Steigung einer so genannten **Sekante** dar, einer Geraden durch den gewählten Anfangs- und Endpunkt. Verringert man den zeitlichen Abstand zwischen beiden Zeitpunkten immer weiter, so bezieht sich die Durchschnittsgeschwindigkeit auf ein immer kürzeres Zeitintervall. Durch eine fortgesetzte Verkürzung des Zeitintervalls wird aus der Durchschnittsgeschwindigkeit im Grenzübergang die Momentangeschwindigkeit zu einem Zeitpunkt und aus den Sekanten als Schnittgeraden wird die **Tangente**, eine Gerade, die den Graph der Funktion nur noch in einem Punkt berührt.

Definition 2.3
*Eine Funktion f heißt an der Stelle x_0 der Definitionsmenge $\mathbb{D} \subseteq \mathbb{R}$ **differenzierbar**, wenn*

$$\lim_{x \to x_0} \frac{f(x) - f(x_0)}{x - x_0}$$

*existiert. Sie heißt **differenzierbar** schlechthin, wenn sie an jeder Stelle des Definitionsbereichs differenzierbar ist. Fasst man alle Grenzwerte zu einer Funktion zusammen, so spricht man von der (ersten) Ableitung der Funktion und schreibt*

$$f' : \mathbb{D} \longrightarrow \mathbb{R} \quad mit \quad f'(x_0) = \lim_{x \to x_0} \frac{f(x) - f(x_0)}{x - x_0} \ .$$

Dass ein eindeutig bestimmter Grenzwert des Differenzenquotienten nicht immer existieren muss, erkennt man an einigen Beispielen. Jede differenzierbare Funktion ist stetig. Aus diesem Grund kann eine nicht stetige Funktion, wie z. B. eine Funktion, die abschnittsweise definiert ist und Sprungstellen hat, nicht differenzierbar sein. Ein anderes Beispiel liefert die Betragsfunktion.

Knüpft man an die Vorstellung an, dass eine stetige Funktion mit reellen Werten auf $\mathbb{R}$ nicht springt, so kann man sich die Eigenschaft einer differenzierbaren Funktion darüber hinaus so vorstellen, dass der Graph der Funktion zudem *glatt* ist, d. h. an keiner Stelle des Definitionsbereichs springt oder einen Knick macht. Wiederum sind die meisten elementaren Funktionen aus obiger Liste auf ihrem gesamten Definitionsbereich differenzierbar. Die **Betragsfunktion** bildet eine Ausnahme, sie ist es an der Stelle 0 nicht. Wie man am Graph der Funktion erkennen kann, hat die Funktion dort einen Knick.

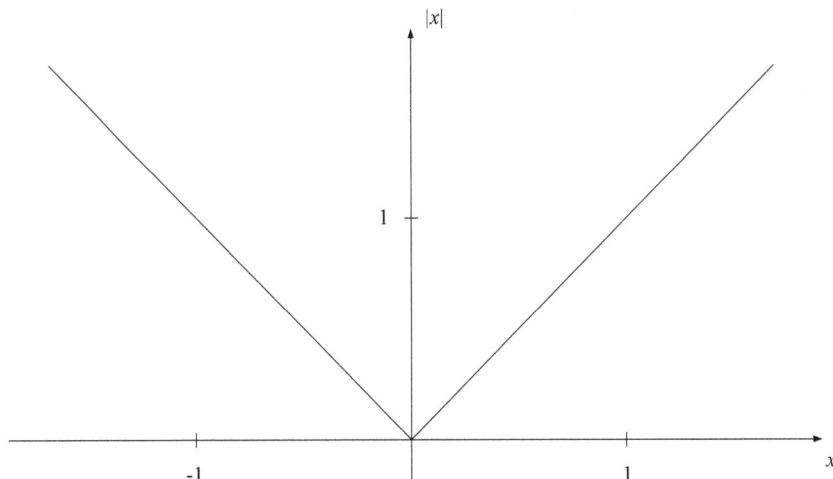

Abb. 2.3: Betragsfunktion

Argumentiert man direkt anhand der Definition der Differenzierbarkeit, so ergeben sich je nach-dem, ob man sich der 0 aus dem Bereich der negativen oder aus dem Bereich der positiven Zahlen nähert, unterschiedliche Grenzwerte.

$$\lim_{x\downarrow 0}\frac{f(x)-f(0)}{x-0} = \lim_{x\downarrow 0}\frac{|x|-|0|}{x} = \lim_{x\downarrow 0}\frac{x}{x} = 1$$

$$\lim_{x\uparrow 0}\frac{f(x)-f(0)}{x-0} = \lim_{x\uparrow 0}\frac{|x|-|0|}{x} = \lim_{x\uparrow 0}\frac{-x}{x} = -1$$

Somit kann die Betragsfunktion an der Stelle 0 aufgrund der mangelnden Eindeutigkeit einer anzugebenden Ableitungsfunktion nicht differenzierbar sein, wohl aber ist sie auf ganz $\mathbb{R}$ stetig. Direkt aus der Definition der Differenzierbarkeit soll exemplarisch eine Ableitung berechnet werden. Dazu geben wir uns die Potenzfunktion

$$f : \mathbb{R} \longrightarrow \mathbb{R} \quad \text{mit} \quad f(x) = x^2$$

vor. Für eine beliebige Stelle $x_0 \in \mathbb{R}$ gilt mit Hilfe der dritten binomischen Formel:

$$f'(x_0) = \lim_{x\to x_0}\frac{f(x)-f(x_0)}{x-x_0} = \lim_{x\to x_0}\frac{x^2-x_0^2}{x-x_0} = \lim_{x\to x_0}\frac{(x-x_0)(x+x_0)}{x-x_0} = \lim_{x\to x_0}(x+x_0) = 2x_0 \,.$$

Demnach lautet die Ableitung der Funktion

$$f' : \mathbb{R} \longrightarrow \mathbb{R} \quad \text{mit} \quad f'(x) = 2x \,.$$

Analog zu stetigen Funktionen ist auch für differenzierbare Funktionen ihre Komposition, al-so z. B. Summe, Produkt oder Hintereinanderausführung, selbst wieder differenzierbar. Eine

Tabelle im Anhang zeigt grundlegende Ableitungen elementarer Funktionen. Die Ableitungs-regeln besagter Kompositionen, wie bspw. Summen-, Produkt- oder Kettenregel, werden in einem der nachfolgenden Abschnitte über die Ableitungen von Funktionen in mehreren Verän-derlichen behandelt. Der Fall der Funktionen einer Veränderlichen ist dann als Spezialfall darin enthalten.

2.2   Betriebswirtschaftliche Anwendungen

Bislang sollte dem Leser ein Gefühl dafür gegeben werden, was Stetigkeit und Differenzierbar-keit im Hinblick auf eine Funktion sind, und wie man sie im Eindimensionalen mathematisch exakt definiert. Aus dieser Sicht muss das bisher Gesagte mehr als Motivation denn als ab-schließende thematische Abhandlung gesehen werden. Bevor wir uns weiter mit Ableitungen und ihrer Berechnung im Einzelnen beschäftigen, sollen zunächst Anwendungen der Differen-tialrechnung im betriebswirtschaftlichen Kontext aufgezeigt werden. Es handelt sich um das Thema Elastizität bzw. um das Newtonverfahren.

2.2.1   Elastizität

Verändert man den Verkaufspreis einer Ware am Absatzmarkt, so hat das direkte Auswirkun-gen auf die nachgefragte Menge. Wenn eine bestimmte Ware z. B. insgesamt teurer wird, dann können oder wollen sich im Allgemeinen weniger Personen das betreffende Gut leisten, was zu einem Rückgang der absetzbaren Menge führt. Gesucht ist ein Maß für die Stärke der Nachfra-geschwankung im Vergleich zur Variation des Preises.

Betrachten wir eine Preisabsatzfunktion, mit Hilfe derer die absetzbare Menge eines Gutes $f(x)$ in Abhängigkeit vom Angebotspreis x wiedergegeben wird. Seien x_0 bzw.

$$f_0 = f(x_0)$$

der aktuelle Verkaufspreis mit der dazugehörigen maximal absetzbaren Verkaufsmenge. Stellt sich am Markt ein neuer Verkaufspreis x ein, so ergibt sich ein Verhältnis der **absoluten Ände-rungen** von Menge zu Preis in Höhe von

$$\frac{f(x) - f(x_0)}{x - x_0}$$

Mengeneinheiten pro Geldeinheiten. Verändert man den Preis nur geringfügig, so scheint auf-grund dieser Überlegung, die Ableitung der Preisabsatzfunktion an der Stelle des aktuellen Ver-kaufspreises ein geeignetes Maß für die Änderungsrate zu sein. Jedoch birgt die Verwendung der Ableitung einen gravierenden Nachteil, sie ist nicht *dimensionslos*, d. h. die Änderungsrate ist abhängig von den verwendeten Einheiten, in denen die Größen gemessen werden. Verdeutli-chen wir diesen Umstand an einem Beispiel und messen die Absatzmenge in Kilogramm sowie den Preis in Euro. Angenommen der Absatz sinkt bei einer Preissteigerung von einem Euro um 50 kg. Würde man anstatt in Euro in Cent rechnen und anstatt in Kilogramm in Gramm, dann wäre die Änderungsrate rein numerisch nicht 50, sondern 500, denn unter Berücksichtigung der Einheiten ergibt sich

$$50 \, \frac{\text{kg}}{\text{€}} = 50 \, \frac{1.000 \, \text{g}}{100 \, \text{Ct}} = 500 \, \frac{\text{g}}{\text{Ct}} \, .$$

Wünscht man eine dimensionslose Maßzahl, dann muss man vom Verhältnis der absoluten Änderungen zum Verhältnis der **relativen Änderungen** übergehen, so dass sich die Einheiten herausheben. Demnach erhält man

$$\frac{\frac{f(x) - f(x_0)}{f(x_0)}}{\frac{x - x_0}{x_0}} = \frac{f(x) - f(x_0)}{x - x_0} \cdot \frac{x_0}{f(x_0)} \approx f'(x_0) \cdot \frac{x_0}{f(x_0)}$$

als dimensionsloses und daher geeignetes Maß für die Änderungsrate. Man nennt diese Änderungsrate (Preis-) Elastizität, da sie angibt, wie elastisch, d.h. wie stark, die Nachfrage am Markt auf Preisschwankungen reagiert.

Definition 2.4
Sei f eine in $x \in \mathbb{R}$ differenzierbare Funktion, für die zudem $f(x) \neq 0$ gilt. Dann heißt

$$\varepsilon_f(x) = x \cdot \frac{f'(x)}{f(x)}$$

Elastizität *der Funktion an der betreffenden Stelle. Im Hinblick auf betriebswirtschaftliche Anwendungen nennt man die Funktion an der Stelle x*

    elastisch*, wenn $|\varepsilon_f(x)| > 1$ gilt,*

    einselastisch*, wenn $|\varepsilon_f(x)| = 1$ gilt,*

    unelastisch*, wenn $|\varepsilon_f(x)| < 1$ gilt.*

Die Elastizität gibt näherungsweise an, um wie viel Prozent sich der Funktionswert ändert, wenn man x um 1 % variiert. Ist bspw. eine Preisabsatzfunktion elastisch, so führen relativ kleine Preisänderungen bereits zu verhältnismäßig großen Schwankungen in der Nachfrage. Dies ist z.B. bei **Substitutionsgütern** der Fall oder bei Gütern, die man nicht unbedingt zum täglichen Leben braucht, auf die man also verzichten kann. Ändert sich demgegenüber bei kleinen Preisschwankungen die Nachfrage kaum, d.h. ist die Preisabsatzfunktion unelastisch, dann handelt es sich in der Regel um wenig substituierbare Güter, wie z.B. Grundnahrungsmittel.

Zum Abschluss betrachten wir folgendes Rechenbeispiel. Sei die Nachfrage nach einem Gut bei einem Preis zwischen 0 und 2 Euro durch die Preisabsatzfunktion

$$f : [0, 2[\longrightarrow]0, 1] \quad \text{mit} \quad f(x) = -\frac{x}{2} + 1$$

gegeben. Für welche Preise ist die Funktion elastisch? Laut Definition ist die Funktion genau dann elastisch, wenn

$$|\varepsilon_f(x)| = \left| x \cdot \frac{f'(x)}{f(x)} \right| > 1$$

gilt. Setzt man die Ableitung und den Funktionswert an der Stelle x in die Formel ein, so erhält man folgende Herleitung:

$$\left| x \cdot \frac{f'(x)}{f(x)} \right| = \left| x \cdot \frac{-\frac{1}{2}}{-\frac{x}{2} + 1} \right| = \left| \frac{x}{x - 2} \right| > 1 \iff |x| > |x - 2| \iff x > 2 - x \iff x > 1.$$

Unter Hinzunahme des vorgegebenen Definitionsbereichs ist demnach die Nachfrage für Verkaufspreise zwischen 1 und 2 Euro, jeweils ausschließlich, elastisch, d. h. dass in diesem Bereich verhältnismäßig kleine Preisschwankungen zu relativ großen Absatzschwankungen am Markt führen.

2.2.2   Newtonverfahren

Im Rahmen der Renditeberechnung einer Investitionsfolge, vgl. Kap. 1.4.2, hat man erkannt, dass die mathematische Modellierung der Fragestellung zu einem Nullstellenproblem führt. Ist man an den Nullstellen einer Funktion interessiert, so gibt es prinzipiell zwei Arten diese zu bestimmen. Man kann sie analytisch exakt ausrechnen, oder man kann sie näherungsweise angeben. Für die Verwendung von numerischen Näherungs- oder Approximationsverfahren gibt es im Wesentlichen zwei Gründe, zum einen muss es für ein vorliegendes Problem keine geschlossene analytische Lösungsform geben, zum anderen mag es die rechnerunterstützte Lösung des Problem bedingen, dass ein approximativer Algorithmus einem analytischen Verfahren vorgezogen wird. Möchte man z. B. die Nullstellen eines Polynoms zweiten Grades ausrechnen, dann wendet man zur analytischen Lösung des Problems ggf. die bekannte Formel zur Lösung quadratischer Gleichungen an. Mit steigendem Grad des Polynoms wird die allgemeine analytische Darstellung der Nullstellen immer komplizierter bis es schließlich, ab einem gewissen Grad, nachweislich keine geschlossene Lösungsform mehr gibt. Es bleibt dann nichts anderes übrig, als sich eines Näherungsverfahrens zu bedienen.

Das Newtonverfahren ist ein numerisches Approximationsverfahren, mit Hilfe dessen die Nullstellen einer Funktion bestimmt werden können. Seine Stärken liegen in der universellen Anwendbarkeit sowie der im Allgemeinen schnellen Konvergenz. Zur Idee des Verfahrens betrachte man das anschließende Schaubild. Die Annäherung an die Nullstelle einer Funktion mit Hilfe des Newtonverfahrens erfolgt iterativ, d. h. schrittweise. Zunächst benötigt man einen Startwert, der zu raten ist oder durch Ausprobieren ermittelt wird. Im Fall eines Zinssatzes in Form der Rendite gibt es hinreichend viele praktische Erfahrungswerte, so dass das Auffinden eines geeigneten Startwerts meist keine Probleme bereitet. Beispielsweise liegt die Durchschnittsrendite für Lebensversicherungen im langjährigen Mittel um die 5 %.

Das Schaubild auf Seite 45 zeigt den Graph einer Funktion, an deren Nullstelle z man interessiert ist. Sei x_0 als Startwert gegeben, dann gilt

$$f'(x_0) = \frac{f(x_0) - 0}{x_0 - x_1}$$

für die Steigung der Tangente an den Graph der Funktion an dieser Stelle. Löst man die Gleichung nach der Schnittstelle x_1 der Tangente mit der Abszisse auf, so erhält man

$$x_1 = x_0 - \frac{f(x_0)}{f'(x_0)}$$

unter der Annahme, dass der Quotient existiert, d. h. dass die Ableitung der Funktion an der Stelle x_0 ungleich 0 ist. Die Stelle x_1 liegt der gesuchten Nullstelle z näher als der Startwert. Mit x_1 als neuem Startwert setzt man das Verfahren fort, um sich z schrittweise weiter zu nähern.

Das Newtonverfahren funktioniert nicht immer. Es hängt von der Gestalt der gegebenen Funktion ab, ob das Verfahren konvergiert, also gegen die gesuchte Nullstelle strebt. Der folgende Satz fasst den Sachverhalt zusammen.

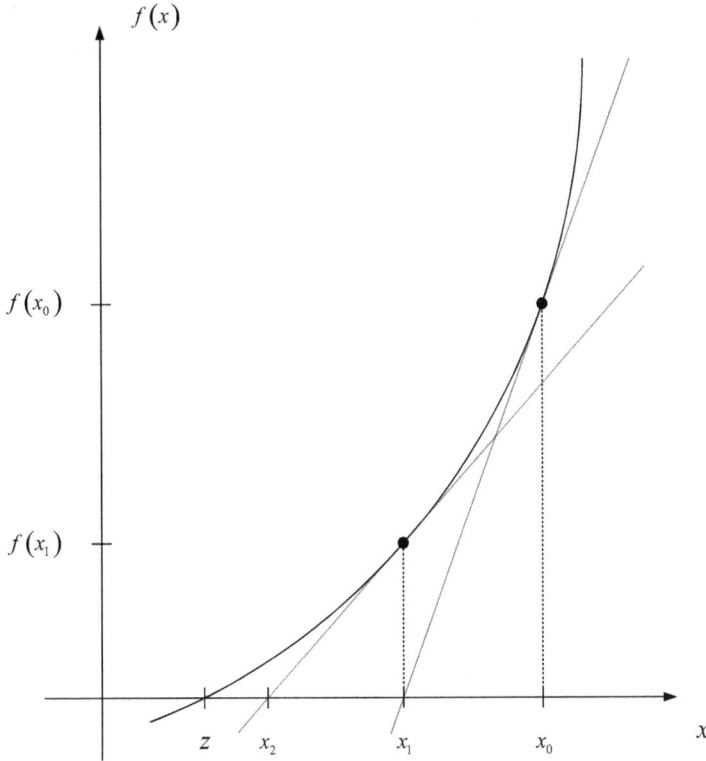

Abb. 2.4: *Newtonverfahren*

Satz 2.5

Sei $f : \mathbb{D} \longrightarrow \mathbb{R}$ eine auf einem offenen Intervall $\mathbb{D} \subseteq \mathbb{R}$ zweimal stetig differenzierbare Funktion, d. h. die ersten beiden Ableitungen von f existieren und sind stetig, und sei $z \in \mathbb{D}$ eine einfache Nullstelle. Einfache Nullstelle bedeutet, dass $f(z) = 0$ aber $f'(z) \neq 0$ gilt. Dann konvergiert die Folge

$$x_{n+1} = x_n - \frac{f(x_n)}{f'(x_n)}$$

für n gegen ∞ gegen die Nullstelle z, wenn als Startwert x_0 ein Wert aus einer Umgebung U von z so gewählt wird, dass für eine feste Konstante $c < 1$ gilt

$$\left| \frac{f(x) \cdot f''(x)}{(f'(x))^2} \right| < c$$

für alle $x \in U$. Man nennt diese iterative Approximation **Newtonverfahren.**

Begründung

Der Beweis des Satzes kann z. B. in Schindler [59], S. 171ff., nachgelesen werden.

Ist die Funktion stetig aber nicht differenzierbar, so benutzt man Sekanten anstelle von Tangenten. Der Differenzenquotient ersetzt die erste Ableitung, und man stößt auf

$$x_{n+1} = x_n - f(x_n) \cdot \frac{x_n - x_{n-1}}{f(x_n) - f(x_{n-1})}$$

als Iterationsvorschrift. In diesem Fall werden zwei Startwerte benötigt, für die gilt, dass der eine einen Funktionswert größer 0, der andere einen Funktionswert kleiner 0 hat, also

$$f(x_0) \cdot f(x_1) < 0$$

gilt. Es handelt sich um ein Verfahren aus dem Bereich der linearen Interpolation, das man **Regula Falsi** nennt.

Zur Illustration des Newtonverfahrens wenden wir uns einem ersten Anwendungsbeispiel zu. Man stelle sich vor, man möchte die Wurzel der Zahl 2 ohne Hilfsmittel ausrechnen bzw. man hätte nur einen einfachen Taschenrechner zur Verfügung, der lediglich die Grundrechenarten beherrscht aber keine Wurzel ausrechnen kann. Die Wurzel der Zahl 2 ist positive Nullstelle des Polynoms

$$f : \mathbb{R} \longrightarrow \mathbb{R} \quad \text{mit} \quad f(x) = x^2 - 2 \,.$$

Die ersten beiden Ableitungen der Funktion auf $\mathbb{R}$ sind gegeben durch

$$f'(x) = 2x \quad \text{bzw.} \quad f''(x) = 2 \,.$$

Beide Ableitungen sind stetig, $\sqrt{2}$ ist nur einfache Nullstelle der vorliegenden Funktion, und für alle $x \in {]1, \infty]}$ gilt

$$\left| \frac{f(x) \cdot f''(x)}{(f'(x))^2} \right| = \left| \frac{2 \cdot (x^2 - 2)}{4x^2} \right| = \left| \frac{1}{2} - \frac{1}{x^2} \right| < \frac{1}{2} = c \,,$$

so dass alle Voraussetzungen des Newtonverfahrens erfüllt sind. Laut der letzten Rechnung darf jede Zahl $x_0 > 1$ als Startwert eingesetzt werden. Nimmt man wegen

$$1^2 = 1 < 2 \quad \text{bzw.} \quad 2^2 = 4 > 2$$

den Mittelwert 1,5 der beiden Zahlen 1 und 2 als Startwert, so folgt schrittweise

$$x_0 = \frac{3}{2} \,,$$

$$x_1 = x_0 - \frac{f(x_0)}{f'(x_0)} = \frac{3}{2} - \frac{\frac{9}{4} - 2}{3} = \frac{3}{2} - \frac{1}{12} = \frac{17}{12} = 1,41\bar{6} \,,$$

$$x_2 = x_1 - \frac{f(x_1)}{f'(x_1)} = \frac{17}{12} - \frac{\left(\frac{17}{12}\right)^2 - 2}{\frac{17}{6}} = \frac{17}{12} - \frac{1}{24 \cdot 17} = \frac{577}{408} \approx 1,4142157 \,, \text{ usw.}$$

Ein Vergleich mit dem exakten Wert $\sqrt{2} \approx 1,4142136$ zeigt, dass man sich mittels der Approximation bereits auf fünf Nachkommastellen genau dem tatsächlichen Wert genähert hat.

Ein zweites Beispiel stammt aus dem Bereich der Finanzmathematik. Ein Sparguthaben, das durch zehn vorschüssige Jahreszahlungen von je 1.200 Euro angesammelt wurde, betrug am Ende des zehnten Jahres 16.250 Euro. Man fragt nach dem Effektivzinssatz, der dem Geschäft zugrunde liegt.

Da es sich um eine konstante vorschüssige Rente handelt, verfolgt man den Ansatz

$$1.200 \cdot \text{REF}_{\text{vor}}(10, i) = 16.250 \quad \text{mit} \quad \text{REF}_{\text{vor}}(n, i) = \frac{q^n - 1}{q - 1} \cdot q.$$

Setzt man alle Werte ein, so ergibt sich durch einfaches Umformen:

$$\frac{q^{10} - 1}{q - 1} \cdot q = \frac{325}{24}$$

$$\Longleftrightarrow 24q^{11} - 24q = 325q - 325$$

$$\Longleftrightarrow 24q^{11} - 349q + 325 = 0$$

Demnach ist zur Bestimmung des Effektivzinssatzes eine Nullstelle des Polynoms

$$f(q) = 24q^{11} - 349q + 325$$

gesucht, und eine Anwendung des Newtonverfahrens liefert mit $q_0 = 1{,}05$ die Werte

$$q_1 = 1{,}054959452, \quad q_2 = 1{,}054457497, \quad q_3 = 1{,}054452103, \quad \text{usw.}$$

Der Effektivzinssatz des Geschäfts beträgt somit auf zwei Nachkommastellen genau 5,45 %.

2.3   Differentialrechnung in mehreren Veränderlichen

Betriebswirtschaftliche Optimierungsfragen hängen selten von nur einer Veränderlichen ab. Stattdessen hat man in der Regel viele Variablen bzw. Stellgrößen zur Verfügung, um ein Problem zu lösen. Daher widmen wir uns in diesem Abschnitt der Differentialrechnung mehrerer Veränderlicher. In den Betrachtungen ist die herkömmliche Differentialrechnung in einer Veränderlichen als Spezialfall enthalten. Statt mit einer Variablen x hat man es entsprechend mit mehreren Variablen zu tun, die man in einem **Vektor** zusammenfasst. Wir schreiben z. B.

$$\vec{x} = (x_1, x_2) \in \mathbb{R}^2, \quad \vec{x} = (x, y, z) \in \mathbb{R}^3 \quad \text{oder allgemein} \quad \vec{x} = (x_1, \ldots, x_n) \in \mathbb{R}^n.$$

Neben Vektoren werden wir in den anschließenden Ausführungen auch auf Matrizen treffen. Der folgende Abschnitt fasst vor diesem Hintergrund die wesentlichen Aussagen zum Thema Matrizen zusammen.

2.3.1   Matrizen

Eine Matrix ist nichts anderes als eine Tabelle mit Zeilen und Spalten. An den einzelnen Plätzen innerhalb der Tabelle stehen Zahlen. Dabei ist genau zu spezifizieren, um welche Art Zahl es sich handeln darf. Gemeinhin werden es reelle Zahlen sein. Einen Vektor kann man sich als spezielle Matrix vorstellen, die nur eine Zeile bzw. nur eine Spalte besitzt.

Definition 2.6

*Eine Tabelle reeller Zahlen mit m Zeilen und n Spalten wird (m × n)-**Matrix** genannt:*

$$\begin{pmatrix} a_{11} & a_{12} & \dots & a_{1n} \\ a_{21} & a_{22} & \dots & a_{2n} \\ \vdots & \vdots & \ddots & \vdots \\ a_{m1} & a_{m2} & \dots & a_{mn} \end{pmatrix}$$

Jeder Platzhalter einer Zahl trägt zwei Indizes, der erste steht für die Nummer der Zeile, der zweite steht für die Nummer der Spalte. Daraus ergibt sich folgende Kurzschreibweise:

$$(a_{ij})_{\substack{i=1,\dots,m \\ j=1,\dots,n}}$$

Die Menge aller reellen (m × n)-Matrizen wird mit dem Symbol $\mathbb{R}^{m \times n}$ bezeichnet.

Als Beispiel nehme man ein Krankenhaus, das die Inhaltsstoffe Fett, Kohlenhydrate, Eiweiß und Ballaststoffe der drei Mahlzeiten Frühstück, Mittag- und Abendessen eines Tages, gemessen in diversen Mengeneinheiten, anhand einer Matrix zusammenstellt. Einigt man sich darauf, die Inhaltsstoffe in den Zeilen und die Mahlzeiten in den Spalten abzutragen, so erhält man in übersichtlicher Form:

$$\begin{pmatrix} 1 & 3 & 2 \\ 8 & 4 & 5 \\ 3 & 2 & 4 \\ 1 & 7 & 3 \end{pmatrix} \in \mathbb{R}^{4 \times 3}.$$

Beispielsweise enthält das Frühstück acht Mengeneinheiten Kohlenhydrate, im Mittagessen sind sieben Mengeneinheiten Ballaststoffe enthalten, und beim Genuss des Abendessens nimmt der Patient vier Mengeneinheiten Eiweiß auf. Verfährt man für die Mahlzeiten des nächsten Tages genauso

$$\begin{pmatrix} 2 & 4 & 1 \\ 5 & 3 & 2 \\ 6 & 3 & 9 \\ 1 & 5 & 0 \end{pmatrix} \in \mathbb{R}^{4 \times 3},$$

dann lässt sich an dem Beispiel erkennen, wie man im Allgemeinen mit Matrizen rechnet. Möchte man nämlich wissen, wie viel der Inhaltsstoffe ein Patient an beiden Tagen in der Summe zu sich genommen hat, dann wird man die einzelnen Komponenten der Matrizen jeweils zueinander aufaddieren. Würde der Patient zweimal genau das gleiche essen, dann wäre jede Komponente der Matrix mit 2 zu multiplizieren. Genauso werden die Matrizenaddition bzw. die Multiplikation einer Matrix mit einer Zahl, man spricht von Skalarmultiplikation, erklärt, indem man komponentenweise rechnet.

Definition 2.7

*Für eine Zahl $\alpha \in \mathbb{R}$ sowie zwei Matrizen $A, B \in \mathbb{R}^{m \times n}$ definiert man die **Matrizenaddition** bzw. die **Skalarmultiplikation** komponentenweise durch*

$$A + B = \begin{pmatrix} a_{11} & a_{12} & \cdots & a_{1n} \\ a_{21} & a_{22} & \cdots & a_{2n} \\ \vdots & \vdots & \ddots & \vdots \\ a_{m1} & a_{m2} & \cdots & a_{mn} \end{pmatrix} + \begin{pmatrix} b_{11} & b_{12} & \cdots & b_{1n} \\ b_{21} & b_{22} & \cdots & b_{2n} \\ \vdots & \vdots & \ddots & \vdots \\ b_{m1} & b_{m2} & \cdots & b_{mn} \end{pmatrix}$$

$$= \begin{pmatrix} a_{11} + b_{11} & a_{12} + b_{12} & \cdots & a_{1n} + b_{1n} \\ a_{21} + b_{21} & a_{22} + b_{22} & \cdots & a_{2n} + b_{2n} \\ \vdots & \vdots & \ddots & \vdots \\ a_{m1} + b_{m1} & a_{m2} + b_{m2} & \cdots & a_{mn} + b_{mn} \end{pmatrix}$$

bzw.

$$\alpha \cdot A = \alpha \cdot \begin{pmatrix} a_{11} & a_{12} & \cdots & a_{1n} \\ a_{21} & a_{22} & \cdots & a_{2n} \\ \vdots & \vdots & \ddots & \vdots \\ a_{m1} & a_{m2} & \cdots & a_{mn} \end{pmatrix} = \begin{pmatrix} \alpha \cdot a_{11} & \alpha \cdot a_{12} & \cdots & \alpha \cdot a_{1n} \\ \alpha \cdot a_{21} & \alpha \cdot a_{22} & \cdots & \alpha \cdot a_{2n} \\ \vdots & \vdots & \ddots & \vdots \\ \alpha \cdot a_{m1} & \alpha \cdot a_{m2} & \cdots & \alpha \cdot a_{mn} \end{pmatrix}$$

Es ist darauf zu achten, dass Matrizen nur dann sinnvoll addiert werden können, wenn sie dieselbe Dimension besitzen, d. h. dieselbe Zeilen- und Spaltenanzahl. Demgegenüber ist an die Durchführung der Skalarmultiplikation keine besondere Voraussetzung geknüpft.

Gibt man sich in obigem Beispiel $\alpha = 2$ sowie die beiden Matrizen

$$A = \begin{pmatrix} 1 & 3 & 2 \\ 8 & 4 & 5 \\ 3 & 2 & 4 \\ 1 & 7 & 3 \end{pmatrix}, B = \begin{pmatrix} 2 & 4 & 1 \\ 5 & 3 & 2 \\ 6 & 3 & 9 \\ 1 & 5 & 0 \end{pmatrix} \in \mathbb{R}^{4 \times 3}$$

vor, dann gilt für Summe

$$A + B = \begin{pmatrix} 1 & 3 & 2 \\ 8 & 4 & 5 \\ 3 & 2 & 4 \\ 1 & 7 & 3 \end{pmatrix} + \begin{pmatrix} 2 & 4 & 1 \\ 5 & 3 & 2 \\ 6 & 3 & 9 \\ 1 & 5 & 0 \end{pmatrix} = \begin{pmatrix} 3 & 7 & 3 \\ 13 & 7 & 7 \\ 9 & 5 & 13 \\ 2 & 12 & 3 \end{pmatrix} \in \mathbb{R}^{4 \times 3}$$

und für die Skalarmultiplikation

$$\alpha \cdot A = 2 \cdot \begin{pmatrix} 1 & 3 & 2 \\ 8 & 4 & 5 \\ 3 & 2 & 4 \\ 1 & 7 & 3 \end{pmatrix} = \begin{pmatrix} 2 & 6 & 4 \\ 16 & 8 & 10 \\ 6 & 4 & 8 \\ 2 & 14 & 6 \end{pmatrix} \in \mathbb{R}^{4 \times 3}.$$

Außer Matrizen zu addieren oder mit einer Zahl zu multiplizieren, lassen sich Matrizen, wenn auch nicht immer, miteinander multiplizieren.

Definition 2.8

*Seien $A \in \mathbb{R}^{m \times n}$ und $B \in \mathbb{R}^{n \times p}$ Matrizen, bezüglich derer die Spaltenanzahl von A gleich der Zeilenanzahl von B ist. Nur genau dann existiert das **Matrizenprodukt***

$$C = A \cdot B \in \mathbb{R}^{m \times p} \text{ definiert durch } c_{ik} = \sum_{j=1}^{n} a_{ij} \cdot b_{jk} \text{ als Berechnungsvorschrift,}$$

wobei $C = (c_{ik})_{\substack{i=1,\ldots,m \\ k=1,\ldots,p}}$ und $A = (a_{ij})_{\substack{i=1,\ldots,m \\ j=1,\ldots,n}}$ bzw. $B = (b_{jk})_{\substack{j=1,\ldots,n \\ k=1,\ldots,p}}$ gilt.

Verdeutlichen wir die Berechnung eines Matrizenprodukts an einem Beispiel. Seien dazu

$$A = \begin{pmatrix} 1 & -3 & 2 \\ 0 & 4 & -5 \end{pmatrix} \in \mathbb{R}^{2 \times 3} \quad \text{und} \quad B = \begin{pmatrix} 2 & 4 & -1 & 0 \\ 5 & -3 & 2 & 1 \\ 6 & 3 & 9 & 2 \end{pmatrix} \in \mathbb{R}^{3 \times 4}.$$

Aufgrund der vorliegenden Dimensionen kann $A \cdot B$ bestimmt werden, nicht aber das Produkt $B \cdot A$ mit vertauschten Rollen. Zur Kalkulation von

$$C = A \cdot B \in \mathbb{R}^{2 \times 4}$$

sind gemäß der obigen Berechnungsvorschrift die einzelnen Komponenten von C separat zu berechnen. Exemplarisch zeigen wir die Berechnung der Komponente in der zweiten Zeile, vierte Spalte der Ergebnismatrix. Dazu nehme man die zweite Zeile von A sowie die vierte Spalte von B und rechnet

$$c_{2,4} = \sum_{j=1}^{3} a_{2,j} \cdot b_{j,4} = a_{2,1} \cdot b_{1,4} + a_{2,2} \cdot b_{2,4} + a_{2,3} \cdot b_{3,4} = 0 \cdot 0 + 4 \cdot 1 + (-5) \cdot 2 = -6.$$

Analog sind alle restliche Komponenten zu bilden, und man erhält als Endergebnis:

$$C = \begin{pmatrix} -1 & 19 & 11 & 1 \\ -10 & -27 & -37 & -6 \end{pmatrix} \in \mathbb{R}^{2 \times 4}.$$

Im Gegensatz zu den Rechenregeln für reelle Zahlen darf bezüglich der Produktbildung bei Matrizen die Reihenfolge nicht vertauscht werden, d. h. das Matrizenprodukt ist nicht **kommutativ**. Wie das Beispiel gerade gezeigt hat, muss das Produkt bei Vertauschung der Reihenfolge nicht notwendiger Weise existieren. Doch selbst wenn es existieren sollte, muss noch lange nicht dasselbe Ergebnis herauskommen, wie folgendes Beispiel zeigt:

$$\begin{pmatrix} 1 & 2 & 3 \\ 1 & 0 & 1 \end{pmatrix} \cdot \begin{pmatrix} 1 & 4 \\ 0 & 3 \\ 2 & 0 \end{pmatrix} = \begin{pmatrix} 1+0+6 & 4+6+0 \\ 1+0+2 & 4+0+0 \end{pmatrix} = \begin{pmatrix} 7 & 10 \\ 3 & 4 \end{pmatrix} \in \mathbb{R}^{2\times2} \text{ aber}$$

$$\begin{pmatrix} 1 & 4 \\ 0 & 3 \\ 2 & 0 \end{pmatrix} \cdot \begin{pmatrix} 1 & 2 & 3 \\ 1 & 0 & 1 \end{pmatrix} = \begin{pmatrix} 1+4 & 2+0 & 3+4 \\ 0+3 & 0+0 & 0+3 \\ 2+0 & 4+0 & 6+0 \end{pmatrix} = \begin{pmatrix} 5 & 2 & 7 \\ 3 & 0 & 3 \\ 2 & 4 & 6 \end{pmatrix} \in \mathbb{R}^{3\times3}.$$

Selbst wenn die beiden Matrizen **quadratisch** sind, also genauso viele Zeilen wie Spalten besitzen, und damit das Matrizenprodukt egal für welche Reihenfolge bildbar ist und dieselbe Dimension hat, spielt die Reihenfolge dennoch eine entscheidende Rolle:

$$\begin{pmatrix} 1 & 2 \\ 3 & 4 \end{pmatrix} \cdot \begin{pmatrix} 1 & 0 \\ 0 & 0 \end{pmatrix} = \begin{pmatrix} 1 & 0 \\ 3 & 0 \end{pmatrix} \neq \begin{pmatrix} 1 & 2 \\ 0 & 0 \end{pmatrix} = \begin{pmatrix} 1 & 0 \\ 0 & 0 \end{pmatrix} \cdot \begin{pmatrix} 1 & 2 \\ 3 & 4 \end{pmatrix}.$$

Zieht man sich auf quadratische Matrizen zurück und gibt sich eine Zeilen- bzw. Spaltenanzahl fest vor, so trifft man auf besondere algebraische Strukturen, vergleichbar denen, die man aus der Menge der reellen Zahlen her kennt. Die reellen Zahlen besitzen bezüglich der Multiplikation ein neutrales Element. Es handelt sich um die Zahl 1, da für jede reelle Zahl mit Ausnahme der 0 gilt:

$$1 \cdot x = x \cdot 1 = x.$$

Ferner existiert zu jedem $x \neq 0$ ein eindeutig bestimmtes **multiplikativ inverses Element**, das mit x multipliziert 1 ergibt. Es handelt sich um den Kehrwert. Ähnliches gilt für quadratische Matrizen. Das neutrale Element in Abhängigkeit von $n \in \mathbb{N}$ ist die **Einheitsmatrix**

$$E_n = \begin{pmatrix} 1 & 0 & \dots & 0 \\ 0 & 1 & \dots & 0 \\ \vdots & \vdots & \ddots & \vdots \\ 0 & 0 & \dots & 1 \end{pmatrix} \in \mathbb{R}^{n\times n}$$

und für quadratische Matrizen mit zwei Zeilen bzw. Spalten rechnet man nach, dass

$$\begin{pmatrix} 1 & 1 \\ 1 & 0 \end{pmatrix} \cdot \begin{pmatrix} 0 & 1 \\ 1 & -1 \end{pmatrix} = \begin{pmatrix} 0 & 1 \\ 1 & -1 \end{pmatrix} \cdot \begin{pmatrix} 1 & 1 \\ 1 & 0 \end{pmatrix} = \begin{pmatrix} 1 & 0 \\ 0 & 1 \end{pmatrix}$$

gilt, weswegen $\begin{pmatrix} 0 & 1 \\ 1 & -1 \end{pmatrix}$ die multiplikativ inverse Matrix zu $\begin{pmatrix} 1 & 1 \\ 1 & 0 \end{pmatrix}$ ist und umgekehrt.

Im Gegensatz zu den reellen Zahlen besitzt aber nicht jede Matrix, die wenigstens eine Komponente ungleich 0 besitzt, eine multiplikativ Inverse. Dies gilt z. B. für die Matrix

$$\begin{pmatrix} 1 & 0 \\ 0 & 0 \end{pmatrix}, \quad \text{da} \quad \begin{pmatrix} 1 & 0 \\ 0 & 0 \end{pmatrix} \cdot \begin{pmatrix} a & b \\ c & d \end{pmatrix} = \begin{pmatrix} a & b \\ 0 & 0 \end{pmatrix} \neq \begin{pmatrix} 1 & 0 \\ 0 & 1 \end{pmatrix}.$$

Im Hinblick auf eine Matrix A schreibt man für die multiplikativ inverse Matrix, falls sie existiert, in Analogie zum Kehrwert reeller Zahlen A^{-1}. Aufgrund der Forderung

$$A \cdot A^{-1} = A^{-1} \cdot A = E_n \in \mathbb{R}^{n \times n}$$

muss sowohl die Matrix als auch ihre Inverse notwendiger Weise quadratisch sein.

Satz 2.9
Seien A, B und C Matrizen. Dann gelten, sofern die entsprechenden Produkte gebildet werden können, folgende Gesetze:

> *das **Assoziativgesetz** $A \cdot (B \cdot C) = (A \cdot B) \cdot C$,*
>
> *die **Distributivgesetze** $(A + B) \cdot C = A \cdot C + B \cdot C$ und $A \cdot (B + C) = A \cdot B + A \cdot C$.*

Begründung
Man rechnet die Gesetze ausgehend von der Matrizenmultiplikation laut Definition 2.8 nach.
∎

Eine für manche Formel nützliche Schreibweise wird durch folgende Definition eingeführt.

Definition 2.10
*Sei $A \in \mathbb{R}^{m \times n}$ eine Matrix, dann bildet man die zu A **transponierte Matrix** $A^T \in \mathbb{R}^{n \times m}$ durch Vertauschen von Zeilen und Spalten, d. h.*

$$A = \begin{pmatrix} a_{11} & a_{12} & \cdots & a_{1n} \\ a_{21} & a_{22} & \cdots & a_{2n} \\ \vdots & \vdots & \ddots & \vdots \\ a_{m1} & a_{m2} & \cdots & a_{mn} \end{pmatrix} \implies A^T = \begin{pmatrix} a_{11} & a_{21} & \cdots & a_{m1} \\ a_{12} & a_{22} & \cdots & a_{m2} \\ \vdots & \vdots & \ddots & \vdots \\ a_{1n} & a_{2n} & \cdots & a_{mn} \end{pmatrix}$$

Mit anderen Worten, die transponierte Matrix wird gebildet, indem man Zeilen- und Spaltenindex jeder Komponente der Ausgangsmatrix vertauscht, im Beispiel

$$A = \begin{pmatrix} 1 & 2 & 3 \\ 4 & 5 & 6 \end{pmatrix} \implies A^T = \begin{pmatrix} 1 & 4 \\ 2 & 5 \\ 3 & 6 \end{pmatrix}.$$

Im Grunde genommen macht es bis auf wenige Ausnahmen, wie z. B. die Matrizenmultiplikation, keinen Unterschied, ob man einen Vektor als Spalte oder Zeile schreibt. Wir wollen für die folgenden Ausführungen dennoch aus Gründen der Klarheit festlegen, dass alle Vektoren, sollte nichts anderes vereinbart sein, als **Spaltenvektoren** aufzufassen sind. Benötigt man explizit einen **Zeilenvektor**, so ist das Transponiertzeichen zu verwenden, d. h.

$$\vec{x} = \begin{pmatrix} x_1 \\ \vdots \\ x_n \end{pmatrix} \in \mathbb{R}^n \quad \text{und} \quad \vec{x}^T = (x_1, \ldots, x_n) \in \mathbb{R}^n.$$

Für transponierte Matrizen gibt es u. a. eine oft nützliche Rechenregel, die im folgenden Satz formuliert wird. Sie folgt unmittelbar aus der Definition der Matrizenmultiplikation sowie der Definition der transponierten Matrix.

Satz 2.11
Seien $A \in \mathbb{R}^{m \times n}$ und $B \in \mathbb{R}^{n \times p}$ zwei Matrizen, dann gilt

$$(A \cdot B)^T = B^T \cdot A^T.$$

Aus der Rechnung von Seite 51 wissen wir bereits, dass man bspw. für die beiden Matrizen

$$A = \begin{pmatrix} 1 & 2 & 3 \\ 1 & 0 & 1 \end{pmatrix} \quad \text{und} \quad B = \begin{pmatrix} 1 & 4 \\ 0 & 3 \\ 2 & 0 \end{pmatrix} \text{ erhält:}$$

$$(A \cdot B)^T = \begin{pmatrix} 7 & 10 \\ 3 & 4 \end{pmatrix}^T = \begin{pmatrix} 7 & 3 \\ 10 & 4 \end{pmatrix}.$$

Alternativ kann gemäß Satz 2.11 auch folgendermaßen gerechnet werden:

$$B^T \cdot A^T = \begin{pmatrix} 1 & 4 \\ 0 & 3 \\ 2 & 0 \end{pmatrix}^T \cdot \begin{pmatrix} 1 & 2 & 3 \\ 1 & 0 & 1 \end{pmatrix}^T = \begin{pmatrix} 1 & 0 & 2 \\ 4 & 3 & 0 \end{pmatrix} \cdot \begin{pmatrix} 1 & 1 \\ 2 & 0 \\ 3 & 1 \end{pmatrix} = \begin{pmatrix} 7 & 3 \\ 10 & 4 \end{pmatrix}.$$

Für Vektoren gibt es eine spezielle Art der Multiplikation, die man Skalarprodukt nennt. Sie darf nicht mit der Skalarmultiplikation, siehe oben, verwechselt werden. Das Skalarprodukt ordnet zwei Vektoren eine Zahl zu, während bei der Skalarmultiplikation eine Matrix bzw. ein Vektor mit einer Zahl multipliziert wird.

Definition 2.12
*Für Vektoren $\vec{x}, \vec{y} \in \mathbb{R}^n$ definiert man das **Skalarprodukt** über die Matrizenmultiplikation:*

$$\vec{x} * \vec{y} = \vec{x}^T \cdot \vec{y} \in \mathbb{R}.$$

Man betrachte etwa die beiden Vektoren

$$\vec{x} = \begin{pmatrix} 1 \\ -1 \\ 2 \end{pmatrix} \quad \text{und} \quad \vec{y} = \begin{pmatrix} 2 \\ 3 \\ 0 \end{pmatrix} \in \mathbb{R}^3$$

im dreidimensionalen Anschauungsraum, dann gilt für das Skalarprodukt

$$\begin{pmatrix} 1 \\ -1 \\ 2 \end{pmatrix} * \begin{pmatrix} 2 \\ 3 \\ 0 \end{pmatrix} = (1, -1, 2) \cdot \begin{pmatrix} 2 \\ 3 \\ 0 \end{pmatrix} = 1 \cdot 2 - 1 \cdot 3 + 2 \cdot 0 = -1 \, .$$

Damit wurden die wichtigsten Hilfsmittel im Bereich der Matrizenrechnung erörtert, um uns nun wieder dem eigentlichen Kernthema des Kapitels zuzuwenden, nämlich der Art und Weise, wie Ableitungen in mehreren Veränderlichen berechnet werden.

2.3.2   Partielle Ableitungen und totales Differential

An die Differentialrechnung in einer Veränderlichen wurde im ersten Abschnitt des Kapitels erinnert. Im Gegensatz zum eindimensionalen Fall gibt es im Mehrdimensionalen mehr als einen Ableitungsbegriff. Dies liegt daran, dass man sich einem Punkt des Definitionsbereichs einer Funktion im Mehrdimensionalen bei der Bildung des Limes des Differenzenquotienten aus unterschiedlichen Richtungen her nähern kann. Da es im Eindimensionalen nur eine Richtung gibt, die entlang der Abszisse, fallen dort alle Ableitungsbegriffe zusammen, wie man anhand der folgenden Darstellung der Ableitungsbegriffe im Mehrdimensionalen erkennt. Man unterscheidet i. a. zwischen

- einer **Richtungsableitung**, in einem Punkt, wenn man sich dem Punkt aus einer beliebigen aber festen Richtung nähert,
- einer **partiellen Ableitung** in einem Punkt, wenn man sich dem Punkt aus Richtung einer Koordinatenachse nähert,
- der **totalen Ableitung** in einem Punkt, wenn man sich dem Punkt beliebig nähert.

Aus dieser anschaulichen Darlegung folgt sofort zweierlei, erstens, dass jede partielle Ableitung eine spezielle Richtungsableitung ist, nämlich die entlang einer Achse, und dass zweitens aus der totalen Differenzierbarkeit einer Funktion die Differenzierbarkeit in allen Richtungen folgt, die Koordinatenachsen eingeschlossen. Die totale Differenzierbarkeit ist demnach, wie der Name vermuten lässt, der stärkste Ableitungsbegriff. Anhand der folgenden Graphik lassen sich die Ableitungsbegriffe veranschaulichen. Gegeben ist eine Funktion mit zwei Unbekannten x und y in Gestalt einer Glocke. Im Punkt

$$(x_0, y_0) \in \mathbb{D}$$

des Definitionsbereichs soll das Steigungsverhalten der Funktion in Richtung der Koordinatenachsen untersucht werden. Dazu schneidet man an der betreffenden Stelle, bildlich gesprochen, zwei Scheiben aus dem Graph der Funktion entlang der Achsen heraus. Der jeweils entstehende Schnitt kann als Funktion einer Veränderlichen aufgefasst werden, denn man hält alle Variablen

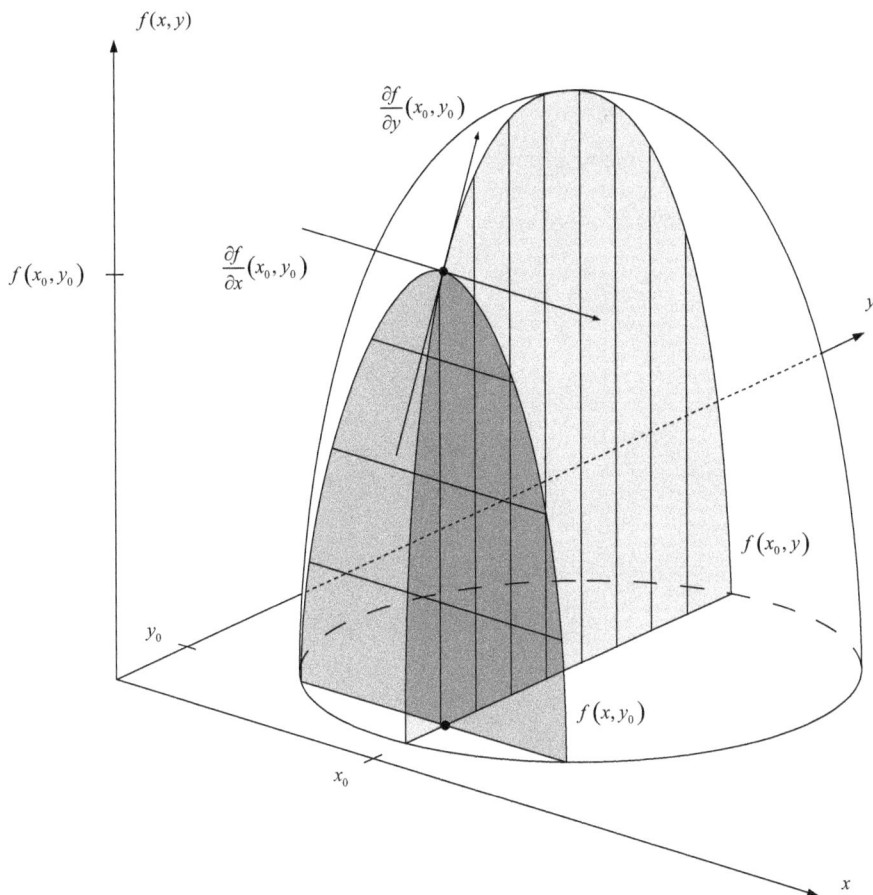

Abb. 2.5: Partielle Ableitungen einer Funktion in mehreren Veränderlichen

der Funktion bis auf eine fest. Nur die Unbekannte, die zu der zu untersuchenden Achse gehört, ist veränderlich. Daher kann das Steigungsverhalten wie im eindimensionalen Fall mittels der Tangente bestimmt werden.

Es wird deutlich, dass man ggf. im Hinblick auf Ableitungen Richtungen angeben muss. Das geschieht durch so genannte **Richtungsvektoren**. Die Vektoren, die die Richtung der Koordinatenachsen angeben, nennt man **Einheitsvektoren**. In obigem Beispiel lauten die Einheitsvektoren im Zweidimensionalen

$$\vec{e}_1 = (1,0) \quad \text{und} \quad \vec{e}_2 = (0,1) \,,$$

d. h. man geht, beginnend bei einem Punkt, eine Einheit in Richtung der x-Achse und keine in Richtung der y-Achse bzw. umgekehrt.

Da nur die Richtung wichtig ist, die Länge der Vektoren jedoch keine Rolle spielt, vereinbart man, dass alle Richtungsvektoren auf die Länge 1 normiert werden. Dabei wird die **Länge** eines Vektors mit Hilfe der **Betragsfunktion** berechnet, die im Mehrdimensionalen durch die Festsetzung

$$|.| : \mathbb{R}^n \longrightarrow \mathbb{R} \quad \text{mit} \quad |\vec{x}| = \sqrt{x_1^2 + \ldots + x_n^2}.$$

definiert wird. Länge heißt nichts anderes als Abstand der Vektorspitze zum Ursprung. Zur Veranschaulichung denke man an den ein- oder zweidimensionalen Fall, letzterer z. B. unter Berücksichtigung des Satzes von Pythagoras, siehe nächstes Schaubild.

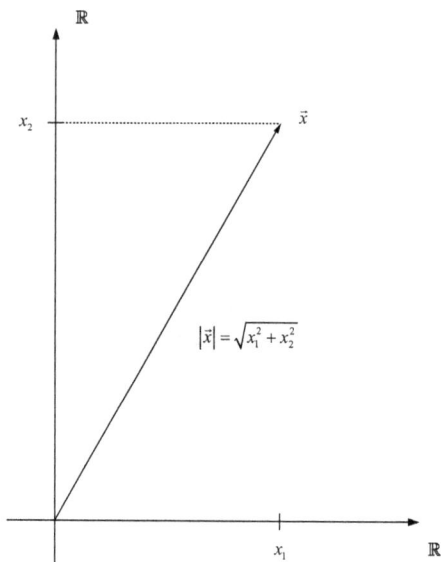

Abb. 2.6: *Betragsfunktion in mehreren Veränderlichen*

Definition 2.13
Sei $\mathbb{D} \subseteq \mathbb{R}^n$ und $f : \mathbb{D} \longrightarrow \mathbb{R}$ eine Funktion. Ist $\vec{v} \in \mathbb{R}^n$ ein Richtungsvektor, so definiert man, sofern dieser Grenzwert existiert, durch

$$D_{\vec{v}} f(\vec{x}_0) = \lim_{t \to 0} \frac{f(\vec{x}_0 + t \cdot \vec{v}) - f(\vec{x}_0)}{t}$$

*die **Richtungsableitung** von f an der Stelle $\vec{x}_0 \in \mathbb{D}$ in Richtung $\vec{v}$. Durch $D_{\vec{v}} f$ wird das Steigungsverhalten von f an der Stelle $\vec{x}_0$ in Richtung $\vec{v}$ bestimmt. Ist für $j \in \{1, \ldots, n\}$ speziell $\vec{v} = \vec{e}_j$ der j-te Einheitsvektor, so spricht man von der **partiellen Ableitung** der Funktion nach der Variablen x_j und schreibt für die Ableitungsfunktion*

$$f_{x_j}, \quad D_j f \quad oder \quad \frac{\partial f}{\partial x_j}.$$

Existieren alle partiellen Ableitungen, so heißt der Vektor

$$(D_1 f(\vec{x}_0), \ldots, D_n f(\vec{x}_0))$$

*der **Gradient** von f an der Stelle $\vec{x}_0$. Er wird mit grad $f(\vec{x}_0)$ oder $\nabla f(\vec{x}_0)$ bezeichnet.*

Auf vertiefende Betrachtungen der Richtungsableitung im Hinblick auf Optimierungsaufgaben kann im Folgenden verzichtet werden, weswegen wir uns der partiellen sowie der totalen Ableitung zuwenden. Zu den partiellen Ableitungen zunächst ein Beispiel.

Sei $f : \mathbb{R}^3 \longrightarrow \mathbb{R}$ definiert durch

$$f(x_1, x_2, x_3) = x_1^2 \cdot x_3 + 7x_2^3.$$

Wir haben gesehen, dass zur Bildung der partiellen Ableitungen alle Variablen bis auf eine festzuhalten sind. Daher leitet man wie gewohnt nach einer Unbekannten ab und behandelt alle anderen Variablen wie Konstanten. Demnach gilt

$$f_{x_1}(x_1, x_2, x_3) = 2x_1 x_3, \quad f_{x_2}(x_1, x_2, x_3) = 21x_2^2, \quad f_{x_3}(x_1, x_2, x_3) = x_1^2,$$

und der Gradient lautet

$$\nabla f : \mathbb{R}^3 \longrightarrow \mathbb{R}^3 \quad \text{mit} \quad \nabla f(x_1, x_2, x_3) = (2x_1 x_3, 21x_2^2, x_1^2).$$

Der Gradient beschreibt das Steigungsverhalten der Funktion in einem beliebigen Punkt des Definitionsbereichs in Richtung der Koordinatenachsen. Dazu werden die Steigungen übersichtlich in Form eines Vektors zusammengestellt. Ist man z. B. am Steigungsverhalten der Funktion im Punkt $(2, 0, 1)$ in Richtung der drei Achsen interessiert, so liefert der Gradient durch Einsetzen der Koordinaten

$$\nabla f(2, 0, 1) = (2 \cdot 2 \cdot 1, 21 \cdot 0^2, 2^2) = (4, 0, 4),$$

so dass die Funktion in $(2, 0, 1)$ in Richtung der x_1-Achse bspw. mit Steigung 4 wächst.

Die totale Differenzierbarkeit in mehreren Veränderlichen wird in Verallgemeinerung des eindimensionalen Falls definiert. Wie wir im Anschluss an die folgende Definition sehen werden, hängt dabei der Begriff der totalen Differenzierbarkeit, also der Differenzierbarkeit schlechthin, eng mit den partiellen Ableitungen zusammen.

Definition 2.14
*Sei $\mathbb{D} \subseteq \mathbb{R}^n$ und $f : \mathbb{D} \longrightarrow \mathbb{R}^m$ eine Abbildung. Dann heißt f in $\vec{x}_0 \in \mathbb{D}$ (total) **differenzierbar**, wenn eine $(m \times n)$-Matrix A existiert mit folgender Eigenschaft*

$$\lim_{\vec{x} \to \vec{x}_0} \frac{\left| f(\vec{x}) - [f(\vec{x}_0) + A \cdot (\vec{x} - \vec{x}_0)] \right|}{|\vec{x} - \vec{x}_0|} = 0.$$

*Die Matrix A heißt **Ableitungs-**, **Jacobi-** oder **Funktionalmatrix** von f an der Stelle $\vec{x}_0$. Sie ist eindeutig bestimmt. Existiert eine solche Matrix an jeder Stelle $\vec{x}_0 \in \mathbb{D}$, so schreibt man*

$$f', \quad Df \quad \text{bzw.} \quad \frac{df}{d\vec{x}}$$

*für die Abbildung, die jedem Element $\vec{x}_0 \in \mathbb{D}$ seine Ableitungsmatrix zuordnet, und nennt diese Abbildung **(totales) Differential** bzw. **Ableitung** und f **(total) differenzierbar**.*

Für den Spezialfall einer Funktion $f : \mathbb{D} \longrightarrow \mathbb{R}$ mit $\mathbb{D} \subseteq \mathbb{R}$ liefert die Festsetzung, vgl. Definition 2.3, gerade die bekannte Definition der Ableitung für Funktionen einer Veränderlichen

$$\lim_{x \to x_0} \frac{\left| f(x) - [f(x_0) + a \cdot (x - x_0)] \right|}{|x - x_0|} = 0 \quad \Longleftrightarrow \quad \lim_{x \to x_0} \frac{f(x) - f(x_0)}{x - x_0} = a$$

für ein $a \in \mathbb{R}$ konstant, welches die Ableitung von f an der Stelle x_0 ist. In diesem Sonderfall besteht die Ableitungsmatrix nur noch aus einer Zeile und einer Spalte.

Es bleibt die Frage zu beantworten, wie für den mehrdimensionalen Fall die Ableitungsmatrix einer differenzierbaren Funktion berechnet werden kann. Darüber und über den Zusammenhang zwischen totalem Differential und partiellen Ableitungen gibt der nächste Satz Aufschluss.

Satz 2.15

Sei $\mathbb{D} \subseteq \mathbb{R}^n$ und $f : \mathbb{D} \to \mathbb{R}^m$ eine Abbildung. f bestehe aus den **Komponentenfunktionen** *$f_1, \ldots, f_m$ derart, dass die Abbildung in folgender Form geschrieben werden kann:*

$$f(\vec{x}) = (f_1(\vec{x}), \ldots, f_m(\vec{x})).$$

Ist f im inneren Punkt $\vec{x}_0 \in \mathbb{D}$ differenzierbar, so existieren alle partiellen Ableitungen der Komponentenfunktionen $D_j f_i(\vec{x}_0)$ für $j = 1, \ldots, n$ bzw. $i = 1, \ldots, m$, und die Ableitung lautet:

$$f'(\vec{x}_0) = \begin{pmatrix} D_1 f_1(\vec{x}_0) & D_2 f_1(\vec{x}_0) & \ldots & D_n f_1(\vec{x}_0) \\ D_1 f_2(\vec{x}_0) & D_2 f_2(\vec{x}_0) & \ldots & D_n f_2(\vec{x}_0) \\ \vdots & \vdots & \ddots & \vdots \\ D_1 f_m(\vec{x}_0) & D_2 f_m(\vec{x}_0) & \ldots & D_n f_m(\vec{x}_0) \end{pmatrix}.$$

Darüber hinaus ist in diesem Fall die Abbildung im Punkt $\vec{x}_0 \in \mathbb{D}$ stetig.

Ist umgekehrt $f : \mathbb{D} \longrightarrow \mathbb{R}^m$ in $\vec{x}_0 \in \mathbb{D}$ stetig partiell differenzierbar, d. h. dass alle partiellen Ableitungen existieren und stetig sind, dann ist die Abbildung an der Stelle differenzierbar.

Begründung

Einen Beweis des Satzes findet man etwa in Forster [26], S. 47f.

Die Ableitungsmatrix wird also mit Hilfe der partiellen Ableitungen berechnet, und es gilt folgender Zusammenhang:

stetig partiell differenzierbar $\Longrightarrow$ (total) differenzierbar $\Longrightarrow$ partiell differenzierbar.

Betrachten wir dazu ein Beispiel. Sei $f : \mathbb{R}^3 \longrightarrow \mathbb{R}^2$ eine Abbildung mit

$$f(x_1, x_2, x_3) = (x_1 x_2 + x_3^2, x_1 + x_2 \cdot e^{x_3}).$$

Dann besteht die Abbildung f aus den beiden Komponentenfunktionen

$$f_1(x_1, x_2, x_3) = x_1 x_2 + x_3^2 \quad \text{bzw.} \quad f_2(x_1, x_2, x_3) = x_1 + x_2 \cdot e^{x_3},$$

und die Funktionalmatrix lautet

$$f'(\vec{x}) = \begin{pmatrix} D_1 f_1(\vec{x}) & D_2 f_1(\vec{x}) & D_3 f_1(\vec{x}) \\ D_1 f_2(\vec{x}) & D_2 f_2(\vec{x}) & D_3 f_2(\vec{x}) \end{pmatrix} = \begin{pmatrix} x_2 & x_1 & 2x_3 \\ 1 & e^{x_3} & x_2 \cdot e^{x_3} \end{pmatrix}.$$

Im Punkt $\vec{x}_0 = (1, -1, 0)$ gilt somit insbesondere

$$f'(\vec{x}_0) = \begin{pmatrix} -1 & 1 & 0 \\ 1 & 1 & -1 \end{pmatrix}.$$

Bevor wir mit den Ausführungen zur Differenzierbarkeit fortfahren, ist neben dem Einschub zum Thema Matrizen ein weiterer vonnöten. Es handelt sich um einen Exkurs zu Mengen.

2.3.3 Mengen

In den kommenden Abschnitten werden Sätze zu differenzierbaren Funktionen behandelt, für deren Gültigkeit man spezielle Eigenschaften der Definitionsmenge voraussetzen muss. Um die Begriffe an entsprechender Stelle zur Verfügung zu haben, werden diese Eigenschaften einer Menge im Folgenden erörtert.

Es sei daran erinnert, dass wir uns mit $\mathbb{R}^n$ auf den n-**dimensionalen Anschauungsraum** beschränken, da grundlegende betriebswirtschaftliche Modelle im Vordergrund stehen. Einige der folgenden Aussagen über Mengen gelten daher nur speziell für Räume dieser Art.

Mit der Betragsfunktion im Mehrdimensionalen, siehe Kap. 2.3.2, haben wir eine Funktion kennen gelernt, mit deren Hilfe man den **Abstand** zwischen Punkten im Raum messen kann.

- $|\vec{x}|$ liefert den Abstand des Punktes zum Ursprung, also die Länge des Vektors,
- $|\vec{x} - \vec{y}|$ gibt den Abstand der beiden Punkte $\vec{x}$ und $\vec{y}$ voneinander an.

Betrachtet man bspw. mit dem $\mathbb{R}^2$ die Anschauungsebene, so folgt aus der Definition der Betragsfunktion in Zusammenhang mit der Differenz zweier Vektoren die Gleichheit

$$|\vec{x} - \vec{y}| = \sqrt{(x_1 - y_1)^2 + (x_2 - y_2)^2}$$

aus dem Satz des Pythagoras, vgl. Abb. 2.6. Demnach ist der geometrische Ort aller Punkte, die vom Ursprung einen Abstand kleinergleich 1 haben, in formaler Mengenschreibweise

$$\{\vec{x} \in \mathbb{R}^2 \mid |\vec{x}| \le 1\},$$

gerade die abgeschlossene Kreisscheibe um den Ursprung mit Radius 1. Die folgende Definition fasst einige Begriffe zusammen, die Eigenschaften von Mengen charakterisieren.

Definition 2.16
Eine Teilmenge des $\mathbb{R}^n$ heißt

- *offen, wenn mit jedem Punkt der Menge auch alle Punkte einer ε-Umgebung (Kreis bzw. Kugel mit Radius ε) in der Menge liegen.*

- *abgeschlossen*, wenn mit jeder konvergenten Folge innerhalb der Menge auch der Grenzwert in der Menge liegt.
- *beschränkt*, wenn es eine reelle Zahl s als Schranke derart gibt, dass alle Punkte der Menge in einem Kreis um den Ursprung mit Radius s liegen.
- *kompakt*, wenn sie beschränkt und abgeschlossen ist.

„Abgeschlossen" heißt demnach anschaulich, dass der Rand mit zur Menge gehört, und „beschränkt" bedeutet, dass die Menge eingefangen werden kann, d. h. sich nirgends ins Unendliche erstreckt.

Die ersten drei Eigenschaften einer Menge gemäß obiger Definition sind voneinander unabhängig, d. h. sie bedingen einander nicht, dazu ein paar Beispiele.

- Das Intervall $[0, 3[\subseteq \mathbb{R}$ ist weder offen noch abgeschlossen aber beschränkt.
- Das Intervall $]0, 3[\subseteq \mathbb{R}$ ist offen, beschränkt und nicht abgeschlossen.
- Das Intervall $[0, 3] \subseteq \mathbb{R}$ ist abgeschlossen, beschränkt und nicht offen.
- Das Intervall $]0, \infty[\subseteq \mathbb{R}$ ist offen und weder beschränkt noch abgeschlossen.
- $[0, 3] \times [1, 2] \subseteq \mathbb{R}^2$ ist ein abgeschlossenes, nicht offenes und beschränktes Rechteck.
- $\mathbb{R} \subseteq \mathbb{R}$ ist offen, abgeschlossen und nicht beschränkt.
- $\mathbb{R} \subseteq \mathbb{R}^2$ ist nicht offen aber abgeschlossen und nicht beschränkt.

An den letzten beiden Beispielen erkennt man, dass eine Grundmenge Auswirkungen auf die Eigenschaften einer Teilmenge dieser Grundmenge hat.

2.3.4   Differentiationsregeln

Damit kommen wir zu einer Reihe wichtiger Rechenregeln für differenzierbare Abbildungen, die ebenso gut im Ein- wie im Mehrdimensionalen gelten. Es sei noch einmal im Hinblick auf die Matrizenmultiplikation daran erinnert, dass Vektoren gemeinhin als Spaltenvektoren geschrieben werden, und daher transponierte Vektoren Zeilenvektoren sind.

Satz 2.17
Gegeben seien $\mathbb{D} \subseteq \mathbb{R}^n$ offen und zwei differenzierbare Abbildungen $f, g : \mathbb{D} \longrightarrow \mathbb{R}^m$ sowie mit α und β zwei reelle Zahlen. Dann gilt:

a) *Die Abbildung $(\alpha \cdot f + \beta \cdot g) : \mathbb{D} \longrightarrow \mathbb{R}^m, \vec{x} \longmapsto \alpha \cdot f(\vec{x}) + \beta \cdot g(\vec{x})$ ist differenzierbar mit*

$$(\alpha \cdot f + \beta \cdot g)'(\vec{x}) = \alpha \cdot f'(\vec{x}) + \beta \cdot g'(\vec{x}) \in \mathbb{R}^{m \times n} \quad \text{(Summenregel)}.$$

b) *Die Abbildung $(f * g) : \mathbb{D} \longrightarrow \mathbb{R}, \vec{x} \longmapsto f(\vec{x}) * g(\vec{x})$ ist differenzierbar mit*

$$(f * g)'(\vec{x}) = (g(\vec{x}))^T \cdot f'(\vec{x}) + (f(\vec{x}))^T \cdot g'(\vec{x}) \in \mathbb{R}^n \quad \text{(Produktregel)}.$$

c) *Ist $g \neq 0$ reellwertig, so ist auch $\frac{f}{g} : \mathbb{D} \longrightarrow \mathbb{R}^m, \vec{x} \longmapsto \frac{f(\vec{x})}{g(\vec{x})}$ differenzierbar mit*

$$\left(\frac{f}{g}\right)'(\vec{x}) = \frac{f'(\vec{x}) \cdot g(\vec{x}) - f(\vec{x}) \cdot g'(\vec{x})}{(g(\vec{x}))^2} \in \mathbb{R}^{m \times n} \quad \text{(Quotientenregel)}.$$

Begründung
Den Beweis der Differentiationsregeln lese man, z. B. in Heuser [36], S. 266ff, nach.

∎

Im Hinblick auf die Quotientenregel ist darauf zu achten, dass die Division durch einen Vektor nicht erklärt ist, wohl aber die Division durch eine von 0 verschiedene Zahl. Daher muss die Abbildung im Nenner wenigstens reellwertig sein. Im Grunde genommen kann die Quotienten-regel auf die Produkt- und die noch folgende Kettenregel zurückgeführt werden, da sich jeder Quotient mit Hilfe des Kehrwerts auch als Produkt schreiben lässt. Dennoch ist die Regel der besseren Übersichtlichkeit wegen separat mit in die Auflistung aufgenommen worden.

Für den Spezialfall reellwertiger Funktionen einer Veränderlichen rechnet man mit Zahlen und nicht mit Matrizen, weswegen die Transponiertzeichen in den Formeln für Produkt- und Quoti-entenregel überflüssig sind und weggelassen werden können, denn die Transponierte einer Zahl ist die Zahl selbst. Demnach lassen sich die Differentiationsregeln in ihrer Darstellung wie folgt vereinfachen:

$$(f \cdot g)'(x) = f'(x) \cdot g(x) + f(x) \cdot g'(x) \in \mathbb{R}$$

bzw.

$$\left(\frac{f}{g}\right)'(x) = \frac{f'(x) \cdot g(x) - f(x) \cdot g'(x)}{(g(x))^2} \in \mathbb{R}.$$

Als Beispiel für den Fall einer Variablen betrachte man die beiden reellwertigen Funktionen, die durch die Abbildungsvorschriften

$$f(x) = \sin(x) \quad \text{bzw.} \quad g(x) = x^2 + 1$$

gegeben sind. Beide Funktionen sind auf ganz $\mathbb{R}$ differenzierbar. Demnach ist auch das Produkt auf ganz $\mathbb{R}$ differenzierbar und für die Ableitung gilt laut Produktregel

$$(\sin(x) \cdot (x^2 + 1))' = f'(x) \cdot g(x) + f(x) \cdot g'(x) = \cos(x) \cdot (x^2 + 1) + \sin(x) \cdot 2x.$$

Abgesehen vom Produkt existiert zudem auch die Ableitung des Quotienten in jedem Punkt, da die Funktion g auf ganz $\mathbb{R}$ von 0 verschieden ist.

$$\left(\frac{\sin(x)}{x^2 + 1}\right)' = \frac{\cos(x) \cdot (x^2 + 1) - \sin(x) \cdot 2x}{(x^2 + 1)^2} = \frac{\cos(x)}{x^2 + 1} - \frac{2x \cdot \sin(x)}{(x^2 + 1)^2}$$

Es folgen weitere Beispiele, diesmal für Produkt- und Quotientenregel in mehreren Veränderli-chen. Wir beginnen mit dem Produkt. Seien dazu $f, g : \mathbb{R}^2 \longrightarrow \mathbb{R}^2$ mit

$$f(x_1, x_2) = (x_1^2 - x_2^2, x_1 x_2) \quad \text{bzw.} \quad g(x_1, x_2) = (x_1^2, x_2^2).$$

Rechnet man die Ableitung des Skalarprodukts direkt aus, so erhält man

$$(f * g)(\vec{x}) = \begin{pmatrix} x_1^2 - x_2^2 \\ x_1 x_2 \end{pmatrix} * \begin{pmatrix} x_1^2 \\ x_2^2 \end{pmatrix} = x_1^4 - x_1^2 x_2^2 + x_1 x_2^3$$

als Zwischenergebnis und damit

$$(f * g)'(\vec{x}) = (x_1^4 - x_1^2 x_2^2 + x_1 x_2^3)' = (4x_1^3 - 2x_1 x_2^2 + x_2^3, 3x_1 x_2^2 - 2x_1^2 x_2) \in \mathbb{R}^2.$$

Zum selben Ergebnis gelangt man über die Produktregel. Die Anwendung der Produktregel ist häufig einfacher als das direkte Ausrechnen der Ableitung. Es hängt allerdings vom Einzelfall ab, welches Vorgehen sich empfiehlt.

$$(f * g)'(\vec{x}) = (g(\vec{x}))^T \cdot f'(\vec{x}) + (f(\vec{x}))^T \cdot g'(\vec{x})$$

$$= (x_1^2, x_2^2) \cdot \begin{pmatrix} 2x_1 & -2x_2 \\ x_2 & x_1 \end{pmatrix} + (x_1^2 - x_2^2, x_1 \cdot x_2) \cdot \begin{pmatrix} 2x_1 & 0 \\ 0 & 2x_2 \end{pmatrix}$$

$$= (2x_1^3 + x_2^3, x_1 x_2^2 - 2x_1^2 x_2) + (2x_1^3 - 2x_1 x_2^2, 2x_1 x_2^2)$$

$$= (4x_1^3 + x_2^3 - 2x_1 x_2^2, 3x_1 x_2^2 - 2x_1^2 x_2)$$

Als Beispiel für die Quotientenregel seien $f : \mathbb{R}^2 \longrightarrow \mathbb{R}^3$ und $g : \mathbb{R}^2 \longrightarrow \mathbb{R}$ mit den anschließenden Abbildungsvorschriften vorgegeben:

$$f(x_1, x_2) = (x_1 + x_2, x_1 - x_2, 17) \quad \text{und} \quad g(x_1, x_2) = x_1 \cdot x_2.$$

Die Komponentenfunktionen beider Abbildungen sind überall stetig partiell differenzierbar. Aufgrund dessen kann jeweils die erste Ableitung gebildet werden:

$$f'(\vec{x}) = \begin{pmatrix} 1 & 1 \\ 1 & -1 \\ 0 & 0 \end{pmatrix} \quad \text{sowie} \quad g'(\vec{x}) = (x_2, x_1).$$

In der Ableitungsmatrix der ersten Abbildung sind keine Variablen mehr enthalten. Die Ableitung hängt demzufolge nicht von der betrachteten Stelle ab. Sie ist konstant, d. h. von der betrachteten Stelle unabhängig. Bezüglich der zweiten Abbildung ist das nicht so. Je nachdem, in welchem Punkt des Definitionsbereichs das Steigungsverhalten untersucht werden soll, ergeben sich unterschiedliche Werte.

Wir stellen ferner fest, dass die Funktion g reellwertig und in $\vec{x}_0 = (1, 2)$ ungleich 0 ist, da

$$g(1, 2) = 1 \cdot 2 = 2 \neq 0$$

gilt. Daher besitzt $\dfrac{f}{g} : \mathbb{D} \longrightarrow \mathbb{R}^3$ im Punkt $\vec{x}_0 = (1, 2)$ gemäß Quotientenregel die Ableitung

$$\left(\frac{f}{g}\right)'(\vec{x}_0) = \frac{f'(\vec{x}_0) \cdot g(\vec{x}_0) - f(\vec{x}_0) \cdot g'(\vec{x}_0)}{(g(\vec{x}_0))^2} \in \mathbb{R}^{3 \times 2}$$

in Gestalt einer (3×2)-Matrix.

Setzt man die Werte in die Formel ein, so erhält man das Ergebnis

$$
\left(\frac{f}{g}\right)'(1,2) = \frac{1}{4}\cdot\left[\begin{pmatrix}1 & 1\\ 1 & -1\\ 0 & 0\end{pmatrix}\cdot 2 - \begin{pmatrix}1+2\\ 1-2\\ 17\end{pmatrix}\cdot(2,1)\right]
$$

$$
= \frac{1}{4}\cdot\left[\begin{pmatrix}2 & 2\\ 2 & -2\\ 0 & 0\end{pmatrix} - \begin{pmatrix}6 & 3\\ -2 & -1\\ 34 & 17\end{pmatrix}\right]
$$

$$
= \frac{1}{4}\cdot\begin{pmatrix}-4 & -1\\ 4 & -1\\ -34 & -17\end{pmatrix}
$$

Als nächstes kümmern wir uns um die Verkettung, d. h. die Hintereinanderausführung, zweier Abbildungen und deren Ableitung. Die Hintereinanderausführung von Abbildungen kann man sich wie einen Produktionsprozess vorstellen. Aus Inputfaktoren fertigt man, ggf. in mehreren Schritten, eine Reihe von Zwischenprodukten, aus denen schließlich die Endprodukte entstehen. Mathematisch, mittels Abbildungen dargestellt, die für die einzelnen Produktionsschritte stehen, könnte das so aussehen:

$$(x_1, x_2, x_3) \longmapsto (y_1, y_2) = f(x_1, x_2, x_3) \longmapsto (z_1, z_2, z_3, z_4) = g(y_1, y_2).$$

Aus drei Inputfaktoren werden zwei Zwischenprodukte gefertigt, die ihrerseits zu vier Endprodukten weiterverarbeitet werden. Wie der folgende Satz zeigt, genügt es, die Verkettung zweier Abbildungen zu untersuchen. Mehrfache Verkettungen folgen daraus induktiv.

Satz 2.18
Gegeben seien die differenzierbaren Abbildungen

$$f : \mathbb{D}_f \longrightarrow \mathbb{R}^m \quad und \quad g : \mathbb{D}_g \longrightarrow \mathbb{R}^k$$

mit den offenen Definitionsmengen $\mathbb{D}_f \subseteq \mathbb{R}^n$ bzw. $\mathbb{D}_g \subseteq \mathbb{R}^m$ und mit $f(\mathbb{D}_f) \subseteq \mathbb{D}_g$. Dann ist die Verkettung der beiden Abbildungen

$$g \circ f : \mathbb{D}_f \longrightarrow \mathbb{R}^k \quad mit \quad \vec{x} \longmapsto (g \circ f)(\vec{x}) = g(f(\vec{x}))$$

differenzierbar, und es gilt

$$(g \circ f)'(\vec{x}) = g'(f(\vec{x})) \cdot f'(\vec{x}) \in \mathbb{R}^{k \times n} \quad \text{(\textbf{Kettenregel})}.$$

Zum Beispiel betrachte man die vierfache Verkettung in Gestalt der Funktion

$$f(x) = \sin(\cos(\ln(3x)))$$

auf ihrem maximalen Definitionsbereich. Dann handelt es sich um eine Verkettung der Art

$$x \longmapsto 3x \longmapsto \ln(3x) \longmapsto \cos(\ln(3x)) \longmapsto \sin(\cos(\ln(3x))).$$

Demnach lautet die Abbildungsvorschrift der Ableitung nach der Kettenregel:

$$f'(x) = 3 \cdot \frac{1}{3x} \cdot (-\sin(\ln(3x))) \cdot \cos(\cos(\ln(3x))) \,.$$

Ein weiteres Beispiel im Mehrdimensionalen liefern $f : \mathbb{R}^3 \longrightarrow \mathbb{R}^2$ und $g : \mathbb{R}^2 \longrightarrow \mathbb{R}^4$ mit

$$f(x_1, x_2, x_3) = (x_1 x_2 + x_3^2, x_1 + x_2 \cdot e^{x_3}) \quad \text{bzw.}$$
$$g(y_1, y_2) = (y_1, y_2, y_1 + y_2, y_1 \cdot e^{y_2}) \,.$$

Wir haben bereits gesehen, dass für die Ableitung an der Stelle $\vec{x}_0 = (1, -1, 0)$ gilt

$$f'(\vec{x}_0) = \begin{pmatrix} -1 & 1 & 0 \\ 1 & 1 & -1 \end{pmatrix} \,.$$

Ferner erhält man im Hinblick auf die zweite Abbildung die Ableitungsmatrix

$$g'(\vec{y}) = \begin{pmatrix} 1 & 0 \\ 0 & 1 \\ 1 & 1 \\ e^{y_2} & y_1 \cdot e^{y_2} \end{pmatrix}$$

und damit speziell

$$g'(f(\vec{x}_0)) = g'(-1, 0) = \begin{pmatrix} 1 & 0 \\ 0 & 1 \\ 1 & 1 \\ 1 & -1 \end{pmatrix} \,.$$

Aus der Kettenregel folgt damit für die Hintereinanderausführung der beiden Abbildungen:

$$(g \circ f)'(\vec{x}_0) = g'(f(\vec{x}_0)) \cdot f'(\vec{x}_0) = \begin{pmatrix} 1 & 0 \\ 0 & 1 \\ 1 & 1 \\ 1 & -1 \end{pmatrix} \cdot \begin{pmatrix} -1 & 1 & 0 \\ 1 & 1 & -1 \end{pmatrix} = \begin{pmatrix} -1 & 1 & 0 \\ 1 & 1 & -1 \\ 0 & 2 & -1 \\ -2 & 0 & 1 \end{pmatrix} \,.$$

2.3.5 Ableitungen höherer Ordnung

Ist die Ableitung einer Abbildung f selbst wieder differenzierbar, so nennt man

$$f'', \quad D^2 f \quad \text{bzw.} \quad \frac{d^2 f}{d\vec{x}^2}$$

zweite Ableitung, analog für die dritte Ableitung usw. Sofern existent, lassen sich für eine Funktion auch **partielle Ableitungen höherer Ordnung** bilden, z. B. steht

$$D_1 D_2 f = \frac{\partial^2 f}{\partial x_1 \, \partial x_2} = f_{x_2 x_1}$$

für die Ableitung von f erst nach der zweiten und dann nach der ersten Variable, oder

$$D_3^2 D_1 f = \frac{\partial^3 f}{\partial x_3^2 \, \partial x_1} = D_3(D_3(D_1 f))$$

symbolisiert die Ableitung nach der ersten und dann zweimal nach der dritten Variablen. Für hinreichend oft stetig differenzierbare Funktionen spielt es keine Rolle, in welcher Reihenfolge die partiellen Ableitungen gebildet werden. Eine entsprechende Aussage liefert der **Satz von Schwarz**, vgl. etwa Heuser [36], S. 249ff. Im Allgemeinen ist jedoch die Reihenfolge für das Ergebnis wesentlich, weshalb darauf hinzuweisen ist, dass die Ableitungen gemäß obiger Schreibweise in der Reihenfolge von rechts nach links zu bilden sind. Sei z. B.

$$f : \mathbb{R}^4 \longrightarrow \mathbb{R} \quad \text{mit} \quad f(x_1, x_2, x_3, x_4) = x_1 \cdot x_2^3 \cdot x_3^4 \cdot x_4$$

vorgegeben, dann gilt

$$D_3^2 D_1 f(x_1, x_2, x_3, x_4) = 12 \cdot x_2^3 \cdot x_3^2 \cdot x_4 \, .$$

Warum man Ableitungen zur Lösung von Optimierungsproblemen braucht, wird im Folgenden erläutert.

2.4 Optimierung

Dieser Abschnitt bildet den Kernpunkt des Kapitels. Er beschäftigt sich mit der Frage, wie man Zielvorgaben optimal erreichen kann, mit anderen Worten, wie man zu einer vorhandenen Funktion die Extremwerte bestimmt. Die dazu notwendigen Vorarbeiten wurden in den bisherigen Abschnitten geleistet.

2.4.1 Globale und lokale Extrema

Müssen in einem Betrieb mehrere Zielvorgaben gleichzeitig erreicht werden, so kann im Fall von zwei sich ausschließenden Handlungsalternativen i. a. nicht zweifelsfrei entschieden werden, welche von beiden besser ist. Möchte man bspw. einen hohen Umsatz und gleichzeitig einen möglichst großen Marktanteil haben, so kann anhand der möglichen Ergebnisse

$$\begin{pmatrix} 2 \text{ Mio. } \euro \\ 10 \% \end{pmatrix} \quad \text{und} \quad \begin{pmatrix} 1{,}9 \text{ Mio } \euro \\ 12 \% \end{pmatrix}$$

nicht entschieden werden, welche Alternative der anderen vorzuziehen wäre. Denn die Entscheidung für die erste Alternative führt zwar zu einem größeren Umsatz, dafür muss aber, verglichen mit Alternative zwei, ein kleinerer Marktanteil in Kauf genommen werden. Mathematisch führt dieser Umstand auf das Problem, dass es zwischen Vektoren keine Größenrelation gibt, man also im Fall von zwei Vektoren i. a. nicht eindeutig sagen kann, welcher größer oder kleiner ist als der andere. Komponentenweise lässt sich das, siehe oben, mit Sicherheit feststellen, bezüglich aller Komponenten gleichzeitig jedoch nicht. Man ist daher gezwungen, für die Ziele eine Priorisierung festzulegen oder die Ziele zu gewichten. In jedem Fall ist eine Maßzahl anzugeben, mit Hilfe derer die Vorteilhaftigkeit einer Alternative gemessen werden kann. Demnach wird das Problem zur Entscheidungsfindung notwendigerweise als reellwertiges Problem formuliert und als solches einer Lösung zugeführt.

Demnach kann man sich im Rahmen der Extremwertbestimmung auf Funktionen anstatt auf Abbildungen beschränken. Sei demnach im Folgenden

$$f : \mathbb{D} \longrightarrow \mathbb{R} \quad \text{mit } \mathbb{D} \subseteq \mathbb{R}^n$$

eine mindestens zweimal differenzierbare Funktion mit n Problemvariablen. Dann gilt für die erste Ableitung, den Gradienten, die Bestimmungsgleichung

$$f'(\vec{x}) = (D_1 f(\vec{x}), \dots, D_n f(\vec{x})) \in \mathbb{R}^n$$

und für die zweite Ableitung erhält man

$$f''(\vec{x}) = \begin{pmatrix} D_1 D_1 f(\vec{x}) & D_2 D_1 f(\vec{x}) & \dots & D_n D_1 f(\vec{x}) \\ D_1 D_2 f(\vec{x}) & D_2 D_2 f(\vec{x}) & \dots & D_n D_2 f(\vec{x}) \\ \vdots & \vdots & \ddots & \vdots \\ D_1 D_n f(\vec{x}) & D_2 D_n f(\vec{x}) & \dots & D_n D_n f(\vec{x}) \end{pmatrix} \in \mathbb{R}^{n \times n}.$$

Definition 2.19
*Sei $\mathbb{D} \subseteq \mathbb{R}^n$ und $f : \mathbb{D} \longrightarrow \mathbb{R}$ eine mindestens zweimal differenzierbare Funktion, dann heißt die zweite Ableitung $f''(\vec{x}) \in \mathbb{R}^{n \times n}$ **Hessematrix** der Funktion.*

Die Hessematrix setzt sich aus den partiellen Ableitungen zweiter Ordnung zusammen.

In der Folge geht es darum, die Extremstellen von Funktionen zu berechnen. Dabei unterscheidet man zwei Arten von Extrema, nämlich lokale und globale.

Definition 2.20
Sei $f : \mathbb{D} \longrightarrow \mathbb{R}$ mit $\mathbb{D} \subseteq \mathbb{R}^n$ eine Funktion. f hat im Punkt $\vec{x}_0 \in \mathbb{D}$ genau dann ein

> *a) **globales Maximum**, wenn es an keiner Stelle des Definitionsbereichs einen größeren Funktionswert gibt, d. h. wenn $f(\vec{x}) \leq f(\vec{x}_0)$ für alle $\vec{x} \in \mathbb{D}$ gilt.*
>
> *b) **lokales Maximum**, wenn es in einer Umgebung des Punktes keine Stelle mit einem größeren Funktionswert gibt.*

*Für ein **globales** bzw. **lokales Minimum** gelten analoge Aussagen mit dem entgegengesetzten Ungleichheitszeichen.*

Veranschaulicht man den Sachverhalt an einem Beispiel, so wäre die Zugspitze als höchster Berg Deutschlands vergleichbar einem lokalen Maximum, während der Mount Everest als höchster Berg weltweit das globale Maximum markiert. Aus dieser Überlegung heraus erkennt man, dass jedes globale Extremum natürlich auch ein lokales ist, die Umkehrung aber i. a. nicht gilt. Denkt man an Optimierungsfragen etwa im Bereich der Produktion, so wird der Betriebs-wirt gemeinhin nach dem globalen Extremum streben, um bestmöglich zu handeln, weniger nur nach einem lokalen.

Möchte man die lokalen Extremstellen einer zweimal differenzierbaren Funktion in einer Ver-änderlichen bestimmen, so berechnet man zunächst die erste Ableitung und setzt diese gleich 0. Dadurch bekommt man die Stellen, die für ein lokales Extremum im Innern des Definiti-onsbereichs überhaupt in Frage kommen, da sie eine waagerechte Tangente haben. Alsdann untersucht man ggf. die zweite Ableitung an diesen Stellen. Ist sie größer 0, so liegt ein loka-les Minimum vor, ist sie kleiner 0, so handelt es sich um ein lokales Maximum. Ist die zweite Ableitung hingegen gleich 0, so müssen andere Hilfsmittel herangezogen werden, wie z. B. ein ggf. vorhandener Vorzeichenwechsel der ersten Ableitung an der betreffenden Stelle, um zu bestimmen, um welche Art Extremum es sich handelt. Um festzustellen, wo die globalen Ex-tremstellen einer Funktion liegen, sind außer den Kandidaten im Innern auch die Randpunkte des Definitionsbereichs bzw. das Verhalten der Funktion am Rand des Definitionsbereichs zu untersuchen. Dazu das Beispiel der Funktion

$$f : [-2, 3] \longrightarrow \mathbb{R} \quad \text{mit} \quad f(x) = x \cdot (3 - x^2).$$

Die Funktionsgleichungen der ersten beiden Ableitungen lauten:

$$f'(x) = 3 \cdot (1 - x^2) \quad \text{und} \quad f''(x) = -6x.$$

Daher sind $x = -1$ bzw. $x = 1$ die beiden Kandidaten für die lokale Extremstellen im Innern des Definitionsbereichs.

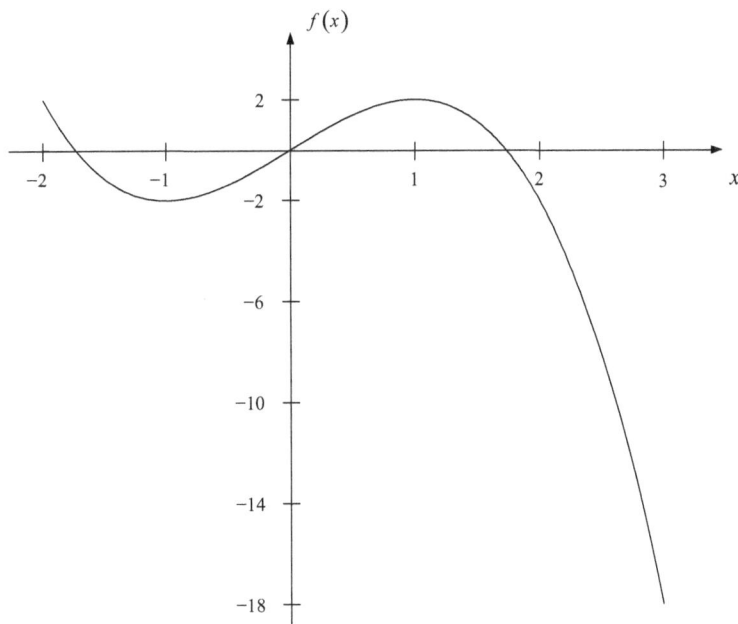

Abb. 2.7: *Globale und lokale Extrema*

Setzt man die Werte in die zweite Ableitung ein, so erhält man

$$f''(-1) = 6 > 0 \quad \text{bzw.} \quad f''(1) = -6 < 0,$$

weswegen an der Stelle $x = -1$ ein lokales Minimum und an der Stelle $x = 1$ ein lokales Maximum mit den Extremwerten

$$f(-1) = -2 \quad \text{und} \quad f(1) = 2$$

vorliegt. Weitere lokale Extremstellen finden sich am Rand des Definitionsbereichs. Für die beiden Randpunkte $x = -2$ und $x = 3$ gilt:

$$f(-2) = 2 \quad \text{bzw.} \quad f(3) = -18.$$

Daher wird an den Stellen $x = -2$ und $x = 1$ das globale Maximum mit Wert 2 angenommen, und an der Stelle $x = 3$ findet man das globale Minimum mit Wert -18.

Im mehrdimensionalen Fall übernimmt der Gradient, also ein Vektor, die Rolle der ersten Ableitung und die Hessematrix übernimmt die Rolle der zweiten Ableitung. Ansonsten ist die Vorgehensweise zur Bestimmung der Extremstellen im Wesentlichen analog zum Eindimensionalen. Es stellt sich jedoch die Frage, was es bedeuten kann, dass eine Matrix „größer" bzw. „kleiner als 0" ist, um ggf. über das Krümmungsverhalten der Funktion zu klären, um welche Art von Extremstelle es sich handelt. Dazu ist es notwendig, sich zunächst über eine Kennzahl zu unterhalten, die man einer Matrix zuordnen kann.

2.4.2   Determinanten

Ausgehend von einer quadratischen Matrix, wie bspw. der Hessematrix, kann eine Kennzahl bestimmt werden, d. h. man hat eine Zuordnung

$$\det : \mathbb{R}^{n \times n} \longrightarrow \mathbb{R} \quad \text{mit } A \longmapsto \det(A).$$

Die Kennzahl wird Determinante der betreffenden Matrix genannt. Wie sie berechnet wird, soll an folgenden Beispielen für aufsteigendes n illustriert werden.

- Für $n = 1$ gibt es lediglich eine Zeile und eine Spalte, so dass die Matrix eine Zahl ist. In diesem Fall ist die zugehörige Determinante die Zahl selbst, z. B.

$$\det(-2) = -2.$$

- Für $n = 2$ besteht die Matrix aus zwei Zeilen und zwei Spalten, z. B.

$$B = \begin{pmatrix} 2 & 3 \\ -1 & 1 \end{pmatrix},$$

und man berechnet die Determinante durch Multiplikation über Kreuz, d. h.

$$\det(B) = \det \begin{pmatrix} 2 & 3 \\ -1 & 1 \end{pmatrix} = 2 \cdot 1 - (-1) \cdot 3 = 5.$$

- Für $n = 3$ nehme man die Matrix

$$C = \begin{pmatrix} 2 & 1 & -1 \\ 0 & 1 & 4 \\ 1 & 2 & 1 \end{pmatrix}$$

als Beispiel. Die Berechnungsmethode zur Bestimmung der Determinante nennt man in diesem Fall **Regel von Sarrus**. Zum besseren Verständnis bietet es sich an, die ersten beiden Spalten noch einmal als Hilfsspalten rechts neben die Matrix zu schreiben:

$$\begin{array}{rrr|rr} 2 & 1 & -1 & 2 & 1 \\ 0 & 1 & 4 & 0 & 1 \\ 1 & 2 & 1 & 1 & 2 \end{array}$$

Man fängt in der linken oberen Ecke an und multipliziert diagonal nach unten durch:

$$2 \cdot 1 \cdot 1 \,.$$

Mit den nächsten beiden Diagonalen, angefangen bei den Elementen 1 und -1 in der ersten Zeile, verfährt man analog. Demnach erhält man darauf aufbauend:

$$2 \cdot 1 \cdot 1 + 1 \cdot 4 \cdot 1 + (-1) \cdot 0 \cdot 2 \,.$$

Dann wird vom Resultat das Produkt der Zahlen von je drei Diagonalen abgezogen. Diesmal wird mit dem Element links unten begonnen. Daraus ergibt sich alles zusammen der Wert der Determinante nach der Regel von Sarrus wie folgt:

$$\det \begin{pmatrix} 2 & 1 & -1 \\ 0 & 1 & 4 \\ 1 & 2 & 1 \end{pmatrix} = 2 \cdot 1 \cdot 1 + 1 \cdot 4 \cdot 1 + (-1) \cdot 0 \cdot 2 - [1 \cdot 1 \cdot (-1) + 2 \cdot 4 \cdot 2 + 1 \cdot 0 \cdot 1]$$

$$= 2 + 4 + 1 - 16 = -9 \,.$$

Was auf den ersten Blick kompliziert anmuten mag, hat man mit etwas Übung schnell verinnerlicht, so dass man die beiden Hilfsspalten letztendlich nicht mehr zur Berechnung der Determinante braucht.

- Für $n \geq 4$ heißt das Verfahren **Laplacescher Entwicklungssatz**. Alle bisher angegebenen Algorithmen zur Berechnung der Determinante lassen sich für beliebiges n aus ihm herleiten. Es handelt sich demnach um ein zentrales, universelles Verfahren, durch das die Determinante einer Matrix definiert werden kann, siehe unten. Mit Hilfe des Satzes wird die Determinante iterativ berechnet, indem man die Zeilen- bzw. Spaltenanzahl der zu berechnenden Matrizen schrittweise um 1 reduziert. Ist man bei einer Dimension kleinergleich 3 angekommen, wird eines der oben angegebenen Verfahren angewandt. Damit eignet sich der Laplacesche Entwicklungssatz hervorragend zur Erstellung eines Computerprogramms. Man nehme beispielsweise die Matrix

$$D = \begin{pmatrix} 2 & -1 & 3 & 0 \\ 1 & 0 & 1 & 0 \\ 0 & 1 & 4 & 1 \\ 2 & 2 & 2 & 0 \end{pmatrix}$$

und betrachte die erste Zeile. Zur ersten Zahl, der 2, multipliziert man −1 hoch der Summe aus Zeilen- und Spaltenindex. Dadurch wird das Vorzeichen des späteren Summanden geklärt. Mit dem Ergebnis multipliziert man die Determinante der Matrix, die man erhält, wenn man die Zeile und die Spalte streicht, in der die 2 steht, also in diesem Fall die erste Zeile und die erste Spalte.

$$2 \cdot (-1)^{1+1} \cdot \det \begin{pmatrix} 0 & 1 & 0 \\ 1 & 4 & 1 \\ 2 & 2 & 0 \end{pmatrix}$$

Mit den restlichen Komponenten der ersten Zeile verfährt man anschließend genauso und addiert die Terme auf. Zusammenfassend gilt:

$$\det(D) = 2 \cdot (-1)^{1+1} \cdot \det \begin{pmatrix} 0 & 1 & 0 \\ 1 & 4 & 1 \\ 2 & 2 & 0 \end{pmatrix} + (-1) \cdot (-1)^{1+2} \cdot \det \begin{pmatrix} 1 & 1 & 0 \\ 0 & 4 & 1 \\ 2 & 2 & 0 \end{pmatrix} +$$

$$+ 3 \cdot (-1)^{1+3} \cdot \det \begin{pmatrix} 1 & 0 & 0 \\ 0 & 1 & 1 \\ 2 & 2 & 0 \end{pmatrix} + 0 \cdot (-1)^{1+4} \cdot \det \begin{pmatrix} 1 & 0 & 1 \\ 0 & 1 & 4 \\ 2 & 2 & 2 \end{pmatrix}.$$

Nun kann man entweder die vier (3×3)- Matrizen durch erneute Anwendung des Laplaceschen Entwicklungssatz weiter reduzieren, oder man wendet die Regel von Sarrus an. Entscheidet man sich an dieser Stelle für die Regel von Sarrus, dann ergibt sich

$$\det(D) = 2 \cdot 2 + (2 - 2) + 3 \cdot (-2) = 4 - 6 = -2$$

als Wert der gesuchten Determinante.

Definition 2.21
*Die **Determinante** ist eine Funktion*

$$\det : \mathbb{R}^{n \times n} \longrightarrow \mathbb{R} \quad mit \quad A \longmapsto \det(A),$$

*die jeder quadratischen Matrix eine Zahl zuordnet. Diese Zahl wird durch den so genannten **Laplaceschen Entwicklungssatz** induktiv wie folgt festgelegt:*

- *Für $n = 1$ ist die Matrix eine Zahl und die zugehörige Determinante die Zahl selbst.*
- *Für $n > 1$ und Matrix $A = (a_{ij})_{i,j=1,...,n} \in \mathbb{R}^{n \times n}$ definiert man*

$$\det(A) = \sum_{j=1}^{n} a_{1j} \cdot (-1)^{1+j} \cdot \det(A_{1j}),$$

*wobei $A_{rs} \in \mathbb{R}^{(n-1) \times (n-1)}$ eine so genannte **Streichungsmatrix** ist, die aus A durch Streichen der r-ten Zeile und s-ten Spalte hervorgeht.*

Häufig wird in der Literatur anstelle von $\det(A)$ auch das Symbol $|A|$ verwendet.

Es stellt sich heraus, vgl. z. B. Lamprecht [44], S. 175, dass es für die Berechnung der Determinante keine Rolle spielt, nach welcher Zeile oder welcher Spalte die Matrix entwickelt wird. Daher mag es geschickt sein, weil mit weniger Rechenaufwand verbunden, wenn man sich Zeilen bzw. Spalten zur Entwicklung aussucht, die möglichst viele Nullen haben. In obigem Beispiel wäre das die vierte Spalte. Entwickelt man danach, so gelangt man über

$$\det \begin{pmatrix} 2 & -1 & 3 & 0 \\ 1 & 0 & 1 & 0 \\ 0 & 1 & 4 & 1 \\ 2 & 2 & 2 & 0 \end{pmatrix} = 1 \cdot (-1)^{3+4} \cdot \det \begin{pmatrix} 2 & -1 & 3 \\ 1 & 0 & 1 \\ 2 & 2 & 2 \end{pmatrix} = -(-2 + 6 - 4 + 2) = -2$$

zum selben Ergebnis. Des Weiteren folgt aus der beliebigen Wählbarkeit einer Zeile oder Spalte zur Entwicklung sofort, dass die Determinante der Transponierten einer Matrix gleich der Determinante der Matrix selbst ist.

Aus der Definition der Determinante geht unmittelbar hervor, dass die Determinante einer jeden Einheitsmatrix 1 ergibt. Entwickelt man nämlich eine beliebige Einheitsmatrix nach der ersten Zeile, dann leistet nur der Summand mit der 1 bzgl. der in obiger Definition festgelegten Summe einen Beitrag. Alle anderen Terme tragen zur Summe nichts bei, da sie 0 sind. Der Exponent der -1 ist in diesem Fall immer gerade, weil der Zeilen- gleich dem Spaltenindex ist, weshalb sich ein positives Vorzeichen ergibt. Schließlich ist die zugehörige Streichungsmatrix die Einheitsmatrix der nächst kleineren Dimension.

$$\det(E_n) = \det \begin{pmatrix} 1 & 0 & \ldots & 0 \\ 0 & 1 & \ldots & 0 \\ \vdots & \vdots & \ddots & \vdots \\ 0 & 0 & \ldots & 1 \end{pmatrix} = \det(E_{n-1}) = \ldots = \det(E_1) = \det(1) = 1$$

Genauso zeigt man, indem man fortgesetzt nach der ersten Spalte entwickelt, dass für den allgemeinen Fall einer **oberen Dreiecksmatrix** A gilt

$$\det(A) = \det \begin{pmatrix} a_{11} & a_{12} & \ldots & a_{1n} \\ 0 & a_{22} & \ldots & a_{2n} \\ \vdots & \vdots & \ddots & \vdots \\ 0 & 0 & \ldots & a_{nn} \end{pmatrix} = a_{11} \cdot a_{22} \cdot \ldots \cdot a_{nn} \,,$$

d. h. die Determinante berechnet sich als Produkt der **Hauptdiagonalelemente**. Dasselbe gilt für eine untere Dreiecksmatrix.

Alle relevanten Rechenregeln zum Umgang mit Determinanten fasst der nächste Satz zusammen. Zunächst hält er fest, dass die Determinate einer transponierten Matrix gleich der Determinante der Ausgangsmatix ist. Anschließend gibt er Aufschluss darüber, wie die Determinante des Produkts zweier Matrizen und die Determinante der inversen Matrix berechnet wird. Letzteres gilt nur für den Fall, dass die inverse Matrix existiert, sich die Ausgangsmatrix also invertieren lässt.

Satz 2.22
Seien $A, B \in \mathbb{R}^{n \times n}$ zwei quadratische Matrizen, dann gilt:

a) $\det(A^T) = \det(A)$

b) $\det(A \cdot B) = \det(A) \cdot \det(B)$

c) $\det(A^{-1}) = \dfrac{1}{\det(A)}$, *falls die Inverse A^{-1} zu A existiert.*

Begründung
Die Gültigkeit von Teil a) haben wir uns bereits überlegt. Der Beweis zur Aussage b) ist unter Ausnutzung der Definitionen von Determinante und Matrizenprodukt rein technischer Natur, weshalb z. B. auf Lamprecht [44], S. 171, verwiesen wird. Und Teil c) ist leicht zu zeigen, denn unter Zuhilfenahme von b) folgt:

$$1 = \det(E_n) = \det(A \cdot A^{-1}) = \det(A) \cdot \det(A^{-1}) \quad \Longrightarrow \quad \det(A^{-1}) = \frac{1}{\det(A)}$$

∎

2.4.3   Extremwertbestimmung

In diesem Abschnitt beantworten wir die Frage, wie die Extremstellen einer Funktion konkret berechnet werden können. Dazu übertragen wir die Vorgehensweise vom eindimensionalen auf den mehrdimensionalen Fall.

Um die Extremstellen einer mindestens zweimal differenzierbaren Funktion in einer Veränderlichen zu bestimmen, bildet man i. a. die ersten beiden Ableitungen. Zur Vorlage eines Extremums ist es notwendig, dass die erste Ableitung an der Stelle 0 ist. Ist zudem die zweite Ableitung größer 0, dann liegt ein Minimum vor. Ist sie kleiner als 0, so handelt es sich um ein Maximum. Im Mehrdimensionalen ist die Vorgehensweise ähnlich, wobei noch zu klären ist, was es heißt, dass eine zweite Ableitung in Gestalt der Hessematrix größer- oder kleinergleich 0 ist. Häufig ist man bei komplexen Problemen mit vielen Variablen in der Praxis bestrebt, die Berechnung der Hessematrix ganz zu vermeiden. Stattdessen versucht man z. B. anhand geometrischer Überlegungen darauf zu schließen, ob ein Maximum oder Minimum vorliegen muss. Ebenso ist der nächste Satz dazu geeignet, von der Bildung einer zweiten Ableitung abzusehen, wenn entsprechende Anforderungen an den Definitionsbereich erfüllt sind. Zudem trifft er eine Aussage zur Annahme von globalem Maximum bzw. Minimum auch für nicht differenzierbare aber stetige Funktionen.

Satz 2.23
Sei $\mathbb{D} \subset \mathbb{R}^n$ kompakt und sei $f : \mathbb{D} \longrightarrow \mathbb{R}$ eine stetige Funktion, dann nimmt f auf $\mathbb{D}$ ihr globales Maximum und ihr globales Minimum an.

Begründung
Den Beweis des Satzes findet man bspw. in Schindler [59], S. 126f.

∎

Im bereits behandelten Beispiel, siehe S. 76, der stetigen Funktion

$$f : [-2, 3] \longrightarrow \mathbb{R} \quad \text{mit} \quad f(x) = x \cdot (3 - x^2)$$

ist der Definitionsbereich beschränkt und abgeschlossen und damit kompakt. Auf die Bildung der zweiten Ableitung hätte demnach verzichtet werden können. Stattdessen hätte es mit dem Hinweis auf obigen Satz genügt, die Funktionswerte an den Nullstellen der ersten Ableitung sowie den Randpunkten zu untersuchen,

$$f(-2) = 2, \quad f(-1) = -2, \quad f(1) = 2 \quad \text{und} \quad f(3) = -18,$$

um die globalen Extrema zu bestimmen.

Kann auf die zweite Ableitung und damit auf die Hessematrix nicht verzichtet werden, dann liefert folgende Definition des Begriffs der Definitheit einer Matrix ein Äquivalent für das Vorzeichen der zweiten Ableitung im eindimensionalen Fall.

Definition 2.24
Sei A eine $(n \times n)$-Matrix. Dann heißt die Funktion $Q_A : \mathbb{R}^n \longrightarrow \mathbb{R}$ definiert durch

$$Q_A(\vec{x}) = \vec{x}^T \cdot A \cdot \vec{x}$$

*die zur Matrix A gehörende **quadratische Form**.*

   *a) A heißt **positiv definit**, wir schreiben $A > 0$, wenn für alle $\vec{x} \neq \vec{0}$ gilt $Q_A(\vec{x}) > 0$.*

   *b) A heißt **positiv semidefinit**, wir schreiben $A \geq 0$, wenn für alle $\vec{x} \in \mathbb{R}^n$ gilt $Q_A(\vec{x}) \geq 0$.*

   *c) A heißt **negativ definit**, wir schreiben $A < 0$, wenn für alle $\vec{x} \neq \vec{0}$ gilt $Q_A(\vec{x}) < 0$.*

   *d) A heißt **negativ semidefinit**, wir schreiben $A \leq 0$, wenn für alle $\vec{x} \in \mathbb{R}^n$ gilt $Q_A(\vec{x}) \leq 0$.*

   *e) A heißt **indefinit**, wenn $Q_A(\vec{x})$ sowohl positive als auch negative Werte annehmen kann.*

Zum Beispiel ist die Matrix

$$A = \begin{pmatrix} 1 & -1 \\ -1 & 3 \end{pmatrix} \in \mathbb{R}^{2 \times 2}$$

positiv definit, denn es gilt für alle $\vec{x} \in \mathbb{R}^2$ mit Ausnahme des Nullvektors

$$Q_A(\vec{x}) = (x_1, x_2) \cdot \begin{pmatrix} 1 & -1 \\ -1 & 3 \end{pmatrix} \cdot \begin{pmatrix} x_1 \\ x_2 \end{pmatrix} = x_1^2 - 2x_1 x_2 + 3x_2^2 = (x_1 - x_2)^2 + 2x_2^2 > 0.$$

Dass die Schreibweisen „$A > 0$", „$A < 0$", usw. in Analogie zum Umgang mit Zahlen im Hinblick auf die zweite Ableitung einer Funktion tatsächlich auf das Krümmungsverhalten hinweisen und damit ggf. über die Art der Extremstelle Auskunft geben, kann im Detail bspw. in Schindler [59], S. 189ff., nachgelesen werden. Die entscheidenden Ergebnisse werden im anschließenden Satz zusammengefasst.

Satz 2.25

Sei $\mathbb{D} \subseteq \mathbb{R}^n$ offen und $f : \mathbb{D} \longrightarrow \mathbb{R}$ eine zweimal stetig differenzierbare Funktion.

a) Gilt $f'(\vec{x}_0) = \vec{0}$ und $f''(\vec{x}_0) > 0$, so besitzt f in $\vec{x}_0$ ein lokales Minimum.

b) Gilt $f'(\vec{x}_0) = \vec{0}$ und $f''(\vec{x}_0) < 0$, so besitzt f in $\vec{x}_0$ ein lokales Maximum.

c) Gilt $f'(\vec{x}_0) = \vec{0}$ und ist $f''(\vec{x}_0)$ indefinit, so besitzt f in $\vec{x}_0$ kein lokales Extremum.

Ist demgegenüber die Hessematrix positiv oder aber negativ semidefinit, so ist keine generelle Aussage möglich, d. h. es kann eine Extremstelle vorliegen, muss aber nicht.

Zusätzlich ist es notwendig, zum Auffinden aller lokalen Extremstellen bzw. zur Bestimmung der globalen Extremstellen das Verhalten der Funktion am Rand zu untersuchen.

Gegeben sei z. B. die Funktion $f : \mathbb{R}^3 \longrightarrow \mathbb{R}$ mit

$$f(x_1, x_2, x_3) = -(x_1 + x_2)^3 + 6x_1 x_2 - x_3^2 \,.$$

Die erste Ableitung, der Gradient, lautet

$$f'(\vec{x}) = \left(6x_2 - 3 \cdot (x_1 + x_2)^2, 6x_1 - 3 \cdot (x_1 + x_2)^2, -2x_3 \right)$$

und die zweite Ableitung, die Hessematrix, hat folgende Gestalt

$$f''(\vec{x}) = \begin{pmatrix} -6 \cdot (x_1 + x_2) & 6 - 6 \cdot (x_1 + x_2) & 0 \\ 6 - 6 \cdot (x_1 + x_2) & -6 \cdot (x_1 + x_2) & 0 \\ 0 & 0 & -2 \end{pmatrix} \,.$$

Die Gleichung $f'(\vec{x}) = \vec{0}$ liefert die Kandidaten für die lokalen Extremstellen, nämlich

$$\vec{x}_1 = (0, 0, 0) \quad \text{und} \quad \vec{x}_2 = (1/2, 1/2, 0) \,,$$

denn ein Gleichsetzen der ersten beiden Komponenten des Gradienten ergibt $x_1 = x_2$ sowie

$$6x_1 - 3 \cdot (2x_1)^2 = 0 \quad \Longleftrightarrow \quad 6x_1 - 12x_1^2 = 0 \quad \Longleftrightarrow \quad 6x_1 \cdot (1 - 2x_1) = 0 \,,$$

und $x_3 = 0$ folgt unmittelbar durch Nullsetzen der dritten Komponente. Eingesetzt in die zweite Ableitung führt das zu

$$f''(0, 0, 0) = \begin{pmatrix} 0 & 6 & 0 \\ 6 & 0 & 0 \\ 0 & 0 & -2 \end{pmatrix} \quad \text{bzw.} \quad f''(1/2, 1/2, 0) = \begin{pmatrix} -6 & 0 & 0 \\ 0 & -6 & 0 \\ 0 & 0 & -2 \end{pmatrix} \,.$$

Die erste Matrix ist indefinit, die zweite Matrix erweist sich als negativ definit. Denn im Fall der ersten Matrix lautet die quadratische Form

$$Q_{f''(0,0,0)}(x_1, x_2, x_3) = 12x_1 x_2 - 2x_3^2 \,,$$

weshalb sowohl positive als auch negative Werte angenommen werden können. Am letzten Term der quadratischen Form erkennt man etwa, dass wenn man die ersten beiden Komponenten 0 setzt und die dritte Komponente von 0 verschieden wählt, der Wert negativ ist usw.

$$Q_{f''(0,0,0)}(0,0,1) = -2 < 0 \quad \text{bzw.} \quad Q_{f''(0,0,0)}(1,1,0) = 12 > 0$$

Demgegenüber ist die quadratische Form der zweiten Matrix

$$Q_{f''(\frac{1}{2},\frac{1}{2},0)}(x_1,x_2,x_3) = -6x_1^2 - 6x_2^2 - 2x_3^2$$

für alle Vektoren $\vec{x} \in \mathbb{R}^3$ mit Ausnahme des Nullvektors negativ.

Deshalb liegt in $\vec{x}_1 = (0,0,0)$ kein lokales Extremum vor, während in $\vec{x}_2 = (1/2, 1/2, 0)$ ein lokales Maximum vorhanden ist.

Darüber hinaus besitzt f weder ein globales Minimum noch Maximum, denn es gilt z. B.

$$\lim_{x \to -\infty} f(x,0,0) = \lim_{x \to -\infty} (-x^3) = \infty \quad \text{bzw.} \quad \lim_{x \to \infty} f(0,0,x) = \lim_{x \to \infty} (-x^2) = -\infty,$$

weshalb f über alle Grenzen hinaus wachsen kann.

Die Definitheit einer Matrix mit Hilfe der quadratischen Form nachzurechnen, kann insbesondere in höheren Dimensionen schwierig sein. Aus diesem Grund stellen wir ein zweites Verfahren vor, das zwar oft einfacher ist, jedoch nur im Fall symmetrischer Matrizen angewendet werden darf.

Satz 2.26
*Sei $A \in \mathbb{R}^{n \times n}$ eine **symmetrische Matrix**, d. h. eine Matrix, für die $A = A^T$ gilt. Dann kann die Definitheit alternativ zur quadratischen Form auch mittels Determinanten wie folgt untersucht werden.*

*a) A ist genau dann positiv definit, wenn alle **Hauptabschnittsdeterminanten** positiv sind, wenn also*

$$\det(A^{kk}) > 0 \quad \text{für alle } k = 1, \dots, n \text{ gilt.}$$

$A^{kk} \in \mathbb{R}^{k \times k}$ ist dabei die Matrix, die aus A hervorgeht, indem man alle Elemente aus A auswählt, deren Zeilen- und Spaltenindex kleinergleich k ist. (Die Matrix ist nicht mit der Streichungsmatrix des Laplaceschen Entwicklungssatzes zu verwechseln.)

*b) A ist genau dann negativ definit, wenn alle **Hauptabschnittsdeterminanten** im Vorzeichen alternieren, beginnend mit kleiner 0.*

Man beachte, dass in allen anderen als den in obigem Satz aufgeführten Fällen keine Aussage zur Definitheit mittels Hauptabschnittsdeterminanten möglich ist. Es bleibt dann nichts anderes übrig, als auf die quadratische Form zurückzugreifen. Demgegenüber ist die Forderung der Symmetrie an die Matrix i. a. keine schwerwiegende Einschränkung, da im Rahmen betriebswirtschaftlicher Modellierungen die Funktionen häufig zweimal stetig partiell differenzierbar sind. Aus diesem Grund ist in solchen Fällen die Hessematrix, siehe Satz von Schwarz, vgl.

Kap. 2.3.5, zwangsläufig symmetrisch, und eine Untersuchung der Definitheit mittels Hauptabschnittsdeterminanten bietet sich an.

In unserem Beispiel hätte demnach die Prüfung der Definitheit der Hessematrizen

$$A = \begin{pmatrix} 0 & 6 & 0 \\ 6 & 0 & 0 \\ 0 & 0 & -2 \end{pmatrix} \quad \text{und} \quad B = \begin{pmatrix} -6 & 0 & 0 \\ 0 & -6 & 0 \\ 0 & 0 & -2 \end{pmatrix}$$

anhand der Hauptabschnittsdeterminanten zu folgendem Ergebnis geführt:

$$\det(B^{11}) = \det(-6) = -6 < 0,$$

$$\det(B^{22}) = \det\begin{pmatrix} -6 & 0 \\ 0 & -6 \end{pmatrix} = 36 > 0,$$

$$\det(B^{33}) = \det(B) = \det\begin{pmatrix} -6 & 0 & 0 \\ 0 & -6 & 0 \\ 0 & 0 & -2 \end{pmatrix} = -72 < 0.$$

Die Hauptabschnittsdeterminanten beginnen mit einer negativen Zahl und wechseln dann im Vorzeichen ab. Die Matrix ist negativ definit. Bezüglich der zweiten Matrix hat man

$$\det(A^{11}) = \det(0) = 0,$$

weshalb das Verfahren abgebrochen werden kann und keine Aussage möglich ist. Es bleibt nur die quadratische Form, siehe oben.

2.5   Optimierung unter Nebenbedingungen

Im Gegensatz zum vorangehenden Abschnitt geht es in diesem Teil um die Extremwertberechnung unter der Maßgabe, dass zusätzliche Nebenbedingungen einzuhalten sind. Zahlreiche Anwendungen der in diesem Abschnitt besprochenen Lösungsmethoden findet man in der Betriebswirtschaftslehre überall dort, wo man an einer Optimierung unter Einhaltung von Restriktionen interessiert ist. Dies ist z. B. bei der Berechnung von Minimalkostenkombinationen, bei Lagerhaltungsproblemen oder bei Vorlage von Produktionsfunktionen häufig der Fall. Darüber hinaus finden sich auch Anwendungen im Bereich der Volkswirtschaftslehre. Dazu gehört etwa die Nutzenmaximierung als zentrales Element der klassischen ökonomischen Disziplinen wie der Haushalts-, Konsum- oder Allokationstheorie.

Grob gesprochen geht man bei der Berechnung von Extremwerten unter Nebenbedingungen ähnlich vor wie bei der Berechnung von Extremwerten ohne Nebenbedingungen. Man untersucht die ersten beiden Ableitungen. Allerdings tut man das aufgrund der einzuhaltenden Nebenbedingungen nicht für die Ausgangsfunktion, sondern für die so genannte Lagrangefunktion, die zunächst aufgestellt werden muss. Betrachtet man das Beispiel der Dose Ravioli in Kapitel 2.1, so hat man die Kostenfunktion

$$f(r, h) = 2\pi \cdot r^2 \cdot b + 2\pi \cdot r \cdot h \cdot (a + b)$$

zu minimieren, unter Einhaltung der Nebenbedingung

$$\pi \cdot r^2 \cdot h = 800$$

und mit den beiden Unbekannten Höhe $h > 0$ und Radius $r > 0$ der Dose.

Die Nebenbedingung ist als Funktionsgleichung zu schreiben, so dass eine zulässige Lösung, die in die Funktionsgleichung eingesetzt wird, den Wert 0 ergibt.

$$g(r, h) = \pi \cdot r^2 \cdot h - 800 = 0$$

Die Lagrangefunktion L wird gebildet, indem man die Nebenbedingung(en) in aufbereiteter Form zur Problemfunktion hinzuaddiert. Jede Nebenbedingung ist dazu vorher mit einem eigenen Faktor zu multiplizieren, den man **Lagrangemultiplikator** nennt. Dadurch erhält man genau so viele neue Variablen wie das Problem Nebenbedingungen hat.

$$\begin{aligned} L(r, h, \lambda) &= f(r, h) + \lambda \cdot g(r, h) \\ &= 2\pi \cdot r^2 \cdot b + 2\pi \cdot r \cdot h \cdot (a + b) + \lambda \cdot (\pi \cdot r^2 \cdot h - 800)\,. \end{aligned}$$

Die zwei Parameter a und b stehen für die Marktpreise der Produktionsfaktoren Etikett und Blech. Geht man z. B. davon aus, dass die aktuellen Preise mit $a = 1$ Cent und $b = {}^1\!/_2$ Cent gegeben sind, dann folgt

$$L(r, h, \lambda) = \pi \cdot r^2 + 3\pi \cdot r \cdot h + \lambda \cdot (\pi \cdot r^2 \cdot h - 800)\,,$$

und die partiellen Ableitungen lauten

$$\begin{aligned} L_r(r, h, \lambda) &= 2\pi \cdot r + 3\pi \cdot h + 2\pi \cdot \lambda \cdot r \cdot h\,, \\ L_h(r, h, \lambda) &= 3\pi \cdot r + \lambda \cdot \pi \cdot r^2\,, \\ L_\lambda(r, h, \lambda) &= \pi \cdot r^2 \cdot h - 800\,. \end{aligned}$$

Es fällt auf, dass aufgrund der Art und Weise wie die Lagrangefunktion gebildet wird, die Ableitung der Lagrangefunktion nach einem Lagrangemultiplikator stets wieder die zu ihm gehörende Nebenbedingung ergibt.

Ein notwendiges Kriterium zum Auffinden lokaler Extrema ist, dass alle partiellen Ableitungen gleich 0 sind. Demnach erhält man die folgenden drei Gleichungen:

$$\begin{aligned} 2\pi \cdot r + 3\pi \cdot h + 2\pi \cdot \lambda \cdot r \cdot h &= 0 \quad \text{(I)} \\ 3\pi \cdot r + \lambda \cdot \pi \cdot r^2 &= 0 \quad \text{(II)} \\ \pi \cdot r^2 \cdot h - 800 &= 0 \quad \text{(III)} \end{aligned}$$

Die zweite Gleichung wird nach λ aufgelöst, die dritte Gleichung löst man nach h auf.

$$\lambda = -\frac{3}{r} \quad \text{bzw.} \quad h = \frac{800}{\pi \cdot r^2}$$

Setzt man diese beiden Ausdrücke in die erste Gleichung ein, so erhält man:

$$2\pi \cdot r + \frac{2.400}{r^2} - \frac{6\pi}{r} \cdot r \cdot \frac{800}{\pi \cdot r^2} = 0$$

$$\Longleftrightarrow \quad 2\pi \cdot r - \frac{2.400}{r^2} = 0$$

$$\Longleftrightarrow \quad r^3 = \frac{1.200}{\pi}$$

Demnach kann ein lokales Minimum, auf zwei Nachkommastellen genau, nur im Punkt

$$r^* \approx 7{,}26 \quad \text{und} \quad h^* \approx 4{,}84$$

existieren, d. h. bezüglich der fiktiv vorgegebenen Preise für Etikett und Blech wäre die Produktion einer Dose mit einem Radius von 7,26 cm und einer Höhe von 4,84 cm mit minimalen Kosten verbunden. Dass es sich bei diesem lokalen Minimum tatsächlich schon um das globale handelt, ergeben geometrische Überlegungen für wachsenden Radius bzw. für eine wachsende Höhe der Dose.

Man hätte das Problem alternativ lösen können, indem man nach der Modellierung der Fragestellung die Volumenbeschränkung nach der Höhe h auflöst und in die Kostenfunktion einsetzt. In diesem Fall wäre das Problem auf die Betrachtung einer Funktion in einer Veränderlichen zurückgeführt worden. Die vorgestellte Lösungstheorie im Mehrdimensionalen ist im Gegensatz dazu jedoch viel mächtiger und erlaubt das Lösen von Problemen auch dann, wenn die Nebenbedingungen *nicht* nach einer der Variablen explizit aufzulösen sind.

Außer den vielen Gemeinsamkeiten zwischen den Extremwertberechnungen mit und ohne Nebenbedingungen gibt es auch markante Unterschiede. So sind zusätzliche Voraussetzungen einzuhalten, um das oben vorgestellte Berechnungsverfahren anwenden zu können. Die exakte Formulierung mit allen Details liefert folgender Satz, der **Satz von Lagrange**.

Satz 2.27

Die Abbildungen $f : \mathbb{D} \longrightarrow \mathbb{R}$ (Problemfunktion) und $g : \mathbb{D} \longrightarrow \mathbb{R}^m$ (Nebenbedingungen) mit

$$g(\vec{x}) = (g_1(\vec{x}), \ldots, g_m(\vec{x}))$$

*seien in einer Umgebung von $\vec{x}^* \in \mathbb{D}$ differenzierbar, wobei sowohl $\mathbb{D} \subseteq \mathbb{R}^n$ als auch $m < n$ gelte. Ferner bezeichne man mit $L : \mathbb{D} \times \mathbb{R}^m \longrightarrow \mathbb{R}$ die **Lagrangefunktion**, die durch*

$$L(\vec{x}, \vec{\lambda}) = f(\vec{x}) + \vec{\lambda} * g(\vec{x})$$

definiert wird. Sind die Vektoren $g_1'(\vec{x}^*), \ldots, g_m'(\vec{x}^*)$ linear unabhängig, dann gilt:

*Besitzt f in $\vec{x}^*$ ein lokales Extremum unter der Nebenbedingung $g(\vec{x}) = \vec{0}$, so existiert ein **Lagrangemultiplikator** $\vec{\lambda}^* \in \mathbb{R}^m$ mit $L'(\vec{x}^*, \vec{\lambda}^*) = \vec{0}$. Ist zudem die Matrix*

$$D_{\vec{x}}^2 L(\vec{x}^*, \vec{\lambda}^*) = f''(\vec{x}^*) + \sum_{j=1}^{m} \lambda_j^* \cdot g_j''(\vec{x}^*)$$

positiv bzw. negativ definit unter der Nebenbedingung $B \cdot \vec{x} = \vec{0}$ mit $B = g'(\vec{x}^*)$, so hat f an der Stelle $\vec{x}^*$ ein lokales Minimum bzw. Maximum unter der Nebenbedingung $g(\vec{x}) = \vec{0}$. Ist die Matrix unter der genannten Nebenbedingung indefinit, dann liegt kein Extremum vor.

Begründung
Zum Beweis des Satzes sei aufgrund der Komplexität auf die einschlägige Fachliteratur verwiesen, z. B. Schindler [59], S. 202ff. Der letzte Satz der Behauptung folgt aus Geiger/Kanzow [28], S. 65 unter Beachtung der Seiten 52 und 64.

∎

Was linear unabhängige Vektoren sind, daran erinnert das nächste Kapitel und kann dort bei Bedarf nachgelesen werden. Was man unter der Definitheit einer Matrix unter einer Nebenbedingung versteht, wird in folgender Ergänzung zu Definition 2.24 geklärt.

Definition 2.28
*Sei A eine $(n \times n)$- und B eine $(m \times n)$-Matrix. Dann heißt A **positiv** bzw. **negativ definit unter der Nebenbedingung** $B \cdot \vec{x} = \vec{0}$, wenn für alle $\vec{x} \neq \vec{0}$ mit $B \cdot \vec{x} = \vec{0}$ gilt*

$$Q_A(\vec{x}) > 0 \quad bzw. \quad Q_A(\vec{x}) < 0 \,.$$

*Treten für solche Vektoren sowohl positive als auch negative Werte auf, dann nennt man die Matrix **indefinit unter der Nebenbedingung** $B \cdot \vec{x} = \vec{0}$.*

Werfen wir einen genaueren Blick auf den Satz von Lagrange und machen uns seine Voraussetzungen am Beispiel der Dose Ravioli klar. Man stellt fest, dass der Satz von Lagrange nur dann anwendbar ist, wenn die Anzahl der Nebenbedingungen kleiner ist als die Anzahl der Problemvariablen. Diese Bedingung ist im vorliegenden Fall erfüllt, denn man hat zwei Variablen, den Radius und die Höhe der Dose, aber lediglich eine Nebenbedingung, die Volumenbeschränkung. Eine weitere, einfach zu prüfende Voraussetzung ist, dass jede Nebenbedingung als Gleichung, nicht aber als Ungleichung vorliegen darf. Auch diese Bedingung ist erfüllt, denn die Volumenrestriktion lautet

$$\pi \cdot r^2 \cdot h = 800 \,.$$

Schließlich wird gefordert, dass die Gradienten der Nebenbedingungen an der vermeintlichen Extremstelle linear unabhängig sein müssen. Das wollen wir prüfen. Dazu berechnet man die partiellen Ableitungen der Volumenfunktion

$$g_r(r,h) = 2\pi \cdot r \cdot h \quad \text{und} \quad g_h(r,h) = \pi \cdot r^2 \,.$$

Ein Vektor ist genau dann linear unabhängig, wenn er ungleich dem Nullvektor ist. Da beide Ableitungen an der Stelle $(7{,}26, 4{,}84)$ größer 0 sind, ist auch diese Voraussetzung erfüllt.

Wenden wir uns einem weiteren Beispiel zu, an dem die hinreichende Bedingung zur Vorlage eines Extremums mittels der zweiten Ableitung besonders deutlich wird. Aus einer kreisrunden

Blechplatte mit Durchmesser 1 m soll ein Rechteck mit maximalem Flächeninhalt ausgestanzt werden. Sei $x > 0$ die Länge und $y > 0$ die Breite des Rechtecks, dann ist

$$f(x, y) = xy$$

zu maximieren, wobei die Wahl der Lösung nach Pythagoras durch die Nebenbedingung

$$x^2 + y^2 = 1$$

eingeschränkt wird. Es genügt, sich auf den Rand der Kreisscheibe zu beschränken, denn ein Rechteck, das nicht bis zum Rand reicht, wäre nicht optimal. Die Lagrangefunktion lautet:

$$L(x, y, \lambda) = xy + \lambda \cdot (x^2 + y^2 - 1).$$

Man bildet die partiellen Ableitungen und setzt diese 0. Es ergeben sich die Gleichungen:

$$L_x(x, y, \lambda) = y + 2\lambda x = 0 \quad \text{(I)}$$
$$L_y(x, y, \lambda) = x + 2\lambda y = 0 \quad \text{(II)}$$
$$L_\lambda(x, y, \lambda) = x^2 + y^2 - 1 = 0 \quad \text{(III)}$$

Löst man die erste Gleichung nach y auf und setzt das Ergebnis in (II) ein, so gilt:

$$x + 2\lambda \cdot (-2\lambda x) = x - 4\lambda^2 \cdot x = 0 \quad \Longleftrightarrow \quad x = 4\lambda^2 \cdot x$$

Da x als Länge eines maximalen Rechtecks größer 0 sein muss, folgt:

$$4\lambda^2 = 1 \quad \Longleftrightarrow \quad \lambda = -\frac{1}{2} \quad \text{bzw.} \quad \lambda = \frac{1}{2}$$

Somit erhält man

$$y = -2\lambda x = \pm x,$$

und ein Einsetzten in die dritte Gleichung liefert:

$$2x^2 - 1 = 0 \quad \Longleftrightarrow \quad x = -\frac{1}{\sqrt{2}} \quad \text{bzw.} \quad x = \frac{1}{\sqrt{2}}$$

Die negativen Lösungen entfallen, da es sich um Längenmaße handelt. Somit lautet der Kandidat für die optimale Lösung

$$\vec{x}^* = (x^*, y^*) = \left(\frac{1}{\sqrt{2}}, \frac{1}{\sqrt{2}} \right) \quad \text{mit} \quad \lambda^* = -\frac{1}{2}.$$

Die Voraussetzungen zur Anwendung des Satzes von Lagrange sind erfüllt, denn:

- Man hat zwei Problemvariablen aber nur eine Nebenbedingung.
- Die Nebenbedingung liegt nach einem Rückzug auf den Rand des Kreises als Gleichung und nicht als Ungleichung vor.

- Der Gradient der Nebenbedingung ist linear unabhängig, denn man hat

$$g(x,y) = x^2 + y^2 - 1 \implies g'(x,y) = (2x, 2y) \implies g'\left(\frac{1}{\sqrt{2}}, \frac{1}{\sqrt{2}}\right) = (\sqrt{2}, \sqrt{2}) \neq \vec{0}.$$

Des Weiteren liefern die zweiten partiellen Ableitungen nach den Problemvariablen

$$A = \begin{pmatrix} L_{xx}(x^*, y^*, \lambda^*) & L_{xy}(x^*, y^*, \lambda^*) \\ L_{yx}(x^*, y^*, \lambda^*) & L_{yy}(x^*, y^*, \lambda^*) \end{pmatrix} = \begin{pmatrix} 2\lambda^* & 1 \\ 1 & 2\lambda^* \end{pmatrix} = \begin{pmatrix} -1 & 1 \\ 1 & -1 \end{pmatrix},$$

so dass für die mit dieser Matrix gebildeten quadratischen Form (die Hauptabschnittsdeterminanten führen zu keiner Aussage, weil die zweite Hauptabschnittsdeterminante 0 ist) gilt:

$$Q_A(x_1, x_2) = -x_1^2 + 2x_1 x_2 - x_2^2 = -(x_1 - x_2)^2 \leq 0.$$

Die Ableitungsmatrix ist damit negativ semidefinit, denn für alle Vektoren aus $\mathbb{R}^2$ mit $x_1 = x_2$ liefert die quadratische Form den Wert 0. Laut der hinreichenden Bedingung des Satzes von Lagrange sind allerdings nur solche Vektoren zur Konkurrenz zugelassen, deren Komponenten die Bedingung

$$(\sqrt{2}, \sqrt{2}) \cdot \begin{pmatrix} x_1 \\ x_2 \end{pmatrix} = 0 \iff x_2 = -x_1$$

erfüllen. Die durch diese Vektoren charakterisierten Punkte liegen auf einer Ursprungsgeraden mit Steigung -1. Demnach ist die erste Komponente genau dann 0, wenn die zweite Komponente gleich 0 ist. Außer dem Nullvektor gilt für alle anderen Punkte auf der Geraden:

$$Q_A(x_1, x_2) = -(x_1 - x_2)^2 = -4x_1^2 < 0.$$

Somit ist A negativ definit unter der Nebenbedingung $B \cdot \vec{x} = \vec{0}$ mit $B = g'(\vec{x}^*)$.

Nach dem Satz von Lagrange liegt demnach in $\left(\frac{1}{\sqrt{2}}, \frac{1}{\sqrt{2}}\right)$ ein lokales Maximum vor.

Das lokale ist bereits das globale Maximum, da das Rechteck an den Rändern des Definitionsbereichs verschwindet. Das betriebswirtschaftliche Optimierungsproblem ist damit gelöst. Das flächengrößte Rechteck, das man aus einer Blechplatte mit Durchmesser 1 m ausstanzen kann, ist ein Quadrat mit einer Kantenlänge von rund 70,71 cm.

Es ist besonders darauf hinzuweisen, dass die zweite Ableitung nur mit den Problemvariablen und nicht zusätzlich noch mit den Lagrangemultiplikatoren zu bilden ist. Ein letztes Beispiel weist auf einen weiteren Unterschied zwischen der Optimierung mit und ohne Nebenbedingungen hin. Während bei der Optimierung ohne Nebenbedingung eine indefinite Hessematrix bedeutet, dass ein Sattelpunkt und keine Extremstelle vorliegt, macht der Satz von Lagrange keine Aussage zum Fall einer indefiniten Matrix. Zu Recht, denn man beachte folgendes Gegenbeispiel. Gegeben sei die Funktion

$$f(x,y) = xy \quad \text{mit} \quad x + y = 2.$$

Auflösen der Nebenbedingung nach y und Einsetzen in die Problemfunktion ergibt mit

$$f(x) = x \cdot (2 - x) = 2x - x^2$$

eine Funktion in nur noch einer Veränderlichen, für die die Ableitungen lauten

$$f'(x) = 2 - 2x = 2 \cdot (1 - x) \quad \text{und} \quad f''(x) = -2.$$

Daher liegt an der Stelle $x = y = 1$ ein lokales Maximum vor. Betrachtet man im Gegensatz dazu die Lagrangefunktion

$$L(x, y, \lambda) = xy + \lambda \cdot (x + y - 2),$$

so führt diese zunächst auf denselben Kandidaten für einen Extrempunkt, denn man bildet die partiellen Ableitungen, setzt diese gleich 0

$$L_x(x, y, \lambda) = y + \lambda = 0, \quad L_y(x, y, \lambda) = x + \lambda = 0, \quad L_\lambda(x, y, \lambda) = x + y - 2 = 0,$$

und folgert $x = y$ aus den ersten beiden Gleichungen und $x = 1$ aus der dritten. Auf der anderen Seite liefert die zweite Ableitung nach den Problemvariablen

$$A = \begin{pmatrix} 0 & 1 \\ 1 & 0 \end{pmatrix}.$$

Die Matrix ist indefinit, wie man anhand der quadratischen Form

$$Q_A(x_1, x_2) = 2x_1 x_2$$

sofort erkennt. Trotz der indefiniten Ableitungsmatrix liegt ein lokales Maximum vor, denn die Matrix ist unter der Nebenbedingung $B \cdot \vec{x} = \vec{0}$ negativ definit, wie folgende Betrachtung zeigt. Der Gradient der einzigen Nebenbedingung lautet:

$$g(x, y) = x + y - 2 \quad \Longrightarrow \quad g'(x, y) = (1, 1),$$

woraus die Herleitung

$$g'(x, y) \cdot \begin{pmatrix} x_1 \\ x_2 \end{pmatrix} = (1, 1) \cdot \begin{pmatrix} x_1 \\ x_2 \end{pmatrix} = 0 \quad \Longleftrightarrow \quad x_2 = -x_1$$

folgt. Das heißt, man hat es unter der Restriktion mit einer Ursprungsgeraden zu tun, für die außer im Nullpunkt stets

$$2x_1 x_2 = -2x_1^2 < 0$$

gilt. Wir schließen die Betrachtungen mit einigen Bemerkungen:

- Die Lagrange Multiplikatoren sind von großer ökonomischer Bedeutung. Sie werden häufig als Schattenpreise interpretiert und geben an, wie sehr die optimale Lösung variiert, wenn sich die Nebenbedingungen ändern.

- Die Nebenbedingungen müssen im Allgemeinen nicht immer nach einer der Variablen auflösbar sein. Man betrachte z. B. eine Nebenbedingung in der Gestalt

$$y + x - e^{xy} = 0.$$

Trotzdem bleibt der Satz von Lagrange gerade in diesen Fällen anwendbar.
- Eine der Voraussetzungen des Satzes von Lagrange ist der Umstand, dass alle Nebenbedingungen als Gleichungen „= 0" vorliegen müssen. Eine Verallgemeinerung auf Nebenbedingungen in der Form von Ungleichung „≤ 0" kann vorgenommen werden. Diese Verallgemeinerung ist in der Literatur als **Satz von Kuhn-Tucker** bekannt.

2.6 Lernkontrolle

2.6.1 Verständnisfragen

1) Nennen Sie Beispiele ökonomischer Funktionen.
2) Woraus besteht eine Funktion?
3) Wie Verhalten sich Bildmenge und Wertebereich zueinander?
4) Was ist der Unterschied zwischen Variable und Parameter.
5) Wie kann man sich anschaulich eine stetige Funktion vorstellen?
6) Wie lautet die exakte mathematische Definition der Stetigkeit einer reellwertigen Funktion in einer reellen Veränderlichen?
7) Wie kann man sich anschaulich eine differenzierbare Funktion vorstellen?
8) Wie lautet die exakte mathematische Definition der Differenzierbarkeit einer reellwertigen Funktion in einer reellen Veränderlichen?
9) Geben Sie eine Funktion an, die stetig aber nicht differenzierbar ist.
10) Was wird durch die erste Ableitung einer Funktion beschrieben?
11) Nennen Sie die wichtigsten Ableitungen elementarer Funktionen.
12) Welche Funktion stimmt mit ihrer Ableitung überein?
13) Nennen Sie betriebswirtschaftliche Fragestellungen, zu deren Beantwortung man u. a. Ableitungen von Funktionen zu Rate zieht.
14) Was gibt die Preisabsatzelastizität an?
15) Auf welche Art von Problem innerhalb der mathematischen Modellierung stößt man bei der Frage nach der Rendite einer Investitionsfolge?
16) Was ist Abszisse und Ordinate?
17) Warum wird das Newtonverfahren als iteratives Verfahren bezeichnet?
18) Nennen und erörtern Sie die verschiedenen Ableitungsbegriffe, die Sie im Mehrdimensionalen kennen.
19) Welche der vier Grundrechenarten lassen sich unter welchen Voraussetzungen auf Matrizen anwenden?
20) Wie werden Matrizen mit einem Skalar multipliziert bzw. addiert, wenn es möglich ist?
21) Welche Eigenschaften kann eine Matrix haben?
22) Was versteht man unter einer transponierten Matrix?
23) Wann ist es wichtig, zwischen Zeilen- und Spaltenvektoren zu unterscheiden?
24) Welcher Zusammenhang besteht zwischen Richtungsableitung und partieller Ableitung?

25) Welcher Zusammenhang besteht zwischen totalem Differential und den partiellen Ablei-
    tungen?
26) Mit welcher Funktion misst man die Länge von Vektoren im Anschauungsraum?
27) Was sind Gradient und Hessematrix?
28) Nennen und erklären Sie Eigenschaften von Mengen.
29) Welche Ableitungsregeln kennen Sie?
30) Was besagt der Satz von Schwarz?
31) Worin unterscheiden sich lokale und globale Extrema?
32) Was ist eine Determinante, und wozu dient sie?
33) Nennen Sie zwei Methoden mit Hilfe derer man Determinanten berechnen kann.
34) Wodurch ist eine obere Dreiecksmatrix charakterisiert?
35) Auf welche Arten kann man die Definitheit einer Matrix prüfen? Wo liegen die Vor- und
    Nachteile der unterschiedlichen Verfahren?
36) Was gilt für stetige Funktionen auf kompakter Definitionsmenge?
37) Welche notwendige Bedingung muss erfüllt sein, damit eine differenzierbare Funktion in
    einem Punkt ein Extremum haben kann?
38) Wie stellt man eine Lagrangefunktion auf, und welche Rolle spielt dabei ein Lagrangemul-
    tiplikator?
39) An welche Voraussetzungen ist der Satz von Lagrange geknüpft?
40) Welche Unterschiede gibt es zwischen der Extremwertberechnung mit und ohne Nebenbe-
    dingungen?

2.6.2   Antworten

1) Preisabsatzfunktion, Produktionsfunktion, Erlösfunktion, Konsumfunktion, Kostenfunktion, Deckungsbeitragsfunktion
2) siehe Definition 2.1
3) Die Bildmenge ist eine Teilmenge des Wertebereichs.
4) Eine Variable ist eine Stellgröße, die man verändern oder anpassen kann. Ein Parameter ist
   ein in gewissen Grenzen beliebiger jedoch fester Wert.
5) Man kann sich eine stetige Funktion als Funktion vorstellen, die keine Sprungstellen hat.
6) vgl. Definition 2.2
7) Man stellt sich eine differenzierbare Funktion hinreichend glatt vor.
8) siehe Definition 2.3
9) Die Betragsfunktion ist an der Stelle 0 stetig aber nicht differenzierbar.
10) Durch die erste Ableitung wird das Steigungsverhalten der Funktion an der betreffenden
    Stelle beschrieben.
11) siehe Übersichtstabelle im Anhang
12) Die e-Funktion stimmt mit ihrer Ableitung überein.
13) Renditeberechnung mittels Newtonverfahren, Preisabsatzelastizität, Extremwertberech-
    nung zur Gewinnmaximierung oder Kostenminimierung
14) Die Elastizität gibt näherungsweise an, um wie viel Prozent sich der Absatz ändert, wenn
    man den Preis um 1 % variiert.
15) Man stößt auf ein Nullstellenproblem, das unlösbar, eindeutig oder mehrdeutig lösbar ist.
16) Man nennt die waagerechte Achse eines Koordinatensystems Abszisse (beschreibende Va-
    riable) und die senkrechte Achse Ordinate (beschriebene Variable bzw. Funktionswert).

17) Das Newtonverfahren ist ein iteratives Verfahren, da es sich schrittweise der exakten Lösung nähert. In jedem Schritt wird das Ergebnis der vorangehenden Berechnung als neuer Startwert genommen.

18) Richtungsableitung, partielle Ableitung, totales Differential, siehe 2.3.2

19) Eine Addition oder Subtraktion ist möglich, wenn beide Matrizen dieselbe Zeilen- und Spaltenzahl haben. Eine Multiplikation ist definiert, wenn die Spaltenanzahl der ersten gleich der Zeilenanzahl der zweiten Matrix ist. Eine Division ist nicht möglich, außer für den trivialen Fall einer Matrix mit nur einer Zeile und einer Spalte, also bei Vorlage von Zahlen ungleich 0.

20) Komponentenweise

21) Sie kann z. B. quadratisch, symmetrisch oder invertierbar sein.

22) Es handelt sich um eine Matrix, bei der Zeilen und Spalten vertauscht sind.

23) Bei der Matrizenmultiplikation ist es bedeutsam, ob ein Vektor als Zeile oder Spalte geschrieben wird.

24) Die partielle Ableitung ist eine bestimmte Richtungsableitung, nämlich in Richtung einer Koordinatenachse.

25) siehe Zusammenfassung nach Satz 2.15

26) Betragsfunktion

27) Die erste Ableitung einer reellwertigen Funktion in mehreren Veränderlichen nennt man Gradient, die zweite Ableitung Hessematrix.

28) Offene, abgeschlossene, beschränkte, kompakte Menge, vgl. Kap. 2.3.3

29) Summenregel, Produkt- und Quotientenregel, Kettenregel, siehe Kap. 2.3.4

30) siehe Kap. 2.3.5

31) vgl. Definition 2.20 mit anschließendem Beispiel

32) Eine Determinante ist eine Kennzahl für quadratische Matrizen. Sie dient im Fall der Hessematrix einer Funktion dazu zu entscheiden, um welche Art von Extremum es sich bei Vorlage eines entsprechenden Kandidaten handelt.

33) Regel von Sarrus, Laplacescher Entwicklungssatz

34) Die Einträge einer oberen Dreiecksmatrix unterhalb der Hauptdiagonale sind alle 0.

35) Man kann die Definitheit einer Matrix mit Hilfe der quadratischen Form ermitteln oder mittels Hauptabschnittsdeterminanten. Das Verfahren über die quadratische Form kann kompliziert sein, ist dafür aber immer anwendbar. Die Berechnung der Hauptabschnittsdeterminanten ist in der Regel einfacher, führt aber nicht in jedem Fall zum Erfolg (nur auf symmetrische Matrizen anwendbar, Rückschlüsse auf die Definitheit nur dann, wenn alle Determinanten positiv sind oder, beginnend mit negativ, im Vorzeichen alternieren).

36) Sie nehmen ihr globales Maximum und Minimum an.

37) In dem betreffenden Punkt muss der Gradient gleich dem Nullvektor sein.

38) siehe Satz 2.27

39) Es sind drei Voraussetzungen: alle Nebenbedingungen müssen als Gleichungen vorliegen, man muss mehr Variablen als Nebenbedingungen haben, und die Gradienten der Nebenbedingungen müssen an der Stelle des für ein Extremum in Frage kommenden Kadidaten linear unabhängig sein.

40) vgl. S. 78ff.

3 Lineare Algebra/ Operations Research

Das dritte Kapitel beinhaltet zwei aufeinander aufbauende Themenschwerpunkte, einerseits lineare Gleichungssysteme und andererseits grundlegende Betrachtungen zur Unternehmensforschung. Man benötigt die vorgestellten Verfahren in der betriebswirtschaftlichen Praxis überall dort, wo sich Sachverhalte anhand linearer Gleichungen bzw. Ungleichungen modellieren lassen, so bspw. zur Lösung von Lagerhaltungs- und Transportproblemen. Weitere Einsatzgebiete sind die Erstellung von Netzplänen und Flussdiagramme.

Der erste Abschnitt handelt von linearen Gleichungssystemen. Es folgt die Betrachtung von Vektoren samt ihrer Eigenschaften. Der dritte und vierte Abschnitt beschäftigt sich dann mit Methoden zur Lösung von Gleichungssystemen.

3.1 Lineare Gleichungssysteme

Wir beginnen den Abschnitt mit einem Anwendungsbeispiel, anhand dessen wir uns die Lösungstheorie Schritt für Schritt erarbeiten.

In einer Fabrikhalle stehen drei Maschinen. Jede Maschine benötigt für einen ordnungsgemäßen Betrieb pro Stunde eine gewisse Menge an Betriebsstoffen. Bei den Betriebsstoffen handelt sich um Lösungsmittel, Treibstoff, Schmiermittel und Kühlwasser. Die erste Maschine benötigt 11 Liter Lösungsmittel, 9 Liter Treibstoff, 14 Mengeneinheiten Schmiermittel und 17 Liter Kühlwasser pro Stunde. Die zweite Maschine verbraucht je 3 Liter Treibstoff und Lösungsmittel sowie 4 Mengeneinheiten Schmiermittel und 4 Liter Wasser. Die letzte Maschine kommt mit je 1 Liter Treibstoff bzw. Wasser und 2 Mengeneinheiten Schmiermittel pro Stunde aus. Lösungsmittel braucht sie keines. Die Maschinen werden jeweils über Zuleitungen zentral aus großen Lösungsmittel-, Treibstoff- bzw. Kühlwassertanks sowie aus einem Schmiermittelbehälter automatisch mit den Betriebsstoffen versorgt. Der Lösungsmitteltank enthält noch 310 Liter, der Treibstofftank 285 Liter. Im Schmiermittelbehälter sind noch 430 Mengeneinheiten, und der Vorrat an Kühlwasser beträgt 475 Liter.

Aufgrund von Wartungsarbeiten sollen die Vorratsbehälter vollständig entleert werden. Am einfachsten kann dies dadurch erreicht werden, dass alle Maschinen solange laufen, bis keine Betriebsstoffe mehr übrig sind. Kann das Vorhaben in die Tat umgesetzt werden und wenn ja, gibt es dann nur eine oder gibt es mehrere Möglichkeiten?

Zur besseren Übersicht stellt man den Verbrauch der Maschinen sowie den noch vorhandenen Vorrat in einer Tabelle dar. Da man vier unterschiedliche Betriebsstoffe und drei Maschinen hat, besteht die Tabelle aus vier Zeilen und drei Spalten. Dabei ist jeweils der Verbrauch pro Stunde angegeben. Zudem ergänzen wir die Tabelle um eine weitere Spalte für die Vorräte.

Tabelle 3.1: Anwendungsbeispiel Vorratsbehälter

	Maschine I	Maschine II	Maschine III	Vorrat
Lösungsmittel [Liter]	11	3	0	310
Treibstoff [Liter]	9	3	1	285
Schmiermittel [ME]	14	4	2	430
Kühlwasser [Liter]	17	4	1	475

3.1.1   Homogene und inhomogene Gleichungssysteme

Um das Problem mit Hilfe von Gleichungen beschreiben zu können, benötigt man drei reelle Variablen x_1, x_2, x_3, die für die Betriebszeiten in Stunden der jeweiligen Maschine stehen.

$$
\begin{aligned}
11 \cdot x_1 + 3 \cdot x_2 \qquad\quad &= 310 \\
9 \cdot x_1 + 3 \cdot x_2 + \quad x_3 &= 285 \\
14 \cdot x_1 + 4 \cdot x_2 + 2 \cdot x_3 &= 430 \\
17 \cdot x_1 + 4 \cdot x_2 + \quad x_3 &= 475
\end{aligned}
$$

Definition 3.1

Gegeben seien m Gleichungen mit n Unbekannten $x_1, \ldots, x_n \in \mathbb{R}$ der Form

$$
\begin{aligned}
a_{11} \cdot x_1 + a_{12} \cdot x_2 + \ldots + a_{1n} \cdot x_n &= b_1 \\
a_{21} \cdot x_1 + a_{22} \cdot x_2 + \ldots + a_{2n} \cdot x_n &= b_2 \\
&\;\;\vdots \\
a_{m1} \cdot x_1 + a_{m2} \cdot x_2 + \ldots + a_{mn} \cdot x_n &= b_m
\end{aligned}
$$

*mit $a_{ij} \in \mathbb{R}$ für $i = 1, \ldots, m$ und $j = 1, \ldots, n$ sowie $b_i \in \mathbb{R}$ für $i = 1, \ldots, m$ beliebig aber fest vorgegeben. Dann bilden die m Gleichungen ein **lineares Gleichungssystem**. Mit Hilfe von*

$$
A = \begin{pmatrix} a_{11} & a_{12} & \ldots & a_{1n} \\ a_{21} & a_{22} & \ldots & a_{2n} \\ \vdots & \vdots & \ddots & \vdots \\ a_{m1} & a_{m2} & \ldots & a_{mn} \end{pmatrix} \in \mathbb{R}^{m \times n}, \quad \vec{x} = \begin{pmatrix} x_1 \\ x_2 \\ \vdots \\ x_n \end{pmatrix} \in \mathbb{R}^n \quad und \quad \vec{b} = \begin{pmatrix} b_1 \\ b_2 \\ \vdots \\ b_m \end{pmatrix} \in \mathbb{R}^m
$$

lässt sich das lineare Gleichungssystem mittels Matrizenmultiplikation auch in der Form

$$
A \cdot \vec{x} = \vec{b}
$$

*schreiben, wobei die verwendeten Vektoren als Spaltenvektoren aufzufassen sind. A heißt **Koeffizientenmatrix**, $\vec{b}$ **Begrenzungsvektor** und $\vec{x}$ heißt Vektor der **Problemvariablen** des linearen*

Gleichungssystems. Gilt insbesondere, dass der Begrenzungsvektor mit dem Nullvektor identisch ist

$$\vec{b} = \vec{0} \in \mathbb{R}^m,$$

*so spricht man von einem **homogenen Gleichungssystem**, ansonsten von einem **inhomogenen**. Das Gleichungssystem heißt lösbar, wenn Lösungsvektoren $\vec{x} \in \mathbb{R}^n$ existieren. Alle Lösungen zusammen ergeben die **Lösungsmenge** des linearen Gleichungssystems.*

In der Regel lassen sich homogene Gleichungssysteme mit weniger Rechenaufwand lösen als inhomogene, da ihr Begrenzungsvektor nur aus Nullen besteht. Davon betroffen ist nicht nur der Mensch, sondern auch der Computer, dem man die linearen Gleichungssysteme zur Lösung zuführt. Je nach Komplexität der Aufgabe kann die Rechenzeit deutlich gesenkt werden, wenn man anstelle eines inhomogenen das homogene Gleichungssystem löst. Dass man sich ggf. bei der Lösung inhomogener Gleichungssysteme auf homogene Gleichungssysteme zurückziehen kann, besagt folgender Satz. Entscheidend ist, dass man bereits über eine spezielle Lösung des inhomogenen Systems verfügt. Das ist in der Praxis häufig der Fall, wenn im Betrieb, z. B. im Rahmen eines andauernden Produktionsprozesses, schon mit einer konkreten Lösung gearbeitet wird, und man nach Alternativen sucht.

Satz 3.2
Gegeben sei ein lineares Gleichungssystem. Dann ergeben sich alle Lösungen des inhomogenen Systems aus der Addition einer speziellen Lösung des inhomogenen Systems zu allen Lösungen des homogenen Systems.

Begründung
Zunächst bemerken wir, dass das homogene Gleichungssystem immer lösbar ist, da der Nullvektor stets eine Lösung liefert.

Alsdann beweisen wir, dass die Summe aus einer speziellen Lösung $\vec{s}$ des inhomogenen und einer beliebigen Lösung des homogenen Systems $\vec{h}$ das inhomogene System löst:

$$A \cdot (\vec{s} + \vec{h}) = A \cdot \vec{s} + A \cdot \vec{h} = \vec{b} + \vec{0} = \vec{b}.$$

Als nächstes ist zu zeigen, dass sich umgekehrt jede Lösung $\vec{x}$ des inhomogenen Systems auf diese Weise darstellen lässt. Dazu setzt man die Differenz $\vec{x} - \vec{s}$ in die Gleichungen ein:

$$A \cdot (\vec{x} - \vec{s}) = A \cdot \vec{x} - A \cdot \vec{s} = \vec{b} - \vec{b} = \vec{0}.$$

Man erhält eine Lösung des homogenen Systems, die zu $\vec{s}$ hinzuaddiert $\vec{x}$ ergibt. Es kommt also insgesamt weder eine Lösung des inhomogenen Systems dazu noch geht eine verloren. ∎

Bevor wir uns der Lösungstheorie linearer Gleichungssysteme widmen, werden zunächst einige Begriffe zu Vektoren aufgegriffen, die wir im Folgenden brauchen werden.

3.1.2   Linear abhängige und linear unabhängige Vektoren

Definition 3.3
Vektoren $\vec{x}_1, \ldots, \vec{x}_n \in \mathbb{R}^m$ heißen

- *linear unabhängig, wenn sich der Nullvektor nur auf die triviale Art und Weise linear kombinieren lässt, d. h. dass für Zahlen $\alpha_1, \ldots, \alpha_n$ gilt:*

$$\alpha_1 \cdot \vec{x}_1 + \ldots + \alpha_n \cdot \vec{x}_n = \vec{0} \quad \Longleftrightarrow \quad \alpha_1 = \ldots = \alpha_n = 0.$$

  *In allen anderen Fällen nennt man die Vektoren **linear abhängig**.*
- ***Erzeugendensystem** des $\mathbb{R}^m$, wenn sich jeder Vektor $\vec{y} \in \mathbb{R}^m$ mit Hilfe der Ausgangsvektoren darstellen lässt, es also Zahlen $\alpha_1, \ldots, \alpha_n$ gibt mit:*

$$\alpha_1 \cdot \vec{x}_1 + \ldots + \alpha_n \cdot \vec{x}_n = \vec{y}.$$

- ***Basis** des $\mathbb{R}^m$, wenn die Vektoren linear unabhängig sind und gleichzeitig ein Erzeugendensystem von $\mathbb{R}^m$ bilden.*

Wie man bspw. in Lamprecht [44], S. 99f., nachlesen kann, gilt dann folgender Satz.

Satz 3.4
Jede Basis des $\mathbb{R}^n$ hat genau n Vektoren. Und n linear unabhängige Vektoren in $\mathbb{R}^n$ bilden bereits eine Basis.

Aus diesem Grund ist die Anzahl der Basisvektoren des Anschauungsraums $\mathbb{R}^n$ bzw. die dort vorhandene maximale Anzahl linear unabhängiger Vektoren dazu geeignet, die **Dimension** des Raums zu definieren.

Zum Beispiel ist die **Standardbasis**, bestehend aus den **Einheitsvektoren**

$$\vec{e}_1 = (1,0,0), \quad \vec{e}_2 = (0,1,0), \quad \vec{e}_3 = (0,0,1) \in \mathbb{R}^3,$$

sowohl Erzeugendensystem, denn es gilt für ein $\vec{y} \in \mathbb{R}^3$ beliebig

$$\vec{y} = \begin{pmatrix} y_1 \\ y_2 \\ y_3 \end{pmatrix} = y_1 \cdot \begin{pmatrix} 1 \\ 0 \\ 0 \end{pmatrix} + y_2 \cdot \begin{pmatrix} 0 \\ 1 \\ 0 \end{pmatrix} + y_3 \cdot \begin{pmatrix} 0 \\ 0 \\ 1 \end{pmatrix} = y_1 \cdot \vec{e}_1 + y_2 \cdot \vec{e}_2 + y_3 \cdot \vec{e}_3,$$

als auch ein System linear unabhängiger Vektoren, da für Zahlen $\alpha_1, \alpha_2, \alpha_3$ folgt

$$\alpha_1 \cdot \begin{pmatrix} 1 \\ 0 \\ 0 \end{pmatrix} + \alpha_2 \cdot \begin{pmatrix} 0 \\ 1 \\ 0 \end{pmatrix} + \alpha_3 \cdot \begin{pmatrix} 0 \\ 0 \\ 1 \end{pmatrix} = \begin{pmatrix} \alpha_1 \\ \alpha_2 \\ \alpha_3 \end{pmatrix} = \begin{pmatrix} 0 \\ 0 \\ 0 \end{pmatrix} \quad \Longleftrightarrow \quad \alpha_1 = \alpha_2 = \alpha_3 = 0.$$

Oder man betrachte die beiden Vektoren

$$\vec{x}_1 = (1,0) \quad \text{und} \quad \vec{x}_2 = (1,1) \in \mathbb{R}^2,$$

die außer der Standardbasis in $\mathbb{R}^2$ eine weitere Basis bilden, denn man hat zum einen

$$\vec{y} = \begin{pmatrix} y_1 \\ y_2 \end{pmatrix} = (y_1 - y_2) \cdot \begin{pmatrix} 1 \\ 0 \end{pmatrix} + y_2 \cdot \begin{pmatrix} 1 \\ 1 \end{pmatrix} = (y_1 - y_2) \cdot \vec{x}_1 + y_2 \cdot \vec{x}_2$$

für jedes $\vec{y} \in \mathbb{R}^2$ beliebig aber fest und zum anderen für Zahlen α_1 und α_2 genau dann

$$\alpha_1 \cdot \vec{x}_1 + \alpha_2 \cdot \vec{x}_2 = \alpha_1 \cdot \begin{pmatrix} 1 \\ 0 \end{pmatrix} + \alpha_2 \cdot \begin{pmatrix} 1 \\ 1 \end{pmatrix} = \begin{pmatrix} \alpha_1 + \alpha_2 \\ \alpha_2 \end{pmatrix} = \begin{pmatrix} 0 \\ 0 \end{pmatrix},$$

wenn $\alpha_2 = 0$ aufgrund der zweiten und damit auch $\alpha_1 = 0$ aufgrund der ersten Komponente. Bleibt ein Beispiel für linear abhängige Vektoren anzugeben. So sind etwa die Vektoren

$$\vec{x}_1 = (1, 1, 2), \quad \vec{x}_2 = (2, -1, 0), \quad \vec{x}_3 = (6, 0, 4) \in \mathbb{R}^3,$$

linear abhängig, da

$$2 \cdot \vec{x}_1 + 2 \cdot \vec{x}_2 - \vec{x}_3 = 2 \cdot \begin{pmatrix} 1 \\ 1 \\ 2 \end{pmatrix} + 2 \cdot \begin{pmatrix} 2 \\ -1 \\ 0 \end{pmatrix} - \begin{pmatrix} 6 \\ 0 \\ 4 \end{pmatrix} = \vec{0},$$

und damit der Nullvektor auch nichttrivial linear kombiniert werden kann. Das resultiert aus dem Umstand, dass sich einer der Vektoren mit Hilfe der anderen beiden darstellen lässt.

3.1.3   Gaußalgorithmus

Kehren wir zurück zur Lösungstheorie linearer Gleichungssysteme. Bislang konnte bereits ein Zusammenhang zwischen homogenen und inhomogenen Gleichungssystemen aufgedeckt werden. Als nächstes mag man sich fragen, unter welchen Voraussetzungen ein Gleichungssystem *eindeutig* lösbar ist. Dazu bemerken wir, aufbauend auf den Ergebnissen des vorangehenden Abschnitts über Vektoren, zunächst folgendes.

Satz 3.5
Ein lineares Gleichungssystem mit n Problemvariablen ist genau dann für jeden Begrenzungsvektor eindeutig lösbar, wenn die Spaltenvektoren der Koeffizientenmatrix eine Basis des $\mathbb{R}^n$ bilden. Die Koeffizientenmatrix ist dann notwendiger Weise quadratisch.

Begründung
Bilden die Spalten der Koeffizientenmatrix eine Basis, dann ist die Lösung für jeden Begrenzungsvektor eindeutig bestimmt. Denn es existiert mindestens eine Lösung, aufgrund der Eigenschaft der Basis Erzeugendensystem zu sein, und es existiert höchstens eine Lösung, da die Spaltenvektoren linear unabhängig sind und sich daher der Nullvektor nur trivial erzeugen lässt. Gäbe es nämlich mehr als eine Lösung, also mindestens zwei, so würde sich durch Bildung der Differenz der beiden auch eine nichttriviale Darstellung des Nullvektors finden.

Ist umgekehrt ein Gleichungssystem für einen beliebigen Begrenzungsvektor eindeutig lösbar, dann können die Spaltenvektoren nur linear unabhängig sein. Denn wären sie es nicht, dann würde man eine nichttriviale Darstellung des Nullvektors nehmen und zur Lösung hinzuaddieren und damit auf eine zweite Lösung stoßen, was ein Widerspruch zur Eindeutigkeit wäre. Da für jeden Begrenzungsvektor eine Lösung existiert, sind die Spalten auch Erzeugendensystem und somit Basis.

Aus Satz 3.4 folgt dann sofort, dass der Bildbereich der gesamte $\mathbb{R}^n$ ist, woraus die Zusatzbemerkung folgt, dass die Matrix in diesem Fall quadratisch sein muss.

∎

Hinsichtlich der eindeutigen Lösbarkeit eines linearen Gleichungssystems gibt es eine interessante Anwendungsmöglichkeit für Matrizen. Mit ihrer Hilfe kann geprüft werden, ob ein vorliegendes Gleichungssystem eindeutig lösbar ist. Dazu stellen wir eine zusätzliche Bezeichnung vorneweg.

Definition 3.6
*Die maximale Anzahl linear unabhängiger Spaltenvektoren einer Matrix A nennt man **Rang** von A und schreibt* rg(A). *Man spricht von einer **regulären Matrix**, wenn* det(A) ≠ 0 *ist.*

Lamprecht [44], S. 172, zeigt, dass für eine quadratische Matrix $A \in \mathbb{R}^{n \times n}$ gilt:

$$\text{rg}(A) = n \quad \Longleftrightarrow \quad \det(A) \neq 0 \,.$$

Der Rang einer quadratischen Matrix ist also maximal genau dann, wenn ihre Determinante von 0 verschieden ist. Aus Satz 3.5 folgt damit unmittelbar:

Folgerung 3.7
Ein Gleichungssystem ist genau dann für alle Begrenzungsvektoren eindeutig lösbar, wenn die Determinante der quadratischen Koeffizientenmatrix ungleich 0 ist.

Nun wissen wir also, unter welchen Umständen die Lösung eines linearen Gleichungssystems eindeutig bestimmt ist. Wie aber werden die Lösungen im Allgemeinen ermittelt, und wie stellt man fest, ob ein Gleichungssystem unlösbar ist oder mehr als eine Lösung existiert? Um diese Fragen zu beantworten, verfolgt man eine Strategie, die Gestalt des ursprünglichen Gleichungssystems solange zu verändern, bis man alle vorhandenen Lösungen direkt ablesen kann. Die Manipulationen müssen dabei natürlich so beschaffen sein, dass sie die Lösungsmenge des Gleichungssystems nicht verändern, d. h. es dürfen keine Lösungen hinzukommen oder wegfallen, sonst wäre das Verfahren nutzlos.

Die folgende Definition fasst drei Äquivalenzumformungen, die die Lösungsmenge eines Gleichungssystems nicht beeinflussen, unter einem Schlagwort zusammen. In der allgemeinen Lösungstheorie solcher Gleichungssysteme, werden alle Verfahren nach diesem Muster mit dem nachfolgenden Begriff bezeichnet. Dass sich die Lösungsmenge durch die Manipulationen tatsächlich nicht ändert, ist leicht einzusehen.

Definition 3.8

Gegeben sei ein lineares Gleichungssystem. Bringt man es mit Hilfe der Operationen

- *Vertauschen von zwei Gleichungen,*
- *Multiplikation einer Gleichung mit einer reellen Zahl ungleich 0 und*
- *Hinzuaddieren einer Gleichung zu einer anderen Gleichung*

*auf eine Form, anhand derer man die Lösungsmenge direkt ablesen kann, so nennt man dieses Verfahren **Gaußalgorithmus**.*

Es gibt den Gaußalgorithmus in verschiedenen Ausprägungen. Wir verfolgen im Hinblick auf das anschließende Themengebiet Operation Research eine ganz bestimmte Variante, die mit einer so genannten entschlüsselten Form einhergeht.

Definition 3.9

*Gegeben sei ein lineares Gleichungssystem. Die Koeffizientenmatrix A mit Rang r heißt **ent-schlüsselt**, wenn sich unter den Spaltenvektoren von A genau r verschiedene Einheitsvektoren befinden. Die zu den Einheitsvektoren gehörenden Variablen des Lösungsvektors heißen **Basis-variablen**, alle restlichen Variablen des Lösungsvektors heißen **Nichtbasisvariablen**. Schließ-lich nennen wir*

$$(A \mid \vec{b}) = \begin{pmatrix} a_{11} & a_{12} & \dots & a_{1n} & b_1 \\ a_{21} & a_{22} & \dots & a_{2n} & b_2 \\ \vdots & \vdots & \ddots & \vdots & \vdots \\ a_{m1} & a_{m2} & \dots & a_{mn} & b_m \end{pmatrix}$$

*die **erweiterte Koeffizientenmatrix** des linearen Gleichungssystems.*

Liegt die Koeffizientenmatrix eines linearen Gleichungssystems in entschlüsselter Form vor, so lassen sich alle Lösungen unmittelbar ablesen. Damit weiß man dann auch, ob das System nicht, eindeutig oder mehrfach lösbar ist. Daher besteht eine Lösungsstrategie darin, die Matrix mit Hilfe des Gaußalgorithmus auf eine entschlüsselte Form zu bringen.

Das Verfahren soll mit Hilfe des Eingangsbeispiels der zu entleerenden Vorratsbehälter illus-triert werden. Dazu startet man mit der erweiterten Matrix des Gleichungssystems. Jede Zeile steht stellvertretend für eine der vier Gleichungen. Man kann jederzeit aus einer erweiterten Matrix das komplette Gleichungssystem zurückgewinnen.

$$\begin{array}{rrr|r} 11 & 3 & 0 & 310 \\ 9 & 3 & 1 & 285 \\ 14 & 4 & 2 & 430 \\ 17 & 4 & 1 & 475 \end{array}$$

Wir verfolgen das Ziel, in jedem der nächsten Schritte, in einer Spalte einen neuen Einheitsvek-tor zu erzeugen. „Neu" heißt, dass in einer beliebigen Spalte, in der bislang noch kein Einheits-vektor stand, ein Einheitsvektor erzeugt wird, der in der Matrix insgesamt noch nicht vorkommt.

In welcher Spalte welcher Einheitsvektor erzeugt wird, spielt dabei keine Rolle. Es gibt daher mehrere Möglichkeiten. In unserem Beispiel bietet es sich z. B. an, in der dritten Spalte den zweiten Einheitsvektor zu erzeugen. Um dies zu erreichen, zieht man von der dritten Gleichung zweimal die zweite ab, und von der vierten Gleichung subtrahiert man die zweite. Man deutet der besseren Nachvollziehbarkeit wegen die Umformungen wie folgt an.

$$
\begin{array}{ccc|cl}
11 & 3 & 0 & 310 & \\
9 & 3 & 1 & 285 & \\
14 & 4 & 2 & 430 & |-2 \cdot \text{II} \\
17 & 4 & 1 & 475 & |-\text{II}
\end{array}
$$

Daraus resultiert die nächste erweiterte Koeffizientenmatrix, deren Gleichungssystem dieselbe Lösungsmenge besitzt wie das ursprüngliche. In der dritten Spalte befindet sich wie gewünscht der zweite Einheitsvektor. Man beachte, dass sich alle Manipulationen aus den erlaubten drei Äquivalenzumformungen des Gaußalgorithmus zusammensetzen.

$$
\begin{array}{ccc|cl}
11 & 3 & 0 & 310 & \\
9 & 3 & 1 & 285 & \\
-4 & -2 & 0 & -140 & |\cdot\left(-\frac{1}{2}\right) \\
8 & 1 & 0 & 190 &
\end{array}
$$

Um die Zahlen für die Berechnungen klein zu halten, kann die dritte Zeile durch -2 geteilt werden. Der entsprechende Vermerk wurde bereits vorgenommen.

$$
\begin{array}{ccc|cl}
11 & 3 & 0 & 310 & |-3 \cdot \text{III} \\
9 & 3 & 1 & 285 & |-3 \cdot \text{III} \\
2 & 1 & 0 & 70 & \\
8 & 1 & 0 & 190 & |-\text{III}
\end{array}
$$

Als nächstes wird in der zweiten Spalte, laut den oben angegebenen Operationen, der dritte Einheitsvektor erzeugt. Wieder geht man von der Zeile aus, in der die 1 des neuen Einheitsvektors erzeugt wird. So werden die bereits vorhandenen Einheitsvektoren in den übrigen Spalten nicht zerstört.

$$
\begin{array}{ccc|cl}
5 & 0 & 0 & 100 & |\cdot\frac{1}{5} \\
3 & 0 & 1 & 75 & \\
2 & 1 & 0 & 70 & \\
6 & 0 & 0 & 120 &
\end{array}
$$

Die erste Zeile kann durch 5 geteilt und damit vereinfacht werden.

$$
\begin{array}{ccc|cl}
1 & 0 & 0 & 20 & \\
3 & 0 & 1 & 75 & |-3 \cdot \text{I} \\
2 & 1 & 0 & 70 & |-2 \cdot \text{I} \\
6 & 0 & 0 & 120 & |-6 \cdot \text{I}
\end{array}
$$

Der zweite und dritte Einheitsvektor liegt bereits vor, so dass für das weitere Vorgehen nur noch der erste bzw. der vierte Einheitsvektor in Frage kommt. Erzeugen wir daher den ersten Einheitsvektor in der ersten Spalte.

$$\begin{array}{ccc|c} 1 & 0 & 0 & 20 \\ 0 & 0 & 1 & 15 \\ 0 & 1 & 0 & 30 \\ 0 & 0 & 0 & 0 \end{array}$$

Aus der so berechneten Matrix in entschlüsselter Form lassen sich alle Lösungen des Gleichungssystems, und damit wegen der ausschließlichen Verwendung von Äquivalenzumformungen auch die Lösungen des ursprünglichen Gleichungssystems und aller Gleichungssysteme dazwischen, ablesen. Denn die letzte erweiterte Matrix steht stellvertretend für

$$x_1 = 20, \quad x_3 = 15, \quad x_2 = 30 \quad \text{und} \quad 0 = 0.$$

Die letzte Gleichung ist immer erfüllt. Sie war in den drei übrigen Gleichungen bereits enthalten und somit *redundant*, d. h. sie brachte keine neuen Informationen die Lösungen betreffend. Sind die ersten drei Gleichungen erfüllt, dann automatisch immer auch die vierte.

$$\vec{x} = (20, 30, 15) \in \mathbb{R}^3$$

löst das Gleichungssystem. Die Lösung ist eindeutig bestimmt. Bezogen auf unser Ausgangsproblem bedeutet das, dass die erste Maschine 20 Stunden, die zweite Maschine 30 Stunden und die dritte Maschine 15 Stunden laufen muss, um die Vorratsbehälter allesamt vollständig zu entleeren. Alternativen gibt es keine.

Gleichungssysteme können, wie in obigem Beispiel, eindeutig lösbar sein. Sie können aber auch mehrfach lösbar sein oder gar keine Lösung besitzen. Zum Beispiel ist das folgende Gleichungssystem unlösbar.

$$\begin{array}{rcrcrcr} 3x_1 & + & 3x_2 & - & x_3 & = & 110 \\ 6x_1 & + & 6x_2 & - & 2x_3 & = & 285 \end{array}$$

Denn zieht man das Doppelte der ersten Gleichung von der zweiten Gleichung ab, so folgt

$$\begin{array}{ccc|c} 3 & 3 & -1 & 110 \\ 0 & 0 & 0 & 65 \end{array}$$

Die zweite Gleichung kann niemals erfüllt werden, da jede Problemvariable mit 0 multipliziert wird, die Summe aber 65 ergeben soll.

Das nächste Beispiel, für den Fall eines Gleichungssystems mit unendlich vielen Lösungen, räumt gleichzeitig mit dem Vorurteil auf, dass ein Gleichungssystem immer eindeutig lösbar sein muss, wenn es genauso viele Problemvariablen wie Gleichungen hat. Woran das liegt, wissen wir bereits aufgrund der oben angestellten Überlegungen zur Eindeutigkeit der Lösung eines linearen Gleichungssystems. Die Spaltenvektoren sind in diesem Fall nicht linear unabhängig.

$$
\begin{array}{ccc|c}
1 & 1 & 2 & 9 \\
1 & 2 & 3 & 14 \\
1 & 0 & 1 & 4
\end{array}
\begin{array}{c}
\\
|{-}\mathrm{I} \\
|{-}\mathrm{I}
\end{array}
\implies
\begin{array}{ccc|c}
1 & 1 & 2 & 9 \\
0 & 1 & 1 & 5 \\
0 & -1 & -1 & -5
\end{array}
\begin{array}{c}
\\
\\
|{+}\mathrm{II}
\end{array}
\implies
\begin{array}{ccc|c}
1 & 1 & 2 & 9 \\
0 & 1 & 1 & 5 \\
0 & 0 & 0 & 0
\end{array}
$$

An der letzten Matrix lässt sich erkennen, dass man über einen **Freiheitsgrad** verfügt, d. h. dass der Wert einer Variablen beliebig gewählt werden darf und die restlichen in Abhängigkeit davon. Setzt man $x_3 = \alpha \in \mathbb{R}$ beliebig, so folgt aus den ersten beiden Gleichungen:

$$x_2 = 5 - x_3 \quad \text{bzw.} \quad x_1 = 9 - x_2 - 2x_3 = 9 - (5 - x_3) - 2x_3 = 4 - x_3 \,.$$

Auch ohne komplette Entschlüsselung konnte die Lösung in diesem Fall anhand der **oberen Dreiecksmatrix**, einer Matrix, die unterhalb der Hauptdiagonalen nur aus Nullen besteht, gleich abgelesen werden, und der Lösungsvektor lautet

$$\vec{x} = \begin{pmatrix} x_1 \\ x_2 \\ x_3 \end{pmatrix} = \begin{pmatrix} 4 - \alpha \\ 5 - \alpha \\ \alpha \end{pmatrix} = \begin{pmatrix} 4 \\ 5 \\ 0 \end{pmatrix} + \alpha \cdot \begin{pmatrix} -1 \\ -1 \\ 1 \end{pmatrix} \quad \text{mit } \alpha \in \mathbb{R} \text{ beliebig.}$$

Die Vorgehensweise mit Hilfe von Äquivalenzumformungen in einer Spalte der Koeffizientenmatrix eines linearen Gleichungssystems einen Einheitsvektor zu erzeugen, heißt **Pivotieren**. Entsprechend nennt man das Element der Matrix an dessen Stelle die 1 des Einheitsvektors tritt, **Pivotelement**. Zur Lösung des Problems mit den zu entleerenden Vorratsbehältern mussten wir z. B. dreimal pivotieren und das Pivotelement im letzten Schritt war das Element in der ersten Zeile, erste Spalte, also die 5.

3.1.4   Cramersche Regel

Wendet man den Gaußalgorithmus nicht nur auf ein Gleichungssystem mit *einem*, sondern mit *mehreren* Begrenzungsvektoren gleichzeitig an, so ist er dazu geeignet, multiplikativ inverse Matrizen auszurechnen. Wie das funktioniert, wird uns dieser Abschnitt lehren. Warum aber sind inverse Matrizen interessant? Dazu betrachte man zunächst die Gleichung

$$a \cdot x = b$$

für a und b beliebig aber feste reelle Zahlen und x als gesuchte Unbekannte. Sucht man nach der Lösung des Problems, so multipliziert man beide Seiten der Gleichung mit dem Kehrwert, also der multiplikativ inversen Zahl von a durch, und erhält

$$x = a^{-1} \cdot b,$$

wenn $a \neq 0$ ist. Hat man es anstelle einer Gleichung in einer Unbekannten mit vielen Unbekannten und einem ganzen linearen Gleichungssystem der Art

$$A \cdot \vec{x} = \vec{b}$$

zu tun, so lässt sich analog verfahren, wenn die Matrix A invertierbar ist. Dann folgt:

$$\vec{x} = A^{-1} \cdot \vec{b}.$$

Aus dem Abschnitt über Matrizen im letzten Kapitel ist bekannt, dass die Inverse, wenn überhaupt, nur für quadratische Matrizen existiert. Das schränkt die Anwendbarkeit auf entsprechende Gleichungssysteme ein. Trotzdem kann die Bildung der Inversen nützlich sein. Denn ändert sich in der Modellierung eines praktischen Problems häufig nur der Begrenzungsvektor, nicht aber die Koeffizientenmatrix, so braucht man umfangreiche Gleichungssysteme nicht immer wieder aufs Neue zu lösen, was im Hinblick auf eine Lösungssoftware zeitaufwendig sein kann. Stattdessen macht man sich die Mühe, einmal die Inverse der Koeffizientenmatrix auszurechnen, um dann in der Folge mit den neuen Begrenzungsvektoren nur noch eine relativ einfache Matrizenmultiplikation durchführen zu müssen. Ein Einsatzfeld solcher Verfahren im Bereich der Betriebswirtschaftslehre bietet z. B. das Risikocontrolling.

Sei demnach $A \in \mathbb{R}^{n \times n}$ eine quadratische Matrix, so sollen zur Bestimmung der ggf. vorhandenen inversen Matrix anstelle eines linearen Gleichungssystems der Form

$$A \cdot \vec{x} = \vec{b}$$

simultan n Gleichungssysteme auf einmal gelöst werden, denn man sucht n Spalten einer Matrix, der Inversen, die an die Ausgangsmatrix heranmultipliziert die Einheitsvektoren ergibt. Die Transformationen, die der Gaußalgorithmus vorgibt, werden dann nicht nur an einem, sondern an n Begrenzungsvektoren vorgenommen. Somit lautet der Ansatz

$$A \cdot X = E_n \quad \text{mit} \quad X \in \mathbb{R}^{n \times n},$$

und man rechnet mit Hilfe des Gaußalgorithmus so lange, bis die Matrix A vollständig entschlüsselt ist. Liegt die entschlüsselte Matrix sogar in Gestalt der Einheitsmatrix vor, dann kann die Inverse unmittelbar abgelesen werden. Führt der Gaußalgorithmus zu keiner Lösung, so kann es zur ursprünglichen Matrix keine Inverse geben. Wir veranschaulichen an einem Beispiel, wie die Invertierung von Matrizen funktioniert. Sei dazu die Matrix

$$A = \begin{pmatrix} 1 & 1 \\ 1 & 0 \end{pmatrix} \in \mathbb{R}^2$$

gegeben. Dann bilden wir die Koeffizientenmatrix, die um die Einheitsmatrix erweitert ist.

$$\left.\begin{array}{cc} 1 & 1 \\ 1 & 0 \end{array}\right|\begin{array}{cc} 1 & 0 \\ 0 & 1 \end{array}$$

Unser Ziel mit Hilfe des Gaußalgorithmus ist es, auf der linken Seite die Einheitsmatrix zu erzeugen. Dazu tauschen wir zuerst die erste mit der zweiten Zeile

$$\left.\begin{array}{cc} 1 & 0 \\ 1 & 1 \end{array}\right|\begin{array}{cc} 0 & 1 \\ 1 & 0 \end{array}$$

und ziehen anschließend die erste Zeile von der zweiten ab. Man erhält:

$$\begin{array}{cc|cc} 1 & 0 & 0 & 1 \\ 0 & 1 & 1 & -1 \end{array}$$

Damit ist $A^{-1} = X = \begin{pmatrix} 0 & 1 \\ 1 & -1 \end{pmatrix} \in \mathbb{R}^{2 \times 2}$ die multiplikativ Inverse zu $A = \begin{pmatrix} 1 & 1 \\ 1 & 0 \end{pmatrix} \in \mathbb{R}^{2 \times 2}$.

Die Matrizenmultiplikation ist nicht kommutativ. Demzufolge wäre die so berechnete inverse Matrix streng genommen zunächst nur rechtsinvers, d. h. es würde

$$A \cdot A^{-1} = E_n$$

gelten. Dass dann aber auch schon

$$A^{-1} \cdot A = E_n$$

gilt, und die inverse Matrix zudem eindeutig bestimmt ist, zeigen algebraische Überlegungen, auf die hier nicht weiter eingegangen wird, vgl. z. B. Lamprecht [44], S. 28ff.

Folgerung 3.10
Eine quadratische Matrix ist im Hinblick auf die Matrizenmultiplikation genau dann invertierbar, wenn sie regulär ist, also eine Determinante ungleich 0 besitzt.

Begründung
Laut Folgerung 3.7 ist ein Gleichungssystem genau dann für alle Begrenzungsvektoren eindeutig lösbar, wenn die Koeffizientenmatrix regulär ist. Wenn aber das Gleichungssystem für alle Begrenzungsvektoren eindeutig lösbar ist, dann ist es das insbesondere auch für die Einheitsvektoren, und die Inverse existiert.

Existiert umgekehrt die inverse Matrix, dann ist jeder Einheitsvektor mit Hilfe der Spalten der Matrix eindeutig darstellbar. Und da alle Einheitsvektoren zusammen die Standardbasis bilden, und zudem die Darstellung eines jeden Vektors bezüglich einer Basis eindeutig ist, kann das Gleichungssystem für jeden Begrenzungsvektor eindeutig gelöst werden.

∎

Wir bemerken, dass die Matrizenmultiplikation selbst im Fall von invertierbaren Matrizen nicht kommutativ ist, belegt durch folgendes Beispiel:

$$\begin{pmatrix} 1 & 2 \\ 3 & 4 \end{pmatrix} \cdot \begin{pmatrix} 0 & 1 \\ 1 & 0 \end{pmatrix} = \begin{pmatrix} 2 & 1 \\ 4 & 3 \end{pmatrix} \quad \text{aber} \quad \begin{pmatrix} 0 & 1 \\ 1 & 0 \end{pmatrix} \cdot \begin{pmatrix} 1 & 2 \\ 3 & 4 \end{pmatrix} = \begin{pmatrix} 3 & 4 \\ 1 & 2 \end{pmatrix}.$$

Beide Matrizen sind invertierbar, denn es gilt:

$$\det \begin{pmatrix} 1 & 2 \\ 3 & 4 \end{pmatrix} = 4 - 6 = -2 \neq 0 \quad \text{und} \quad \det \begin{pmatrix} 0 & 1 \\ 1 & 0 \end{pmatrix} = -1 \neq 0.$$

Die bisherigen Ausführungen kann man in folgendem Satz zusammenfassen. Man nennt ihn die **Cramersche Regel**.

Satz 3.11
Gegeben sei ein lineares Gleichungssystem in der Form

$$A \cdot \vec{x} = \vec{b}$$

mit quadratischer Koeffizientenmatrix $A \in \mathbb{R}^{n \times n}$ und $\vec{b} \in \mathbb{R}^n$ als Begrenzungsvektor. Existiert die multiplikativ inverse Matrix $A^{-1} \in \mathbb{R}^{n \times n}$ zur Koeffizientenmatrix A, so ist das Gleichungssystem eindeutig lösbar, und für den Lösungsvektor $\vec{x} \in \mathbb{R}^n$ gilt:

$$\vec{x} = A^{-1} \cdot \vec{b}.$$

Was passiert, wenn man sich Ziele in Form linearer Funktionen vorgibt, die es unter Einhaltung linearer Restriktionen zu optimieren gilt, zeigt der kommende Abschnitt.

3.2 Lineare Programmierung

Die Materie, die als nächstes behandelt wird, gehört zum Themenkomplex *Operations Research*. Auf Deutsch lautet der Begriff *Unternehmensforschung*. Darunter versteht man die Lehre von Verfahren zur numerischen Lösung von Entscheidungsmodellen bzw. Optimierungsproblemen. Da die Realität in diesem Fall durch lineare Gleichungen modelliert wird, spricht man auch von *linearer Optimierung* bzw. *linearer Programmierung*, wenn die mathematischen Algorithmen in Zusammenhang mit der computergestützten Umsetzung gemeint sind. Dazu zunächst ein Anwendungsbeispiel.

Eine Eisfirma stellt zwei verschiedene Sorten Speiseeis her. Es handelt sich um herkömmliches Schokoladeneis, nachfolgend bezeichnet als Sorte A, und um Mokka-Sahne, bezeichnet als Eissorte B. Zu deren Zubereitung benötigt die Firma drei Produktionsfaktoren: Strom, Geschmacksstoffe und Milch. Es sollen nicht mehr als 8.000 KWH Strom verbraucht werden. Ferner sind 2.000 ME Geschmacksstoffe sowie 4.500 Liter Milch vorrätig. Die Produktion eines Liters der Eissorte A kostet 3 Euro, die der Eissorte B 5 Euro pro Liter. Demgegenüber kann mit A ein Erlös von 19 Euro pro Liter erwirtschaftet werden, während ein Liter von B für 37 Euro verkauft werden kann. Zur Produktion eines Liters A benötigt man 20 KWH Strom, 4 ME Geschmacksstoffe und 6 Liter Milch. Bezüglich B sind es 10 KWH Strom, 5 ME Geschmacksstoffe und 15 Liter Milch. Man fragt sich, wie viele Liter jeweils von Eissorte A und B mit den vorhandenen Ressourcen zu produzieren sind, wenn man den Gewinn maximieren will?

Als erstes legt man die Variablen fest, mit deren Hilfe das Problem formuliert und einer optimalen Lösung zugeführt werden soll. Man spricht von der **Variablendeklaration**. Dabei ist es wichtig, die Einheiten festzulegen, in denen die Größen gemessen werden. Sei

- x_1 die zu produzierende Menge von Eissorte A in Liter und
- x_2 die zu produzierende Menge von Eissorte B in Liter,

dann lässt sich das Problem übersichtlich wie folgt schreiben:

$$\max z = 16x_1 + 32x_2$$

unter den Nebenbedingungen

$$20x_1 + 10x_2 \leq 8.000$$
$$4x_1 + 5x_2 \leq 2.000$$
$$6x_1 + 15x_2 \leq 4.500$$

mit $x_1, x_2 \geq 0$

Bevor wir uns der Lösungstheorie solcher Probleme widmen können, benötigen wir einige Grundbegriffe, die im anschließenden Abschnitt bereitgestellt werden.

3.2.1   Modellbildung

Aufbauend auf dem eben dargestellten Beispiel wird durch folgende Definition festgelegt, was ein lineares Programm im Allgemeinen kennzeichnet.

Definition 3.12
*Unter einem **linearen Programm** bzw. linearen Entscheidungsmodell **in kanonischer Form** versteht man eine Optimierungsaufgabe der folgenden Gestalt:*

*Man maximiere die **Zielfunktion***

$$z = c_1 \cdot x_1 + \ldots + c_n \cdot x_n$$

*unter folgenden **Nebenbedingungen** in Form linearer Gleichungen*

$$a_{11} \cdot x_1 + a_{12} \cdot x_2 + \ldots + a_{1n} \cdot x_n = b_1$$
$$a_{21} \cdot x_1 + a_{22} \cdot x_2 + \ldots + a_{2n} \cdot x_n = b_2$$
$$\vdots \qquad \vdots \qquad \qquad \vdots \quad \vdots$$
$$a_{m1} \cdot x_1 + a_{m2} \cdot x_2 + \ldots + a_{mn} \cdot x_n = b_m$$

*und unter Beachtung der **Nichtnegativitätsbedingungen***

$$x_j \geq 0 \quad \text{für alle} \quad j = 1, \ldots, n.$$

Sei $A \in \mathbb{R}^{m \times n}$ die Koeffizientenmatrix des linearen Gleichungssystems, die durch die Nebenbedingungen gegeben ist, sowie $\vec{b} \in \mathbb{R}^m$ der Begrenzungsvektor. Bezeichne ferner

$$\vec{c} = (c_1, \ldots, c_n) \in \mathbb{R}^n$$

den Vektor der Zielfunktionskoeffizienten. (Man beachte, dass der Begrenzungsvektor gemeinhin ein Spaltenvektor ist, während der Vektor der Zielfunktionskoeffizienten als Zeilenvektor geschrieben wird, was an der Gestalt des linearen Programms liegt.)

Dann kann das lineare Programm alternativ auch wie folgt formuliert werden:

$$\max\{\vec{c} \cdot \vec{x} \mid \vec{x} \in X\} \quad \text{mit} \quad X = \{\vec{x} \in \mathbb{R}^n \mid A \cdot \vec{x} = \vec{b} \quad \text{und} \quad \vec{x} \geq \vec{0}\}.$$

Dabei ist die letzte Ungleichung komponentenweise zu verstehen. Die Menge X heißt **Zuläs-**
sigkeitsbereich *und jeder Vektor darin wird als* **zulässige Lösung** *bezeichnet. Die Menge aller*
optimalen Lösungen X* nennt man **optimale Lösungsmenge,** *und die zugehörigen Vektoren*
heißen **optimale Lösungen** *des linearen Programms. Werden Nebenbedingungen, die in Form*
von Ungleichungen vorliegen, durch Addition bzw. Subtraktion nichtnegativer Variablen in ei-
ne Gleichung überführt, so werden diese zusätzlichen Variablen im Fall der Addition **Schlupf-**
bzw. im Fall der Subtraktion **Überschussvariablen** *genannt.*

Die Definition eines linearen Programms in kanonischer Form legt einen Standard fest. Das ist
wichtig, weil man sich bspw. im Rahmen einer Programmierung leichter tut, wenn man von
einer einheitlichen Gestalt des linearen Programms ausgehen kann. Der Standard zeichnet sich
im Wesentlichen durch drei Sachverhalte aus:

- Die Zielfunktion ist zu maximieren.
- Jede Nebenbedingung liegt als Gleichung vor.
- Alle Variablen sind nichtnegativ.

Dass jedes lineare Programm tatsächlich auf eine kanonische Form gebracht werden kann, sieht
man wie folgt ein. Ist die Zielfunktion zu minimieren, so erhält man durch Multiplikation mit
-1 eine zu maximierende Funktion. Dies gilt wegen:

Die Zielfunktion z besitzt im Punkt $\vec{x}_0$ des Zulässigkeitsbereichs ein Minimum.

Genau dann gilt $z(\vec{x}_0) \leq z(\vec{x})$ für alle $\vec{x}$ des Zulässigkeitsbereichs.

Genau dann gilt $-z(\vec{x}_0) \geq -z(\vec{x})$ für alle $\vec{x}$ des Zulässigkeitsbereichs.

Genau dann hat die Funktion $\tilde{z} = -z$ in $\vec{x}_0$ ein Maximum.

Ferner kann jede Nebenbedingung, die als Ungleichung vorliegt, durch Addition bzw. Subtraktion einer nichtnegativen Variable in eine Gleichung überführt werden. Diese Variable nimmt
den Überschuss bzw. den verbleibenden Rest auf. So dürfen z. B. im Ausgangsbeispiel nicht
mehr als 4.500 Liter Milch zur Eisproduktion verbraucht werden. Die zugehörige Nebenbedingung lautet:

$$6x_1 + 15x_2 \leq 4.500 \,.$$

Addiert man eine Schlupfvariable hinzu, dann wird aus der Ungleichung die Gleichung

$$6x_1 + 15x_2 + s = 4.500 \quad \text{mit} \quad s \geq 0 \,.$$

Angenommen es ergäbe sich aufgrund der restlichen Restriktionen eine optimale Produktion
derart, dass 500 Liter Milch am Schluss übrig blieben, dann gäbe die Schlupfvariable diesen
Wert an. Hätte man es umgekehrt mit einer Mindestanforderung zu tun, etwa

$$13x_1 + 7x_2 \geq 900 \,,$$

dann lieferte die Subtraktion einer nichtnegativen Überschussvariable die Gleichung

$$13x_1 + 7x_2 - s = 900 \quad \text{mit} \quad s \geq 0 \,.$$

Die Variable fängt den Überschuss auf. Hätte man hier z. B. 1.000 statt der mindestens geforderten 900 produziert, dann gingen $s = 100$ Einheiten auf Lager.

Schließlich kann erreicht werden, dass alle Variablen nichtnegativ sind. Für den Fall, dass eine nichtpositive Variable $x \leq 0$ vorliegt, wird x überall im linearen Programm durch

$$\tilde{x} = -x \geq 0$$

ersetzt. Handelt es sich um eine nicht vorzeichenbeschränkte Variable $x \in \mathbb{R}$, dann wird die Variable in zwei neue Größen aufgeteilt:

$$x = x' - x'' \quad \text{und} \quad x', x'' \geq 0.$$

Betrachten wir alle Standardisierungsschritte hinsichtlich Zielfunktion, Neben- und Nichtnegativitätsbedingungen an folgendem linearen Programm:

$$\min z = x_1 - 3x_2$$

unter den Nebenbedingungen

$$
\begin{aligned}
-4x_1 + x_2 &\leq 50 \\
2x_1 - 7x_2 &\geq 20 \\
5x_1 + 6x_2 &= 35
\end{aligned}
$$

mit $x_1 \leq 0$ und $x_2 \in \mathbb{R}$.

Dann lautet dasselbe lineare Programm in kanonischer Form:

$$\max \tilde{z} = \tilde{x}_1 + 3x_2' - 3x_2''$$

unter den Nebenbedingungen

$$
\begin{aligned}
4\tilde{x}_1 + x_2' - x_2'' + s_1 \phantom{{}- s_2} &= 50 \\
-2\tilde{x}_1 - 7x_2' + 7x_2'' \phantom{{}+ s_1} - s_2 &= 20 \\
-5\tilde{x}_1 + 6x_2' - 6x_2'' \phantom{{}+ s_1 - s_2} &= 35
\end{aligned}
$$

mit $\tilde{x}_1, x_2', x_2', s_1, s_2 \geq 0$.

Nachdem wir die Grundbegriffe geklärt und uns mit der Standardisierung von linearen Programmen vertraut gemacht haben, wenden wir uns nun der Lösungstheorie zu.

3.2.2 Graphische Lösung

Einfache lineare Programme mit nur zwei Unbekannten, lassen sich anhand eines Koordinatensystems auch ohne Rechnung graphisch lösen. Die Beschäftigung mit der Anschauung schafft zudem einen guten Überblick über die Struktur linearer Programme und fördert das Verständnis für die später vorgestellten Lösungsalgorithmen. Wir betrachten ein Beispiel.

Das Grundwasser einer Gemeinde ist mit einem Schadstoff belastet. Der aktuelle Wert liegt bei 192 Mikrogramm Schadstoff pro Liter Grundwasser. Innerhalb der Gemeinde werden insgesamt 18 Mengeneinheiten (ME) Abfall auf einer Deponie gelagert, der zur Belastung des Grundwassers beiträgt. Daher will man einen noch zu bestimmenden Anteil des Abfalls auf die beiden Nachbargemeinden Ansbach und Ballweiler verteilen.

Es sollen mindestens 13 ME Abfall in die angrenzenden Gemeinden gebracht werden. Ansbach ist bereit, höchstens 12 Mengeneinheiten aufzunehmen. Für den Transport steht insgesamt ein Budget von 40 Geldeinheiten (GE) zur Verfügung, wovon pro ME Abfall, den man nach Ansbach bringt, 1 GE verbraucht wird. Nach Ballweiler kostet es 4 GE pro ME.

Eine Studie zu den Auswirkungen der Maßnahme auf das Grundwasser besagt, dass sich der Schadstoffgehalt pro ME Abfall, die man nach Ansbach bzw. Ballweiler bringt, um ein bzw. 3 Mikrogramm pro Liter Grundwasser reduziert. Die Gemeinde strebt nach einer Minimierung des Schadstoffgehalts in ihrem Grundwasser.

Analysiert man das vorliegende Problem, so stellt man fest, dass vier Restriktionen bzw. Nebenbedingungen vorliegen. Um sie mathematisch zu formulieren braucht man Variablen. Man bekommt eine Idee für die Variablendeklaration, wenn man sich fragt, was die Gemeinde wissen möchte. Und die Gemeinde will wissen, wie viel Abfall sie nach Ansbach bzw. Ballweiler bringen muss, um ihr Ziel zu erreichen. Daher definieren wir

x_1 sei die Menge Abfall, gemessen in ME, die nach Ansbach gebracht werden soll,

x_2 sei die Menge Abfall, gemessen in ME, die nach Ballweiler gebracht werden soll.

Auf der Deponie der Gemeinde sind insgesamt 18 ME Abfall gelagert, daher kann in der Summe nicht mehr abtransportiert werden. Es gilt:

$$x_1 + x_2 \leq 18 \, .$$

Wenn man mindestens 13 ME Abfall in die Nachbargemeinden schaffen möchte, Ansbach aber nicht mehr als 12 ME aufnehmen kann, hat man zwei weitere Nebenbedingungen:

$$x_1 + x_2 \geq 13 \quad \text{und} \quad x_1 \leq 12 \, .$$

Schließlich kommt die Nebenbedingung bzgl. der Budgetrestriktion. Die Gemeinde hat ein Budget von lediglich 40 GE zur Verfügung, d. h. unter Berücksichtigung der Kosten für den Transport von je einer Mengeneinheit Abfall in die beiden Nachbarorte muss

$$x_1 + 4x_2 \leq 40$$

gelten. Da beide Variablen Mengeneinheiten wiedergeben, wird zudem die Nichtnegativitätsbedingung, dass beide Variablen größergleich 0 sind, eingehalten.

Zusammenfassend kann daher das lineare Programm folgendermaßen formuliert werden:

$$\min z = 192 - x_1 - 3x_2$$

unter den Nebenbedingungen

$$
\begin{aligned}
x_1 + \ x_2 &\le 18 && \text{I} \\
x_1 \quad\ &\le 12 && \text{II} \\
x_1 + 4x_2 &\le 40 && \text{III} \\
x_1 + \ x_2 &\ge 13 && \text{IV}
\end{aligned}
$$

mit $x_1, x_2 \ge 0$.

Zur graphischen Lösung des Problems werden alle Nebenbedingungen inkl. der Nichtnegativitätsbedingung in ein Koordinatensystem eingezeichnet, vgl. Abb. 3.1. Jede Nebenbedingung charakterisiert eine Halbebene. Verdeutlichen wir das Vorgehen zur Erstellung des Schaubilds anhand der dritten Nebenbedingung. Zunächst betrachte man die Begrenzungsgerade der Halbebene, die durch

$$
x_1 + 4x_2 = 40 \quad \Longleftrightarrow \quad x_2 = -\frac{1}{4}x_1 + 10
$$

gegeben ist. Es handelt sich um eine fallende Gerade mit Steigung $-1/4$ und Ordinatenabschnitt 10. Um die Gerade zu zeichnen, genügen zwei Punkte, die man sich wie folgt beschaffen kann. Man setzt jede der Variablen abwechselnd gleich 0 und erhält dadurch die Schnittpunkte der Geraden mit den Koordinatenachsen

$$
(0, 10) \quad \text{und} \quad (40, 0) \,.
$$

Nachdem man die Begrenzungsgerade der Halbebene bestimmt und eingezeichnet hat, bleibt zu klären, welche der beiden Halbebenen, links oder rechts der Geraden, durch die Nebenbedingung charakterisiert wird. Um das festzustellen, kann man bspw. den Nullpunkt in die Ungleichung einsetzen und sehen, ob er zur gesuchten Halbebene dazugehört oder nicht. In das anschließende Diagramm sind alle Nebenbedingungen eingetragen. Jede Halbebene ist dabei grau eingefärbt. Dort wo sich zwei oder mehr Halbebenen schneiden, ist die Schnittfläche entsprechend dunkler gestaltet, gleichsam farbigen Folien, die man übereinander legt. Die dunkelste Fläche markiert die Schnittmenge aller Halbebenen einschließlich der Nichtnegativitätsbedingung und stellt somit den Zulässigkeitsbereich dar.

Nachdem man die Menge aller zulässigen Lösungen bestimmt hat, will man wissen, welche der zulässigen Lösungen optimal ist. Um das zu ermitteln, nimmt man die Zielfunktion

$$
\min z = 192 - x_1 - 3x_2 \quad \Longleftrightarrow \quad x_2 = -\frac{x_1}{3} + \frac{192 - z}{3}
$$

zur Hand. Um ein Gefühl für die Lage der Zielfunktion zu bekommen, wählt man einen beliebigen Wert für den Zielfunktionswert z aus, und zeichnet die zugehörige Gerade in das Koordinatensystem ein. Da die Wahl des Wertes beliebig ist, bietet es sich an, die Berechnung einfach zu gestalten. Daher kann man in diesem Fall z. B. $z = 189$ wählen, und erhält

$$
x_1 + 3x_2 = 3 \quad \text{bzw.} \quad x_2 = -\frac{x_1}{3} + 1 \,.
$$

Die Gerade schneidet die Koordinatenachsen in den Punkten

$$(0,1) \quad \text{und} \quad (3,0) \, .$$

Auf der Gerade liegen alle Punkte, die zu einem Schadstoffanteil von 189 Mikrogramm pro Liter Grundwasser führen würden. Allerdings gibt es keine zulässige Lösung dafür, d. h. es gibt keine Möglichkeit, diesen Schadstoffgehalt unter Einhaltung aller Nebenbedingungen zu verwirklichen, da die Gerade den Zulässigkeitsbereich nicht schneidet. Weil jeder Punkt denselben Zielfunktionswert hat, spricht man von einer **Isolinie**. Isolinien kennt man bspw. von den Höhenlinien einer Landkarte oder von Hoch- und Tiefdruckgebieten auf einer Wetterkarte, die dadurch entstehen, dass Orte gleichen Luftdrucks miteinander verbunden werden. Alle Isolinien sind in unserem Beispiel Geraden, die zur speziellen, oben angegebenen Gerade parallel verlaufen. Der Ordinatenabschnitt der Zielfunktion lautet:

$$\frac{192 - z}{3} \, .$$

Da man an einem *minimalen* Zielfunktionswert z interessiert ist, sucht man demzufolge eine Gerade mit *maximalem* Ordinatenabschnitt.

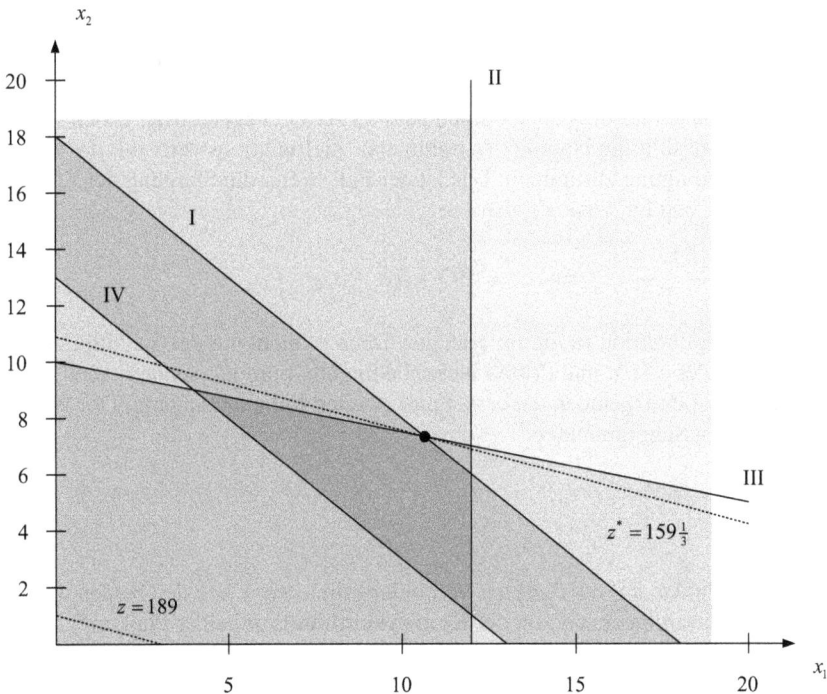

Abb. 3.1: *Lineares Programm mit beschränktem Zulässigkeitsbereich*

Daher verschiebt man die ursprüngliche Zielfunktionsgerade so lange parallel mit wachsendem Ordinatenabschnitt, bis gerade eben noch mindestens eine zulässige Lösung übrig ist, mit

Hilfe derer man den angestrebten Zielfunktionswert erreichen kann. An dieser Stelle sei vor der irrtümlichen Annahme gewarnt, zu maximierende Zielfunktionen würden auch nach einem maximalen, zu minimierende Zielfunktionen nach einem minimalen Ordinatenabschnitt verlangen. Das vorliegende Beispiel ist ein Gegenbeispiel dazu. Trotz zu minimierender Zielfunktion möchte man einen möglichst großen Ordinatenabschnitt haben. Entscheidend ist also die Gestalt des Ordinatenabschnitts in der Zielfunktion und nicht die Extremierungsvorschrift. Wie man an der Graphik erkennt, ist die optimale Lösung durch den Schnittpunkt der Begrenzungsgeraden der ersten und dritten Nebenbedingung gegeben:

$$x_1 + x_2 = 18 \quad \text{und} \quad x_1 + 4x_2 = 40 .$$

Auflösen der ersten Restriktion nach x_2 und anschließendes Einsetzen in die zweite liefert:

$$x_2 = 18 - x_1 \quad \Longrightarrow \quad x_1 + 72 - 4x_1 = 40 \quad \Longrightarrow \quad x_1^* = \frac{32}{3} \approx 10{,}67 \quad \text{und} \quad x_2^* = \frac{22}{3} \approx 7{,}33 .$$

Die optimale Lösung ist eindeutig bestimmt. Man sollte 10,67 ME des Abfalls nach Ansbach und 7,33 ME nach Ballweiler bringen. Auf der Deponie bleibt kein Abfall zurück, und die Gemeinde kann mit einem neuen Schadstoffgehalt des Grundwassers von rund 159,33 Mikrogramm pro Liter rechnen. Eine geringere Schadstoffmenge ist unter den einzuhaltenden Nebenbedingungen durch diese Maßnahme nicht zu erreichen.

Neben einer eindeutigen Lösung, wie in diesem Beispiel, ist es auch denkbar, dass keine oder sogar mehrere optimale Lösungen existieren. Modifiziert man z. B. im vorliegenden Fall die Gestalt der Zielfunktion derart, dass die Isolinien parallel zur Grenzgerade der ersten Nebenbedingung verlaufen, dann fällt die Isolinie des minimalen Zielfunktionswerts mit der Grenzgerade der ersten Nebenbedingung zusammen. Das ist der Fall, wenn die Steigung der Zielfunktionsgerade ebenfalls -1 beträgt, wenn es also

$$x_2 = -x_1 + \frac{192 - z}{3} \quad \Longleftrightarrow \quad z = 192 - 3x_1 - 3x_2$$

anstelle der alten Zielfunktion zu minimieren gilt. Dann ist nicht nur der Schnittpunkt zwischen den Grenzgeraden der ersten und dritten Nebenbedingung optimal, sondern auch der Schnittpunkt zwischen den Grenzgeraden der ersten und zweiten Nebenbedingung. Des Weiteren sind außer den genannten Schnittpunkten

$$\begin{pmatrix} \frac{32}{3} \\ \frac{22}{3} \end{pmatrix} \quad \text{und} \quad \begin{pmatrix} 12 \\ 6 \end{pmatrix}$$

auch alle anderen Punkte auf der direkten Verbindungslinie zwischen den beiden optimal. Man spricht in diesem Zusammenhang von der **Konvexkombination** beider Punkte:

$$X^* = \left(\vec{x} \in \mathbb{R}^2 \mid \vec{x} = \lambda \cdot \begin{pmatrix} \frac{32}{3} \\ \frac{22}{3} \end{pmatrix} + (1 - \lambda) \cdot \begin{pmatrix} 12 \\ 6 \end{pmatrix} \quad \text{mit } 0 \leq \lambda \leq 1 \right) .$$

Es gibt unendlich viele Lösungen, und die optimale Lösungsmenge ist die Strecke zwischen zwei Punkten. Ist der Zulässigkeitsbereich beschränkt, so muss es laut Satz 2.23 mindestens eine optimale Lösung geben, denn die lineare Zielfunktion ist stetig und der Zulässigkeitsbereich eines linearen Programms ist per Definition abgeschlossen und dann auch kompakt. Anders verhält es sich in folgendem Beispiel. Das lineare Programm hat die Gestalt:

$$\max z = 0{,}7x_1 + x_2$$

unter den Nebenbedingungen

$$3x_1 - x_2 \geq -2$$
$$\tfrac{1}{2}x_1 - x_2 \leq -2$$

mit $x_1, x_2 \geq 0$.

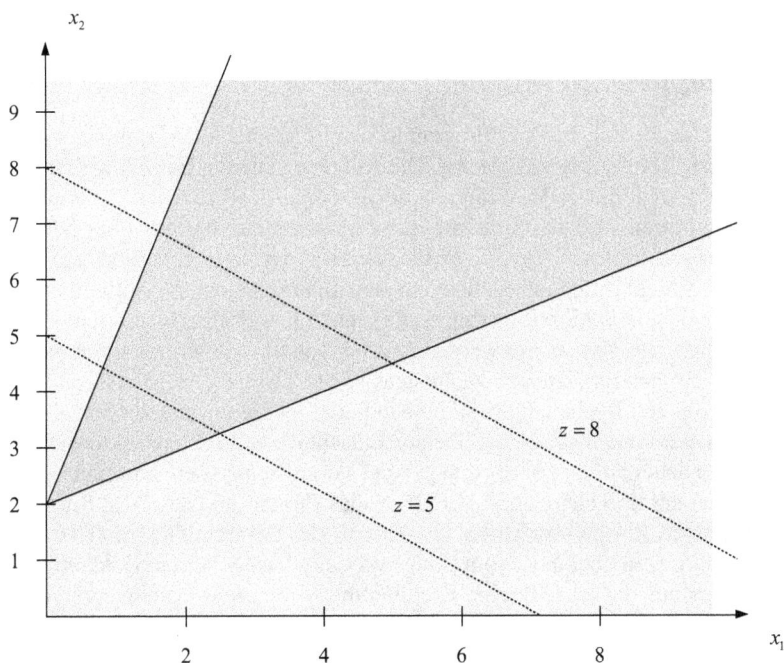

Abb. 3.2: *Lineares Programm mit unbeschränktem Zulässigkeitsbereich*

Skizziert man den Zulässigkeitsbereich anhand eines Koordinatensystems und zeichnet einige Isolinien der Zielfunktion ein, so stellt man fest, dass es keine maximale Lösung des Problems geben kann. Denn ein maximaler Zielfunktionswert ist in diesem Fall gleichbedeutend mit einem größtmöglichen Ordinatenabschnitt. Der Ordinatenabschnitt der Isolinien kann aber, da der Zulässigkeitsbereich nicht beschränkt ist, über alle Grenzen wachsen, d. h. beliebig groß werden.

Würde man dagegen die Zielfunktion durch folgende ersetzen

$$\max z = x_2 - 3x_1,$$

so würden die Isolinien zur Begrenzungsgerade der ersten Nebenbedingung parallel liegen, weshalb die optimale Lösungsmenge ein **Extremalstrahl** wäre, d. h.

$$X^* = \left\{ \vec{x} \in \mathbb{R}^2 \mid 3x_1 - x_2 = -2 \text{ und } x_1 \geq 0 \right\}.$$

Die letzte Forderung $x_1 \geq 0$ kommt, abgesehen von der Nichtnegativitätsbedingung, dadurch zustande, weil der Schnittpunkt der Begrenzungsgeraden der beiden Nebenbedingungen

$$(0, 2) \in \mathbb{R}^2$$

lautet. Wieder hat man unendliche viele Lösungen. Diesmal ist die Menge der optimalen Lösungen allerdings nicht beschränkt. Des Weiteren ist es auch im Fall eines linearen Programms mit unbeschränktem Zulässigkeitsbereich möglich, dass, je nach Zielfunktion, die optimale Lösung eindeutig bestimmt ist oder sich als Konvexkombination optimaler Punkte schreiben lässt.

3.2.3 Simplexalgorithmus

Nach der graphischen Lösung linearer Programme in einfachen Fällen kommen wir als nächstes zur rechnerischen Lösung solcher Probleme. Die Aufgabe in einem Betrieb wird meist darin bestehen, das lineare Programm zu formulieren, um es dann mit Hilfe eines Computerprogramms einer Lösung zuzuführen. Dererlei Software ist weit verbreitet. So ist etwa im Tabellenkalkulationsprogramm Microsoft Excel ein *Solver* für lineare Programme integriert. Anschließend ist es notwendig, das Ergebnis der automatisierten Berechnung betriebswirtschaftlich zu interpretieren, um entsprechende Schlussfolgerungen zu ziehen und das Ergebnis richtig umsetzen zu können. Um in die Lage versetzt zu werden, die notwendigen Interpretationen und Analysen vorzunehmen, ist es unabdingbar, sich wenigstens in den Ansätzen mit den Rechenalgorithmen zu beschäftigen. Bei den Rechenalgorithmen handelt es sich um Varianten eines modifizierten Gaußalgorithmus, den man im Rahmen linearer Entscheidungsprobleme **Simplexalgorithmus** nennt. Wir können daher auf den Ausführungen des vorangegangenen Abschnitts aufbauen, beschränken uns aber auf drei elementare Verfahren, das Primal- und das Dual-Simplexverfahren sowie das Zweiphasen-Simplexverfahren. Die Theorie des Operation Research ist umfangreich, so dass die Ausführungen über die Vermittlung von Grundlagen nicht hinauskommen. Zur Vertiefung wird daher auf die einschlägige Fachliteratur verwiesen. Dementsprechend wird auf Beweise insbesondere zur Funktionstüchtigkeit der Algorithmen weitestgehend verzichtet, um die reine Anwendung hervorheben zu können, aufbauend auf den graphischen Eindrücken und Motivationen des letzten Abschnitts. Zunächst wird anhand einiger Definitionen der Sprachgebrauch geklärt.

Definition 3.13
Ein lineares Programm der Art

$$\max \left\{ \vec{c} \cdot \vec{x} \mid \vec{x} \in X \right\} \quad mit \quad X = \left\{ \vec{x} \in \mathbb{R}^n \mid A \cdot \vec{x} \leq \vec{b} \text{ und } \vec{x} \geq \vec{0} \right\} \quad und \quad \vec{b} \geq \vec{0}$$

*heißt **spezielles Maximumproblem**, und*

$$\min \left\{ \vec{c} \cdot \vec{x} \mid \vec{x} \in X \right\} \quad mit \quad X = \left\{ \vec{x} \in \mathbb{R}^n \mid A \cdot \vec{x} \geq \vec{b} \text{ und } \vec{x} \geq \vec{0} \right\} \quad und \quad \vec{c} \geq \vec{0}$$

*heißt **spezielles Minimumproblem**.*

Im Rahmen der graphischen Ermittlung einer Lösung hat man festgestellt, dass die Ecken des Zulässigkeitsbereichs eine wichtige Rolle spielen, um die optimale Lösung zu finden. Wie man das, was man sich anschaulich unter einer Ecke vorstellt, mathematisch fassen kann, darüber gibt die nächste Definition Aufschluss.

Definition 3.14
*Ein Vektor $\vec{x} \in X$ nennt man **Ecke des Zulässigkeitsbereichs**, wenn die zu positiven Komponenten gehörenden Spalten der Koeffizientenmatrix A linear unabhängig sind.*

*Liegt die Matrix A in entschlüsselter Form vor, so nennt man eine zulässige Lösung, deren Nichtbasisvariablen alle 0 sind, **zulässige Basislösung** des linearen Programms. Ist die Lösung gar optimal, so heißt sie **optimale Basislösung**.*

Ebenso wie beim Gaußalgorithmus löst man das lineare Optimierungsproblem anhand einer **erweiterten Koeffizientenmatrix**. Man geht dabei von einem linearen Programm in kanonischer Form aus, d. h. ohne Beschränkung der Allgemeinheit kann davon ausgegangen werden, dass es sich um eine zu maximierende Zielfunktion handelt, dass alle Nebenbedingungen als Gleichungen vorliegen und dass alle Variablen nichtnegativ sind. Ist dementsprechend ein lineares Programm in kanonischer Form

$$
\begin{array}{ccccccccc}
z & + & c_1 \cdot x_1 & + & c_2 \cdot x_2 & + & \ldots & + & c_n \cdot x_n & = & 0 \\
& & a_{11} \cdot x_1 & + & a_{12} \cdot x_2 & + & \ldots & + & a_{1n} \cdot x_n & = & b_1 \\
& & \vdots & & \vdots & & & & \vdots & & \vdots \\
& & a_{m1} \cdot x_1 & + & a_{m2} \cdot x_2 & + & \ldots & + & a_{mn} \cdot x_n & = & b_m
\end{array}
$$

vorgelegt, dann hat die erweiterte Koeffizientenmatrix folgende Gestalt

$$
\left[
\begin{array}{cccc|c}
1 & c_1 & \ldots & c_n & 0 \\
0 & a_{11} & \ldots & a_{1n} & b_1 \\
\vdots & \vdots & & \vdots & \vdots \\
0 & a_{m1} & \ldots & a_{mn} & b_m
\end{array}
\right]
$$

Der Einfachheit halber lässt man die erste Spalte oft weg, denn sie verändert sich im Laufe der im Anschluss vorgestellten Rechnungen nicht. Der Aufstellung der **Zielfunktionszeile**, so nennt man die erste Zeile der erweiterten Koeffizientenmatrix, ist besondere Aufmerksamkeit zu schenken. Denn lautet die Zielfunktion im ursprünglichen Programm, bevor es in die kanonischer Form gebracht wird:

$$ z = c_1 \cdot x_1 + \ldots + c_n \cdot x_n, $$

dann sind zwei Fälle zu unterscheiden. Hat man die Zielfunktion zu maximieren, so folgt

$$ z - c_1 \cdot x_1 - \ldots - c_n \cdot x_n = 0, $$

und man muss in die Zielfunktionszeile der erweiterten Matrix alle Koeffizienten der Zielfunktion mit umgekehrtem Vorzeichen eintragen. Ist demgegenüber die Funktion z zu minimieren, also $-z = \tilde{z}$ zu maximieren, dann erhält man

$$\tilde{z} + c_1 \cdot x_1 + \ldots + c_n \cdot x_n = 0,$$

und die Koeffizienten der ursprünglichen Zielfunktion bleiben beim Übertrag in die Koeffizientenmatrix unverändert. In jedem Fall aber steht als erster Wert w der Zielfunktion die 0 in der rechten oberen Ecke.

Definition 3.15
*Die erweiterte Koeffizientenmatrix eines linearen Programms in kanonischer Form, die in entschlüsselter Form vorliegt und $m+1$ verschiedene Einheitsvektoren als Spaltenvektoren besitzt, heißt **erstes Simplextableau** bzw. auch **Start-** oder **Anfangstableau**.*

Um die optimale Lösung des linearen Entscheidungsproblems zu berechnen, muss das Starttableau i. a. mehrfach pivotiert werden, d. h. die Einheitsvektoren wechseln den Platz und werden in einer anderen Spalte erzeugt. Dabei nummeriert man, der besseren Übersichtlichkeit wegen, die Tableaus der Reihe nach durch, beginnend mit der Nummer 1 für das Starttableau. Hat man dieses Starttableau $(r-1)$-mal pivotiert, dann besitzt das pivotierte Simplextableau folgende allgemeine Gestalt:

$$\begin{array}{ccc|c} c_1^{(r)} & \ldots & c_n^{(r)} & w^{(r)} \\ \hline a_{11}^{(r)} & \ldots & a_{1n}^{(r)} & b_1^{(r)} \\ \vdots & & \vdots & \vdots \\ a_{m1}^{(r)} & \ldots & a_{mn}^{(r)} & b_m^{(r)} \end{array}$$

mit dem zu dieser Zeit erreichten Zielfunktionswert $w^{(r)}$ in der rechten oberen Ecke. Woran erkennt man aber, dass ein Simplextableau optimal ist, d. h. auf eine optimale Lösung hinweist? Und nach welchen Regeln wird pivotiert? All diese Fragen werden im Folgenden beantwortet, wobei aufgrund der Komplexität des Themas, wie am Anfang des Abschnitts bereits erwähnt, auf eine detaillierte Beweisführung unter Hinweis auf die Speziallitteratur verzichtet wird.

Definition 3.16
Das r-te Simplextableau nennt man

- *primal zulässig, wenn $\vec{b}^{(r)} \geq \vec{0}$ gilt.*
- *dual zulässig, wenn $\vec{c}^{(r)} \geq \vec{0}$ gilt.*

Die Größenrelation bezüglich der Vektoren ist dabei komponentenweise zu verstehen.

Satz 3.17
Ist das r-te Simplextableau sowohl primal als auch dual zulässig, dann ist die zu diesem Tableau gehörende Basislösung optimal.

Die folgenden Algorithmen dienen dazu, ausgehend vom ersten Simplextableau, ein primal und dual zulässiges Simplextableau zu entwickeln, also eine optimale Basislösung zu finden, falls eine existiert. Wir starten mit einfachen Algorithmen, die ein dual zulässiges Simplextableau auch primal zulässig machen bzw. umgekehrt. Demnach ist eine der beiden Anforderungen zu Beginn schon erfüllt. Ein spezielles Maximumproblem ist bspw. schon primal nicht aber dual zulässig. Demgegenüber ist ein spezielles Minimumproblem per Definition dual zulässig, nicht aber primal zulässig. Deshalb sind die in den beiden folgenden Sätzen formulierten Verfahren nur auf spezielle Probleme dieser Art direkt anwendbar, das Primal-Simplexverfahren z. B. auf das spezielle Maximumproblem und das Dual-Simplexverfahren auf das spezielle Minimumproblem. Erst im darauf folgenden Schritt wird in Gestalt des Zweiphasen-Simplexverfahrens ein Algorithmus vorgestellt, der weder die primale noch die duale Zulässigkeit fordert, also lineare Programme im Allgemeinen lösen kann.

Simplexalgorithmen sind nichts anderes als modifizierte Gaußalgorithmen. Modifiziert heißt, dass es sich um einen Gaußalgorithmus mit besonderer Auswahl des Pivotelements handelt.

Satz 3.18

*Der folgende Algorithmus wird **Primal-Simplexverfahren** genannt. Er kann immer dann angewandt werden, wenn das r-te Simplextableau primal zulässig ist.*

1. *Gilt $\vec{c}^{(r)} \geq \vec{0}$, ist also das r-te Tableau bereits dual zulässig, so ist die zugehörige Basislösung optimal und das Verfahren endet.*

2. *Ist wenigstens eine Komponente von $\vec{c}^{(r)}$ negativ, so pivotiert man wie folgt:*
   a) *Man wählt die q-te Spalte als Pivotspalte aus, die den kleinsten negativen Zielfunktionskoeffizienten enthält, mathematisch:*

$$c_q^{(r)} = \min\left\{c_j^{(r)} \mid c_j^{(r)} < 0, j = 1, \ldots, n\right\}.$$

   b) *Man wählt die p-te Zeile als Pivotzeile derart aus, dass*

$$\frac{b_p^{(r)}}{a_{pq}^{(r)}} = \min\left\{\frac{b_i^{(r)}}{a_{iq}^{(r)}} \mid a_{iq}^{(r)} > 0, \ i = 1, \ldots, m\right\} \quad gilt.$$

3. *Existiert das Minimum gemäß 2.b) nicht, da alle $a_{iq}^{(r)} \leq 0$ für $i = 1, \ldots, m$ sind, dann gibt es keine optimale Lösung und das Verfahren endet.*

4. *Ansonsten pivotiert man mit einem der in 2.b) gefundenen Pivotelemente durch und gelangt zum nächsten Tableau.*

Anschließend beginnt man mit dem neuen Tableau wieder bei Schritt 1, wobei das Verfahren nach endlich vielen Schritten endet.

Am besten veranschaulicht man den Algorithmus an einem Beispiel. Nehmen wir das Eingangsbeispiel mit den beiden Eissorten und der gewinnmaximalen Produktion.

$$\max z = 16x_1 + 32x_2$$

unter den Nebenbedingungen (in der Folge kurz „u. d. N.")

$$20x_1 + 10x_2 \leq 8.000$$
$$4x_1 + 5x_2 \leq 2.000$$
$$6x_1 + 15x_2 \leq 4.500$$

Die Variablen stehen für die zu produzierenden Mengen Schokoladeneis bzw. Mokka-Sahne und sind deshalb größergleich 0, d. h. die Nichtnegativitätsbedingung ist erfüllt.

Offenbar handelt es sich um ein spezielles Maximumproblem. Durch die Einführung von drei nichtnegativen Schlupfvariablen werden die Ungleichungen in den Nebenbedingungen in Gleichungen überführt. Man erhält ein lineares Programm in kanonischer Form:

$$
\begin{array}{rrrrrrr}
z & - & 16x_1 & - & 32x_2 & & & & & = & 0 \\
& & 20x_1 & + & 10x_2 & + & s_1 & & & = & 8.000 \\
& & 4x_1 & + & 5x_2 & & & + & s_2 & & = & 2.000 \\
& & 6x_1 & + & 15x_2 & & & & & + & s_3 & = & 4.500
\end{array}
$$

Daraus gewinnt man das erste Simplextableau:

-16	-32	0	0	0	0
20	10	1	0	0	8.000
4	5	0	1	0	2.000
6	15	0	0	1	4.500

Die Koeffizienten der Zielfunktion enthalten negative Zahlen. Daher ist das Tableau nicht dual zulässig. Wohl aber ist es primal zulässig, da alle Komponenten des Begrenzungsvektors nichtnegativ sind. Man darf daher das Primal-Simplexverfahren anwenden.

Das erste Pivotelement ist gesucht. Laut Vorschrift 2.a) wird die Spalte, in der das Pivotelement steht, dadurch bestimmt, dass man die Spalte mit der kleinsten negativen Zahl in der Zielfunktionszeile auswählt. Wegen der -32 ist das die zweite Spalte. Als nächstes ist nach Vorschrift 2.b) die Pivotzeile zu bestimmen. Dazu muss man alle Komponenten des Begrenzungsvektors durch die zugehörigen Komponenten der zweiten Spalten teilen, wenn die Zahl jeweils positiv ist, d. h. man hat in diesem Fall:

$$\frac{8.000}{10} = 800, \quad \frac{2.000}{5} = 400 \quad \text{und} \quad \frac{4.500}{15} = 300.$$

Die 300 ist die kleinste Zahl. Demnach hat man die vierte Zeile zu wählen und $a_{32}^{(1)} = 15$ ist das erste Pivotelement, markiert durch einen Stern.

-16	-32	0	0	0	0	$+\frac{32}{15} \cdot \mathrm{IV}$
20	10	1	0	0	8.000	$-\frac{2}{3} \cdot \mathrm{IV}$
4	5	0	1	0	2.000	$-\frac{1}{3} \cdot \mathrm{IV}$
6	15^*	0	0	1	4.500	$\cdot \frac{1}{15}$

Auch in der Folge werden wir das Pivotelement stets mit einem Stern kennzeichnen. Vor dem Pivotieren werden die notwendigen Gaußtransformationen wie gewohnt hinter jeder Zeile zwecks besserer Nachvollziehbarkeit vermerkt. Es ist darauf zu achten, dass auch die Zielfunktionszeile inklusive des Zielfunktionswerts oben links in der erweiterten Koeffizientenmatrix mitpivotiert wird. Demnach lautet das zweite Simplextableau:

$$
\begin{array}{ccccc|c|l}
-\frac{16}{5} & 0 & 0 & 0 & \frac{32}{15} & 9.600 & \left|+\frac{8}{5}\cdot\text{III}\right. \\
\hline
16 & 0 & 1 & 0 & -\frac{2}{3} & 5.000 & \left|-8\cdot\text{III}\right. \\
2^* & 0 & 0 & 1 & -\frac{1}{3} & 500 & \left|\cdot\frac{1}{2}\right. \\
\frac{2}{5} & 1 & 0 & 0 & \frac{1}{15} & 300 & \left|-\frac{1}{5}\cdot\text{III}\right.
\end{array}
$$

Dieses Tableau ist wieder nicht dual zulässig. Also führen wir einen weiteren Schritt mit Hilfe des Primal-Simplexverfahrens durch, und haben $a_{21}^{(2)} = 2$ als zweites Pivotelement:

$$
\begin{array}{ccccc|c}
0 & 0 & 0 & \frac{8}{5} & \frac{8}{5} & 10.400 \\
\hline
0 & 0 & 1 & -8 & 2 & 1.000 \\
1 & 0 & 0 & \frac{1}{2} & -\frac{1}{6} & 250 \\
0 & 1 & 0 & -\frac{1}{5} & \frac{2}{15} & 200
\end{array}
$$

Das dritte Tableau ist primal und dual zulässig. Es liegt also eine optimale Basislösung

$$(x_1^*, x_2^*, s_1^*, s_2^*, s_3^*) = (250, 200, 1.000, 0, 0)$$

mit maximalem Zielfunktionswert $z^* = 10.400$ vor.

Das Simplexverfahren liefert zunächst nur *eine* optimale Lösung, falls eine solche existiert. Woran man erkennt, dass es gegebenenfalls mehrere optimale Lösungen gibt, darüber macht der nächste Satz eine Aussage. Wie im Abschnitt zur graphischen Lösbarkeit linearer Programme unterscheidet man bei der Vorlage von mehr als nur einer optimalen Lösung zwischen Extremalstrahl einerseits und Konvexkombination optimaler Eckpunkte, sprich optimalen Basislösungen, andererseits.

Satz 3.19
Liegt ein primal und dual zulässiges Simplextableau vor und existieren Zielfunktionskoeffizienten von Nichtbasisvariablen, die gleich 0 sind, so gibt es mehrere optimale Lösungen des zugehörigen linearen Programms.

- *Gibt es darüber hinaus in der betreffenden Spalte eines solchen Zielfunktionskoeffizienten positive Komponenten der Koeffizientenmatrix, so kann unter Beibehaltung des Zielfunktionswerts mittels Primal-Simplexverfahren weiter pivotiert werden, und es existieren mindestens zwei optimale Basislösungen. Die Menge aller optimalen Lösungen ergibt sich dann als **Konvexkombination** der optimalen Basislösungen.*
- *Sind hingegen alle diesbezüglichen Komponenten der Koeffizientenmatrix nichtpositiv, so existiert ausgehend von der optimalen Basislösung auch ein **Extremalstrahl**.*

Gibt es keine Zielfunktionskoeffizienten von Nichtbasisvariablen, die gleich 0 sind, so ist die optimale Lösung des linearen Programms eindeutig bestimmt.

Die optimale Lösung in unserem Eisbeispiel ist laut diesem Satz eindeutig bestimmt, weil alle Zielfunktionskoeffizienten der Nichtbasisvariablen im letzten Tableau größer als 0 sind. Die gewinnmaximale Produktion kann entsprechend nur auf genau eine Art und Weise erreicht werden, nämlich durch die Produktion von 250 Liter Schokoladeneis und 200 Liter der Eissorte Mokka-Sahne. An den Schlupfvariablen erkennt man, dass die Rohstoffe Milch und Geschmacksstoffe vollständig aufgebraucht werden, während man im Hinblick auf den Strom sogar 1.000 KWH unter der Vorgabe bleibt.

Satz 3.20

Der folgende Algorithmus wird **Dual-Simplexverfahren** *genannt. Er kann immer dann angewandt werden, wenn das r-te Simplextableau dual zulässig ist.*

1. *Gilt $\vec{b}^{(r)} \geq \vec{0}$, ist also das r-te Tableau bereits primal zulässig, so ist die zugehörige Basislösung optimal und das Verfahren endet.*

2. *Ist wenigstens eine Komponente von $\vec{b}^{(r)}$ negativ, so pivotiert man wie folgt:*
   a) *Man wählt die p-te Zeile als Pivotzeile aus, die die kleinste negative Komponente des Begrenzungsvektors enthält, mathematisch:*

   $$b_p^{(r)} = \min\left\{b_i^{(r)} \mid b_i^{(r)} < 0, \ i = 1, \ldots, m\right\}.$$

   b) *Man wählt die q-te Spalte als Pivotspalte derart aus, dass*

   $$-\frac{c_q^{(r)}}{a_{pq}^{(r)}} = \min\left\{-\frac{c_j^{(r)}}{a_{pj}^{(r)}} \mid a_{pj}^{(r)} < 0, \ j = 1, \ldots, n\right\} \quad gilt.$$

3. *Existiert das Minimum gemäß 2.b) nicht, da alle $a_{pj}^{(r)} \geq 0$ für $j = 1, \ldots, n$ sind, dann gibt es keine optimale Lösung und das Verfahren endet.*

4. *Ansonsten pivotiert man mit einem der in 2.b) gefundenen Pivotelemente durch und gelangt zum nächsten Tableau.*

Anschließend beginnt man mit dem neuen Tableau wieder bei Schritt 1, wobei das Verfahren nach endlich vielen Schritten endet.

Auch dazu betrachten wir wieder ein Beispiel. Gegeben sei das spezielle Minimumproblem

$$\min z = 2x_1 + x_2$$

unter den Nebenbedingungen

$$x_1 - x_2 \geq -6, \quad x_1 + 2x_2 \geq 12 \quad \text{und} \quad 2x_1 + x_2 \geq 9$$

mit $x_1, x_2 \geq 0$. Durch die Einführung von drei nichtnegativen Variablen, die den ggf. vorhandenen Überschuss auffangen, gelangt man zum ersten Simplextableau, welches als Ausgangspunkt für die weiteren Operationen dient.

Da es sich um ein spezielles Minimumproblem handelt, ist das Starttableau schon dual zulässig, weshalb das Dual-Simplexverfahren zum Einsatz kommen kann.

2	1	0	0	0	0
−1	1	1	0	0	6
−1	−2	0	1	0	−12
−2	−1	0	0	1	−9

Die Zeile des ersten Pivotelements ist laut 2.a) in obigem Satz die Zeile mit dem kleinsten Wert im Begrenzungsvektor. Wegen der −12 wählt man die dritte Zeile. Anschließend ist die Pivotspalte zu bestimmen. Nach 2.b) sucht man dazu alle negativen Zahlen der dritten Zeile aus und teilt die zugehörigen Koeffizienten der Zielfunktion durch diese Zahlen. Von den Werten der Quotienten, versehen mit dem umgekehrten Vorzeichen, bestimmt man das Minimum:

$$-\frac{2}{-1} = 2, \quad -\frac{1}{-2} = \frac{1}{2}.$$

Daher nimmt man die zweite Spalte, und das erste Pivotelement lautet $a_{22}^{(1)} = -2$.

2	1	0	0	0	0	$\left\vert +\frac{1}{2} \cdot \text{III} \right.$
−1	1	1	0	0	6	$\left\vert +\frac{1}{2} \cdot \text{III} \right.$
−1	−2*	0	1	0	−12	$\left\vert : (-2) \right.$
−2	−1	0	0	1	−9	$\left\vert -\frac{1}{2} \cdot \text{III} \right.$

Führt man die angegebenen Operationen mit Hilfe des Gaußalgorithmus aus, so erhält man:

$\frac{3}{2}$	0	0	$\frac{1}{2}$	0	−6	$\vert +\text{IV}$
$-\frac{3}{2}$	0	1	$\frac{1}{2}$	0	0	$\vert -\text{IV}$
$\frac{1}{2}$	1	0	$-\frac{1}{2}$	0	6	$\left\vert +\frac{1}{3} \cdot \text{IV} \right.$
$-\frac{3}{2}$*	0	0	$-\frac{1}{2}$	1	−3	$\left\vert \cdot(-\frac{2}{3}) \right.$

Das Tableau ist wegen der −3 im Begrenzungsvektor nicht optimal. Zum erneuten Pivotieren bieten sich zwei gleichwertige Kandidaten an, wir wählen den ersten.

0	0	0	0	1	−9
0	0	1	1	−1	3
0	1	0	$-\frac{2}{3}$	$\frac{1}{3}$	5
1	0	0	$\frac{1}{3}$	$-\frac{2}{3}$	2

Das Tableau ist primal und dual zulässig und daher optimal. Die optimale Basislösung lautet:

$$(x_1^*, x_2^*, s_1^*, s_2^*, s_3^*) = (2, 5, 3, 0, 0).$$

Man erkennt an der 0 in der vierten Spalte der Zielfunktionszeile, dass eine Mehrfachlösung vorliegt, denn die 0 steht in der Spalte einer Nichtbasisvariablen. Die positiven Zahlen darunter deuten auf mindestens noch eine weitere optimale Basislösung hin.

Demnach kann erneut pivotiert werden, da sich in der vierten Spalte in Frage kommende Pivot-elemente finden.

0	0	0	0	1	-9	
0	0	1	1^*	-1	3	
0	1	0	$-\frac{2}{3}$	$\frac{1}{3}$	5	$\left\lvert +\frac{2}{3} \cdot \text{II} \right.$
1	0	0	$\frac{1}{3}$	$-\frac{2}{3}$	2	$\left\lvert -\frac{1}{3} \cdot \text{II} \right.$

Wendet man das Primal-Simplexverfahren an, so erhält man

0	0	0	0	1	-9
0	0	1	1	-1	3
0	1	$\frac{2}{3}$	0	$-\frac{1}{3}$	7
1	0	$-\frac{1}{3}$	0	$-\frac{1}{3}$	1

und damit als zweite Basislösung

$$(x_1^*, x_2^*, s_1^*, s_2^*, s_3^*) = (1, 7, 0, 3, 0).$$

Weitere optimale Basislösungen gibt es keine, weil ein erneutes Pivotieren zur ersten optima-len Basislösung zurückführt. Auf die zweite optimale Basislösung wäre man im Übrigen auch gestoßen, wenn man sich im zweiten Tableau für den Alternativkandidaten als Pivotelement entschieden hätte. Die Menge aller optimalen Lösungen ergibt sich daher als Konvexkombina-tion der beiden optimalen Basislösungen:

$$X^* = \left(\vec{x} \in \mathbb{R}^2 \;\middle|\; \vec{x} = \lambda \cdot \begin{pmatrix} 2 \\ 5 \end{pmatrix} + (1 - \lambda) \cdot \begin{pmatrix} 1 \\ 7 \end{pmatrix} \text{ mit } 0 \leq \lambda \leq 1 \right).$$

Alle optimalen Lösungen liefern den minimalen Zielfunktionswert

$$z^* = -\tilde{z}^* = -(-9) = 9.$$

Dabei ist zu beachten, dass der Wert -9, der in den optimalen Tableaus als optimaler Ziel-funktionswert ausgewiesen ist, sich auf die mit -1 multiplizierte Zielfunktion bezieht. Diese Multiplikation war anfangs notwendig, um das lineare Programm mit einer zu minimierenden Zielfunktion auf eine kanonische Form zu bringen. Behält man dies in Erinnerung, so muss das Vorzeichen des Wertes gewechselt werden, d. h. die Multiplikation muss rückgängig gemacht werden, um den tatsächlichen Zielfunktionswert zu erhalten.

Kommen wir abschließend zu einem letzten Simplexverfahren, das keine Voraussetzungen an ein Simplextableau bezüglich der dualen oder primalen Zulässigkeit stellt und auch hinsichtlich der Nebenbedingungen allgemeiner ist, das Zweiphasen-Simplexverfahren.

Satz 3.21
*Der folgende Algorithmus wird **Zweiphasen-Simplexverfahren** genannt. Er geht von einem linearen Programm in kanonischer Form aus.*

1. *Alle Gleichungen mit einem negativen Wert im Begrenzungsvektor werden mit -1 durch-multipliziert.*

2. *Damit alle notwendigen Einheitsvektoren in den Spalten der erweiterten Koeffizienten-matrix im Hinblick auf ein erstes Simplextableau vorliegen, werden ggf. nichtnegative **künstliche Variablen** in den Gleichungen links vom Gleichheitszeichen addiert.*

3. *Wurden in Schritt 2 künstliche Variablen benötigt, so ist eine zweite Zielfunktion, eine **Hilfszielfunktion**, aufzustellen. Es handelt sich dabei um die Summe der künstlichen Variablen, die zu minimieren ist. Jede Gleichung, die eine künstliche Variable enthält, wird nach ihr aufgelöst. Der entsprechende Wert ist anstelle der künstlichen Variablen in die Hilfszielfunktion einzusetzen, so dass diese keine künstlichen Variablen mehr aufweist. Die Hilfszielfunktion wird in die letzte Zeile des ersten Simplextableaus eingetragen.*

4. *Man minimiert die Hilfszielfunktion (Phase 1) mittels des Primal-Simplexverfahrens, wobei alle Zeilen, auch die Zielfunktionszeile der ursprünglichen Zielfunktion, transformiert werden.*

5. *Ist der optimale Zielfunktionswert der Hilfszielfunktion positiv, so existiert keine zulässige Lösung des Ausgangsproblems, und das Verfahren endet. Ist dagegen der optimale Zielfunktionswert der Hilfszielfunktion gleich 0, so werden die Hilfszielfunktion sowie alle Spalten der künstlichen Variablen in der Folge vernachlässigt. Sollten künstliche Variablen Basisvariablen sein, so sind diese mittels des Dual-Simplexverfahrens in Nichtbasisvariablen zu überführen und dann zu vernachlässigen.*

6. *Man maximiere die ursprünglich gegebene Zielfunktion (Phase 2) mit Hilfe des Primal-Simplexverfahrens.*

Zur Veranschaulichung des Zweiphasen-Simplexverfahrens blicken wir auf das Beispiel zu Beginn von Abschnitt 3.2.2 zurück, in dem eine Gemeinde die Qualität ihres Grundwassers verbessern will. Wir hatten dort zwei Problemvariablen, die jeweils angeben, wie viele Mengeneinheiten eines Abfallstoffs einer Deponie in die beiden Nachbargemeinden Ansbach und Ballweiler zu verlagern sind. Es gilt, insgesamt vier Nebenbedingungen zu berücksichtigen. So können maximal 18 ME Abfall verteilt werden, die Gemeinde Ansbach nimmt höchstens 12 ME auf, die Transportkosten dürfen nicht höher sein als 40 Geldeinheiten, und die Gemeinde will wenigstens 13 ME Abfall an die Nachbarn abgeben. Die Zielfunktion spiegelt den Schadstoffgehalt im Grundwasser wider.

Zusammengefasst lautet das lineare Programm

$$\min z = 192 - x_1 - 3x_2$$

unter den Nebenbedingungen:

$$
\begin{array}{rcrcl}
x_1 & + & x_2 & \leq & 18 \\
x_1 & & & \leq & 12 \\
x_1 & + & 4x_2 & \leq & 40 \\
x_1 & + & x_2 & \geq & 13
\end{array}
$$

mit $x_1, x_2 \geq 0$.

Als erstes ist das lineare Programm auf eine kanonische Form zu bringen. Dazu ist aus der zu minimierenden Zielfunktion eine zu maximierende Zielfunktion zu machen.

$$\max \tilde{z} = -z = x_1 + 3x_2 - 192 \quad \Longleftrightarrow \quad \tilde{z} - x_1 - 3x_2 = -192$$

unter den Nebenbedingungen:

$$
\begin{array}{rcrcrcrcrcl}
x_1 & + & x_2 & + & s_1 & & & & & = & 18 \\
x_1 & & & & & + & s_2 & & & = & 12 \\
x_1 & + & 4x_2 & & & & & + & s_3 & = & 40 \\
x_1 & + & x_2 & & & & & - & s_4 & = & 13
\end{array}
$$

mit $x_1, x_2, s_1, s_2, s_3, s_4 \geq 0$.

Um ein erstes Simplextableau zu erhalten, benötigt man eine künstliche Variable $k_1 \geq 0$ in der vierten Nebenbedingung. Die Nebenbedingung lautet dann:

$$x_1 + x_2 - s_4 + k_1 = 13 \quad \Longleftrightarrow \quad k_1 = 13 - x_1 - x_2 + s_4$$

Die Hilfszielfunktion h setzt sich aus der Summe der künstlichen Variablen zusammen und muss minimiert werden. Alle künstlichen Variablen sind mit Hilfe der restlichen Variablen zu ersetzen. Da in diesem Fall lediglich eine einzige künstliche Variable vorliegt, besteht die Summe der künstlichen Variablen nur aus einem Summand, der Variablen selbst.

$$\min h = k_1 = 13 - x_1 - x_2 + s_4$$

Die Hilfszielfunktion, formuliert als eine zu maximierende Funktion, lautet demnach:

$$\max \tilde{h} = -h = x_1 + x_2 - s_4 - 13 \quad \Longleftrightarrow \quad \tilde{h} - x_1 - x_2 + s_4 = -13$$

Damit hat man alle Angaben in der notwendigen Form zusammen, um sie in ein erstes Simplextableau eintragen zu können. Der besseren Übersichtlichkeit wegen werden alle Variablen im ersten Simplextableau über ihre Spalten geschrieben. Die ursprüngliche Zielfunktion steht in der ersten, die Hilfszielfunktion in der letzten Zeile.

x_1	x_2	s_1	s_2	s_3	s_4	k_1	
-1	-3	0	0	0	0	0	-192
1	1	1	0	0	0	0	18
1	0	0	1	0	0	0	12
1	4	0	0	1	0	0	40
1	1	0	0	0	-1	1	13
-1	-1	0	0	0	1	0	-13

Es beginnt die erste Phase, in der die Hilfszielfunktion optimiert wird. Das lineare Programm ist im Hinblick auf die Hilfszielfunktion zwar primal, nicht aber dual zulässig. Zur Beurteilung der primalen bzw. dualen Zulässigkeit hinsichtlich der Hilfszielfunktion bleibt die ursprüngliche Zielfunktion des Problems außer Betracht.

Nach dem Primal-Simplexverfahren folgt:

x_1	x_2	s_1	s_2	s_3	s_4	k_1		
-1	-3	0	0	0	0	0	-192	$\left\|+\frac{3}{4}\cdot\text{IV}\right.$
1	1	1	0	0	0	0	18	$\left\|-\frac{1}{4}\cdot\text{IV}\right.$
1	0	0	1	0	0	0	12	
1	4^*	0	0	1	0	0	40	$\left\|\cdot\frac{1}{4}\right.$
1	1	0	0	0	-1	1	13	$\left\|-\frac{1}{4}\cdot\text{IV}\right.$
-1	-1	0	0	0	1	0	-13	$\left\|+\frac{1}{4}\cdot\text{IV}\right.$

$-\frac{1}{4}$	0	0	0	$\frac{3}{4}$	0	0	-162	$\left\|+\frac{1}{3}\cdot\text{V}\right.$
$\frac{3}{4}$	0	1	0	$-\frac{1}{4}$	0	0	8	$\left\|-\text{V}\right.$
1	0	0	1	0	0	0	12	$\left\|-\frac{4}{3}\cdot\text{V}\right.$
$\frac{1}{4}$	1	0	0	$\frac{1}{4}$	0	0	10	$\left\|-\frac{1}{3}\cdot\text{V}\right.$
$\frac{3}{4}^*$	0	0	0	$-\frac{1}{4}$	-1	1	3	$\left\|\cdot\frac{4}{3}\right.$
$-\frac{3}{4}$	0	0	0	$\frac{1}{4}$	1	0	-3	$\left\|+\text{V}\right.$

0	0	0	0	$\frac{2}{3}$	$-\frac{1}{3}$	$\frac{1}{3}$	-161
0	0	1	0	0	1	-1	5
0	0	0	1	$\frac{1}{3}$	$\frac{4}{3}$	$-\frac{4}{3}$	8
0	1	0	0	$\frac{1}{3}$	$\frac{1}{3}$	$-\frac{1}{3}$	9
1	0	0	0	$-\frac{1}{3}$	$-\frac{4}{3}$	$\frac{4}{3}$	4
0	0	0	0	0	0	1	0

Das dritte Tableau ist bezüglich der Hilfszielfunktion optimal mit Funktionswert 0. Die künstliche Variable ist nicht Basisvariable, so dass die Zeile der Hilfszielfunktion sowie die Spalte der künstlichen Variablen in der Folge vernachlässigt werden.

Damit beginnt die zweite Phase, in der die eigentliche Zielfunktion optimiert wird. Das vorliegende Tableau ist primal aber nicht dual zulässig, weshalb wie bereits in der ersten Phase das Primal-Simplexverfahren angewandt wird. Ein Pivotelement findet sich in der sechsten Spalte, zweiten Zeile.

0	0	0	0	$\frac{2}{3}$	$-\frac{1}{3}$	-161	$\left\|+\frac{1}{3}\cdot\text{II}\right.$
0	0	1	0	0	1^*	5	
0	0	0	1	$\frac{1}{3}$	$\frac{4}{3}$	8	$\left\|-\frac{4}{3}\cdot\text{II}\right.$
0	1	0	0	$\frac{1}{3}$	$\frac{1}{3}$	9	$\left\|-\frac{1}{3}\cdot\text{II}\right.$
1	0	0	0	$-\frac{1}{3}$	$-\frac{4}{3}$	4	$\left\|+\frac{4}{3}\cdot\text{II}\right.$

Demzufolge lautet das abschließende Tableau:

$$
\begin{array}{cccccc|c}
0 & 0 & \frac{1}{3} & 0 & \frac{2}{3} & 0 & -159\frac{1}{3} \\
\hline
0 & 0 & 1 & 0 & 0 & 1 & 5 \\
0 & 0 & -\frac{4}{3} & 1 & \frac{1}{3} & 0 & 1\frac{1}{3} \\
0 & 1 & -\frac{1}{3} & 0 & \frac{1}{3} & 0 & 7\frac{1}{3} \\
1 & 0 & \frac{4}{3} & 0 & -\frac{1}{3} & 0 & 10\frac{2}{3}
\end{array}
$$

Man stößt rechnerisch auf dieselbe optimale Lösung wie die im Fall der Graphik, nämlich

$$ x_1^* \approx 10{,}67, \quad x_2^* \approx 7{,}33, \quad \text{und} \quad z^* \approx 159{,}33, $$

mit den Schlupf- bzw. Überschussvariablen

$$ s_1^* = 0, \quad s_2^* \approx 1{,}33, \quad s_3^* = 0, \quad \text{und} \quad s_4^* = 5. $$

Die eindeutig bestimmte optimale Lösung besteht darin, 10,67 ME des Abfalls nach Ansbach zu bringen und 7,33 ME nach Ballweiler. Das Grundwasser wird dann aller Voraussicht nach nur noch einen Schadstoffgehalt von 159,33 Mikrogramm pro Liter aufweisen. Die optimalen Schlupf- bzw. Überschussvariablen besagen der Reihenfolge nach, dass der gesamte Abfall abtransportiert wird, dass nach Ansbach 1,33 ME Abfall weniger gebracht werden als man maximal gedurft hätte, dass das Budget von 40 Geldeinheiten komplett aufgebraucht wird und dass 5 ME Abfall mehr bewegt werden als man mindestens transportieren wollte.

3.2.4   Dualitätsaussagen

Es stellt sich heraus, vgl. z. B. Dinkelbach [15], S. 17ff., dass einem linearen Entscheidungsproblem ein zweites zur Seite gestellt werden kann, das aus dem ersten entwickelt wird. Das Ausgangsproblem wird als das **primale Programm** bezeichnet, das zweite Problem als das zugehörige **duale Programm**. Die Lösungsmengen beider Entscheidungsprobleme hängen eng miteinander zusammen. Betrachten wir als Beispiel den Eisverkäufer, siehe S. 112, der die beiden Eissorten Schokolade und Mokka-Sahne produzieren will:

$$ \max z = 16x_1 + 32x_2 $$

unter den Nebenbedingungen

$$
\begin{aligned}
20x_1 + 10x_2 &\leq 8.000 \\
4x_1 + 5x_2 &\leq 2.000 \\
6x_1 + 15x_2 &\leq 4.500
\end{aligned}
$$

mit $x_1, x_2 \geq 0$.

Das vorliegende Programm ist das primale. Man stellt fest, dass die Zielfunktion zu maximieren ist, alle Nebenbedingungen in der Form „≤" vorliegen und die verwendeten Variablen größergleich 0 sind. Die drei Bedingungen sind die Grundvoraussetzung dafür, das Duale aufstellen zu können. Diese Ausgangssituation kann bei jedem linearen Programm, wie im Folgenden erläutert, immer erreicht werden.

Bezüglich der Zielfunktion und der Nichtnegativitätsbedingung wurde die Vorgehensweise im Rahmen der kanonischen Form bereits vorgestellt. Im Hinblick auf die Nebenbedingungen werden Nebenbedingungen mit dem entgegengesetzten Ungleichheitszeichen mit -1 multipliziert, und Gleichungen werden wie in folgendem Beispiel

$$2x_1 + 5x_2 = 42 \quad \Longleftrightarrow \quad 2x_1 + 5x_2 \leq 42 \quad \text{und} \quad 2x_1 + 5x_2 \geq 42$$

durch zwei Ungleichungen ersetzt. Die letztgenannte Ungleichung wird anschließend mit -1 multipliziert, wodurch man insgesamt hat:

$$2x_1 + 5x_2 = 42 \quad \Longleftrightarrow \quad 2x_1 + 5x_2 \leq 42 \quad \text{und} \quad -2x_1 - 5x_2 \leq -42.$$

Um das duale Programm darauf aufbauend aufzustellen, geht man folgendermaßen vor. Der Vektor der Zielfunktionskoeffizienten und der Begrenzungsvektor tauschen die Rollen. Die neue Koeffizientenmatrix erhält man, indem die alte Koeffizientenmatrix transponiert wird. Die Ungleichheitszeichen aller Ungleichungen drehen sich um, und die neue Zielfunktion wird minimiert. Das zum primalen Programm in obigem Beispiel gehörende duale Programm hat demnach folgende Gestalt:

$$\min z = 8.000y_1 + 2.000y_2 + 4.500y_3$$

unter den Nebenbedingungen

$$20y_1 + 4y_2 + 6y_3 \geq 16$$
$$10y_1 + 5y_2 + 15y_3 \geq 32$$

mit $y_1, y_2, y_3 \geq 0$.

Definition 3.22
Mit den Bezeichnungen aus Definition 3.12 sei das lineare Programm

$$\max\{\vec{c} \cdot \vec{x} \mid \vec{x} \in X\} \quad mit \quad X = \{\vec{x} \in \mathbb{R}^n \mid A \cdot \vec{x} \leq \vec{b} \quad und \quad \vec{x} \geq \vec{0}\}$$

*gegeben, das man im Folgenden **primales Programm** nennt. Dann heißt*

$$\min\{\vec{b}^T \cdot \vec{y} \mid \vec{y} \in Y\} \quad mit \quad Y = \{\vec{y} \in \mathbb{R}^m \mid A^T \cdot \vec{y} \geq \vec{c}^T \quad und \quad \vec{y} \geq \vec{0}\}$$

*das zum primalen Programm korrespondierende **duale Programm**.*

Bevor wir uns den Dualitätsaussagen im Detail widmen, betrachten wir zunächst die Lösungen der beiden Programme. Die optimale Lösung des Eisverkäufers

$$(x_1^*, x_2^*, s_1^*, s_2^*, s_3^*) = (250, 200, 1.000, 0, 0)$$

mit maximalem Zielfunktionswert $z^* = 10.400$ kennen wir bereits.

Beim primalen Programm handelt es sich um ein spezielles Maximumproblem, beim zugehörigen, oben aufgeführten dualen Programm um ein spezielles Minimumproblem, das mit Hilfe des Dual-Simplexverfahrens wie folgt gelöst wird.

8.000	2.000	4.500	0	0	0	$+300 \cdot \text{III}$
-20	-4	-6	1	0	-16	$-\frac{2}{5} \cdot \text{III}$
-10	-5	-15^*	0	1	-32	$\cdot(-\frac{1}{15})$

5.000	500	0	0	300	-9.600	$+250 \cdot \text{II}$
-16	-2^*	0	1	$-\frac{2}{5}$	$-\frac{16}{5}$	$\cdot(-\frac{1}{2})$
$\frac{2}{3}$	$\frac{1}{3}$	1	0	$-\frac{1}{15}$	$\frac{32}{15}$	$+\frac{1}{6} \cdot \text{II}$

1.000	0	0	250	200	-10.400
8	1	0	$-\frac{1}{2}$	$\frac{1}{5}$	$\frac{8}{5}$
-2	0	1	$\frac{1}{6}$	$-\frac{2}{15}$	$\frac{8}{5}$

Die optimale Lösung des Dualen lautet demnach

$$(y_1^*, y_2^*, y_3^*, t_1^*, t_2^*) = (0, \tfrac{8}{5}, \tfrac{8}{5}, 0, 0)$$

mit minimalem Zielfunktionswert $z^* = 10.400$.

Über den Zusammenhang zwischen dem primalen und dem dualen Programm geben insgesamt vier Dualitätssätze Auskunft, die im Anschluss folgen. Ihre Aussagen werden stets am Beispiel des Eisverkäufers verdeutlicht.

Satz 3.23

Gegeben sei ein primales Programm mit zugehörigem Dualen. Dann gelten folgende Aussagen:

a) *Das Duale des dualen Programms ist wieder das primale Programm.*

b) *Ist $\vec{x}$ zulässige Lösung des Primalen und $\vec{y}$ zulässige Lösung des Dualen, so ist, bezogen auf die jeweilige Zielfunktion, der Zielfunktionswert von $\vec{y}$ stets größer als der von $\vec{x}$, mit anderen Worten:*

$$\vec{c} \cdot \vec{x} \leq \vec{b}^T \cdot \vec{y}.$$

c) *Sind die beiden Zielfunktionswerte in b) sogar gleich, d. h.*

$$\vec{c} \cdot \vec{x}^* = \vec{b}^T \cdot \vec{y}^*,$$

dann sind beide Lösungen, bezogen auf ihr lineares Programm, nicht nur zulässig, sondern sogar optimal.

Begründung

Teil a) rechnet man nach. Um Teil b) zu zeigen, macht man sich zu Nutze, dass für zwei zulässige Lösungen $\vec{x}$ und $\vec{y}$ des Primalen bzw. Dualen gilt:

$$A \cdot \vec{x} \leq \vec{b} \quad \text{bzw.} \quad A^T \cdot \vec{y} \geq \vec{c}^{\,T}.$$

Daraus schließt man unter Beachtung der Nichtnegativitätsbedingungen aus anschließender Ungleichungskette sofort die Behauptung:

$$\vec{b}^{\,T} \cdot \vec{y} \geq \vec{x}^{\,T} \cdot A^T \cdot \vec{y} \geq \vec{x}^{\,T} \cdot \vec{c}^{\,T} = \vec{c} \cdot \vec{x}.$$

Bleibt der dritte Teil. Seien dazu $\vec{x}^*$ und $\vec{y}^*$ zwei zulässige Lösungen der zueinander dualen Programme, für die

$$\vec{c} \cdot \vec{x}^* = \vec{b}^{\,T} \cdot \vec{y}^*$$

gilt. Nach Teil b) folgt daraus

$$\vec{c} \cdot \vec{x}^* = \vec{b}^{\,T} \cdot \vec{y}^* \geq \vec{c} \cdot \vec{x} \quad \text{für alle} \quad \vec{x} \in X \quad \text{bzw.} \quad \vec{b}^{\,T} \cdot \vec{y}^* = \vec{c} \cdot \vec{x}^* \leq \vec{b}^{\,T} \cdot \vec{y} \quad \text{für alle} \quad \vec{y} \in Y.$$

Demnach ist x^* maximale Lösung des Primalen und y^* minimale Lösung des Dualen. ■

Zur Illustration betrachte man im Ausgangsbeispiel $\vec{x} = (200, 100)$ als zulässige Lösung des primalen sowie $\vec{y} = (1, 2, 2)$ als zulässige Lösung des dualen Programms. Dass beide Lösungen tatsächlich zulässig sind, sieht man ein, indem man die Werte in die jeweiligen Nebenbedingungen einsetzt. Im Fall des primalen Programms ergibt sich

$$\begin{aligned}
20 \cdot 200 + 10 \cdot 100 &= 5.000 \leq 8.000 \\
4 \cdot 200 + 5 \cdot 100 &= 1.300 \leq 2.000 \\
6 \cdot 200 + 15 \cdot 100 &= 2.700 \leq 4.500
\end{aligned}$$

und für das duale Programm hat man

$$\begin{aligned}
20 \cdot 1 + 4 \cdot 2 + 6 \cdot 2 &= 40 \geq 16 \\
10 \cdot 1 + 5 \cdot 2 + 15 \cdot 2 &= 50 \geq 32
\end{aligned}$$

Hinsichtlich ihrer Zielfunktionswerte gilt:

$$\vec{c} \cdot \vec{x} = 16 \cdot 200 + 32 \cdot 100 = 6.400 \leq 21.000 = 8.000 \cdot 1 + 2.000 \cdot 2 + 4.500 \cdot 2 = \vec{b}^{\,T} \cdot \vec{y}.$$

Darüber hinaus hatten wir mit $\vec{x}^* = (250, 200)$ und $\vec{y}^* = (0, {}^8\!/_5, {}^8\!/_5)$ bereits ein Paar optimaler Lösungen gefunden. Beide besitzen mit 10.400 denselben Zielfunktionswert.

Es folgt ein zweiter Dualitätssatz, der die Betrachtungen vertieft. Er knüpft dabei zunächst an die letzte Aussage des vorangegangenen Satzes an. Der obige Satz zeigt im dritten Teil, dass aus der Gleichheit der Funktionswerte die Optimalität folgt. Der anschließende Satz deckt im ersten Teil auf, dass auch die Umkehrung der Aussage richtig ist, dass nämlich ein optimales Lösungspaar die gleichen Funktionswerte besitzt. Der Satz behandelt im Anschluss den Zusammenhang zwischen zulässiger und optimaler Lösbarkeit zweier dualer Programme.

Satz 3.24

Gegeben sei ein Paar dualer linearer Programme.

a) *Besitzt das eine Programm eine optimale Lösung, so ist auch das andere Programm optimal lösbar. Ist $\vec{x}^*$ optimale Lösung des Primalen und $\vec{y}^*$ optimale Lösung des Dualen, dann gilt die Gleichheit der Funktionswerte:*

$$\vec{c} \cdot \vec{x}^* = \vec{b}^T \cdot \vec{y}^* \, .$$

b) *Beide Programme sind genau dann optimal lösbar, wenn beide zulässig lösbar sind.*

c) *Besitzt nur ein Programm zulässige Lösungen, das andere jedoch nicht, genau dann ist der nichtleere Zulässigkeitsbereich im Fall eines Maximumproblems nicht nach oben beschränkt bzw. im Fall eines Minimumproblems nicht nach unten beschränkt.*

Da bezogen auf ein duales Paar linearer Programme die jeweiligen Rollen von Begrenzungsvektor und Vektor der Zielfunktionskoeffizienten vertauscht werden, kann eine eineindeutige Beziehung zwischen Problemvariablen einerseits und Schlupf- bzw. Überschussvariablen andererseits festgestellt werden. Daraus folgende Eigenschaften optimaler Lösungen sind in den nächsten beiden Sätzen enthalten. Was die Beweise der Sätze angeht, wird auf die einschlägige Fachliteratur verwiesen.

Anhand der optimalen Lösungen unseres Ausgangsbeispiels

$$(x_1^*, x_2^*, s_1^*, s_2^*, s_3^*) = (250, 200, 1.000, 0, 0) \quad \text{und} \quad (y_1^*, y_2^*, y_3^*, t_1^*, t_2^*) = (0, \tfrac{8}{5}, \tfrac{8}{5}, 0, 0)$$

erkennt man, dass

$$x_1^* \cdot t_1^* = 250 \cdot 0 = 0 \quad \text{und} \quad x_2^* \cdot t_2^* = 200 \cdot 0 = 0 \quad \text{bzw.}$$

$$y_1^* \cdot s_1^* = 0 \cdot 1.000 = 0 \, , \quad y_2^* \cdot s_2^* = \tfrac{8}{5} \cdot 0 = 0 \quad \text{und} \quad y_3^* \cdot s_3^* = \tfrac{8}{5} \cdot 0 = 0$$

gilt. Der Sachverhalt wird im anschließenden Satz verallgemeinert. Man nennt ihn **Satz vom komplementären Schlupf**.

Satz 3.25

Gegeben sei ein Paar dualer linearer Programme. Man bezeichnet mit $s_1, \ldots, s_m$ die Schlupfvariablen des primalen Programms und mit $t_1, \ldots, t_n$ die Überschussvariablen des Dualen. Existieren optimale Lösungen, dann gilt für eine optimale Lösung $\vec{x}^* = (x_1^*, \ldots, x_n^*) \in \mathbb{R}^n$ des Primalen bzw. für eine optimale Lösung $\vec{y}^* = (y_1^*, \ldots, y_m^*) \in \mathbb{R}^m$ des Dualen:

$$y_i^* \cdot s_i^* = 0 \quad \text{für alle} \quad i = 1, \ldots, m \quad \text{sowie} \quad x_j^* \cdot t_j^* = 0 \quad \text{für alle} \quad j = 1, \ldots, n \, .$$

Satz 3.26

Gegeben sei ein optimales Simplextableau eines primalen Programms. Dann kann eine optimale Lösung des Dualen direkt im Tableau abgelesen werden, denn es gilt:

$$y_i^* = c_{n+i}^{(r)} \quad \text{für alle} \quad i = 1, \ldots, m \quad \text{und} \quad t_j^* = c_j^{(r)} \quad \text{für alle} \quad j = 1, \ldots, n \, .$$

Entsprechend lassen sich in einem optimalen Simplextableau des dualen Programms optimale Lösungen des primalen Programms ablesen.

Um den vierten und damit letzten Dualitätssatz zu verdeutlichen, erinnern wir an das optimale Simplextableau des Primalen

0	0	0	$\frac{8}{5}$	$\frac{8}{5}$	10.400
0	0	1	-8	2	1.000
1	0	0	$\frac{1}{2}$	$-\frac{1}{6}$	250
0	1	0	$-\frac{1}{5}$	$\frac{2}{15}$	200

und an das optimale Simplextableau des Dualen

1.000	0	0	250	200	-10.400
8	1	0	$-\frac{1}{2}$	$\frac{1}{5}$	$\frac{8}{5}$
-2	0	1	$\frac{1}{6}$	$-\frac{2}{15}$	$\frac{8}{5}$

In jedem der beiden Tableaus lassen sich sowohl die optimale Lösung des Primalen als auch die optimale Lösung des Dualen in den Zielfunktionszeilen bzw. Begrenzungsspalten ablesen.

3.2.5 Inverse Basismatrix

Durch den Simplexalgorithmus wird ein lineares Programm manipuliert. Alle Manipulationen sind in einer Matrix gespeichert, die man inverse bzw. verallgemeinerte inverse Basismatrix nennt, und die man anhand des Endtableaus verglichen mit dem Starttableau ablesen kann. Nehmen wir etwa das duale Programm aus dem Eisverkäuferbeispiel. Das Starttableau lautet:

8.000	2.000	4.500	0	0	0
-20	-4	-6	1	0	-16
-10	-5	-15	0	1	-32

Und man erhält mit Hilfe des Dual-Simplexverfahrens das optimale Tableau:

1.000	0	0	250	200	-10.400
8	1	0	$-\frac{1}{2}$	$\frac{1}{5}$	$\frac{8}{5}$
-2	0	1	$\frac{1}{6}$	$-\frac{2}{15}$	$\frac{8}{5}$

In den Spalten vier und fünf des Starttableaus steht die Einheitsmatrix, ebenso in der zweiten und dritten Spalte des Endtableaus. Der Simplexalgorithmus ist nur ein modifizierter Gaußalgorithmus, so dass sich mit dem Simplexalgorithmus genauso wie mit dem Gaußalgorithmus Matrizen invertieren lassen. Im Beispiel handelt es sich um die Matrix

$$B = \begin{pmatrix} -4 & -6 \\ -5 & -15 \end{pmatrix}$$

die invertiert wird mit inverser Matrix

$$B^{-1} = \begin{pmatrix} -\frac{1}{2} & \frac{1}{5} \\ \frac{1}{6} & -\frac{2}{15} \end{pmatrix}.$$

Die Matrix B heißt Basismatrix und B^{-1} inverse Basismatrix. Wird in beiden Matrizen die Spalte für die Variable z ergänzt, die üblicherweise nicht mit aufgeführt wird, da sie unverändert bleibt, und werden die entsprechenden Zielfunktionskoeffizienten hinzugefügt, dann erhält man

$$\tilde{B} = \begin{pmatrix} 1 & 2.000 & 4.500 \\ 0 & -4 & -6 \\ 0 & -5 & -15 \end{pmatrix} \quad \text{und} \quad \tilde{B}^{-1} = \begin{pmatrix} 1 & 250 & 200 \\ 0 & -\frac{1}{2} & \frac{1}{5} \\ 0 & \frac{1}{6} & -\frac{2}{15} \end{pmatrix}.$$

Man spricht in diesem Fall von der erweiterten Basismatrix bzw. von der erweiterten inversen Basismatrix.

Dass sich in der Tat jede Spalte des Endtableaus mittels der erweiterten inversen Basismatrix aus dem Starttableau rekonstruieren lässt, erkennt man an folgendem Beispiel. Bezüglich der ersten Spalten aus beiden Tableaus gilt:

$$\tilde{B}^{-1} \cdot \begin{pmatrix} 8.000 \\ -20 \\ -10 \end{pmatrix} = \begin{pmatrix} 1 & 250 & 200 \\ 0 & -\frac{1}{2} & \frac{1}{5} \\ 0 & \frac{1}{6} & -\frac{2}{15} \end{pmatrix} \cdot \begin{pmatrix} 8.000 \\ -20 \\ -10 \end{pmatrix} = \begin{pmatrix} 1.000 \\ 8 \\ -2 \end{pmatrix}.$$

Insofern braucht nicht jedes Tableau eines Simplexverfahrens vorgehalten zu werden. Es genügt, die erweiterte inverse Basismatrix zu bewahren.

Definition 3.27

Gegeben sei ein lineares Programm in kanonischer Form, dessen erweiterte Koeffizientenmatrix ein erstes Simplextableau liefert:

$$\max\{\vec{c} \cdot \vec{x} \mid A \cdot \vec{x} = \vec{b} \quad \text{und} \quad \vec{x} \geq \vec{0}\}.$$

Sei nach (r-1) Pivotschritten das r-te Simplextableau optimal mit optimaler Lösung $\vec{x}^*$. Dann bezeichnen wir mit $\vec{x}_B^*$ bzw. $\vec{x}_N^*$ die Spaltenvektoren aller Basis- bzw. Nichtbasisvariablen im optimalen Tableau, also

$$\max\{\vec{c} \cdot \vec{x} \mid A \cdot \vec{x} = \vec{b} \quad \text{und} \quad \vec{x} \geq \vec{0}\}$$

$$= \max\{\vec{c}_B \cdot \vec{x}_B + \vec{c}_N \cdot \vec{x}_N \mid B \cdot \vec{x}_B + N \cdot \vec{x}_N = \vec{b} \quad \text{und} \quad \vec{x}_B, \vec{x}_N \geq \vec{0}\},$$

*wobei $\vec{c}_B$ und $\vec{c}_N$ für die Zeilenvektoren der Zielfunktionskoeffizienten der Basis- bzw. Nichtbasisvariablen stehen, sowie B und N die zu den Basis- bzw. Nichtbasisvariablen gehörenden Spalten von A enthalten. B nennt man **Basismatrix** und N **Nichtbasismatrix**.*

In unserem Beispiel besteht der Vektor der Problemvariablen aus insgesamt fünf Komponenten. Die zweite und dritte Komponente bilden den Spaltenvektor der Basisvariablen, die erste, vierte und fünfte den Spaltenvektor der Nichtbasisvariablen. Entsprechend hat man

$$\vec{c} = (8.000, 2.000, 4.500, 0, 0), \quad \vec{c}_B = (2.000, 4.500) \quad \text{und} \quad \vec{c}_N = (8.000, 0, 0)$$

sowie

$$A = \begin{pmatrix} -20 & -4 & -6 & 1 & 0 \\ -10 & -5 & -15 & 0 & 1 \end{pmatrix}, \quad B = \begin{pmatrix} -4 & -6 \\ -5 & -15 \end{pmatrix} \quad \text{und} \quad N = \begin{pmatrix} -20 & 1 & 0 \\ -10 & 0 & 1 \end{pmatrix}.$$

Folgerung 3.28

*Die Basismatrix ist invertierbar, weshalb die **inverse Basismatrix** B^{-1} existiert. Daraus folgt:*

$$\vec{x}_B^* = B^{-1} \cdot \vec{b} - B^{-1} \cdot N \cdot \vec{x}_N^* \quad und \quad z^* = \vec{c}_B \cdot B^{-1} \cdot \vec{b} + (\vec{c}_N - \vec{c}_B \cdot B^{-1} \cdot N) \cdot \vec{x}_N^* .$$

Begründung

Die Zusammenhänge ergeben sich unmittelbar aus obiger Definition. Man schließt aus

$$B \cdot \vec{x}_B + N \cdot \vec{x}_N = \vec{b}$$

durch Multiplikation mit B^{-1} von links und Isolation von $\vec{x}_B$ die erste Behauptung. Die zweite Aussage folgt aus der ersten mittels

$$z^* = \vec{c}_B \cdot \vec{x}_B^* + \vec{c}_N \cdot \vec{x}_N^* .$$

Die inverse Basismatrix lässt sich aus dem Endtableau ablesen. Betrachtet man die Koeffizientenmatrix sortiert nach Basis- und Nichtbasisspalten, so ergibt sich das anschließende Schema:

Tabelle 3.2: Schema inverse Basismatrix

A		E	$\vec{b}$
B	N	E	$\vec{b}$
E	$B^{-1} \cdot N$	B^{-1}	$B^{-1} \cdot \vec{b}$

Von der ersten auf die zweite Zeile wird die Koeffizientenmatrix A in die Basismatrix B bzw. Nichtbasismatrix N zerlegt. Ohne Beschränkung der Allgemeinheit kann davon ausgegangen werden, dass alle Spalten der Basismatrix zuerst und alle Spalten der Nichtbasismatrix als nächstes stehen. Alsdann wird die zweite Zeile von links mit der inversen Basismatrix multipliziert. Das Ergebnis ist in der dritten Zeile enthalten. Es wird deutlich, dass an der Stelle, an der im Ausgangstableau die Einheitsmatrix stand, im Endtableau die inverse Basismatrix steht und umgekehrt, dass an der Stelle, an der im Endtableau die Einheitsmatrix steht, im Ausgangstableau die Basismatrix stand.

Definition 3.29

*Wird die Basismatrix um den Einheitsvektor für die Variable z und um die Zielfunktionskoeffizienten der Basisvariablen ergänzt, so erhält man die **erweiterte Basismatrix** sowie die **erweiterter inverser Basismatrix***

$$\tilde{B} = \begin{pmatrix} 1 & -\vec{c}_B \\ \vec{0} & B \end{pmatrix} \quad und \quad \tilde{B}^{-1} = \begin{pmatrix} 1 & \vec{c}_B \cdot B^{-1} \\ \vec{0} & B^{-1} \end{pmatrix} .$$

Das Minuszeichen innerhalb der erweiterten Basismatrix $\tilde{B}$ bzgl. $-\vec{c}_B$ rührt daher, dass es sich um ein lineares Programm in kanonischer Form und daher um ein Maximumproblem handelt.

Wie die inverse Basismatrix, so kann auch die erweiterte inverse Basismatrix direkt aus dem Endtableau abgelesen werden.

Tabelle 3.3: *Schema erweiterte inverse Basismatrix*

$\begin{pmatrix} 1 & -\vec{c} \\ \vec{0} & A \end{pmatrix}$	E	$\begin{pmatrix} w \\ \vec{b} \end{pmatrix}$
$\begin{pmatrix} 1 & -\vec{c}_B \\ \vec{0} & B \end{pmatrix} \begin{pmatrix} -\vec{c}_N \\ N \end{pmatrix}$	E	$\begin{pmatrix} w \\ \vec{b} \end{pmatrix}$
$\tilde{B} \qquad \tilde{N}$	E	$\begin{pmatrix} w \\ \vec{b} \end{pmatrix}$
$E \qquad \tilde{B}^{-1} \cdot \tilde{N}$	$\tilde{B}^{-1}$	$\tilde{B}^{-1} \cdot \begin{pmatrix} w \\ \vec{b} \end{pmatrix}$
$E \quad \begin{pmatrix} -\vec{c}_N + \vec{c}_B \cdot B^{-1} \cdot N \\ B^{-1} \cdot N \end{pmatrix}$	$\begin{pmatrix} 1 & \vec{c}_B \cdot B^{-1} \\ \vec{0} & B^{-1} \end{pmatrix}$	$\begin{pmatrix} w + \vec{c}_B \cdot B^{-1} \cdot \vec{b} \\ B^{-1} \cdot \vec{b} \end{pmatrix}$

Wieder sortiert man in der Darstellung zunächst nach den Spalten, die zu den Basisvariablen gehören. Anschließend wird von links mit der erweiterten inversen Basismatrix multipliziert.

3.2.6   Sensitivitätsanalysen

Untersucht man die Auswirkungen von Änderungen der Ausgangsdaten auf die Lösungen eines Problems, so spricht man von Sensitivitätsanalysen. Im Folgenden unterscheiden wir dbzgl. vier Variationsmöglichkeiten: Schwankungen eines Koeffizienten der Zielfunktion, Schwankungen eines Koeffizienten des Begrenzungsvektors, Berücksichtigung einer zusätzlichen Variable und Berücksichtigung einer zusätzlichen Nebenbedingung.

Starten wir mit der Veränderung eines Koeffizienten der Zielfunktion. Man fragt sich, in welchem Intervall ein Zielfunktionskoeffizient c_j schwanken darf, ohne dass sich eine vorliegende optimale Lösung ändert. Der Index $j = 1, \ldots, n$ sei dabei beliebig aber fest.

Die Analyse zeigt, dass es bzgl. der Auswirkungen auf die Lösung einen Unterschied macht, ob die j-te Variable im r-ten Tableau, also im optimalen Tableau, Basisvariable ist oder nicht. Ist sie Basisvariable, dann ist die gesamte Zielfunktionszeile von der Variation betroffen, und für die Zielfunktionskoeffizienten der Nichtbasisvariablen gilt, vgl. letzte Zeile des Schemas zur erweiterten inversen Basismatrix:

$$\vec{c}_N^{(r)} = -\vec{c}_N + \vec{c}_B \cdot B^{-1} \cdot N.$$

Sei mit $\vec{v}(j, s)$ der Vektor bezeichnet, der aus dem Vektor $\vec{v}$ hervorgeht, wenn man die j-te Komponente v_j durch $v_j + s$ ersetzt. Damit die optimale Lösung dual zulässig bleibt muss

$$-\vec{c}_N + \vec{c}_B(j, s) \cdot B^{-1} \cdot N = \vec{c}_N^{(r)} + s \cdot \vec{a}_{jN}^{(r)} \geq \vec{0}^T$$

sein, wobei $\vec{a}_{jN}^{(r)}$ die j-te Zeile der r-ten Koeffizientenmatrix ist, in der lediglich die Koeffizienten der Nichtbasisvariablen berücksichtigt sind. Dabei steht j für den entsprechenden Platz der geordneten Basisvariablen. Diese $n - m$ Ungleichungen definieren das gesuct Intervall für s.

Ist die j-te Variable im optimalen Tableau Nichtbasisvariable, dann wirkt sich eine Variation ausschließlich auf den Zielfunktionskoeffizient der j-ten Spalte aus:

$$c_j^{(r)} = -c_j + \vec{c}_B \cdot B^{-1} \cdot \vec{a}_j,$$

mit $\vec{a}_j$ als j-te Spalte der Koeffizientenmatrix. Wird c_j durch $c_j + s$ ersetzt, dann gilt:

$$-(c_j + s) + \vec{c}_B \cdot B^{-1} \cdot \vec{a}_j = -s + c_j^{(r)} \geq 0.$$

Und damit das r-te Tableau dual zulässig bleibt, muss gelten:

$$s \in \ ]-\infty, c_j^{(r)}].$$

Die primale Zulässigkeit wird in beiden Fällen nicht berührt. Der nachfolgende Satz fasst die bisherigen Ergebnisse zusammen.

Satz 3.30
Gegeben sei ein lineares Programm in kanonischer Form mit optimaler Lösung im r-ten Tableau. Wird für festes $j = 1, \ldots, n$ die Zahl s zum Koeffizient c_j der Zielfunktion addiert, dann bleibt die optimale Lösung erhalten, wenn im Fall, dass im optimalen Tableau die j-te Variable Basisvariable ist, die durch

$$\vec{c}_N^{(r)} + s \cdot \vec{a}_{jN}^{(r)} \geq \vec{0}^T$$

gegebenen $n - m$ Ungleichungen für s alle eingehalten werden. Mit $\vec{a}_{jN}^{(r)}$ wird dabei die j-te Zeile der r-ten Koeffizientenmatrix bezeichnet, in der lediglich die Koeffizienten der Nichtbasis-variablen enthalten sind. Der Zeilenindex j steht für den entsprechenden Platz der geordneten Basisvariablen. Im Fall, dass im optimalen Tableau die j-te Variable Nichtbasisvariable ist, bleibt die vorhandene optimale Lösung optimal, wenn gilt:

$$s \in \ ]-\infty, c_j^{(r)}].$$

Als Beispiel betrachte man wieder

$$\min z = 8.000 y_1 + 2.000 y_2 + 4.500 y_3$$

unter den Nebenbedingungen

$$20 y_1 + 4 y_2 + 6 y_3 \geq 16 \quad \text{und} \quad 10 y_1 + 5 y_2 + 15 y_3 \geq 32$$

mit $y_1, y_2, y_3 \geq 0$.

Von Interesse ist mit dem Wert $c_1 = 8.000$ zunächst der erste Zielfunktionskoeffizient des linearen Programms. Transformiert man das Ausgangsproblem in die kanonische Form, dann hat der Koeffizient den Wert -8.000, da das ursprüngliche Programm ein Minimumproblem ist. Am optimalen Simplextableau

$$
\begin{array}{ccccc|c}
1.000 & 0 & 0 & 250 & 200 & -10.400 \\
\hline
8 & 1 & 0 & -\frac{1}{2} & \frac{1}{5} & \frac{8}{5} \\
-2 & 0 & 1 & \frac{1}{6} & -\frac{2}{15} & \frac{8}{5}
\end{array}
$$

erkennt man, dass die zu dem Zielfunktionskoeffizient gehörende Problemvariable Nichtbasisvariable ist. Daher gilt:

$$s \in \,]-\infty, c_j^{(r)}] = \,]-\infty, 1.000] \implies -c_1 \in \,]-\infty, -7.000] \implies c_1 \in [7.000, \infty].$$

Die optimale Lösung bleibt demnach erhalten, solange der Zielfunktionskoeffizient größergleich 7.000 bleibt. Betrachtet man demgegenüber mit $c_2 = 2.000$ den nächsten Zielfunktionskoeffizient, dann gehört dieser zu einer Basisvariablen.

$$\vec{c}_N^{(r)} + s \cdot \vec{a}_{jN}^{(r)} = (1.000, 250, 200) + s \cdot (8, -\tfrac{1}{2}, \tfrac{1}{5}) \geq \vec{0}^T$$

$$\iff \quad 1.000 + 8s \geq 0, \quad 250 - \tfrac{1}{2}s \geq 0 \quad \text{und} \quad 200 + \tfrac{1}{5}s \geq 0$$

$$\iff \quad s \geq -125, \quad 500 \geq s \quad \text{und} \quad s \geq -1.000$$

$$\iff \quad s \in [-125, 500].$$

Der Zielfunktionskoeffizient $-c_2$ darf demnach zwischen -2.125 und -1.500 schwanken, d. h. dass c_2 zwischen 1.500 und 2.125 jeweils einschließlich liegen darf, ohne dass sich die optimale Lösung ändert.

Als nächstes wenden wir uns der Veränderung eines Koeffizienten des Begrenzungsvektors zu. Man sucht eine Antwort auf die Frage, in welchem Intervall der Koeffizient b_i mit beliebig aber festem $i = 1, \ldots, m$ schwanken darf, ohne dass sich die Optimalität einer vorliegenden optimalen Lösung ändert.

Satz 3.31

Gegegeben sei ein lineares Programm in kanonischer Form mit optimaler Lösung im r-ten Tableau. Wird für ein $i = 1, \ldots, m$ die Zahl t zum Koeffizient b_i des Begrenzungsvektors addiert, dann bleibt die optimale Lösung erhalten, wenn die durch

$$\vec{b}^{(r)} + t \cdot \vec{b}_i^{-1} \geq \vec{0}$$

gegebenen m Ungleichungen für t alle eingehalten werden, wobei $\vec{b}_i^{-1}$ die i-te Spalte der inversen Basismatrix B^{-1} ist. Die duale Zulässigkeit wird nicht berührt.

Begründung

Man schlussfolgert aus

$$B^{-1} \cdot \vec{b} = \vec{b}^{(r)} \quad \Longrightarrow \quad B^{-1} \cdot \vec{b}(i,t) = \vec{b}^{(r)} + t \cdot \vec{b}_i^{-1}.$$

Zur Einhaltung der primalen Zulässigkeit muss jede Komponente des Ergebnisvektors größer-gleich 0 sein.

∎

Nimmt man zur Veranschaulichung im Beispiel die erste Komponente $b_1 = 16$ des Begrenzungsvektors unter Beachtung, dass -16 als Wert mit ins erste Tableau eingeht, dann gilt:

$$\vec{b}^{(r)} + t \cdot \vec{b}_i^{-1} = (\tfrac{8}{5}, \tfrac{8}{5}) + t \cdot (-\tfrac{1}{2}, \tfrac{1}{6}) \geq \vec{0}^T$$

$$\Longleftrightarrow \quad \tfrac{8}{5} - \tfrac{1}{2}t \geq 0 \quad \text{und} \quad \tfrac{8}{5} + \tfrac{1}{6}t \geq 0$$

$$\Longleftrightarrow \quad \tfrac{16}{5} \geq t \quad \text{und} \quad t \geq -\tfrac{48}{5}$$

$$\Longleftrightarrow \quad t \in [-\tfrac{48}{5}, \tfrac{16}{5}].$$

Das heißt, dass die vorhandene Lösung so lange optimal bleibt, so lange b_1 in den Grenzen zwischen $12\tfrac{4}{5}$ und $25\tfrac{3}{5}$ liegt, die Grenzen jeweils mit eingeschlossen. Was passiert, wenn eine zusätzliche Variable zu berücksichtigen ist, fasst folgender Satz zusammen.

Satz 3.32

Gegeben sei ein Programm in kanonischer Form mit optimaler Lösung im r-ten Tableau. Ist

$$\widetilde{\vec{a}}_{n+1} = (c_{n+1}, a_{1,n+1}, \ldots, a_{m,n+1})^T$$

der erweiterte Vektor der Koeffizienten der zusätzlichen Variablen x_{n+1}, dann gilt:

$$\widetilde{\vec{a}}_{n+1}^{(r)} = \tilde{B}^{-1} \cdot \widetilde{\vec{a}}_{n+1}.$$

Ist $c_{n+1}^{(r)} \geq 0$, so bleibt die bisherige Lösung optimal. Im Fall $c_{n+1}^{(r)} < 0$ kann sie ggf. mittels eines Primal-Simplexschritts verbessert werden.

Soll eine weitere Restriktion in Form einer zusätzlichen Nebenbedingung berücksichtigt werden, dann erhält man abschließende Aussage.

Satz 3.33

Durch eine zusätzliche Nebenbedingung

$$a_{m+1,1} \cdot x_1 + \ldots + a_{m+1,n} \cdot x_n \leq b_{m+1}$$

wird der Zulässigkeitsbereich weiter eingeschränkt. Erfüllt die optimale Lösung die zusätzliche Nebenbedingung, so bleibt sie optimal. Anderenfalls lautet die transformierte $(m + 1)$-te Zeile der Koeffizientenmatrix

$$(\vec{a}_{m+1,N} - \vec{a}_{m+1,B} \cdot B^{-1} \cdot N) \cdot \vec{x}_N + v_{m+1} = b_{m+1} - \vec{a}_{m+1,B} \cdot B^{-1} \cdot \vec{b}.$$

Hierbei enthält $\vec{a}_{m+1,B}$ die zu den Basisvariablen gehörenden und $\vec{a}_{m+1,N}$ die zu den Nichtbasisvariablen gehörenden Koeffizienten der neuen Nebenbedingung. v_{m+1} ist eine zusätzliche Schlupf- oder künstliche Variable. Die Matrix $B^{-1} \cdot N$ und der Vektor $B^{-1} \cdot \vec{b}$ können dem bisherigen optimalen Tableau entnommen werden, so dass eine neue optimale Lösung durch fortgesetztes Pivotieren gefunden werden kann.

Begründung

die transformierte $(m + 1)$-te Zeile der Koeffizientenmatrix kann genauso ermittelt werden, wie die Zielfunktionszeile im Fall der erweiterten inversen Basismatrix, vgl. letzte Zeile von Schema 3.3.

■

3.3   Lernkontrolle

3.3.1   Verständnisfragen

1) Aus welchen Bestandteilen setzt sich ein lineares Gleichungssystem zusammen?
2) Was unterscheidet ein homogenes von einem inhomogenen linearen Gleichungssystem?
3) Geben Sie einen Vektor an, der ein homogenes lineares Gleichungssystem immer löst.
4) Welcher Zusammenhang besteht zwischen der Lösungsmenge eines inhomogenen und der des zugehörigen homogenen linearen Gleichungssystems?
5) Wann heißen Vektoren linear abhängig bzw. linear unabhängig?
6) Was versteht man unter der Dimension eines mehrdimensionalen Anschauungsraums?
7) Wodurch ist ein Einheitsvektor charakterisiert?
8) Aus welchen Vektoren besteht die Standardbasis eines mehrdimensionalen Anschauungsraums?
9) Wie lässt sich an der Determinante der Koeffizientenmatrix eines linearen Gleichungssystems erkennen, ob das Gleichungssystem eindeutig lösbar ist?
10) Wie ist der Rang einer Matrix definiert?
11) Wann nennt man eine Matrix regulär?
12) Auf welche drei Manipulationsarten in Bezug auf ein Gleichungssystem ist der Gaußalgorithmus festgelegt?
13) Erörtern Sie, wodurch sich eine entschlüsselte Koeffizientenmatrix auszeichnet.
14) Klären Sie die Begriffe Basis- und Nichtbasisvariablen in Bezug auf eine entschlüsselte Koeffizientenmatrix bei Vorlage eines linearen Gleichungssystems.
15) Was ist Pivotieren?
16) Führen Sie aus, welcher Idee die Cramersche Regel folgt.
17) Wie berechnet man die Inverse einer Matrix mit Hilfe des Gaußalgorithmus?
18) Welcher Zusammenhang besteht zwischen invertierbaren und regulären Matrizen?
19) Nennen Sie synonyme Begriffe zum Ausdruck „Operations Research".
20) Was steht am Anfang eines jeden linearen Programms?
21) Woraus besteht ein lineares Programm?
22) Wann spricht man von einem linearen Programm in kanonischer Form?
23) Kann jedes lineare Programm auf eine kanonische Form gebracht werden?

24) Charakterisieren Sie den Zulässigkeitsbereich sowie die Menge der optimalen Lösungen eines linearen Entscheidungsproblems.
25) Wozu dient eine Schlupf- bzw. Überschussvariable? Welche Eigenschaft hat sie?
26) Erklären sie, was man unter einer Isolinie im Hinblick auf die lineare Programmierung versteht. Nennen Sie Beispiele außerhalb der linearen Programmierung.
27) Was versteht man anschaulich unter einer konvexen Menge?
28) Welche Gestalt hat die optimale Lösungsmenge eines linearen Programms, wenn es mehr als eine optimale Lösung des Problems gibt?
29) Wann spricht man von einem speziellen Maximum- bzw. von einem speziellen Minimumproblem?
30) Wie stellt sich eine Ecke des Zulässigkeitsbereichs mathematisch dar?
31) Nennen Sie die Verfahren, mit Hilfe derer man ein spezielles Maximum- bzw. ein spezielles Minimumproblem löst.
32) Klären Sie die Begriffe primal bzw. dual zulässig bei Vorlage eines Simplextableaus.
33) Wann ist ein Simplextableau optimal?
34) Schildern Sie den Ablauf eines Primal-Simplexverfahrens.
35) Schildern Sie den Ablauf eines Dual-Simplexverfahrens.
36) Wie erkennt man an einem optimalen Tableau, ob eine Mehrfachlösung vorliegt und um welche Art von Mehrfachlösung es sich handelt?
37) Welche Vorraussetzungen werden an ein lineares Programm gestellt, auf das man das Zweiphasen-Simplexverfahren anwenden möchte?
38) Erörtern Sie die beiden Phasen des Zweiphasen-Simplexverfahrens.
39) Wie funktioniert das Zweiphasen-Simplexverfahren?
40) Wozu braucht man künstliche Variablen?

3.3.2   Antworten

1) Koeffizientenmatrix, Vektor der Problemvariablen, Begrenzungsvektor
2) Im Fall eines homogenen linearen Gleichungssystems ist der Begrenzungsvektor gleich dem Nullvektor, wohingegen der Begrenzungsvektor des inhomogenen Gleichungssystems vom Nullvektor verschieden ist.
3) Nullvektor
4) Alle Lösungen des inhomogenen Systems ergeben sich aus der Addition einer speziellen Lösung des inhomogenen Systems mit allen Lösungen des homogenen Systems.
5) Vektoren heißen linear unabhängig, wenn sich der Nullvektor nur trivial linear kombinieren lässt. In allen anderen Fällen nennt man sie linear abhängig.
6) Man versteht darunter die maximale Anzahl linear unabhängiger Vektoren.
7) Genau eine Komponente ist gleich 1, alle anderen sind gleich 0. Ein Einheitsvektor zeigt in die Richtung einer Koordinatenachse.
8) Die Standardbasis besteht aus den Einheitsvektoren.
9) Ein lineares Gleichungssystem ist stets eindeutig lösbar genau dann, wenn die Determinante der Koeffizientenmatrix ungleich 0 ist.
10) Die maximale Anzahl linear unabhängiger Vektoren einer Matrix heißt Rang der Matrix.
11) Eine Matrix heißt regulär, wenn ihre Determinante ungleich 0 ist.
12) Man darf Gleichungen vertauschen, eine Gleichung mit einer Zahl ungleich 0 multiplizieren, und man darf eine Gleichung zu einer anderen Gleichung hinzuaddieren.

13) Befinden sich unter den Spaltenvektoren einer Koeffizientenmatrix genau so viele verschiedene Einheitsvektoren, wie der Rang der Matrix es angibt, dann nennt man die Matrix entschlüsselt.

14) Man nennt die Variablen, die zu den Spalten mit den Einheitsvektoren einer entschlüsselten Koeffizientenmatrix gehören Basisvariablen, alle anderen Nichtbasisvariablen.

15) Pivotieren bedeutet, in einer vorgegebenen Spalte der Koeffizientenmatrix eines linearen Gleichungssystems mittels erlaubter Manipulationen einen Einheitsvektor zu erzeugen.

16) Genauso wie man versucht, eine Gleichung mit einer Unbekannten nach der Unbekannten durch Multiplikation mit dem Kehrwert aufzulösen, möchte man ein Gleichungssystem dadurch lösen, dass man die Inverse der Koeffizientenmatrix bestimmt.

17) Man schreibt die Matrix auf die linke und die Einheitsmatrix auf die rechte Seite eines erweiterten Systems. Dann rechnet man so lange mit dem Gaußalgorithmus, bis die Einheitsmatrix auf der linken Seite steht. Auf der rechten Seite kann dann die Inverse der Ausgangsmatrix abgelesen werden.

18) Sie stimmen überein, vgl. Folgerung 3.10.

19) Unternehmensforschung, lineare Optimierung, lineare Programmierung, lineares Entscheidungsproblem

20) die Variablendeklaration

21) Ein lineares Programm besteht aus der linearen Zielfunktion, aus Nebenbedingungen in Form linearer Gleichungen bzw. Ungleichungen und aus der Nichtnegativitätsbedingung.

22) Man spricht von einem linearen Programm in kanonischer Form, wenn es sich um eine zu maximierende Zielfunktion handelt, wenn alle Nebenbedingungen als Gleichungen vorliegen und wenn alle Variablen größergleich 0 sind.

23) Ja, siehe Kap. 3.2.1.

24) Der Zulässigkeitsbereich eines linearen Entscheidungsproblems umfasst die Menge aller zulässigen Lösungen, d. h. diejenigen Vektoren, die alle Nebenbedingungen inkl. Nichtnegativitätsbedingung erfüllen. Die optimale Lösungsmenge ist eine Teilmenge des Zulässigkeitsbereichs. In ihr liegen alle zulässigen Lösungen, die die Zielfunktion maximieren bzw. minimieren.

25) Durch Addition einer Schlupf- bzw. Subtraktion einer Überschussvariable macht man aus einer Nebenbedingung in Form einer Ungleichung eine Gleichung. Die Variablen genügen der Nichtnegativitätsbedingung.

26) Unter einer Isolinie versteht man die Verbindung aller Punkte mit demselben Zielfunktionswert. Außerhalb der linearen Programmierung findet man Isolinien bspw. auf Wanderkarten in Form von Höhenlinien oder auf Wetterkarten, wenn Gebiete desselben Luftdrucks (Hoch- und Tiefdruckgebiete) zusammenhängend markiert werden.

27) Eine konvexe Menge ist dadurch gekennzeichnet, dass mit zwei Punkten immer auch jeder Punkt der direkten Verbindungsstrecke zwischen den beiden Punkten mit zur Menge gehört.

28) Konvexkombination der optimalen Basislösungen, Extremalstrahl

29) vgl. Definition 3.13

30) siehe Definition 3.14

31) Primal- bzw. Dual-Simplexverfahren

32) Ein Simplextableau heißt primal zulässig, wenn alle Komponenten des Begrenzungsvektors nichtnegativ sind. Sind dagegen alle Komponenten der Zielfunktionszeile nichtnegativ, dann spricht man von dualer Zulässigkeit.

33) Ein Simplextableau ist genau dann optimal, wenn es primal und dual zulässig ist.

34) vgl. Satz 3.18
35) vgl. Satz 3.20
36) siehe Satz 3.19
37) Es werden keine besonderen Voraussetzungen an das zu lösende lineare Programm gestellt. Insbesondere muss es weder primal noch dual zulässig sein.
38) In der ersten Phase wird die Hilfszielfunktion mit Hilfe des Primal-Simplexverfahrens minimiert. In der zweiten Phase maximiert man die ursprüngliche Zielfunktion, ebenfalls mit dem Primal-Simplexverfahren.
39) siehe Satz 3.21
40) Man benötigt künstliche Variablen im Rahmen eines Zweiphasen-Simplexverfahrens, um alle benötigten Einheitsvektoren zur Vorlage eines Starttableaus zu erzeugen.

4 Aufgaben

4.1 Aufgaben zur Finanzmathematik

Aufgabe 1
Ihre Firma liefert Waren an ein Unternehmen, das seine Verbindlichkeiten nicht sofort begleicht, sondern einen Wechsel über 5.250 € ausstellt, der am 01.06.2006 fällig wird.

a) Berechnen Sie den Betrag, den Sie erhalten, wenn Sie den Wechsel am 01.02.2006 bei ihrer Hausbank einreichen. Die Hausbank legt den Berechnungen einen Kalkulationszinssatz von 9,3 % p. a. mit Zinszuschlag jeweils zum 31.12. zugrunde. Zusätzlich fallen Spesen in Höhe von 42 € an.
b) Wie hoch ist der Effektivzinssatz, der dem Bankgeschäft zugrunde liegt?

Aufgabe 2
Sie erhalten von Ihrem Lieferanten Waren im Wert von 1.535 € zzgl. Mehrwertsteuer. Zahlen Sie innerhalb von 14 Tagen, so räumt er Ihnen 2 % Skonto ein. Wie hoch ist der Effektivzinssatz, wenn Sie von der Möglichkeit des Skonto-Abzugs Gebrauch machen?

Aufgabe 3
Sie kaufen am 01. Mai 2006 für 3.700 € ein festverzinsliches Wertpapier, das Ihnen über die Laufzeit eine feste Verzinsung von 3 % p. a. verspricht. Mit welcher Summe können Sie rechnen, wenn Sie beabsichtigen, das Wertpapier zum 01. Oktober 2009 wieder zu verkaufen, und wenn Sie freiwerdende Beträge ebenfalls zu 3 % anlegen können?

Aufgabe 4
Ein Kapital von 5.000 € wird bei jährlichem Zinszuschlag am 01.01.2001 für die Dauer von fünf Jahren bei einem nominellen Jahreszinssatz von 4 % festverzinslich angelegt.

a) Wie groß ist das Kapital am Ende der Laufzeit?
b) Welchen Betrag würde man am Ende erhalten, wenn das Geld vom 01.04.2001 bis zum 01.04.2006 angelegt worden wäre?

Aufgabe 5
Auf Ihrem Girokonto richtet man Ihnen einen Dispositionskredit mit einem nachschüssigen Zinssatz von 12 % p. a. ein. Berechen Sie den äquivalenten vorschüssigen Zins, den äquivalenten stetigen Zins sowie den Effektivzinssatz. Wie hoch ist der nominelle Jahreszinssatz, der dem Geschäft zugrunde liegt?

Aufgabe 6

Man gewährt Ihnen einen Kredit über einen Zeitraum von zwei Monaten. Dann müssen Sie das Geld nebst nachschüssigen Zinsen in Höhe von insgesamt 0,5 % an den Darlehensgeber zurückzahlen. Berechen Sie den äquivalenten vorschüssigen Zinssatz, den äquivalenten stetigen Zinssatz sowie den Effektiv- und den nominellen Jahreszinssatz.

Aufgabe 7

Sie verfügen über ein Girokonto mit Dispositionskredit. Der nachschüssige Kreditzinssatz beträgt 9 % p. a. Sie überziehen Ihr Konto vom 1. April bis 31. Juli um 500 €, vom 1. August bis 31. Dezember sogar um 1.000 €.

a) Wie hoch ist die Summe der aufgelaufenen Zinsen am Jahresende?
b) Berechen Sie den äquivalenten vorschüssigen, stetigen und effektiven Zinssatz.

Aufgabe 8

Recherchieren Sie, z. B. über das Internet, den §6 der Preisangabenverordnung (PAngV) nebst zugehörigem Anhang. Machen Sie sich mit den Inhalten, Begriffen und Formeln des Gesetzestextes vertraut. Betrachten Sie anschließend folgenden Sachverhalt:

Die Summe eines Darlehens beträgt 100.000 €, jedoch behält der Darlehensgeber 2.000 € für Kreditwürdigkeitsprüfungs- sowie Bearbeitungskosten ein. Die Rückzahlung des Darlehens erfolgt in einer Summe über 118.500 € eindreiviertel Jahre nach der Darlehensauszahlung.

Wie hoch ist der Effektivzinssatz, den der Darlehensgeber laut PAngV auszuweisen hat? Wie hoch wäre der Zinssatz bei exakter Rechnung und jährlichem Zinszuschlag?

Aufgabe 9

Für eine Geldanlage über eine Laufzeit von einem Jahr bietet man Ihnen anteilig 4 % p. a. für das erste Quartal, 3 % p. a. für das zweite, 2 % p. a. für das dritte und 1 % p. a. für das vierte Quartal. Wie hoch ist der nominelle Jahreszinssatz bzw. der Effektivzinssatz? Wie hoch ist der zum effektiven Zinssatz äquivalente stetige Zinssatz?

Aufgabe 10

Zwei ausstehende Zahlungen einer Firma über 40.000 €, fällig in 3 Jahren, und von 20.000 €, fällig in 8 Jahren, sollen zu einer Einmalzahlung in Höhe von 60.000 € zusammengefasst werden. Nach wie vielen Jahren und vollen Monaten ist diese Zahlung zu leisten, wenn man von einem stetigen Jahreszinssatz von 7 % ausgeht?

Aufgabe 11

Eine Bank möchte neue Kunden gewinnen und lockt damit, denjenigen 3 % p. a. Zinsen zu zahlen, die ihr Geld zum 01.01. auf einem neu eröffneten Sparkonto anlegen. Die Zinsen werden wie üblich zum Jahresende gutgeschrieben.

Im Kleingedruckten lesen Sie, dass der Zins von 3 % p. a. nur für die ersten 3 Monate gewährt wird, das Geld aber mindestens bis zum Jahresende stehen bleiben muss. Ferner werden Ihnen lediglich magere 1 % p. a. für die restliche Laufzeit gewährt.

a) Wie hoch ist der nominelle Jahreszinssatz bzw. der effektive Zinssatz im 1. Jahr?
b) Wie hoch ist der zum effektiven Zinssatz äquivalente stetige Zinssatz?

Aufgabe 12

Ein Unternehmen nimmt zu Jahresbeginn ein Darlehen in Höhe von 25.000 € auf. Der Kalkulationszinssatz beträgt 8 % p. a. bei jährlichem Zinszuschlag.

a) Wie hoch wären die Schulden des Unternehmens nach 6 Jahren?
b) Das Darlehen soll durch Zahlung konstanter Beträge jeweils zum Ende eines jeden Quartals noch im Jahr der Darlehensaufnahme zurückgezahlt werden. Wie hoch sind die vier zu leistenden Zahlungen?

Aufgabe 13

Ein Rentner bekommt dieses Jahr 1.000 € jeden Monat am Monatsende. Man geht davon aus, dass seine Rente in den Folgejahren jeweils um 3 % steigt.

a) Wie hoch wäre eine äquivalente Einmalzahlung an den Rentner zu Beginn des Jahres, wenn ein Zinssatz von 5 % p. a. zugrunde gelegt wird und man davon ausgeht, dass der Rentner 10 Jahre lang lebt?
b) Welcher Betrag ergibt sich, wenn er seine Rente jeweils am Monatsanfang bekommt?

Aufgabe 14

Eine Schuld soll durch 8 Jahresraten getilgt werden. Die erste, in einem Jahr anfallende Zahlung beträgt 4.000 €, die folgenden Raten steigen jeweils um 5 % an.

a) Mit welcher Einmalzahlung kann die Schuld sofort abgelöst werden, wenn ein Zinssatz von 6 % p. a. vereinbart wird?
b) Die Schuld aus Teil a) soll durch acht Jahresraten getilgt werden, die jährlich um einen festen Betrag steigen. Man bestimme diesen Betrag, wenn der Zinssatz 6 % p. a. beträgt.

Aufgabe 15

Rechnen Sie einen am Jahresanfang anfallenden Kapitalbetrag von 2.000 € bei einem Zinssatz von 4 % p. a. mit jährlichem Zinszuschlag in eine äquivalente nachschüssige Zahlungsfolge um, deren Raten jedes Quartal gezahlt werden, wenn sich die unterjährigen Zahlungen von einem Termin auf den nächsten jeweils um 50 € reduzieren.

Aufgabe 16

Rechnen Sie einen am Jahresanfang anfallenden Kapitalbetrag von 5.000 € bei einem Zinssatz von 5 % p. a. mit jährlichem Zinszuschlag in eine äquivalente vorschüssige Rente bestehend aus vier Zahlungen um, die jedes Quartal gezahlt werden, wenn sich die Rentenzahlungen von einem Termin auf den nächsten jeweils um 100 € erhöhen.

Aufgabe 17

Sie wollen ab dem 01.01.2007 in den kommenden 4 Jahren, jeweils zum Monatsende 100 € auf ihr Sparbuch mit 3 % Jahreszins einzahlen. Der Berater einer Sparkasse weist Sie auf den thesaurierenden Sparplan der Bank hin. Die Konditionen bei jährlichem Zinszuschlag, jeweils zum Jahresanfang, lauten:

  1. Jahr   4,0 % p. a.

  2. Jahr   4,5 % p. a.

  3. Jahr   5,0 % p. a.

  4. Jahr   6,0 % p. a.

  5. Jahr   8,0 % p. a.

Dabei ist zu beachten, dass im letzten Jahr keine Einzahlungen mehr erfolgen. Selbstverständlich werden die Zinsen dem Kapital weiterhin zugerechnet.

Ein Freund rät Ihnen zu einer alternativen Anlageform. Er garantiert einen nominellen Zinssatz von 7 % in jedem Jahr, allerdings bei einer Stückelung von 100 €. Zinstermin und Fälligkeit ist jeweils der erste Januar, und nur zu diesem Zeitpunkt können neue Anteile erworben werden. Wie sollten Sie sich entscheiden?

Aufgabe 18
Rechnen Sie einen am Jahresende anfallenden Kapitalbetrag von 10.000 € bei einem Zinssatz von 3 % p. a. mit Zinszuschlag am Jahresende in eine äquivalente nachschüssige Zahlungsfolge um, deren Raten alle 2 Monate gezahlt werden, wenn sich die unterjährigen Zahlungen von einem Termin auf den nächsten jeweils verdoppeln.

Aufgabe 19
Oft enthalten Lebensversicherungen eine so genannte Dynamisierungsklausel. Diese Klausel besagt, dass Leistung und Beitrag jedes Jahr um einen im Vertrag festengelegten Prozentsatz ansteigen.

a) Wie hoch wäre die Ablaufleistung einer Lebensversicherung nach 20 Jahren, wenn Sie bei einer Dynamik von 5 % jeden Monat zum Monatsende 100 € einzahlen? Legen Sie Ihren Betrachtungen einen Kalkulationszinssatz von 6 % zugrunde.
b) Welche Einmalzahlung zu Beginn der Laufzeit wäre zur oben genannten Investitionsfolge äquivalent?

Aufgabe 20
Ein Bundesland führt Studiengebühren ein. Dies hat zur Folge, dass Sie als Student einer Hochschule jedes Semester 500 € zahlen müssen. Der Betrag wird jeweils am 1. Januar sowie am 1. Juli fällig. Sie rechnen mit einer Studiendauer von 10 Semestern. Alternativ könnten Sie Ihr Geld auch jederzeit bei einer Bank zu 5 % anlegen, jährlicher Zinszuschlag jeweils am Jahresende.

a) Berechnen Sie den Rentenbarwert der Zahlungsfolge.
b) Wie viel Geld hätten Sie, gerechnet auf das Monatsende, pro Monat mehr ausgeben können, wenn Sie nicht studiert hätten?

Aufgabe 21

Am Jahresanfang betrachtet man folgende alternative Rentenzahlungen:

A) je 10.000 € nach 5, 6, 7 und 8 Jahren,
B) 2.500 € nach einem Jahr, 2.750 € nach zwei Jahren und dann weitere 8 Jahre lang nach jedem Jahr 10 % mehr als im Jahr davor,
C) 5 Zahlungen alle 2 Jahre, beginnend mit 4.200 € nach dem 1. Jahr, wobei sich ab der zweiten Zahlung die Rente jeweils um einen festen Betrag d erhöht.

Der Periodenzinssatz ist mit 8 % p. a. vorgegeben.

a) Hat die Rentenzahlungsfolge A) oder B) den größeren Barwert?
b) Wie hoch muss d sein, damit die beiden Rentenzahlungen A) und C) äquivalent sind?
c) Wie hoch muss d sein, damit die beiden Rentenzahlungen B) und C) äquivalent sind?

Aufgabe 22

Ein Unternehmen hat Verbindlichkeiten von 2.000 €, zahlbar in 2 Jahren, von 5.000 €, zahlbar in 5 Jahren, und von 10.000 €, zahlbar in 10 Jahren. Ein Kalkulationszins von 6 % p. a. liegt den Betrachtungen zugrunde.

a) Berechnen Sie den Barwert.
b) Welche beiden gleichgroßen Beträge müssen nach 3 bzw. 9 Jahren gezahlt werden, um die Schulden zu tilgen?

Aufgabe 23

Ein Hypothekendarlehen von 100.000 € wird zu 5 % p. a. verzinst und mittels einer jeweils am Jahresende fälligen Ratentilgung in 25 Jahren abgelöst.

a) Wie hoch ist die Zinszahlung im 17. Jahr?
b) Wie hoch ist die einfache Summe der Zinsen (ohne Zinseszinsen) in den 25 Jahren?
c) Wie hoch ist demgegenüber der Endwert aller Zinszahlungen?

Aufgabe 24

Die Gesamtschulden eines Unternehmens beliefen sich im Jahr 1996 auf insgesamt 10,8 Mrd. Euro. Ein Sanierungsplan sah vor, dass diese Schuld, beginnend mit dem Jahr 1997, bis 2050 jeweils am Jahresende in gleich hohen jährlichen Annuitäten getilgt werden soll. Der Zinssatz ist mit 9 % p. a. gegeben.

a) Berechnen Sie die Annuität und den Zinsanteil im Jahr 2022 sowie den Tilgungsanteil im Jahr 2037.

Entgegen der ursprünglichen Planung sind die Jahre 1997 und 1998 tatenlos verstrichen. Die Landesregierung hat derweil zum Erhalt von Arbeitsplätzen ein Programm beschlossen, demzufolge dem Unternehmen ab dem Jahr 1999 bis 2005 jährlich jeweils zum Jahresanfang 1 Mrd. Euro zufließen.

b) Berechnen Sie den Kapitalwert dieser Hilfe zum Zeitpunkt Anfang 1997.
c) Welche Annuitätentilgung ergibt sich ab dem Jahr 2006, wenn die Hilfszahlungen der Landesregierung zu einer Ratentilgung, deren Tilgungsanteil 1 Mrd. Euro beträgt, eingesetzt werden, und das Unternehmen die Zinsanteile selbst zahlt.

Aufgabe 25

Ein Darlehen von 150.000 € soll bei einem Zinssatz von 5 % p. a. über 20 Jahre vollständig getilgt werden. Die Annuitäten werden jeweils am Jahresende gezahlt. Der Kreditnehmer überlegt, ob für ihn eine Raten- oder eine Annuitätentilgung besser sei.

a) Erstellen Sie einen Tilgungsplan, bestehend aus je einer Spalte für die Restschulden, Zinsen, Tilgungen und Annuitäten, für die ersten 5 Jahre im Hinblick auf eine Annuitätentilgung.

b) Wie hoch ist die Zinszahlung im 17. Jahr im Hinblick auf eine Ratentilgung?

c) Wie groß ist der Barwert der Restschuld nach 15 Jahren, wenn eine Annuitätentilgung gewählt wird?

Aufgabe 26

Eine Firma nimmt ein Darlehen über 700.000 € auf. Der Zinssatz beträgt 10 % p. a. fest über eine Laufzeit von 10 Jahren. Man berechne ohne Erstellung eines Tilgungsplans die Höhe der Zinsen im 5. Jahr, die Restschuld am Ende des 6. Jahres, die Annuität im 7. Jahr sowie die Tilgung im 8. Jahr, wenn den Betrachtungen

a) eine Ratentilgung

b) eine Annuitätentilgung

zugrunde gelegt wird.

Aufgabe 27

Ein Hypothekendarlehen in Höhe von 100.000 € soll bei einem Kreditzinssatz von 8 % p. a. in fünf Jahren abbezahlt sein. Erstellen Sie zwei Tilgungspläne, den ersten für den Fall einer Annuitätentilgung bzw. den zweiten für den Fall einer Ratentilgung.

Aufgabe 28

Eine Firma kann eine Maschine für 100.000 € kaufen, mittels derer sich ein Produkt X herstellen lässt. Im Falle des Kaufs muss die Firma 40.000 € anzahlen. Die restliche Kaufsumme kann in 4 Jahresraten zu je 15.000 € bezahlt werden. Die geschätzte Nutzungsdauer der Maschine beträgt 8 Jahre. Die Firma glaubt, dass sie in jedem Jahr 10.000 ME von X zum Preis von 10 €/ME absetzten kann. Die zahlungswirksamen Fixkosten werden auf 2.000 €/Jahr, die variablen Stückkosten auf 8 € geschätzt. Das Unternehmen rechnet mit einem Kalkulationszinssatz von 10 % p. a.

a) Sollte die Firma die Maschine kaufen, wenn sie in jeder Periode genau das produziert, was sie absetzen kann? Die Entscheidung fällt dabei genau dann für den Kauf der Maschine, wenn der zugrunde liegende Barwert der Investition positiv ist.

b) Wie groß muss die jährlich produzierte bzw. abgesetzte Menge mindestens sein, damit die Investition vorteilhaft wird, d. h. sich ein positiver Barwert ergibt?

c) Die Maschine kann bei gleicher Lebensdauer 15.000 ME/Jahr produzieren. Sollte man sie kaufen, wenn bei vollständiger Kapazitätsauslastung in jeder Periode die Überschussproduktion auf Lager geht und nach Ende der Produktionszeit bei weiterhin konstanter Absatzmenge pro Jahr zu einem Preis von 16 €/ME verkauft werden kann? Die Lagerhaltungskosten pro Periode betragen unabhängig vom jeweiligen Lagerbestand 5.000 €.

Aufgabe 29
Betrachten Sie folgenden Auszug aus einem Werbefaltblatt der Volksbank Dudweiler.

VR-Vario-Plus Musterberechnung					Stand Sep. 2004
mit Sparbetrag 50,00			Währung: EURO		Zinssatz (%) 1,00
Jahr	eingezahltes	Bonus	Bonus	Zinsen	Endkapital
	Kapital	(%)			
1.	600,00	0 %	0,00	3,25	603,25
2.	1200,00	2 %	12,00	12,53	1224,53
3.	1800,00	3 %	30,00	28,03	1858,03
4.	2400,00	4 %	54,00	49,86	2503,86
5.	3000,00	5 %	84,00	78,15	3162,15
6.	3600,00	7 %	126,00	113,02	3839,02
7.	4200,00	10 %	186,00	154,66	4540,66
8.	4800,00	15 %	276,00	203,31	5279,31
9.	5400,00	20 %	396,00	259,36	6055,36
10.	6000,00	25 %	546,00	323,16	6869,16
11.	6600,00	30 %	726,00	395,10	7721,10
12.	7200,00	35 %	936,00	475,56	8611,56
13.	7800,00	40 %	1176,00	564,93	9540,93
14.	8400,00	45 %	1446,00	663,59	10509,59
15.	9000,00	50 %	1746,00	771,94	11517,94
16.	9600,00	50 %	2046,00	890,36	12536,36
17.	10200,00	50 %	2346,00	1018,98	13564,98
18.	10800,00	50 %	2646,00	1157,88	14603,88
19.	11400,00	50 %	2946,00	1307,17	15653,17
20.	12000,00	50 %	3246,00	1466,95	16712,95
21.	12600,00	50 %	3546,00	1637,33	17783,33
22.	13200,00	50 %	3846,00	1818,41	18864,41
23.	13800,00	50 %	4146,00	2010,31	19956,31
24.	14400,00	50 %	4446,00	2213,12	21059,12
25.	15000,00	50 %	4746,00	2426,96	22172,96

Bei der Berechnung dieses Ansparplans wurde davon ausgegangen, dass die Raten immer am Monatsanfang gezahlt werden und der Basiszinssatz währen der Gesamtlaufzeit gleich bleibt. Der Bonus wird ab dem 2. Kalenderjahr auf die Jahressparleistung gerechnet und wird jeweils am Jahresende kapitalisiert. In dem Berechnungsbeispiel wurde keine ZAST berücksichtigt. Wir weisen ferner darauf hin, dass die Gesamtablaufleistung durch eine Änderung des Basiszinssatzes während der Laufzeit von dem hier abgedruckten Berechnungsbeispiel um mehrere Tausend Euro abweichen kann.

a) Erläutern Sie, was inhaltlich in den 6 Spalten der Tabelle eingetragen ist. Wie setzen sich die dort aufgeführten Zahlen zusammen bzw. worauf beziehen sie sich?

b) Begründen Sie nachvollziehbar anhand einer Rechnung, wie man im 1. Jahr auf Zinsen in einer Höhe von 3,25 € kommt.

c) Aus welchen Teilbeträgen setzen sich die 12,53 € Zinsen im 2. Jahr bzw. die 771,94 € Zinsen im 15. Jahr zusammen?

d) Wie hoch ist der Effektivzins der Gesamtanlage?

Aufgabe 30

Eine Firma möchte 2 Geldeinheiten (GE) auf 2 Jahre investieren. Dazu stehen die beiden sich ausschließenden Alternativen A und B zur Disposition. Alternativ könnte das Geld auch am Kapitalmarkt zu 5 % p. a. angelegt werden. Man nimmt zur Vereinfachungen an, dass alle Zahlungen eines Jahres am Jahresende anfallen.

Im Hinblick auf Alternative A erwartet man einen Erlös von 1 GE nach einem Jahr. Am Ende der Laufzeit rechnet man damit, Liquidationserlöse von 2 GE zu erwirtschaften.

Alternative B verspricht einen Erlös von 3,5 GE nach einem Jahr. Nach Ablauf der Nutzungsdauer in 2 Jahren fallen Entsorgungskosten in Höhe von 1 GE an.

a) Beurteilen Sie die Vorteilhaftigkeit der beiden Investitionsalternativen mit Hilfe der Barwertmethode.

b) Beurteilen Sie die Vorteilhaftigkeit nach der internen Zinsfußmethode.

Aufgabe 31

Einem Unternehmen stehen 100.000 € für Investitionen zur Verfügung. Es kann zwischen zwei sich ausschließenden Alternativen wählen, die ihm auf die fünf Folgejahre betrachtet jeweils unterschiedliche Zahlungsströme generieren. Die geschätzten Zahlungsbeträge pro Jahr sind in der anschließenden Tabelle zusammengefasst:

Alternativen	Jahr 0	Jahr 1	Jahr 2	Jahr 3	Jahr 4	Jahr 5
Investition A	−100.000	30.000	50.000	60.000	50.000	30.000
Investition B	−100.000	60.000	50.000	40.000	30.000	20.000

Der Einfachheit halber geht man davon aus, dass alle Investitionszahlungen jeweils am Jahresende anfallen.

a) Beurteilen Sie die Vorteilhaftigkeit der Investitionen nach der Barwertmethode, wenn man den Berechnungen einen Kalkulationszins von 8 % zugrunde legt.

b) Beurteilen Sie die Vorteilhaftigkeit der Investitionen durch Vergleich anhand der internen Zinsfußmethode.

c) Warum folgt kein Widerspruch daraus, dass die Methoden zu unterschiedlichen Ergebnissen führen? Argumentieren Sie sowohl betriebswirtschaftlich als auch mathematisch.

Aufgabe 32

Erörtern Sie, warum die interne Zinsfußmethode zur Beurteilung der Vorteilhaftigkeit einer Investitionsfolge aus betriebswirtschaftlicher Sicht im Allgemeinen eher kritisch gesehen werden muss.

Aufgabe 33

Sie kaufen jedes Jahr zum Jahresende für 500 € Anteile eines Investmentfonds. Der Ausgabe-aufschlag beträgt 5 %. Nach 9 Jahren sind Ihre Fondsanteile 5.100 € wert. Berechnen Sie den Effektivzinssatz mit Hilfe des Newton-Verfahrens.

Aufgabe 34

Sie investieren jedes Jahr zum Jahresanfang 600 € in eine Geldanlage. Am Ende des elften Jahres hat Ihr Vermögen einen Wert von 7.050 €.

a) Stellen Sie die Bestimmungsgleichung zur Berechnung des Effektivzinssatzes auf.

b) Lösen Sie das Problem mit Hilfe des Newton-Verfahrens. Beginnen Sie Ihre Berechnungen mit $q_0 = 1,01$ als Startwert, und führen Sie zwei Iterationsschritte durch.

Aufgabe 35

Beurteilen Sie die beiden Investitionsobjekte A und B anhand der

a) internen Zinsfußmethode.

b) Kapitalwertmethode, bei einem Kalkulationszinssatz von 8 % pro Periode.

Investitionsobjekt	Kapitaleinsatz	Überschüsse in Periode					Nutzungsdauer
		1	2	3	4	5	
A	−1.000	350	400	600	–	–	3
B	−1.000	200	350	400	450	505	5

Warum ist einem Vergleich der beiden Investitionsalternativen mit Vorsicht zu begegnen?

Aufgabe 36

Ihnen wird ein Wertpapier zu folgenden Konditionen angeboten:

Laufzeit vom 01.01.1996 bis 31.12.2010, Nennwert 100 DM, Zins in den ersten 5 Jahren 0 % und in den letzten 10 Jahren 20 % p. a.

a) Berechnen Sie die Rendite (also den interner Zinssatz) des Wertpapiers, wenn der Preis 90 DM (100 DM) beträgt.

b) Zu welchem Kurs wird das Wertpapier am 31.12.1995 gehandelt, wenn die Rendite ver-gleichbarer Wertpapiere bei 6 % liegt? Beachten Sie, dass der Wertpapierkurs gleich dem Barwert aller zukünftigen Zahlungen ist.

c) Bestimmen Sie den Zeitpunkt, an dem der Kurs des Wertpapiers maximal ist. Hierbei sei für die gesamte Laufzeit ein konstanter Zinssatz von 6 % vorausgesetzt. Beschränken Sie sich zunächst auf die Zinszuschlagstermine und überlegen sich anschließend, was unterjährig passiert.

Aufgabe 37

Man hat einen Finanzierungsbedarf von 200.000 € und will ein entsprechendes Darlehen mit einer Laufzeit von 10 Jahren aufnehmen. Drei Banken unterbreiten folgende Angebote, die sich hinsichtlich der Kreditkonditionen unterscheiden:

Konditionen	Bank A	Bank B	Bank C
Kreditbetrag [€]	212.000	210.000	200.000
Auszahlung [€]	200.000	200.000	200.000
Nominalzinssatz [% p. a.]	7,25	7,5	8,75
Zinszuschlag	vierteljährlich	jährlich	jährlich
Tilgung	vierteljährliche Annuitätentilgung	jährliche Ratentilgung	in einer Summe am Ende der Laufzeit

a) Erstellen Sie ein Profil der Liquiditätsbelastungen pro Jahr.
b) Ermitteln Sie die Effektivzinssätze.

4.2   Aufgaben zur Extremwertberechnung

Aufgabe 38
Ein Betrieb produziert ein Gut für 2 € pro Stück. Dabei fallen fixe Kosten von 10.000 € an.
Man geht davon aus, dass sich die Beziehung von Verkaufspreis p und der zu diesem Preis
absetzbaren Menge x (gemessen in 1.000 Stück) durch die Preisabsatzfunktion

$$p : \mathbb{D} \longrightarrow \mathbb{W}, \quad p(x) = 6 - \frac{x}{2}$$

beschreiben lässt.

a) Berechnen Sie den ökonomisch maximal möglichen Definitions- und Wertebereich der
   Preisabsatzfunktion. Interpretieren Sie das Ergebnis.
b) Wie lautet die Kostenfunktion?
c) Bestimmen Sie Erlös- und Gewinnfunktion sowie die Funktion, die Ihnen den Deckungsbeitrag in Abhängigkeit von der abgesetzten Menge liefert.

Aufgabe 39
Untersuchen Sie die folgende Funktion auf Stetigkeit:

$$f : [0,3] \longrightarrow \mathbb{R} \quad \text{mit} \quad f(x) = \begin{cases} \dfrac{x+2}{x^2 - x - 2} & \text{für } 0 \le x \le 1 \\ -\frac{1}{8} \cdot (5x^2 + 7) & \text{für } 1 < x \le 3 \end{cases}$$

Aufgabe 40
Wie muss man die reellen Zahlen a und b wählen, damit die Funktion

$$f : \mathbb{R} \longrightarrow \mathbb{R} \quad \text{mit} \quad f(x) = \begin{cases} ax + b & \text{für } x < 0 \\ (x+1) \cdot \cos(x) & \text{für } x \ge 0 \end{cases}$$

a) stetig bzw.
b) differenzierbar ist?

Aufgabe 41
Berechnen Sie die Ableitungen folgender Funktionen:

a) $f(x) = 7x^4 - x - 1$

b) $f(x) = (2x^4 + 3x^3 - 1)^3$

c) $f(x) = (3x + 5) \cdot x \cdot e^x$

d) $f(x) = e^{2x+7}$

e) $f(x) = \ln(x^4 - 3x^2)$

f) $f(x) = (4x + 2) \cdot (7x - 3)$

g) $f(x) = \sqrt{\frac{4}{3}x^2 - 2}$

h) $f(x) = \frac{3 - 2x}{\sqrt{5x^3}}$

i) $f(x) = \frac{x^2 + 3x + 2}{5x \cdot (x + 6)}$

j) $f(x) = 3x^2 - e^{-x}$

k) $f(x) = \sin(\cos(\ln(2x)))$

l) $f(x) = \frac{1 - 4x}{\sin(x)}$

m) $f(x) = a - 4711 + \pi$

n) $f(x) = \frac{3x - 4}{\cos(x)}$

o) $f(x) = (5x - 1)^2 \cdot (x + 1)$

Aufgabe 42
Zeigen Sie, dass die Funktion $f : \mathbb{R} \longrightarrow \mathbb{R}$ mit $f(x) = x^n$ für jede natürliche Zahl $n \in \mathbb{N}$ differenzierbar ist und die Ableitung an der Stelle x_0 lautet:

$$f'(x_0) = n \cdot x_0^{n-1}.$$

Hinweis: Zeigen Sie zunächst, dass für jedes $x_0 \in \mathbb{R}$ gilt:

$$(x - x_0) \cdot \sum_{k=0}^{n-1} x^{n-k-1} \cdot x_0^k = x^n - x_0^n.$$

Folgern Sie daraus über die Definition der Differenzierbarkeit die Behauptung.

Aufgabe 43
Ein in einem Krankenhaus betriebenes Emissionsgerät gehorcht dem Planckschen Strahlungsgesetz, das folgendermaßen lautet:

$$E(\lambda) = \frac{hc^2}{\lambda^5} \cdot \left(\exp\left(\frac{hc}{kT\lambda} \right) - 1 \right)^{-1} \quad \text{für} \quad \lambda > 0,$$

wobei h, c und k positive reelle Konstanten sind und T für die Temperatur steht. Sie fragen sich, für welche Wellenlänge λ das Emissionsvermögen E bei gegebener Temperatur maximal wird.

a) Setzen Sie $x = \dfrac{hc}{kT\lambda}$ und stellen damit die Funktion $E(x)$ auf.

b) Berechnen Sie $E'(x)$ und führen damit die notwendige Bedingung für die Vorlage einer Extremstelle auf die Gleichung $5 \cdot \exp(x) - 5 - x \cdot \exp(x) = 0$ zurück.

c) Lösen Sie das Maximierungsproblem mit Hilfe des Newtonverfahrens bzw. eines entsprechenden Computerprogramms. Letzteres finden Sie z. B. kostenlos im Internet unter der URL www.arndt-bruenner.de.

Aufgabe 44

Seien zwei Zahlen $a, b \in \mathbb{R}$ mit den Eigenschaften $a < 0$ und $b > 0$ gegeben. Ermitteln Sie das Intervall, in dem die folgende Nachfragefunktion elastisch ist.

$$N : [0, -ab[\longrightarrow]0, b] \quad \text{mit} \quad N(p) = \frac{p}{a} + b$$

Aufgabe 45

Skizzieren Sie nachfolgende Mengen und prüfen Sie, ob die Mengen abgeschlossen, beschränkt oder sogar kompakt sind. Begründen Sie Ihre Entscheidungen.

a) $A = \{(x, y) \in \mathbb{R}^2 \mid \max\{|x|, |y|\} < 1\}$ b) $B = \{(x, y) \in \mathbb{R}^2 \mid x^2 + y^2 \leq 9\}$

c) $C = \{(x, y) \in \mathbb{R}^2 \mid |x| + |y| \geq \frac{1}{2}\}$ d) $D = \{x \in \mathbb{R} \mid x^2 > 4\}$

Aufgabe 46

Durch einen Versorgungsschacht mit einem kreisrunden Querschnitt von 40 cm soll eine Kiste gezogen werden. Die Kiste selbst besitzt einen rechteckigen Querschnitt. Wie groß müssen die Abmessungen, also Breite und Höhe, der Kiste sein, damit der Kistenquerschnitt maximal wird, und die Kiste gerade noch durch den Versorgungsschacht passt? Argumentieren Sie ohne Verwendung der 2. Ableitung.

Aufgabe 47

Eine Firma, die Pappkartons herstellt, steht vor einem Produktionsproblem. Aus Pappplatten, die 1 m lang und 1 m breit sind, sollen Kartons gefaltet werden. Um aus den Platten Karton falten zu können, stanzt eine Maschine an den vier Ecken jeder Platte vier gleichgroße Quadrate heraus. Aus der gestanzten, kreuzförmigen Pappplatte wird alsdann ein offener Karton gefaltet, dessen Höhe gleich der Seitenlänge der ausgestanzten Quadrate ist. Wie muss die Seitenlänge der Quadrate gewählt werden, damit der Inhalt einer Schachtel maximal wird, und wie groß ist der maximale Inhalt?

Aufgabe 48

Auf der Suche nach dem geringsten Grenznutzen sucht ein Volkswirt die Stellen minimaler Steigung der Nutzenfunktion

$$u(x) = x^3 \cdot (x^2 - 1) \quad \text{für } x > 0 .$$

Wo liegen diese Stellen?

Aufgabe 49

Berechnen Sie die erste Ableitung folgender Funktionen:

a) $f(x) = 5x^3 - 2x$ b) $f(x) = (x^2 - 2) \cdot \sqrt{x}$ c) $f(x, y) = xy + 2x - 3y$

d) $f(x) = \dfrac{\sin(x)}{x}$ e) $f(x) = 6 \cdot (1 - 2x)^{-4}$ f) $f(x_1, x_2) = \left(2x_1 x_2, x_1 \cdot e^{x_2}, \dfrac{x_1}{x_2}\right)$

Aufgabe 50

Berechnen Sie die ersten beiden Ableitungen der Funktion

$$h : \mathbb{R}^3 \longrightarrow \mathbb{R} \quad \text{mit} \quad h(a,b,c) = a^3 + b^2 + c^4 ab .$$

Aufgabe 51

Berechnen Sie die zweite Ableitung der Funktion $f(x,y) = xy + 2x - 3y$ auf ihrem maximalen Definitionsbereich. Wie lauten Gradient, partielle Ableitungen und Hessematrix?

Aufgabe 52

Gegeben sei die Funktion

$$f : \mathbb{R}^2 \longrightarrow \mathbb{R} \quad \text{mit} \quad f(x,y) = \begin{cases} \dfrac{x^2 y}{x^4 + y^4} & \text{für } (x,y) \neq \vec{0} \\ 0 & \text{für } (x,y) = \vec{0} \end{cases}$$

a) Untersuchen Sie die Funktion auf Stetigkeit.
b) Ist die Funktion partiell differenzierbar? Wenn ja, wie ist das zu erklären?

Aufgabe 53

Gegeben seien die beiden Abbildungen $f : \mathbb{R}^3 \longrightarrow \mathbb{R}^2$ und $g : \mathbb{R}^3 \longrightarrow \mathbb{R}$ mit

$$f(x_1, x_2, x_3) = (2x_1 - x_2, e^{x_1 - x_2}) \quad \text{bzw.} \quad g(x_1, x_2, x_3) = x_1 \cdot x_2 + x_3 .$$

Berechnen Sie die Ableitung $\left(\dfrac{f}{g}\right)' (\vec{x})$ in $\vec{x}_0 = (1, 1, 0)$ mit Hilfe der Quotientenregel.

Aufgabe 54

Man betrachte die Abbildungen $f : \mathbb{R}^2 \longrightarrow \mathbb{R}^2$ und $g : \mathbb{R}^2 \longrightarrow \mathbb{R}^3$ mit

$$f(x_1, x_2) = (5x_1 x_2, x_1 \cdot (1 + x_1 \cdot e^{x_2})) \quad \text{und}$$

$$g(y_1, y_2) = \left(y_2, y_2 \cdot (3y_1^2 - 2), y_1 + y_2\right) .$$

Berechnen Sie mit Hilfe der Kettenregel an der Stelle $\vec{x}_0 = (2, 0)$ die Ableitung der Hintereinanderausführung $g \circ f$ der beiden Abbildungen.

Aufgabe 55

Berechnen Sie:

$$-2 \cdot \begin{pmatrix} 5 \\ 1 \\ 1 \end{pmatrix} \cdot (2, -1, 1) + \begin{pmatrix} 1 & -2 & 0 \\ -1 & 1 & 2 \\ 0 & 1 & 1 \end{pmatrix} .$$

Was versteht man unter dem Skalarprodukt zweier Vektoren?

Aufgabe 56
Berechnen Sie das Ergebnis der gegebenen Verknüpfungen.

a) $\quad -\begin{pmatrix} -3 & 2 & 1 \\ -5 & 0 & 7 \end{pmatrix} + 2 \cdot \begin{pmatrix} 2 & 1 & -1 \\ 1 & 1 & -8 \end{pmatrix}$
b) $\quad \begin{pmatrix} 3 & -2 & 1 \\ -5 & 0 & 7 \end{pmatrix} \cdot \begin{pmatrix} 1 & -2 & 0 \\ -1 & 1 & 2 \\ 0 & 1 & 1 \end{pmatrix}$

c) $\quad -3 \cdot \begin{pmatrix} 6 \\ 1 \\ 2 \end{pmatrix} \cdot (4, 1, -1) + \begin{pmatrix} -1 & -3 & 0 \\ 1 & 0 & 2 \\ 1 & 2 & 1 \end{pmatrix}$
d) $\quad 5 \cdot \left[\begin{pmatrix} 5 \\ 1 \\ 1 \end{pmatrix} + \begin{pmatrix} 0 \\ 2 \\ 8 \end{pmatrix} \right] * \begin{pmatrix} 1 \\ 2 \\ 3 \end{pmatrix}$

Aufgabe 57
Berechnen Sie die Determinanten der Matrizen

$$A = \begin{pmatrix} 2 & 1 & 2 \\ -1 & 1 & 1 \\ 3 & -2 & 2 \end{pmatrix} \quad \text{und} \quad B = \begin{pmatrix} 0 & -1 & 1 \\ 1 & 2 & 2 \\ 5 & -3 & 1 \end{pmatrix},$$

$$C = \begin{pmatrix} -1 & 3 & 0 & 5 \\ 1 & 2 & 3 & 3 \\ 0 & 0 & -2 & 1 \\ 2 & 1 & -1 & 1 \end{pmatrix} \quad \text{und} \quad D = \begin{pmatrix} -2 & 1 & 0 & 3 \\ 0 & 2 & -3 & 0 \\ 1 & 3 & 2 & 1 \\ 2 & 0 & -1 & 1 \end{pmatrix}.$$

Aufgabe 58
Prüfen Sie die Definitheit der Matrizen

$$A = \begin{pmatrix} 2 & -1 \\ -1 & 2 \end{pmatrix} \quad \text{und} \quad B = \begin{pmatrix} -4 & 1 \\ 1 & -2 \end{pmatrix}.$$

Aufgabe 59

Zeigen Sie, dass die Matrix $\begin{pmatrix} -2 & 1 & 0 \\ 1 & -1 & 0 \\ 0 & 0 & -7 \end{pmatrix} \in \mathbb{R}^{3 \times 3}$ negativ definit ist, und zwar

a) anhand der quadratischen Form und
b) mittels der Hauptabschnittsdeterminanten.

Aufgabe 60
Ein betriebswirtschaftliches Produktionsproblem hängt von zwei reellen Stellgrößen ab. Formuliert man das Problem mathematisch, ergibt sich folgende reellwertige Funktion:

$$f(x_1, x_2) = x_1 \cdot x_2^2 - x_1^2 - x_2^2 - 2 \cdot x_1$$

Berechnen Sie die lokalen und globalen Extrema mit ihren zugehörigen Funktionswerten.

Aufgabe 61

Wie muss ein Tetra-Pak gefertigt werden, der bei einem Liter Inhalt aus verpackungstechnischen Gründen eine kleinstmögliche Oberfläche haben soll?

a) Fertigen Sie eine problembezogene Skizze an.
b) Modellieren Sie das Problem mathematisch.
c) Berechnen Sie die optimale Lösung.

Aufgabe 62

Eine zylindrische Dose mit Ravioli soll bis auf den Deckel und die Bodenseite vollständig mit einem Etikett beklebt werden. Die Dose selbst besteht aus Weißblech. Seien dazu

a die Kosten des Etiketts der Dose in Euro pro cm^2,

b die Kosten des Blechs der Dose in Euro pro cm^2.

Gesucht ist die minimale Kostenkombination für die Produktion einer solchen Dose unter der Bedingung, dass jede Dose genau einen Liter Ravioli aufnehmen kann.

a) Stellen Sie die Kostenfunktion mit Hilfe der beiden Problemvariablen Radius der Dose $r > 0$ und der Höhe der Dose $h > 0$ auf. Wie lautet die mathematische Formulierung für die Volumenbeschränkung?
b) Wie muss die Dose konstruiert werden, um die Kosten so gering wie möglich zu halten? Lösen Sie das Problem **ohne** den Satz von Lagrange.

Aufgabe 63

Aufgrund großartiger Erfolge der Fußballer des RAC in den letzten Jahren plant man, in der Umgebung von Remagen ein neues Fußballstadion zu bauen. Ein Architekt hat eine maßstabsgetreue Übersichtskarte gezeichnet, aus der alle wichtigen Details hervorgehen. Unter anderem sind das Stadion sowie eine wichtige Zufahrtsstraße eingezeichnet. Das Stadion ist als Ellipse mit der Gleichung

$$E = \left\{ (x, y) \in \mathbb{R}^2 \mid x^2 + 4y^2 - 4 = 0 \right\}$$

dargestellt, während die Zufahrtsstraße durch eine Gerade symbolisiert wird. Man streitet sich im Planungsausschuss darüber, wie weit ein Zuschauer mindestens von der Straße bis ins Stadion gehen muss. Von einem beteiligten Ingenieur weiß man, dass die Entfernung von einem beliebigen Punkt mit den Koordinaten x und y auf der Karte bis zur Straße durch die Funktion

$$f(x, y) = \frac{(6 - 3y - 2x)^2}{13}$$

gegeben ist. Während man noch mit einem Lineal versucht, die Abstände auszumessen, treten Sie hinzu und meinen, dass man das Problem mit mathematischen Methoden wesentlich exakter und eleganter lösen kann, denn es handele sich um ein klassisches Optimierungsproblem unter der Einhaltung einer Nebenbedingung.

Bestimmen Sie die Extrema der Funktion f mittels Lagrange unter der Restriktion, dass die gesuchten Punkte auf der Ellipse liegen. Aufgrund geometrischer Überlegungen kann man dabei davon ausgehen, dass sowohl Maximum als auch Minimum existieren. Interpretieren Sie das Ergebnis.

Aufgabe 64

Untersuchen Sie mit Hilfe des Satzes von Lagrange, ob die Funktion

$$f : \mathbb{R}^3 \longrightarrow \mathbb{R} \quad \text{mit} \quad f(x, y, z) = x^2 - 8x + y^2 - 4y + 2z^2$$

unter den Nebenbedingungen

$$2x^2 - 18x - 3y^2 + 3y + 5z = -35$$
$$x^2 - 4x + y^2 - 6y + 10z = 10$$

im Punkt $(4, 0, 1)$ ein lokales Extremum annehmen kann.

Aufgabe 65

Durch die Modellierung eines betriebswirtschaftlichen Problems stößt man auf die Funktion

$$f : \mathbb{R}^2 \longrightarrow \mathbb{R} \quad \text{mit} \quad f(x, y) = 4x + 6y$$

wobei der Definitionsbereich gegeben ist als

$$\mathbb{D} = \left\{ (x, y) \in \mathbb{R}^2 \;\middle|\; y + \tfrac{1}{2} \cdot (x - 4)^2 \leq 5 \right\}.$$

a) Bestimmen Sie unter Verwendung des Satzes von Lagrange alle lokalen Extrema, nachdem Sie sich anhand des Gradienten vergewissert haben, dass im Innern des Definitionsbereichs kein lokales Extremum existieren kann.
b) Zeigen Sie, dass es kein globales Minimum gibt.

Aufgabe 66

Finden Sie alle Extrema der Funktion

$$f : \mathbb{R}^3 \longrightarrow \mathbb{R} \quad \text{mit} \quad f(x, y, z) = x + y - z$$

in der Einheitskugel, die durch

$$x^2 + y^2 + z^2 \leq 1.$$

gegeben ist mit Hilfe des Satzes von Lagrange.

Aufgabe 67

Bestimmen Sie die Extrema der Funktion

$$f : \mathbb{R}^2 \longrightarrow \mathbb{R} \quad \text{mit} \quad f(x, y) = x^2 y^2 - x^2 - y^2 + 1$$

auf der Hälfte der abgeschlossenen Einheitskreisscheibe, die durch die beiden folgenden Nebenbedingungen festgelegt wird:

$$x^2 + y^2 \leq 1 \quad \text{und} \quad y \geq x.$$

Aufgabe 68
Berechnen Sie die Extrema der Funktion

$$f : \mathbb{R}^2 \longrightarrow \mathbb{R} \quad \text{mit} \quad f(x, y) = x + y$$

unter der Nebenbedingung $g(x, y) = (x^2 + y^2)^2 - 2xy = 0$.

4.3   Aufgaben zu Operations Research

Aufgabe 69
Gegeben seien die folgenden Vektoren:

$$(2, 4, 3, 7), \quad (6, 1, 0, 1), \quad (0, -6, 2, -2), \quad (8, -1, 5, 6) \in \mathbb{R}^4$$

a) Sind die Vektoren linear unabhängig? Lässt sich gegebenenfalls einer der Vektoren mit Hilfe der anderen Vektoren darstellen?
b) Bilden die Vektoren in $\mathbb{R}^4$ ein Erzeugendensystem?
c) Liegt gar eine Basis des $\mathbb{R}^4$ vor?

Aufgabe 70
Prüfen Sie die Vektoren $(1, 1, 1)$, $(1, 2, 3)$, $(1, 4, 9) \in \mathbb{R}^3$ auf lineare Unabhängigkeit.

Aufgabe 71
Zeigen Sie anhand eines Beispiels, dass nicht jedes Erzeugendensystem des dreidimensionalen Anschauungsraums eine Basis bilden muss.

Aufgabe 72
Seien $\vec{x}_1, \vec{x}_2, \vec{x}_3, \vec{x}_4 \in \mathbb{R}^n$ vier linear unabhängige Vektoren. Zeigen Sie, dass dann auch

$$\vec{y}_1 = \vec{x}_2 - \vec{x}_3 + 2\vec{x}_4, \quad \vec{y}_2 = 2\vec{x}_1 + 2\vec{x}_2 - \vec{x}_3 - \vec{x}_4 \quad \text{und} \quad \vec{y}_3 = -\vec{x}_1 + \vec{x}_2 + \vec{x}_3 + \vec{x}_4$$

linear unabhängige Vektoren sind.

Aufgabe 73
Beweisen Sie, dass mehr als zwei Vektoren genau dann linear abhängig sind, wenn sich mindestens ein Vektor mit Hilfe der anderen darstellen, d. h. linear kombinieren lässt.

Aufgabe 74
In der Kantine eines Krankenhauses wird ein Mittagessen gekocht. Es besteht aus Gemüse, Fleisch und einer Sättigungsbeilage. Eine Portion Gemüse enthält 1 Mengeneinheit (ME) Eiweiß, 1 ME Fett und 1 ME Kohlenhydrate. Im Fleisch sind pro Portion 1 ME Eiweiß, 2 ME Fett und 3 ME Kohlenhydrate enthalten. Und jede Portion der Sättigungsbeilage besteht aus 1 ME Eiweiß, 4 ME Fett und 9 ME Kohlenhydrate. Für einen Patienten des Krankenhauses, der einer

Diät unterliegt, soll eine Mahlzeit bestehend aus genau 6 ME Eiweiß, 13 ME Fett und 24 ME Kohlenhydrate zubereitet werden. Stellen Sie eine zulässige Mahlzeit zusammen.

Wenn man davon ausgeht, dass eine Portion Gemüse 2 ME Ballaststoffe enthält, das Fleisch pro Portion 3 ME bzw. die Sättigungsbeilage 7 ME Ballaststoffe aufweisen, wie muss die Mahlzeit, wenn überhaupt möglich, dann zusammengestellt werden, wenn der Patient zusätzlich zu obigen Angaben genau 25 ME Ballaststoffe zu sich nehmen soll?

Aufgabe 75
Lösen Sie folgendes Gleichungssystem mit Hilfe des Gaußalgorithmus:

$$\begin{aligned}
x_1 + 5x_2 + 9x_3 + 2x_4 &= 30 \\
2x_1 + 6x_2 + 10x_3 \phantom{{}+ 2x_4} &= 32 \\
3x_1 + 7x_2 + 11x_3 - 2x_4 &= 34 \\
4x_1 + 8x_2 + 12x_3 - 4x_4 &= 36
\end{aligned}$$

Für die Unbekannten sind beliebige reelle Zahlen zulässig.

Aufgabe 76
Lösen Sie in Abhängigkeit des reellen Parameters $r \in \mathbb{R}$ folgendes Gleichungssystem:

$$\begin{aligned}
3x_1 - 2x_2 + x_3 &= 2r \\
5x_1 - 4x_2 - x_3 &= 2 \\
x_1 + 3x_2 - 2x_3 &= 2r + 6
\end{aligned}$$

Aufgabe 77
Gegeben sei das reelle Gleichungssystem

$$\begin{aligned}
x_1 &+ 2x_2 &+ 6x_3 &= 10 \\
-3x_1 &- 4x_2 &+ (\mu - 14)x_3 &= \mu + \upsilon - 30 \\
x_1 &+ 6x_2 &+ (14 + 3\mu)x_3 &= 10 + 2\mu + 3\upsilon
\end{aligned}$$

mit den Parametern $\mu, \upsilon \in \mathbb{R}$ beliebig aber fest. Wann ist das Gleichungssystem lösbar bzw. unlösbar? Berechnen Sie alle Lösungen.

Aufgabe 78
Nachdem Sie Ihr Studium der Betriebswirtschaftslehre abgeschlossen haben, arbeiten Sie in einem Unternehmen. Dort ist von den Verantwortlichen zu entscheiden, ob die Produktion wie bisher fortgesetzt oder angepasst werden soll.

Nachdem das Problem erfasst und mathematisch formuliert wurde, ergibt sich ein lineares Gleichungssystem. Bisher ist in der Produktion die durch den Vektor $(2, 0, -1, 0)$ gegebene Lösung zum Einsatz gekommen.

Aufgabe 68
Berechnen Sie die Extrema der Funktion

$$f : \mathbb{R}^2 \longrightarrow \mathbb{R} \quad \text{mit} \quad f(x,y) = x + y$$

unter der Nebenbedingung $g(x,y) = (x^2 + y^2)^2 - 2xy = 0$.

4.3 Aufgaben zu Operations Research

Aufgabe 69
Gegeben seien die folgenden Vektoren:

$$(2,4,3,7), \quad (6,1,0,1), \quad (0,-6,2,-2), \quad (8,-1,5,6) \in \mathbb{R}^4$$

a) Sind die Vektoren linear unabhängig? Lässt sich gegebenenfalls einer der Vektoren mit Hilfe der anderen Vektoren darstellen?
b) Bilden die Vektoren in $\mathbb{R}^4$ ein Erzeugendensystem?
c) Liegt gar eine Basis des $\mathbb{R}^4$ vor?

Aufgabe 70
Prüfen Sie die Vektoren $(1,1,1), (1,2,3), (1,4,9) \in \mathbb{R}^3$ auf lineare Unabhängigkeit.

Aufgabe 71
Zeigen Sie anhand eines Beispiels, dass nicht jedes Erzeugendensystem des dreidimensionalen Anschauungsraums eine Basis bilden muss.

Aufgabe 72
Seien $\vec{x}_1, \vec{x}_2, \vec{x}_3, \vec{x}_4 \in \mathbb{R}^n$ vier linear unabhängige Vektoren. Zeigen Sie, dass dann auch

$$\vec{y}_1 = \vec{x}_2 - \vec{x}_3 + 2\vec{x}_4, \quad \vec{y}_2 = 2\vec{x}_1 + 2\vec{x}_2 - \vec{x}_3 - \vec{x}_4 \quad \text{und} \quad \vec{y}_3 = -\vec{x}_1 + \vec{x}_2 + \vec{x}_3 + \vec{x}_4$$

linear unabhängige Vektoren sind.

Aufgabe 73
Beweisen Sie, dass mehr als zwei Vektoren genau dann linear abhängig sind, wenn sich mindestens ein Vektor mit Hilfe der anderen darstellen, d. h. linear kombinieren lässt.

Aufgabe 74
In der Kantine eines Krankenhauses wird ein Mittagessen gekocht. Es besteht aus Gemüse, Fleisch und einer Sättigungsbeilage. Eine Portion Gemüse enthält 1 Mengeneinheit (ME) Eiweiß, 1 ME Fett und 1 ME Kohlenhydrate. Im Fleisch sind pro Portion 1 ME Eiweiß, 2 ME Fett und 3 ME Kohlenhydrate enthalten. Und jede Portion der Sättigungsbeilage besteht aus 1 ME Eiweiß, 4 ME Fett und 9 ME Kohlenhydrate. Für einen Patienten des Krankenhauses, der einer

Das Gleichungssystem ist durch folgende erweiterte Koeffizientenmatrix gegeben:

$$
\begin{array}{cccc|c}
1 & 1 & 0 & 2 & 2 \\
1 & 1 & 2 & 1 & 0 \\
2 & 2 & 2 & 3 & 2 \\
1 & 1 & 4 & 0 & -2
\end{array}
$$

a) Welcher Zusammenhang besteht zwischen den Lösungen des homogenen und des inhomogenen Gleichungssystems, aufbauend auf derselben Koeffizientenmatrix?
b) Berechen Sie alle Lösungen des homogenen Systems.
c) Berechen Sie direkt aus Teil a) alle Lösungen des Ausgangsproblems.
d) Gibt es eine Lösung, deren zweite Komponente gleich 1 und deren vierte Komponente gleich 2 ist? Wenn ja, wie sieht die Lösung aus?

Aufgabe 79
Weisen Sie nach oder widerlegen Sie, dass mit zwei quadratischen Matrizen derselben Dimension auch ihr Produkt invertierbar ist.

Aufgabe 80
Berechnen Sie die multiplikativ inversen Matrizen mit Hilfe des Gaußalgorithmus:

$$
A = \begin{pmatrix} 1 & 0 & 0 & 2 \\ 0 & -1 & 1 & 1 \\ -2 & 0 & -1 & 0 \\ 1 & 1 & 0 & -1 \end{pmatrix} \quad \text{bzw.} \quad B = \begin{pmatrix} 1 & 0 & 1 & 1 \\ 1 & 1 & 2 & 1 \\ 0 & -1 & 0 & 1 \\ 1 & 0 & 0 & 2 \end{pmatrix} \in \mathbb{R}^{4\times4}.
$$

Aufgabe 81
Man bestimme, für welche reellen λ die folgende Matrix invertierbar ist.

$$
\begin{pmatrix} 1 & \lambda & 0 & 0 \\ \lambda & 1 & 0 & 0 \\ 0 & \lambda & 1 & 0 \\ 0 & 0 & \lambda & 1 \end{pmatrix}
$$

Aufgabe 82
Auf einem Markt konkurrieren vier Produkte, die wir P_1, P_2, P_3 und P_4 nennen. Sei a_{ij} der Anteil an Käufern von P_j zu einem Zeitpunkt, die zum nächsten Zeitpunkt P_i kaufen. Im Fall $i = j$ spricht man von **Markttreue**, ansonsten von **Marktwechsel**. Die Matrix

$$
A = (a_{ij})_{i,j=1,\dots,4} \in \mathbb{R}^{4\times4}
$$

heißt **Übergangsmatrix**. Die Summe aller Elemente einer Spalte ist gleich 1.

Interessant sind Marktverteilungen unter den gegebenen Anbietern, die sich trotz der Übergänge bei vorliegender Übergangsmatrix nicht mehr ändern. Man nennt eine solche Markt- bzw. Absatzverteilung stationär. Es sei die folgende Übergangsmatrix vorgelegt:

$$A = \begin{pmatrix} 50\,\% & 10\,\% & 10\,\% & 0\,\% \\ 20\,\% & 60\,\% & 20\,\% & 0\,\% \\ 20\,\% & 10\,\% & 60\,\% & 20\,\% \\ 10\,\% & 20\,\% & 10\,\% & 80\,\% \end{pmatrix}.$$

a) Zu einem Zeitpunkt sei die Marktverteilung der vier Produkte von P_1 bis P_4 durch

$$40\,\%, \quad 30\,\%, \quad 20\,\% \quad \text{und} \quad 10\,\%$$

gegeben. Wie sieht die Marktverteilung zum darauf folgenden Zeitpunkt aus?

b) Bestimmen Sie eine stationäre Marktaufteilung.

Aufgabe 83

Die Tiefst AG produziert das Düngemittel Grasgrün in zwei Qualitäten A und B. Qualität A enthält 8 %, Qualität B dagegen nur 3 % eines schädlichen Umweltgifts. Die Herstellkosten betragen 2 Mio. Euro für 1.000 t von A bzw. 4 Mio. Euro für 1.000 t von B. Aufgrund gesetzlicher Vorschriften darf nur Grasgrün mit einem Anteil von maximal 5 % Umweltgift abgesetzt werden. Die Tiefst AG verkauft deshalb reines B bzw. eine gesetzlich zulässige Mischung aus A und B als Grasgrün in nicht unterscheidbaren Verpackungen. Das Mischen kostet 800.000 € für 1.000 t Mischprodukt.

Die Produktionsanlagen sind technisch so ausgelegt, dass mindestens 22.000 t pro Jahr A produziert werden müssen, während höchstens 48.000 t pro Jahr B herstellbar sind. Der Durchsatz des Mischers ist auf maximal 65.000 t pro Jahr beschränkt. Die Tiefst AG sucht kostenminimale Produktionspläne für eine Absatzmenge von genau 70.000 t Grasgrün im anstehenden Planjahr.

Formulieren Sie das Planungsproblem unter Zuhilfenahme der folgenden Variablen:

x_1 sei die herzustellende Menge von A, gemessen in 1.000 t,

x_2 sei die herzustellende Menge von B, die gemischt wird, gemessen in 1.000 t,

x_3 sei die herzustellende Menge von B, die direkt verkauft wird, gemessen in 1.000 t

als lineares Programm.

Aufgabe 84

Aus Rundeisenstangen der Länge 20 m sollen hergestellt werden:

- mindestens 8.000 Stangen der Länge 9 m,
- mindestens 10.000 Stangen der Länge 8 m,
- mindestens 6.000 Stangen der Länge 6 m.

Stellen Sie ein lineares Entscheidungsmodell für den minimalen Materialverschnitt auf. Warum ist eine Lösung, die zunächst den wenigsten Materialverschnitt verursacht, nicht unbedingt auch optimal?

Aufgabe 85

Ein Unternehmen produziert die beiden Endprodukte A und B in einem dreistufigen Produktionsprozess. Während für die Produktion einer Mengeneinheit von Produkt A jeweils eine Mengeneinheit des Zwischenprodukts C und drei Mengeneinheiten des Zwischenprodukts D benötigt werden, kann eine Mengeneinheit von Produkt B durch den Einsatz von jeweils sechs Mengeneinheiten des Vorprodukts G und zwei Mengeneinheit des Zwischenprodukts E hergestellt werden. Das Zwischenprodukt C besteht aus zwei Mengeneinheiten des Vorprodukts F und vier Mengeneinheiten des Vorprodukts G, das Zwischenprodukt D aus drei Mengeneinheiten des Vorprodukts G und das Zwischenprodukt E aus zwei Mengeneinheiten des Vorprodukts G und einer Mengeneinheit der Vorprodukts H.

Formulieren Sie den Sachverhalt als Nebenbedingungen eines linearen Programms.

Aufgabe 86

In zwei Rangierbahnhöfen stehen jeweils 10 leere Güterwagen. In drei weiteren Regionalbahnhöfen werden 5, 7 bzw. 8 Güterwagen benötigt. Die Wagen sind so zu leiten, dass die Gesamtzahl der gefahrenen Leerkilometer minimal ist.

a) Formulieren Sie das Transportproblem als lineares Programm. Gehen Sie dabei davon aus, dass die Distanzen zwischen den Bahnhöfen bekannt sind.

b) Formulieren Sie das Problem, falls in Teil a) nicht schon geschehen, als lineares Programm mit nur zwei Problemvariablen.

Aufgabe 87

Gegeben sind folgende Daten eines betriebswirtschaftlichen Optimierungsproblems:

	Produkt 1	Produkt 2
Verkaufspreis	40 €/ME	48 €/ME
Variable Stückkosten	20 €/ME	32 €/ME
Fertigungszeit	10 min/ME	4 min/ME
Maximaler Absatz	3.000 ME	6.000 ME

Es kann über maximal 40.000 Minuten freie Fertigungskapazitäten verfügt werden.

a) Man formuliere das dem Problem zugrunde liegende lineare Programm zur Maximierung des Deckungsbeitrags.

b) Man löse das Problem nachvollziehbar mittels einer Graphik. Wie viele ME (Mengeneinheiten) von Produkt 1 bzw. 2 müssen produziert werden?

Aufgabe 88

Ein Produktionsbetrieb stellt zwei verschiedene Produkte her, Produkt A und Produkt B. Zur Produktion stehen dem Betrieb drei Rohstoffe zur Verfügung, die auf dem Werksgelände gelagert werden. Bezeichnet man die Rohstoffe abkürzend mit X, Y und Z, so hat man insgesamt

2.500 ME von Rohstoff X, 4.700 ME von Y sowie 1.300 ME von Z vorrätig. Für die Produktion einer ME des Produkts A benötigt man 17 ME X, 20 ME Y und 3 ME Z. Für Produkt B sind es 9 ME X, 21 ME Y und 10 ME Z. Man rechnet damit, eine ME von Produkt A für 6 € bzw. eine ME von Produkt B für 14 € am Markt absetzen zu können. Das Ziel ist eine umsatzmaximierende Produktion.

a) Man formuliere das dem Problem zugrunde liegende lineare Programm.
b) Man löse das Problem nachvollziehbar mittels einer Graphik. Wie viele ME von Produkt A bzw. B müssen produziert werden, und wie viele ME der Rohstoffe sind nach der Produktion jeweils noch auf Lager?

Aufgabe 89

Eine Nahrungsmittelfirma stellt aus Nüssen, Haferflocken und Rosinen zwei verschiedene Sorten Müsli her, nennen wir die beiden Sorten Müsli A und Müsli B. Eine Einheit von Müsli A enthält zwei Einheiten (abkürzend im Folgenden E genannt) Nüsse, 4 E Haferflocken und 1 E Rosinen. Eine Einheit von Müsli B enthält 3 E Nüsse, 1 E Haferflocken und 1 E Rosinen. Beim Verkauf einer Einheit Müsli A erzielt die Firma einen Gewinn von 5 Euro, bezüglich B sind es 4 Euro. Die Firma kann maximal 12.000 E Nüsse, 16.000 E Haferflocken und 4.300 E Rosinen beschaffen.

a) Formulieren Sie das vorliegende Problem, einen Produktionsplan mit maximalem Gewinn zu bestimmen, als lineares Programm.
b) Lösen sie das lineare Programm graphisch.
c) Wie ändert sich der optimale Produktionsplan, wenn aufgrund von Lieferschwierigkeiten nur noch 10.000 E Nüsse und 4.000 E Rosinen beschafft werden können?

Aufgabe 90

Bringen Sie folgendes lineares Programm auf eine kanonische Form:

$$\begin{array}{rrrrrrl} \min & 11x_1 & + & 2x_2 & - & x_3 & \\ \text{u. d. N.} & -3x_1 & + & x_2 & - & x_3 & \geq 4 \\ & -x_1 & & & + & 2x_3 & \leq -2 \\ & 4x_1 & - & 3x_2 & & & = 7 \end{array}$$

mit $x_1 \geq 0$, $x_2 \in \mathbb{R}$ und $x_3 \leq 0$.

Aufgabe 91

Gegeben sei ein lineares Entscheidungsproblem in kanonischer Form, dessen Anfangstableau wie folgt aussieht:

5	−5	4	−3	−2	0	0	0	0	0	0	−5
1	−1	1	−4	2	0	0	0	1	0	0	2
−1	1	1	1	−3	1	0	0	0	0	0	14
2	−2	3	−2	1	0	−1	0	0	1	0	2
0	0	0	1	0	0	0	−1	0	0	1	5

Nach einigen Pivotschritten erhält man anschließendes Tableau:

0	0	0	0	0	3	5	*	8	*	22	*
0	0	0	0	1	$\frac{1}{5}$	$\frac{2}{5}$	*	1	*	3	*
-1	1	0	0	0	1	1	*	2	*	5	*
0	0	1	0	0	$\frac{3}{5}$	$\frac{1}{5}$	*	1	*	3	*
0	0	0	1	0	0	0	*	0	*	1	*

a) Ergänzen Sie die zwei fehlenden Spalten innerhalb der Koeffizientenmatrix.
b) Ergänzen Sie den fehlenden Begrenzungsvektor.

Aufgabe 92
Das anschließende lineare Programm ist auf eine kanonische Form zu bringen:

$$
\begin{array}{rrrrl}
\max & x_1 & - & 7x_2 & \\
\text{u. d. N.} & 4x_1 & - & 2x_2 & \geq & 42 \\
& -x_1 & + & 3x_2 & = & 17
\end{array}
$$

mit $x_1 \leq 0$ und $x_2 \in \mathbb{R}$.

Aufgabe 93
Bestimmen Sie in Abhängigkeit vom Parameter $t \in \mathbb{R}$ den optimalen Zielfunktionswert sowie die optimale Lösungsmenge des zum folgenden Simplextableaus

$t-1$	0	0	0	1	6
2	0	1	0	-1	3
1	0	0	1	-1	1
1	1	0	0	1	6

gehörenden linearen Maximierungsproblems.

Aufgabe 94
Gegeben sei das folgende lineare Entscheidungsproblem:

$$
\begin{array}{rrrrrrl}
\max & -6x_1 & + & 12x_2 & + & 9x_3 & \\
\text{u. d. N.} & x_1 & + & x_2 & + & 2x_3 & \leq & 2 \\
& -x_1 & + & 2x_2 & + & x_3 & \leq & 1
\end{array}
$$

mit $x_1, x_3 \geq 0$ und $x_2 \in \mathbb{R}$.

a) Formulieren Sie das Problem als spezielles Maximumproblem.
b) Berechnen Sie mit Hilfe des Primal-Simplexverfahrens eine optimale Lösung.
c) Begründen Sie, ob die optimale Lösung eindeutig bestimmt ist.

Aufgabe 95

Eine Menge heißt **konvex** genau dann, wenn für je zwei Elemente $\vec{x}$ und $\vec{y}$ der Menge auch

$$\lambda \cdot \vec{x} + (1 - \lambda) \cdot \vec{y} \quad \text{für} \quad \lambda \in [0, 1] \text{ beliebig}$$

stets in der Menge enthalten ist. Zeigen Sie, dass sowohl der Zulässigkeitsbereich als auch die Menge der optimalen Lösungen eines linearen Programms konvex sind.

Aufgabe 96

Ein Optimierungsproblem in einem Produktionsbetrieb wurde erfasst und anschließend wie folgt mathematisch formuliert:

$$
\begin{array}{rrrrrrr}
\min & 80x_1 & + & 20x_2 & - & 45x_3 & \\
\text{u. d. N.} & 20x_1 & + & 4x_2 & - & 6x_3 & \geq & 16 \\
& -10x_1 & - & 5x_2 & + & 15x_3 & \leq & -32
\end{array}
$$

mit $x_1, x_2 \geq 0$ und $x_3 \leq 0$

a) Formulieren Sie das Problem als spezielles Minimumproblem.
b) Berechnen Sie mit Hilfe des Dual-Simplexverfahrens **eine** optimale Lösung, falls eine solche existiert. Wie groß ist der zugehörige minimale Zielfunktionswert?
c) Begründen Sie, ob die optimale Lösung eindeutig bestimmt ist.

Aufgabe 97

In einem Unternehmen beschäftigt man sich mit folgendem Optimierungsproblem:

$$
\begin{array}{rrrrrrrr}
\min & 36x_1 & + & 72x_2 & - & 24x_3 & & \\
\text{u. d. N.} & x_1 & + & 2x_2 & - & x_3 & \geq & 6 \\
& -2x_1 & - & 3x_2 & & & \leq & -3 \\
& 4x_1 & - & x_2 & - & x_3 & \geq & -9 \\
& -x_1 & + & x_2 & - & x_3 & \geq & 15
\end{array}
$$

mit $x_1, x_2 \geq 0$ und $x_3 \leq 0$.

a) Formulieren Sie das Problem als spezielles Minimumproblem.
b) Berechnen Sie mit Hilfe des Dual-Simplexverfahrens eine optimale Lösung.
c) Prüfen Sie, ob mehrere optimale Lösungen des Problems existieren.

Aufgabe 98

Lösen Sie das lineare Entscheidungsproblem

$$
\begin{array}{rrrrrr}
\max & x_1 & + & x_2 & & \\
\text{u. d. N.} & 2x_1 & + & 3x_2 & \leq & 18 \\
& 2x_1 & + & x_2 & \geq & 4 \\
& -2x_1 & + & 3x_2 & = & 6
\end{array}
$$

(mit $x_1, x_2 \geq 0$) mit Hilfe des Zweiphasen-Simplexverfahrens.

Aufgabe 99

Ein Unternehmen produziert aus den beiden Rohstoffen R1 und R2 die beiden Endprodukte E1 und E2. Pro Stück von E1 benötigt man drei R1 und vier R2. Die Produktion von einem E2 erfordert zwei R1, während demgegenüber ein R2 freigesetzt wird. Produktionsbedingt muss genau doppelt so viel von E1 wie von E2 hergestellt werden. Man hat noch 24 R1 auf Lager. Von R2 müssen wenigstens 8 verbraucht werden. Während E1 nur selbst produziert wird, kann E2 auch zugekauft werden. Der Marktpreis von E1 beträgt 3 Geldeinheiten, der von E2 beträgt eine Geldeinheit. Die eine Geldeinheit im Fall von E2 gilt in kleinen Mengen sowohl für den Ein- als auch für den Verkauf. Das Unternehmen strebt unter den angegebenen Konditionen nach einer Umsatzmaximierung.

a) Formulieren das Problem als lineares Programm.
b) Bestimmen Sie die optimale Lösung direkt aus den Daten.
c) Finden Sie die optimale Lösung mit Hilfe des Zweiphasen-Simplexverfahrens.

Aufgabe 100

Gegeben sei das folgende lineare Programm:

$$
\begin{array}{rrrrrrr}
\min & -9x_1 & + & 11x_2 & - & 7x_3 & \\
\text{u. d. N.} & x_1 & + & x_2 & + & x_3 & \geq & 10 \\
& x_1 & - & x_2 & + & x_3 & \leq & 12 \\
& x_1 & + & x_2 & - & x_3 & \leq & 2 \\
& 2x_1 & + & x_2 & + & x_3 & \leq & 12
\end{array}
$$

mit $x_1, x_3 \geq 0$ und $x_2 \in \mathbb{R}$.

Wie lauten die optimalen Lösungen, und wie groß ist der minimale Zielfunktionswert?

Im Anschluss an den allgemeinen Übungsteil sind im folgenden Abschnitt Klausuraufgaben beigefügt. Es handelt sich um Klausuren im Umfang von stets 90 Minuten, die in den letzten Semestern am RheinAhrCampus der Hochschule Koblenz geschrieben wurden. Je nach geltender Prüfungsordnung bot man sie auf einer 50 oder einer 100 Punkte-Basis an. Die maximal erreichbare Punktzahl pro Aufgabe sowie die maximal erreichbare Gesamtpunktzahl pro Klausur sind im Kopf der jeweiligen Aufgabe angegeben. Zum Bestehen war es notwendig, mindestens die Hälfte der Gesamtpunktzahl zu erreichen. Die Studenten legten die Prüfung in der Regel nach der Vorlesung am Ende des ersten Semesters ab. Als Hilfsmittel waren ein handelsüblicher Taschenrechner sowie eine Formelsammlung zugelassen. Die Formelsammlung konnte von jedem Prüfling selbst angefertigt und zur Klausur mitgebracht werden. Sie musste handgeschrieben sein und sollte den Umfang von einem DIN A4-Blatt nicht überschreiten, wobei Vorder- und Rückseite beschriftet sein durften. An den Inhalt dessen, was auf dem Blatt stand, waren keine Voraussetzungen geknüpft. Der Prüfling konnte darauf schreiben, was er wollte. Dabei spielte es keine Rolle, ob es sich um Passagen eines Lehrbuchs, die Vorlesungsmitschrift oder alte Übungs- oder Klausuraufgaben samt den Lösungen handelte. Ab dem Sommersemester 2013 war dann aus Gründen der Vereinheitlichung und Prüfungsgerechtigkeit kein Taschenrechner mehr erlaubt.

4.4   Klausuraufgaben

Klausur Diplom, Sommersemester 2005

1. Aufgabe (20/100 Punkte)
Beweisen Sie folgende Summenformel für alle $n \in \mathbb{N}$ mittels vollständiger Induktion unter Verwendung der Begriffe *Induktionsanfang, Induktionsschritt, Induktionsannahme, Induktionsbehauptung* und *Beweis der Induktionsbehauptung*:

$$\sum_{k=1}^{n} k^3 = \left(\frac{n \cdot (n+1)}{2}\right)^2.$$

2. Aufgabe (20/100 Punkte)
Seien $f : \mathbb{R}^2 \longrightarrow \mathbb{R}^4$ und $g : \mathbb{R}^4 \longrightarrow \mathbb{R}^2$ gegeben durch

$$f(x_1, x_2) = (2x_1 + x_2, x_1, -x_2, 3x_2 - 4x_1) \quad \text{bzw.} \quad g(\vec{y}) = \begin{pmatrix} -1 & 2 & 0 & 2 \\ 2 & 0 & 1 & -1 \end{pmatrix} \cdot \vec{y}.$$

a) Schreiben Sie die Abbildungsvorschrift von f mittels einer von Ihnen zu bestimmenden Matrix A in der Form

$$f(\vec{x}) = A \cdot \vec{x}.$$

b) Sind die Abbildungen f und g linear?
c) Geben Sie, falls existent, die Hintereinanderausführung der beiden obigen Abbildungen $g \circ f$ an. Ist die Hintereinanderausführung linear?
d) Berechnen Sie $f(1, 2)$, $g(2, 0, 1, 1)$ und $(g \circ f)(-2, 1)$.

3. Aufgabe (20/100 Punkte)
Ein Darlehen von 200.000 € soll bei einem Zinssatz von 6 % p. a. über 20 Jahre hinweg zurückgezahlt werden. Die Annuitäten werden jeweils am Jahresende gezahlt. Der Kreditnehmer überlegt, ob für ihn eine Raten- oder eine Annuitätentilgung besser sei.

a) Erstellen Sie einen Tilgungsplan, bestehend aus je einer Spalte für die Restschulden, Zinsen, Tilgungen und Annuitäten, für die ersten fünf Jahre im Hinblick auf eine Ratentilgung.
b) Wie hoch ist die Zinszahlung im 13. Jahr im Hinblick auf eine Annuitätentilgung?
c) Wie groß ist der Barwert der Restschuld nach 10 Jahren, wenn eine Ratentilgung gewählt wird?

4. Aufgabe (20/100 Punkte)
In einem Produktionsbetrieb liegt folgendes Optimierungsproblem vor:

$$\begin{aligned} \max \quad & 6x_1 + 3x_2 - 9x_3 - 15x_4 \\ \text{u. d. N.} \quad & -x_1 - 2x_2 - 4x_3 - x_4 \geq -36 \\ & 2x_1 + 3x_2 - x_3 - x_4 \leq 72 \\ & x_1 + x_3 - x_4 \leq 24 \end{aligned}$$

mit $x_1, x_2, x_3 \geq 0$ und $x_4 \leq 0$.

a) Formulieren Sie das Problem als spezielles Maximumproblem.
b) Berechnen Sie mit Hilfe des Primal-Simplexverfahrens **eine** optimale Lösung, falls eine
   solche existiert. Wie groß ist der zugehörige maximale Zielfunktionswert? Schreiben Sie
   einen Schlusssatz.
c) Begründen Sie anhand Ihrer Rechnung aus Teil b), ob die optimale Lösung eindeutig bestimmt ist, oder ob mehrere optimale Lösungen des Problems existieren.

5. Aufgabe (20/100 Punkte)
Berechen Sie die lokalen Extrema folgender Funktion:

$$f : \mathbb{R}^2 \longrightarrow \mathbb{R} \quad \text{mit} \quad f(x, y) = x^2 - xy + y^2 + 12x - 9y + 1$$

Existiert ein globales Maximum?

Klausur Diplom, Wintersemester 2005/2006

1. Aufgabe (21/100 Punkte)

a) Welche Ableitungsbegriffe unterscheidet man hinsichtlich der Differenzierbarkeit einer
   Funktion in mehreren Veränderlichen?
b) Aus welchen Teilen besteht ein Beweis mittels vollständiger Induktion?
c) Wann heißt eine Menge abgeschlossen?
d) Wie kann man anhand der Determinante einer quadratischen Matrix erkennen, ob diese eine
   multiplikativ Inverse besitzt?
e) Untersuchen Sie die Definitheit der Matrix

$$A = \begin{pmatrix} -1 & 1 & 0 & 0 \\ 1 & -3 & 0 & 0 \\ 0 & 0 & -1 & 0 \\ 0 & 0 & 0 & 0 \end{pmatrix} \in \mathbb{R}^{4 \times 4}$$

mittels Berechnung der Hauptabschnittsdeterminanten.

2. Aufgabe (17/100 Punkte)
Sie investieren jedes Jahr zum Jahresanfang 600 € in eine Geldanlage. Am Ende des 11. Jahres
hat Ihr Vermögen einen Wert von 7.050 €.

a) Stellen Sie die Bestimmungsgleichung zur Berechnung des Effektivzinssatzes auf.
b) Lösen Sie das Problem mit Hilfe des Newton-Verfahrens. Beginnen Sie Ihre Berechnungen
   mit $q_0 = 1,01$ als Startwert, und führen Sie zwei Iterationsschritte durch.

3. Aufgabe (12/100 Punkte)
Ein Unternehmen nimmt zum Jahresanfang ein Darlehen in Höhe von 50.000 € auf. Der Kalkulationszinssatz beträgt 12 % p. a. bei jährlichem Zinszuschlag.

a) Wie viele Schulden hätte das Unternehmen nach 5 Jahren?
b) Das Darlehen soll durch Zahlungen jeweils zum Ende eines jeden Quartals noch im Jahr der
   Darlehensaufnahme zurückgezahlt werden. Wie hoch sind die vier zu leistenden Zahlungen?

4. Aufgabe (30/100 Punkte)

In einer Fabrik werden Damen- und Herrenschuhe hergestellt. Die für die Produktion maßgeblichen Größen sind in der folgenden Tabelle zusammengetragen:

	Damenschuhe	Herrenschuhe
Materialkosten	20 €/Paar	10 €/Paar
Fertigungszeit	6 min/Paar	15 min/Paar
Verpackungsmaterial	4 ME/Paar	5 ME/Paar
Reingewinn	16 €/Paar	32 €/Paar

Die Materialkosten dürfen zusammen 8.000 € nicht überschreiten. Die Fertigungszeiten sind auf maximal 4.500 Minuten beschränkt. Und für die Verpackungen stehen insgesamt nicht mehr als 2.000 Mengeneinheiten Verpackungsmaterial zur Verfügung. Man strebt nach einer Maximierung des Reingewinns.

a) Formulieren Sie das Produktionsproblem als lineares Programm.
b) Skizzieren Sie die Menge aller zulässigen Lösungen anhand einer Graphik. Zeichnen Sie alle Produktionsmöglichkeiten ein, die zu einem Reingewinn von 4.800 € führen.
c) Lösen Sie das Problem graphisch. Berechnen Sie die optimale Anzahl der zu produzierenden Paar Damen- und Herrenschuhe. Wie hoch ist der maximale Reingewinn?
d) Wie ändert sich die optimale Lösung, wenn sich die Materialkosten der Herrenschuhe um 11 % erhöhen? Es wird davon ausgegangen, dass alle anderen Größen, also insbesondere der Reingewinn, unverändert bleiben.

5. Aufgabe (20/100 Punkte)

Durch die Modellierung eines Fertigungsproblems stößt man auf die Funktion

$$f : \mathbb{R}^2 \longrightarrow \mathbb{R} \quad \text{mit} \quad f(x,y) = 12x \cdot (x+y) + 6y^2 ,$$

die es unter Einhaltung der Restriktion

$$10x^2 + 12xy + 5y^2 = 1$$

zu optimieren gilt. Untersuchen Sie mit Hilfe des Satzes von Lagrange, ob an der Stelle

$$\left(\frac{1}{\sqrt{10}}, 0 \right)$$

ein lokales Extremum vorliegen kann.

Klausur Diplom, Sommersemester 2006

1. Aufgabe (30/100 Punkte)

Eine Firma produziert Dachrinnen mit U-förmigem Querschnitt. Zur Fertigung werden Bleche mit einer Breite von je 1 dm benutzt. Die Ränder sind auf beiden Seiten gleichweit nach außen gebogen. Bezeichne h die Höhe einer Rinne, so ergibt sich folgende Skizze:

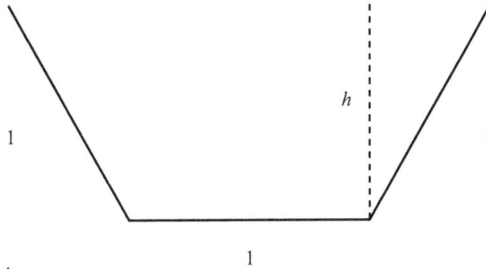

Abb. 4.1: Aufgabe: Dachrinne

a) Stellen Sie eine Funktionsgleichung für die Querschnittsfläche in Abhängigkeit von der Höhe h auf. Wie lautet der Definitionsbereich?
   Tipp: Die Fläche besteht aus einem Rechteck und zwei Dreiecken.
b) Berechnen Sie die erste Ableitung der Funktion und fassen Sie die entstehenden Terme zusammen.
   Tipp: Falls Sie a) nicht lösen konnten, verwenden Sie die Funktionsgleichung

$$f(h) = h \cdot \left(1 + \sqrt{1 - h^2}\right)$$

c) Berechnen Sie die Kandidaten für die Extremstellen.
d) Wie muss man die Dachrinnen fertigen, damit der Querschnitt maximal wird? Wie groß ist die maximale Querschnittsfläche? Fassen Sie die Ergebnisse abschließend in einem Schlusssatz zusammen.
   Tipp: Argumentieren Sie, wenn möglich, ohne 2. Ableitung.

2. Aufgabe (25/100 Punkte)
Für die Fertigung der beiden Endprodukte P1 und P2 benötigt ein Betrieb drei Rohstoffe, nennen wir sie X, Y und Z. Der Betrieb verfügt über insgesamt 2.000 Mengeneinheiten von Rohstoff X, 2.400 Mengeneinheiten von Y sowie 4.000 Mengeneinheiten von Z. Für die Produktion einer Mengeneinheit des Produkts P1 benötigt man 10 Mengeneinheiten X, 16 Mengeneinheiten Y und 8 Mengeneinheiten Z, und für Produkt P2 sind es 20 Mengeneinheiten X, 5 Mengeneinheiten Y und 20 Mengeneinheiten Z. Man rechnet damit, eine Mengeneinheit von Produkt P1 für 7 € bzw. eine Mengeneinheit von Produkt P2 für 8 € am Markt absetzen zu können. Das Ziel ist eine umsatzmaximierende Produktion.

a) Formulieren Sie das lineare Programm, das dem Problem zugrunde liegt.
b) Zeichnen Sie ein Schaubild, und skizzieren Sie den Zulässigkeitsbereich.
c) Eine Nebenbedingung ist redundant. Welche? Begründen Sie Ihre Entscheidung anhand des Schaubilds einerseits und mit einer Rechnung andererseits.

3. Aufgabe (17/100 Punkte)
Bezüglich einer Annuitätentilgung lautet die Tilgungsrate im 7. Jahr 10.000 €. Die Laufzeit des Kredits beträgt bei einem Zinssatz von 6 % insgesamt 15 Jahre.

a) Wie groß war die Anfangschuld?
b) Wie hoch wäre die Tilgung im 7. Jahr bei einer Anfangsschuld von 165.000 € im Hinblick auf eine Ratentilgung und sonst gleichen Konditionen?

4. Aufgabe (28/100 Punkte)
Beantworten Sie folgende Fragen.

a) Jede differenzierbare Funktion ist stetig. Was folgt daraus für eine nicht stetige Funktion?
b) Wann nennt man eine Teilmenge des dreidimensionalen Anschauungsraums kompakt?
c) Worin liegt der entscheidende Vorteil stetiger Zinsen im Vergleich zu anderen Zinskonventionen?
d) Was versteht man unter einer elastischen Preisabsatzfunktion? Nennen Sie ein Ihnen bekanntes Produktbeispiel.
e) Gegeben sei eine lineare Abbildung

$$f : \mathbb{R}^2 \longrightarrow \mathbb{R} \quad \text{mit} \quad f(1, 2) = 3 \,.$$

Worauf wird der Punkt $(2, 4)$ abgebildet und warum?
f) Berechnen Sie die Determinante der im Anschluss gegebenen Matrix A mit Hilfe der Regel von Sarrus.

$$A = \begin{pmatrix} 0 & 1 & 2 \\ 1 & 3 & 1 \\ -1 & 0 & 7 \end{pmatrix}$$

g) Was folgt aus f) im Hinblick auf die Lösbarkeit eines Gleichungssystems mit A als Koeffizientenmatrix?
Tipp: Die Determinante von A ist ungleich 0.

Klausur Bachelor, Sommersemester 2006

1. Aufgabe (18/60 Punkte)

a) Ein Automobilzulieferer verfügt über stille Reserven in einer Höhe von 12 Mio. Euro. Wie groß müsste ein Anfangskapital gewesen sein, das bei einem nominellen Jahreszinssatz von 8 % und vierteljährlichem Zinszuschlag nach 18 Jahren diesen Betrag ergeben hätte? Bestimmen Sie den Effektivzinssatz!
b) Zwei ausstehende Zahlungen der Firma über 50.000 €, fällig in 3 Jahren, und von 30.000 €, fällig in 8 Jahren, sollen zu einer Einmalzahlung in Höhe von 80.000 € zusammengefasst werden. Nach wie vielen Jahren und vollen Monaten ist diese Zahlung zu leisten, wenn man von einem stetigen Jahreszinssatz von 7 % ausgeht?
c) Die Firma möchte aufgrund absehbarer Entsorgungskosten für eine Maschine durch jährlich konstante Einzahlungen jeweils am Jahresende ein Guthaben von 80.000 € nach 15 Jahren angespart haben. Wie hoch müssen diese Zahlungen sein, wenn bei einem jährlichen Zinszuschlag ein Zinssatz von 5 % gewährt wird. Durch welche konstanten monatlichen Zahlungen jeweils am Monatsanfang kann dieses Ergebnis im gleichen Zeitraum erzielt werden?

2. Aufgabe (26/60 Punkte)
Der Automobilzulieferer stanzt Karosserieteile. Seine Produktionsfunktion lautet

$$f : \mathbb{R}^2 \longrightarrow \mathbb{R} \quad \text{mit} \quad f(x, y) = \ln(\pi) + \frac{1}{10}(x^2 + y^2 - 35) \cdot e^{-x}.$$

a) Bestimmen Sie die Kandidaten für die lokalen Extremstellen der Funktion.

b) Prüfen Sie mit Hilfe der Hessematrix, ob es sich tatsächlich um Extremstellen handelt, und geben Sie wenn möglich an, ob eine Maximum- bzw. Minimumstelle vorliegt. Berechnen Sie die Extremwerte.

c) Die Karosserieteile werden aus kreisrunden Blechplatten gestanzt. Damit beschränkt sich der Definitionsbereich der Funktion auf die abgeschlossene Kreisscheibe

$$x^2 + y^2 \leq 6 \,.$$

Bestimmen Sie das globale Maximum bzw. Minimum der Funktion unter Beachtung obiger Restriktion.

Tipp: Versuchen Sie es ohne Lagrange durch Betrachtung der Produktionsfunktion auf dem Rand der Kreisscheibe.

3. Aufgabe (16/60 Punkte)

Nachdem Karosserieteile aus Blechplatten ausgestanzt wurden, sollen sie mit zwei Grundierungsfarben beschichtet werden. Jede Grundierung enthält drei Bestandteile, die ein Autobauer gerne in einer gewissen Mindestmenge auf den Karosserieteilen wiederfinden möchte.

	Grundierung A	Grundierung B
Bestandteil I	0,2 ME/Liter	0,1 ME/Liter
Bestandteil II	0,2 ME/Liter	0,4 ME/Liter
Bestandteil III	0 ME/Liter	0,4 ME/Liter
Preis	5 €/Liter	6 €/Liter

Der Autobauer fordert von Bestandteil I pro beschichtetem Karosserieteil eine Mindestmenge von 6 Mengeneinheiten bzw. 12 Mengeneinheiten von Bestandteil II und 4 Mengeneinheiten von Bestandteil III. Der Autozulieferer strebt nach einer kostenminimalen Produktion.

a) Erstellen Sie ein lineares Programm zur Lösung des Problems.

b) Zeichnen Sie ein Schaubild, und kennzeichnen Sie darin alle zulässigen Lösungen.

c) Führen Sie die Zielfunktion auf eine Geradengleichung zurück, und lösen Sie das Optimierungsproblem graphisch. Markieren Sie die minimale Kostenkombination.

d) Berechnen Sie die minimale Kostenkombination sowie die daraus resultierenden Kosten.

Klausur Diplom, Wintersemester 2006/2007

1. Aufgabe (25/100 Punkte)

Zu Jahresbeginn verurteilt ein Gericht ein Unternehmen zur Zahlung einer Abfindung an einen ehemaligen Angestellten. Das Unternehmen soll insgesamt 23 Zahlungen leisten, nach einem Jahr 20.000 € und dann jeweils im Abstand von 2 Jahren immer 150 € weniger als bei der unmittelbaren Zahlung davor.

Das Unternehmen möchte die Abfindung lieber sofort in einer Summe begleichen. Wie hoch wäre diese Einmalzahlung, wenn den Betrachtungen ein Kalkulationszins von 4 % p. a. bei jährlichen Zinszuschlag zugrunde liegt?

2. Aufgabe (25/100 Punkte)

Die Modellierung eines betriebswirtschaftlichen Optimierungsproblems führt Sie auf die Funktion $f : \mathbb{R}^2 \longrightarrow \mathbb{R}$ mit der Abbildungsvorschrift

$$f(x, y) = e^{-xy} \, .$$

Untersuchen Sie die Funktion auf lokale Extrema.

3. Aufgabe (25/100 Punkte)

Die Gäste einer Gesundheitsfarm sollen mit Hilfe von eigens gemixten Getränken zur Nahrungsmittelergänzung, die nach dem Mittagessen gereicht werden, individuell mit Vitaminen versorgt werden. Es handelt sich um die Versorgung mit den Vitaminen C, F und G.

Zum Mixen der Getränke stehen die drei Flüssigkeiten „Mäuseblut", „Pangalaktischer Donnergurgler" sowie „12Gsuffa" zur Verfügung. Die genauen Vitaminangaben in Milligramm pro Volumeneinheit Flüssigkeit entnehme man der folgenden Übersicht.

	Mäuseblut	Donnergurgler	12Gsuffa
Vitamin C	0	1	2
Vitamin F	1	2	0
Vitamin G	2	0	2

a) Ergibt sich für jeden Gast, bezogen auf seinen Vitaminbedarf, eine eindeutig bestimmte Mischung? Begründen Sie Ihre Antwort anhand einer Rechnung.
b) Man möchte nicht für jeden Gast die passende Mischung separat ausrechnen. Berechnen Sie deshalb die Inverse zu der oben angegebenen Matrix.

4. Aufgabe (25/100 Punkte)

a) Im alten Jahr kostete eine Ware $16 \, €$ inkl. $16 \, \%$ Mehrwertsteuer. Was kostet die Ware heute bei $19 \, \%$ Mehrwertsteuer?
b) Was muss bezüglich der Zeilen bzw. Spalten zweier Matrizen gelten, damit man sie miteinander multiplizieren kann?
c) Wann ist ein einzelner Vektor linear abhängig? Begründen Sie Ihre Meinung.
d) Wofür steht die Abkürzung PAngV im Hinblick auf den Effektivzins?
e) Gegeben sei eine zweimal differenzierbare Funktion

$$f : \mathbb{R}^n \longrightarrow \mathbb{R} \, .$$

Wie lauten die Fachbegriffe für die erste und für die zweite Ableitung? Handelt es sich jeweils um eine Zahl, einen Vektor oder eine Matrix? Geben Sie jeweils die Dimensionen an.

Klausur Bachelor, Wintersemester 2006/2007

1. Aufgabe (17/50 Punkte)
Ein Bundesland führt Studiengebühren ein. Dies hat zur Folge, dass Sie als Student einer bestimmten Hochschule jedes Semester 150 € zahlen müssen. Der Betrag wird jeweils am ersten Januar sowie am ersten Juli fällig. Sie rechnen mit einer Studiendauer von 10 Semestern. Alternativ könnten Sie Ihr Geld auch jederzeit bei einer Bank zu 6,4 % anlegen, jährlicher Zinszuschlag jeweils am Jahresende.

a) Berechnen Sie den Rentenendwert.
b) Wie viele Jahre könnten Sie **nach** Ihrem Studium jeden Monat 10 € mehr konsumieren, wenn Sie an einer Hochschule ohne Studiengebühren studiert hätten? Nehmen Sie der Einfachheit halber an, dass die 10 € in einer Summe jeweils am Monatsende vorliegen.
Tipp: Falls a) nicht gelöst wurde, so nehmen Sie als Rentenendwert 1.786,51 € an.

2. Aufgabe (16/50 Punkte)
Eine Produktionsfunktion $f : \mathbb{R}^2 \longrightarrow \mathbb{R}$ wird modelliert durch die Abbildungsvorschrift:

$$f(x, y) = 2e^{2x} + x^2 y - y^2 e^{-x}.$$

a) Berechnen Sie $f'(0, 1)$ und $f''(0, 1)$ mittels der ersten und der zweiten Ableitung.
b) Was folgt aus der totalen Differenzierbarkeit einer Funktion im Hinblick auf die partiellen Ableitungen? Erläutern Sie den Zusammenhang in **einem** Satz.

3. Aufgabe (17/50 Punkte)
Gegeben sei das folgende Gleichungssystem

$$a - b - c - d = -12, \quad 5b + c = -3, \quad 7b + 2c + 4d = 1 \quad \text{und} \quad 3b + 3c + 9d = 12.$$

a) Lösen Sie das Gleichungssystem.
Tipp: Alle Lösungen sind ganzzahlig.
b) Prüfen Sie mittels der Determinante, ob das Gleichungssystem stets eindeutig lösbar ist.

Klausur Diplom, Sommersemester 2007

1. Aufgabe (20/100 Punkte)

a) Ein Kreditnehmer nimmt ein Darlehen über einen Betrag in Höhe von 500.000 € auf. Bei einem Kalkulationszinssatz von 6 % p. a. beträgt die Laufzeit 20 Jahre. Der Kreditnehmer entscheidet sich für eine Annuitätentilgung. Berechnen Sie die Restschuld nach Ablauf von 10 Jahren. (9 Punkte)
b) Gegeben sei wieder ein Darlehen mit einer Laufzeit von 20 Jahren, jedoch sind Zinssatz und Darlehenssumme diesmal unbekannt. Zeigen Sie, dass vor dem Hintergrund einer Annuitätentilgung in jedem Fall die Restschuld nach 10 Jahren denselben Wert besitzt wie die Zahlungsfolge der letzten 10 Annuitäten. (11 Punkte)

2. Aufgabe (28/100 Punkte)
Betrachten Sie die Funktion

$$f : \mathbb{R}^2 \longrightarrow \mathbb{R} \quad \text{mit} \quad f(x, y) = x + y$$

auf der abgeschlossenen Einheitskreisscheibe $x^2 + y^2 \leq 1$.

a) Berechnen Sie den Gradienten der Funktion und argumentieren Sie, weswegen im Innern des Kreises keine Extremstellen liegen können. (3 Punkte)
b) Ermitteln Sie mit Hilfe des Satzes von Lagrange alle Kandidaten für die Extremstellen auf dem Rand der Einheitskreisscheibe. (12 Punkte)
c) Entscheiden Sie mittels der zweiten Ableitung, um welche Art von Extremstellen es sich jeweils handelt. (9 Punkte)
d) Prüfen Sie, ob im konkreten Fall alle Voraussetzungen zur Anwendung des Satzes von Lagrange erfüllt sind. (4 Punkte)

3. Aufgabe (29/100 Punkte)
Durch die Nutzung einer derzeit stillgelegten betriebseigenen Verbrennungsanlage möchte ein Unternehmen den Firmen eines Industrieparks anbieten, sie bei der gesetzlich vorgeschriebenen Entsorgung ihrer Abfallprodukte A und B zu unterstützen. Pro Tonne des Abfallprodukts A fallen 5 Geldeinheiten (GE) Entsorgungskosten an, bezüglich B sind es 6 GE pro Tonne. An den Entsorgungskosten beteiligen sich die Firmen mit jeweils 3 GE/t, gleich um welches Abfallprodukt es sich handelt. Pro Jahr bekommt das Unternehmen vom Land einen Zuschuss in Höhe von 13.000 GE für den Betrieb der Anlage. Das Unternehmen strebt nach Abzug der Entsorgungskosten danach, aus diesem Landeszuschuss einen möglichst großen Überschuss zu erzielen.

Bezogen auf ein Jahr ist das Unternehmen an eine Reihe von Restriktionen gebunden. So können in der Verbrennungsanlage in der Summe nicht mehr als 11.000 t Abfall entsorgt werden. Ferner dürfen aufgrund von Umweltauflagen nicht mehr als 7.000 t von B verbrannt werden. Zusammen mit den Abfallprodukten verbrennt das Unternehmen weitere nicht näher benannte Materialien. Pro Tonne A können 2 Mengeneinheiten (ME) bzw. im Fall von B nur 1 ME mit verbrannt werden. Insgesamt müssen wenigstens 8.000 ME der Materialien zugesetzt werden. Schließlich wird die erzeugte Energie als Fernwärme in ein Netz eingespeist. Jede Tonne A erzeugt 3 ME Energie, bzgl. B sind es 7 ME/t. Man ist vertraglich verpflichtet, mindestens 21.000 ME Energie zu erzeugen.

a) Formulieren Sie das Problem in Form eines linearen Programms. (9 Punkte)
b) Lösen Sie das Problem graphisch. Aus Ihrer Skizze sollten eindeutig alle Nebenbedingungen, der Zulässigkeitsbereich sowie die optimale Lösung hervorgehen. (10 Punkte)
c) Berechnen Sie die optimale Lösung ausgehend von Ihrem Schaubild. Wie groß ist der maximale Überschuss? Schreiben Sie einen aussagekräftigen Schlusssatz. (10 Punkte)

4. Aufgabe (23/100 Punkte)
a) Sie hören im Radio den Slogan einer bekannten Firma der Art „Wir schenken Ihnen beim Kauf eines neuen ... die komplette Mehrwertsteuer." Berechnen Sie die Höhe Ihrer Ersparnis, wenn die Mehrwertsteuer 19 % beträgt. (3 Punkte)

b) Zeigen Sie, ausgehend von der Definition der Differenzierbarkeit, dass für die Funktion

$$f : \mathbb{R} \longrightarrow \mathbb{R} \quad \text{mit} \quad f(x) = x^2$$

gilt: $f'(x) = 2x$. (6 Punkte)

c) Welche Operationen erlaubt der Gaußalgorithmus im Hinblick auf ein lineares Gleichungssystem? (6 Punkte)

d) Wann spricht man von „vorschüssigen" bzw. „nachschüssigen" Zinsen? (4 Punkte)

e) Was unterscheidet das versicherungsmathematische Äquivalenzprinzip von dem finanzmathematischen? (4 Punkte)

Klausur Bachelor, Sommersemester 2007

1. Aufgabe (19/50 Punkte)

In einem Betrieb werden die beiden Produkte A und B gefertigt. Zur Produktion stehen zwei Rohstoffe X und Y zur Verfügung. Zur Herstellung einer ME (Mengeneinheit) A benötigt man 1 ME von X sowie 3 ME von Y, bezüglich B sind es jeweils 2 ME von X und Y. Es liegen noch 8 ME von X bzw. 18 ME von Y auf Lager. Ferner ist zu berücksichtigen, dass aus produktionstechnischen Gründen A und B in einem festen Verhältnis produziert werden müssen. Dieses Verhältnis von A zu B beträgt 2 zu 1. Der Betrieb strebt nach einer Gewinnmaximierung, wobei er bezüglich A von einem Gewinn von 4 GE (Geldeinheiten) pro ME ausgeht, im Fall von B rechnet er mit 1 GE/ME.

a) Formulieren Sie das Problem als lineares Programm. (5 Punkte)

b) Schreiben Sie die Zielfunktion als Geradengleichung mit Steigung und Ordinatenabschnitt. Interpretieren Sie die Bedeutung des Ordinatenabschnitts in Bezug auf das Ausgangsproblem. (2 Punkte)

c) Lösen Sie das Problem graphisch. Aus Ihrem Schaubild sollen alle Nebenbedingungen, der Zulässigkeitsbereich, die Isoquanten der Zielfunktion sowie die optimale Lösung zweifelsfrei erkennbar sein. (7 Punkte)

d) Berechnen Sie die optimale Lösung als Schnittpunkt zweier Geraden. Wie hoch ist der maximale Gewinn? Schreiben Sie einen aussagekräftigen Schlusssatz, der die Ergebnisse zusammenfasst. (3 Punkte)

e) Bleiben Rohstoffe bei gewinnmaximaler Produktion übrig? Wenn ja, welche und jeweils wie viele Mengeneinheiten? (2 Punkte)

2. Aufgabe (19/50 Punkte)

Ein Sportler möchte seine Leistungsfähigkeit verbessern. Dazu kann er die Ausdauer bzw. die Beweglichkeit trainieren. Bezeichnet man mit x die Anzahl seiner absolvierten Trainingseinheiten für Ausdauer pro Woche und mit y die Anzahl seiner Trainingseinheiten, die er für Beweglichkeit pro Woche aufwendet, so lautet seine Nutzenfunktion

$$u(x, y) = \ln(x + 1) + 3\ln(y + 3).$$

Insgesamt stehen dem Sportler pro Woche 21 ZE (Zeiteinheiten) zur Verfügung. Eine Trainingseinheit Ausdauer dauert 2 ZE, die Trainingseinheit Beweglichkeit 3 ZE. Erstellen Sie einen optimalen Trainingsplan für den Sportler für die kommende Woche, wenn der Sportler nach Maximierung seines Nutzens strebt. Gehen Sie dabei in den im Folgenden angegebenen Schritten vor.

a) Formulieren Sie die Zeitrestriktion als Nebenbedingung. (1 Punkt)
b) Bestimmen Sie die lokalen Maxima mit Hilfe des Satzes von Lagrange. (10 Punkte)
c) Weisen Sie nach, dass das unter b) gefundene lokale Maximum bereits das globale ist.
   Tipp: Falls Sie b) nicht lösen konnten, nehmen Sie $x = 3$ und $y = 5$ an. (6 Punkte)
d) Wie groß ist der maximale Nutzen des Sportlers bei optimalem Trainingsplan? Fassen Sie die Ergebnisse als konkrete Trainingsanweisung an den Sportler in einem aussagekräftigen Schlusssatz zusammen. (2 Punkte)

3. Aufgabe (12/50 Punkte)

a) Sie zahlen 16 Jahre lang jedes Jahr zum Jahresende 600 € in eine Lebensversicherung ein. Der Kalkulationszinssatz liegt bei 6 % p. a. Mit welcher Ablaufleistung können Sie am Ende der Laufzeit rechnen? (3 Punkte)
b) Welche Jahresbeiträge müssten Sie für dieselbe Ablaufleistung einzahlen, wenn die Beiträge in den ungeraden Jahren konstant sind, und die Beiträge in den geraden Jahren im Vergleich zu den ungeraden Jahren um 20 % höher liegen? (8 Punkte)
   Tipp: Falls Sie a) nicht lösen konnten, nehmen Sie als Ablaufleistung 15.403,52 € an.
c) Um sichere Zahlungsfolgen vergleichbar zu machen, vergleicht man ihre Barwerte. Was vergleicht man, wenn die Zahlungen, z. B. im Rahmen einer Risikolebensversicherung, unsicher sind? (1 Punkt)

Klausur Bachelor, Wintersemester 2007/2008

1. Aufgabe (13/50 Punkte)
Um den Bau einer Immobilie finanzieren zu können, soll ein Darlehen über 100.000 Euro aufgenommen werden. Man rechnet mit einer Laufzeit von 30 Jahren bei jährlichen Zinszahlungen. Drei Banken unterbreiten folgende Angebote, wobei sie nur 10 Jahre lang an die Nominalzinssätze gebunden sind und danach neu verhandelt werden muss.

Konditionen	Bank A	Bank B	Bank C
Kreditbetrag [€]	110.000	108.000	100.000
Auszahlungsbetrag [€]	100.000	100.000	100.000
Nominalzinssatz [% p. a.]	5,5	5,7	6,5
Tilgungszeitpunkt	jährlich	jährlich	am Ende der Laufzeit
Tilgungsart	Annuitätentilgung	Ratentilgung	in einer Summe

a) Wie hoch ist für die drei Alternativen jeweils die Liquiditätsbelastung (Summe aus Zins- und Tilgungsleistung) im siebten Jahr? (3 Punkte)
b) Berechnen Sie für jedes Angebot die Restschuld nach 10 Jahren. (3 Punkte)

c) Wie groß ist der Effektivzinssatz für das Darlehen der Bank C, wenn der Nominalzinssatz während der Laufzeit konstant bleibt? Begründen Sie Ihre Antwort. (2 Punkte)

d) Zeigen Sie, dass der Effektivzinssatz für das Darlehen von Bank A unter gleichbleibenden Bedingungen rund 6,39 % p. a. beträgt. Stellen Sie dazu eine Bestimmungsgleichung für den Effektivzinssatz auf. (5 Punkte)

2. Aufgabe (13/50 Punkte)

Die absetzbare Menge x eines Gutes in Abhängigkeit vom Preis p zwischen 0 und 5 Geldeinheiten (GE), jeweils ausschließlich, ist durch folgende Preisabsatzfunktion gegeben:

$$x(p) = 10 - 2p.$$

a) Bestimmen Sie den Definitions- sowie den Bildbereich der Preisabsatzfunktion, und zeichnen Sie den Graph der Funktion in ein Koordinatensystem ein. (3 Punkte)

b) Für welche Preise ist die Preisabsatzfunktion elastisch, einselastisch bzw. unelastisch? (6 Punkte)

c) Der aktuelle Marktpreis des Gutes liege bei 3 GE. Um wie viel Prozent nimmt die absetzbare Menge ab, wenn der Preis um 1 % erhöht wird? (2 Punkte)

Auf Luigi Amoroso (1886-1965) und Joan Robinson (1903-1983) geht die so genannte *Amoroso-Robinson-Relation* zurück, die in der Makroökonomie den Zusammenhang zwischen Grenzerlös, Angebotspreis und Preiselastizität beschreibt. Sie lautet:

$$E'(x) = p(x) \cdot \left(1 + \frac{1}{\varepsilon_x(p)}\right)$$

mit Grenzerlös $E'(x)$, Angebotspreis $p(x)$ und Preiselastizität $\varepsilon_x(p)$.

d) Wie hoch ist der Angebotspeis, der bei einer Preiselastizität von -5 zu einem Grenzerlös von einer Geldeinheit führt? (2 Punkte)

e) Beweisen Sie die Amoroso-Robinson-Relation, indem Sie von der betriebswirtschaftlichen Definition des Begriffs „Erlös" ausgehen, die Produktregel für differenzierbare Funktionen anwenden und die Definition der Elastizität ausnutzen. Verwenden Sie ohne Beweis, dass

$$\varepsilon_p(x) = \frac{1}{\varepsilon_x(p)}$$

gilt. (4 Punkte)

3. Aufgabe (15/50 Punkte)

Ein Pharmakonzern beliefert drei Krankenhäuser mit Verbandsmaterial, das in zwei Speicherhallen gelagert wird. Die Entfernungen zwischen den Speicherhallen und den Krankenhäusern sind in folgender Tabelle wiedergegeben:

Entfernungen [km]	Speicherhalle 1	Speicherhalle 2
Krankenhaus 1	10	11
Krankenhaus 2	12	14
Krankenhaus 3	15	20

In der ersten Speicherhalle befinden sich 37 Mengeneinheiten (ME) Verbandsmaterial, in der zweiten 23 ME. Im ersten Krankenhaus werden 15 ME Verbandsmaterial benötigt, im zweiten 20 ME und im dritten 25 ME.

a) Formulieren Sie ein lineares Programm, das die Transportkilometer minimiert. (8 Punkte)
b) Zeigen Sie, dass sich insgesamt mindestens 880 Transportkilometer ergeben, wenn man die Krankenhäuser 1 und 2 aus der ihnen am nächsten gelegenen Speicherhalle 1 mit Verbandsmaterial versorgt. (3 Punkte)
c) Löst man das Problem mittels der Lösungstheorie linearer Programme, dann stößt man auf eine minimale Anzahl an Transportkilometern in Höhe von 796 km. Warum steht dieses Ergebnis nicht im Widerspruch zu den im Teil b) ermittelten 880 km? (4 Punkte)

4. Aufgabe (5/50 Punkte)

a) Die Einzelhandelskette Theoretiker offeriert ihren Kunden „20 % auf Alles außer Hamsterfutter". Was kostete eine Ware, die ein Kunde für 76 Euro erworben hat, vor der Rabattierung? (1 Punkt)
b) Welche besondere Voraussetzung muss eine quadratische Matrix erfüllen, die Sie mittels Hauptabschnittsdeterminanten auf die Art ihrer Definitheit überprüfen möchten? (1 Punkt)
c) Welcher Zusammenhang besteht zwischen den Lösungen eines inhomogenen Gleichungssystems und den Lösungen des zugehörigen homogenen Gleichungssystems, wenn eine spezielle Lösung des inhomogenen Systems gegeben ist? (2 Punkte)
d) Nennen Sie ein Verfahren zur Nullstellenbestimmung? (1 Punkt)

Klausur Bachelor, Sommersemester 2008

1. Aufgabe (7/50 Punkte)

a) Sie kaufen ein Fahrrad für 300 Euro. Wie viele Euro Mehrwertsteuer sind in dem Betrag enthalten?
b) Drei Männer mähen die Wiese rund um den RAC in zwei Stunden. Wie viele Minuten bräuchten voraussichtlich vier Männer?
c) Welche drei Manipulationen eines linearen Gleichungssystems erlaubt der Gaußalgorithmus?
d) Berechnen Sie die Determinante folgender Matrix:

$$A = \begin{pmatrix} 1 & 0 & 2 & 0 \\ 4 & 1 & 8 & 2 \\ 3 & 0 & 6 & 1 \\ 2 & 0 & 4 & 0 \end{pmatrix}$$

2. Aufgabe (17/50 Punkte)

Ein Balken mit rechtwinkligem Querschnitt soll aus einem zylinderförmigen Baumstamm geschnitten werden. Wie erreicht man maximale Biegefestigkeit des Balkens?

Die Biegefestigkeit des Balkens ist gleich

$$f(x,y) = x \cdot y^2,$$

wobei $y > 0$ die Höhe des Balkenquerschnitts und $x > 0$ seine Breite ist. Der Durchmesser des Baums beträgt einen Meter, weswegen zusätzlich folgende Nebenbedingung erfüllt sein muss:

$$x^2 + y^2 = 1.$$

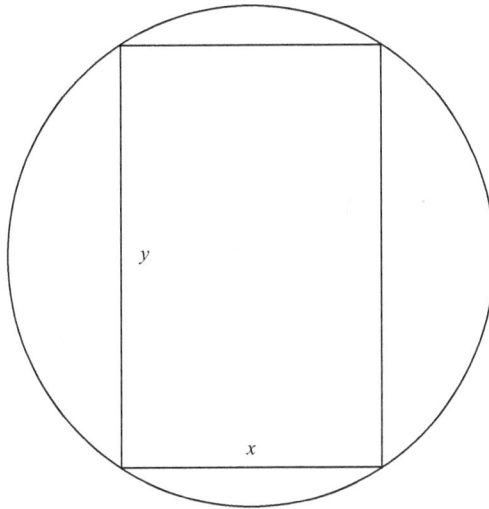

Abb. 4.2: *Aufgabe: Biegefestigkeit eines Balkens*

a) Stellen Sie die Funktionsgleichung der Lagrangefunktion auf.
b) Wie lauten die drei partiellen Ableitungen der Lagrangefunktion?
c) Es stellt sich heraus, dass nur für die Werte

$$x^* = \frac{1}{\sqrt{3}}, \quad y^* = \sqrt{\frac{2}{3}} \quad \text{und} \quad \lambda^* = -\frac{1}{\sqrt{3}}$$

alle partiellen Ableitungen gleichzeitig verschwinden, d. h. gleich 0 sind. Prüfen Sie, ob die Voraussetzungen zur Anwendung des Satzes von Lagrange erfüllt sind.
d) Begründen Sie mittels zweiter Ableitung, dass ein lokales Maximum vorliegt.
e) Welche Biegefestigkeit ergibt sich an den Rändern des Definitionsbereichs? Schließen Sie aus dem Ergebnis, dass das oben angegebene lokale schon das globale Maximum ist.

3. Aufgabe (15/50 Punkte)
In der nachfolgenden Tabelle sind alle relevanten Daten eines betriebswirtschaftlichen Optimierungsproblems gegeben. Es kann über maximal 40.000 Minuten freie Fertigungskapazitäten verfügt werden.

	Produkt 1	Produkt 2
Verkaufspreis	40 €/ME	48 €/ME
Variable Stückkosten	20 €/ME	32 €/ME
Fertigungszeit	10 min/ME	4 min/ME
Maximaler Absatz	3.000 ME	6.000 ME

a) Formulieren Sie ein lineares Programm zur Maximierung des Deckungsbeitrags (Deckungsbeitrag = Verkaufspreis − variable Stückkosten).
b) Lösen Sie das Problem nachvollziehbar mittels einer Graphik. Wie viele ME (Mengeneinheiten) von Produkt 1 bzw. 2 müssen produziert werden? Wie hoch ist der maximale Deckungsbeitrag?

4. Aufgabe (11/50 Punkte)

a) Welcher von zwei äquivalenten Zinssätzen ist größer, der vor- oder der nachschüssige? Begründung!
b) Was besagt das Äquivalenzprinzip der Preisangabenverordnung?
c) Im März 2008 warb die Handelskette Saturn im Raum Koblenz mit folgender Anzeige:

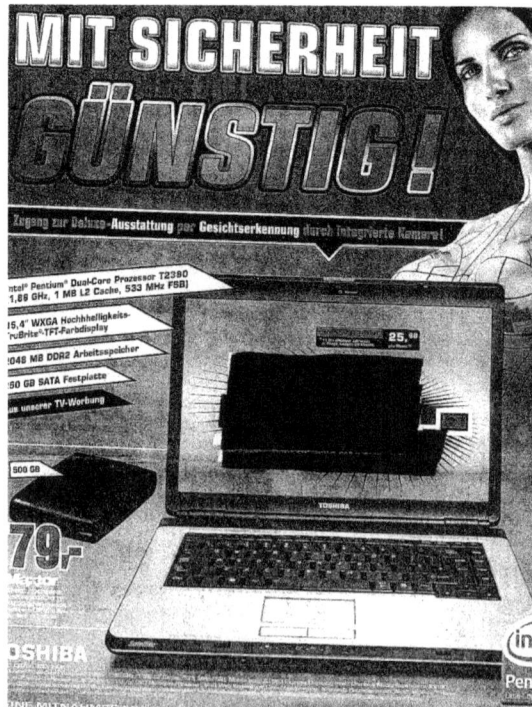

Abb. 4.3: Aufgabe: Werbeprospekt Saturn

Aus Sicht der Finanzmathematik ist lediglich der folgende Ausschnitt interessant:

```
FINANZIERUNG   25,66
(1) 11,9% effektiver Jahreszins
n. PAngV. Laufzeit 24 Monate     pro Monat (1)
```

Welcher Barpreis, auf volle Euro gerundet und in der Anzeige (großes Bild) geschwärzt, wird für den Laptop verlangt?

Klausur Bachelor, Wintersemester 2008/2009

1. Aufgabe (15/50 Punkte)
Gegeben sind folgende Daten eines betriebswirtschaftlichen Optimierungsproblems:

	Produkt 1	Produkt 2
Verkaufspreis	40 €/ME	48 €/ME
Variable Stückkosten	20 €/ME	32 €/ME
Fertigungszeit	10 min/ME	4 min/ME
Maximaler Absatz	3.000 ME	6.000 ME

Es kann über maximal 40.000 Minuten freie Fertigungskapazitäten verfügt werden.

a) Formulieren Sie ein lineares Programm zur Maximierung des Deckungsbeitrags (Deckungsbeitrag = Verkaufspreis - variable Stückkosten). (6 Punkte)
b) Lösen Sie das vorliegende Problem nachvollziehbar anhand einer Graphik. Wie viele Mengeneinheiten (ME) von Produkt 1 bzw. 2 müssen produziert werden? Wie hoch ist der maximale Deckungsbeitrag? (9 Punkte)

2. Aufgabe (10/50 Punkte)
Ein Produkt wird aus zwei Rohstoffen hergestellt. Setzt man diese in den Quantitäten $x \geq 0$ und $y \geq 0$ ein, so fällt dabei ein Nebenprodukt in der Quantität

$$f(x, y) = (4x + y - 86)^2 + (4x + 8y - 128)^2 + 1$$

an, welches als Schadstoff kostenaufwändig entsorgt werden muss. Berechnen Sie die Rohstoffmengen, für die sich eine schadstoffminimale Produktion ergibt. Gehen Sie dabei davon aus, dass das gefundene lokale schon das globale Minimum ist.

3. Aufgabe (9/50 Punkte)

a) Geben Sie zwei linear abhängige Vektoren im $\mathbb{R}^2$ an. Weisen Sie mit Hilfe einer Determinantenberechnung nach, dass die von Ihnen gewählten Vektoren tatsächlich linear abhängig sind. (2 Punkte)

b) Berechnen Sie $\sqrt{(128)^{-256} \cdot 128^{258}}$. (3 Punkte)

c) Sind Sie noch fit in Grundschul-Mathe? Eine Aufgabe aus einem Lehrbuch der 3. Klasse: „Der Teufel sagte zu einem Mann: „Wenn du über diese Brücke gehst, will ich dein Geld verdoppeln, doch musst du jedes Mal, wenn du zurückkommst, 8 Taler ins Wasser werfen." Als der Mann das dritte Mal zurückkehrte und 8 Taler ins Wasser warf, hatte er keinen blanken Heller mehr. Wie viel hatte er anfangs?" Stellen Sie eine Bestimmungsgleichung auf (2 Punkte) und lösen Sie das Problem nachvollziehbar (2 Punkte).

4. Aufgabe (16/50 Punkte)

Ein Unternehmen nimmt ein Darlehen über eine Million Euro auf. Die Laufzeit beträgt zwanzig Jahre, der Kreditzins konstant 9 % p. a. über die gesamte Laufzeit.

a) Erstellen Sie einen Tilgungsplan, bestehend aus je einer Spalte für die Restschulden, Zinsen, Tilgungen und Annuitäten, für die ersten vier Jahre im Fall einer Ratentilgung! (4 Punkte)

b) Erstellen Sie einen Tilgungsplan, bestehend aus je einer Spalte wie oben, für die ersten drei Jahre im Hinblick auf eine Annuitätentilgung! (5 Punkte)

c) Welche Art von Zahlenfolge bildet die Folge der Tilgungsleistungen im Fall der Annuitätentilgung? (1 Punkt)

d) Leiten Sie eine Formel her, die die Frage beantwortet, in welchem Jahr die Annuität bzgl. einer Ratentilgung erstmals kleiner ist als die Annuität bzgl. einer Annuitätentilgung? Für beide Tilgungsarten sind Darlehenssumme, Zinssatz und Laufzeit identisch. (6 Punkte)

Klausur Bachelor, Sommersemester 2009

1. Aufgabe (13/50 Punkte)

Der folgende Zeitungsausschnitt stammt aus dem Kölner Stadt-Anzeiger:

Deutsche unterschätzen Tilgungsdauer

Abb. 4.4: *Aufgabe: Kölner Stadt-Anzeiger von Montag, dem 15. Juni 2009, S. 11*

Zu dem Rechenbeispiel in der letzten Spalte heißt es: „Wer heute ein Immobiliendarlehen in Höhe von 150.000 Euro bei einem Zinssatz von 4,35 Prozent und lediglich einem Prozent Tilgung abschließt, braucht fast a Jahre, bis das Darlehen komplett abbezahlt ist. Allein die Erhöhung der anfänglichen Tilgung auf zwei Prozent verringert die Dauer der Darlehensrückzahlung um b Jahre."

Berechnen Sie a bzw. b und füllen damit die Lücken im Text. Gestalten Sie Ihre Ausführungen nachvollziehbar.

Tipp: Es ist von einer Annuitätentilgung die Rede.

2. Aufgabe (16/50 Punkte)
Sie möchten einen Handyvertrag abschließen. Dazu vergleichen Sie zwei Angebote:

- Angebot A: Grundgebühr 19 € im Monat und für jede Gesprächsminute 0,05 €
- Angebot B: Grundgebühr 16 € im Monat und für jede Gesprächsminute 0,06 €

Ab einer gewissen Gesprächsdauer im Monat, dem so genannten Break-Even-Punkt, wird man sich für das Angebot mit der höheren Grundmiete entscheiden.

a) Berechnen Sie den Break-Even-Punkt samt den zugehörigen Gesamtkosten.(2 Punkte)
b) Formulieren Sie das Break-Even-Problem als lineares Gleichungssystem in der Form

$$A \cdot \begin{pmatrix} x \\ K \end{pmatrix} = \vec{b}$$

mit den vertelefonierten Minuten x und den Gesamtkosten, die durch K symbolisiert werden. Woraus besteht der Begrenzungsvektor? Begründung! (5 Punkte)
c) Prüfen Sie, dass die in a) berechnete Lösung das Gleichungssystem aus b) löst. (2 Punkte)
d) Nun variieren die Grundgebühren durch diverse Sonderaktionen. Damit Sie das lineare Gleichungssystem nicht für jede Variation erneut lösen müssen, möchten Sie die Cramersche Regel anwenden und dazu die inverse Koeffizientenmatrix ermitteln. Berechnen Sie diese nachvollziehbar. (5 Punkte)
e) Berechnen Sie mit Hilfe der Cramerschen Regel den Break-Even-Punkt für Grundgebühren in Höhe von 20 € und 17 € bzgl. der Angebote A bzw. B. (2 Punkte)

3. Aufgabe (10/50 Punkte)

a) Eine Strecke von 100 m ist gegeben. Die Strecke besteht aus zwei Teilstrecken, einer großen und einer kleinen. Die kleinere Strecke verhält sich gegenüber der größeren wie die größere zur Gesamtstrecke. Wie lang sind die beiden Teilstrecken? (5 Punkte)
b) Berechnen Sie das folgende Produkt zweier Matrizen (2 Punkte):

$$\begin{pmatrix} 1 \\ 2 \end{pmatrix} \cdot (-3, 4, 7)$$

c) Berechnen Sie $\sqrt{169^{-4.711} \cdot 139^{9.424}}$. (3 Punkte)

4. Aufgabe (11/50 Punkte)

Ein Kosmetikunternehmen produziert Duschgel und Haarshampoo. Die Marketingabteilung veranschlagt folgende Preisabsatzfunktionen für die beiden Produkte:

$$p_1(x_1) = 10 - x_1 \quad \text{für Duschgel und} \quad p_2(x_2) = 20 - x_2 \quad \text{für Haarshampoo,}$$

wobei p_1 und p_2 bzw. x_1 und x_2 Stückpreise und Absatzmengen bezeichnen. Ferner sei

$$K(x_1, x_2) = 20 + 0{,}5x_1^2 + 0{,}5x_2^2 + x_1 x_2$$

die Kostenfunktion der beiden Produkte.

Stellen Sie die Gewinnfunktion auf, und berechnen Sie die gewinnmaximalen Absatzmengen und Preise. Wie hoch ist der maximale Gewinn? Gehen Sie bei Ihrer Berechnung davon aus, dass das gefundene lokale Maximum schon das globale Maximum ist. (Quelle: in Anlehnung an Akkerboom/Peters [3], Aufgabe 4-7, S. 110)

Klausur Bachelor, Wintersemester 2009/2010

1. Aufgabe (11/50 Punkte)

In der Informationsbroschüre zur BahnCard der Deutschen Bahn, Stand November 2009, findet sich auf S. 10 folgende Preistabelle:

	1. Klasse	2. Klasse
BahnCard 25	114,- €	57,- €
BahnCard 50	450,- €	225,- €
Mobility BahnCard 100	6.150, – € (im Abo 565,- €/Monat)	3.650, – € (im Abo 335,-€/Monat)

a) Welcher Effektivzinssatz liegt dem Finanzierungsangebot der Mobility BahnCard 100 für die 2. Klasse zu Grunde, wenn die Abonnementzahlungen jeweils am Monatsanfang entrichtet werden müssen und die Karten jeweils ein Jahr gültig sind? (6 Punkte)

b) Wie hoch sind der zu dem Effektivzinssatz äquivalente nominelle, stetige und vorschüssige Jahreszinssatz? (5 Punkte)

2. Aufgabe (13/50 Punkte)

(in Anlehnung an die Aufgabensammlung von Christian Bauer et al. [6], Aufg. 4 und Aufg. 5, S. 248 f. sowie S. 309)

Als PC-Hersteller montieren Sie zwei Arten von Notebooks, wofür Speicherbausteine auf dem Markt extern beschafft werden müssen. Des Weiteren steht Ihnen nur eine begrenzte Menge an Personal zur Verfügung. Mit dem derzeitigen Personal können 32 Zeiteinheiten je Monat für die Montage verwendet werden. Sie haben mit dem Hersteller der Speicherbausteine langfristige

Lieferverträge abgeschlossen. Monatlich erhalten Sie daher 18 Stück. Aufgrund der großen Nachfrage können Sie kurzfristig keine zusätzlichen Bausteine erwerben. Bei den gängigen Verkaufspreisen liegt der Gewinn pro Notebook 1 bei 6 Geldeinheiten, für Notebook 2 bei 18 Geldeinheiten. Die folgende Tabelle gibt an, was für die Herstellung je eines Notebooks benötigt wird.

	Speicherbausteine [Anzahl]	Arbeitszeit [Zeiteinheiten]
Notebook 1	1	4
Notebook 2	2	2

a) Formulieren Sie den Sachverhalt als lineares Programm zur Maximierung des monatlichen Gewinns. (5 Punkte)
b) Ermitteln Sie graphisch die optimalen Produktionsmengen sowie den maximalen Gewinn. Fertigen Sie dazu eine Skizze an, aus der die Nebenbedingungen, der Zulässigkeitsbereich, die Isolinie zu einem Gewinn von 54 Geldeinheiten sowie die Isolinie zum maximalen Gewinn nebst optimaler Lösungsmenge hervorgeht. (6 Punkte)
c) Können Sie durch Einstellen von mehr Personal Ihren Gewinn kurzfristig erhöhen? Bejahen Sie die Frage, dann geben Sie den neuen maximal möglichen Gewinn an. Verneinen Sie, dann tun Sie dies mit einer Begründung. (2 Punkte)

3. Aufgabe (14/50 Punkte)

a) Sie kaufen sich eine BahnCard 25 für 57,- €. Wie viel Euro Mehrwertsteuer sind in dem Betrag enthalten, wenn der Mehrwertsteuersatz 19 % beträgt? (2 Punkte)
b) Wenn Sie x Mengeneinheiten einer Flüssigkeit mit 2 % Schadstoffanteil mit y Mengeneinheiten einer zweiten Flüssigkeit mit 6 % Schadstoffanteil mischen, wie hoch ist dann der Schadstoffanteil in der Mischung? (3 Punkte)
c) Geben Sie eine Funktion an, die nicht differenzierbar ist. (2 Punkte)
d) Sind Substitutionsgüter im Allgemeinen elastisch, einselastisch oder unelastisch? Begründen Sie Ihre Antwort. (3 Punkte)
e) Mittels welcher Art von Verzinsung wird seit Ende 2000 der Effektivzins gemäß Preisangabenverordnung approximiert? (1 Punkt)
f) Berechnen Sie die Wurzel

$$\sqrt[3]{1.000^{1.234} \cdot 10^{-3.723}}$$

vorzugsweise ohne Taschenrechner. (3 Punkte)

4. Aufgabe (12/50 Punkte)

Im Fachhandel sind 17-Zoll-Monitore erhältlich. Die Bezeichnung „17 Zoll" steht dabei für die Länge der Bildschirmdiagonale einer rechteckigen Bildfläche.

Wie lang und wie breit müsste ein 17-Zoll-Monitor sein, damit die Bildfläche maximal wird? Wie groß ist dann die Fläche? Lösen Sie das Problem mittels einer Extremwertberechnung. Schreiben Sie einen zusammenfassenden Schlusssatz.

Klausur Bachelor, Sommersemester 2010

1. Aufgabe (13/50 Punkte)

a) Vervollständigen Sie den folgenden Tilgungsplan für einen Zinssatz von 10 % p. a. Alle Zahlungen erfolgen jährlich zu Zinszuschlagsterminen in Euro. (5 Punkte)

Jahr	Schuld am Anfang	Annuität	Zins	Tilgung	Schuld am Ende
1	10.000	1.000			
2				1.000	
3				2.100	
4				3.310	
5				3.590	

b) Gegeben sei ein Kredit über 30 Jahre, ein Zinssatz von 8 % p. a. und eine Anfangsschuld von 300.000 Euro. Berechnen Sie für den Fall einer Annuitätentilgung die Annuität im 17. Jahr, die Restschuld im 18. Jahr, die Tilgung im 19. Jahr und den Zins im 20. Jahr. (4 Punkte)

c) Betrachten Sie eine nachschüssige arithmetische Rente, die für 5 % p. a. bei einer Laufzeit von 20 Jahren einen Rentenendwert von 100.000 Euro liefert. Wie groß ist der konstante Rentenzuwachs jedes Jahr, wenn die erste Zahlung 5.000 Euro beträgt? (4 Punkte)

2. Aufgabe (12/50 Punkte)

Betrachten Sie einen Markt mit zwei Anbietern. Die angebotenen Produkte der beiden sind von identischer Beschaffenheit und Qualität. Ihre Angebotsmengen werden mit x_1 und x_2 bezeichnet, sie können komplett abgesetzt werden. Dabei ergibt sich ein Marktpreis, der linear von der Gesamtangebotsmenge abhängt und anhand der Preisabsatzfunktion

$$p = a - b \cdot (x_1 + x_2)$$

mit $a, b > 0$ angegeben werden kann. Sieht man von Fixkosten ab und unterstellt identische variable Kosten $c > 0$ bei beiden Anbietern, dann haben die Gewinnfunktionen folgende Gestalt:

$$G_1 = p \cdot x_1 - c \cdot x_1 \quad \text{für Anbieter 1 bzw.} \quad G_2 = p \cdot x_2 - c \cdot x_2 \quad \text{für Anbieter 2.}$$

Beide Anbieter streben nach der Maximierung ihres Gewinns und wissen, dass ihr Konkurrent das ebenfalls will. Berechnen Sie den **Cournotschen Punkt**, d. h. die optimalen Angebotsmengen sowie den Marktpreis, für die die Gewinne maximal werden.

3. Aufgabe (13/50 Punkte)

Nach der Modellierung eines betriebswirtschaftlichen Sachverhalts liegt die Zielfunktion

$$\max \quad z = 5x_1 + 4x_2.$$

eines linearen Programms vor.

Ferner stößt man auf die Nebenbedingungen

$$3x_1 + 2x_2 \leq 18, \quad x_1 + x_2 \leq 7 \quad \text{und} \quad 2x_1 + 3x_2 \leq 18$$

mit $x_1, x_2 \geq 0$.

a) Begründen Sie ohne Zeichnung und ohne umfangreiche Rechnungen direkt am linearen Programm, warum die Punkte (3,3), (1,7) und (0,6) nicht optimal sein können. (3 Punkte)
b) Lösen Sie das lineare Programm nachvollziehbar anhand einer Zeichnung. Aus der Zeichnung müssen Nebenbedingungen, Zulässigkeitsbereich, Zielfunktion sowie optimale Lösung hervorgehen. Berechnen Sie die optimale Lösung als Schnittpunkt zweier Geraden und geben Sie den maximalen Zielfunktionswert an. (7 Punkte)
c) Die Zielfunktion wird durch die neue Zielfunktion

$$\max \quad z = 1{,}5x_1 + x_2$$

ersetzt. Berechnen Sie die Steigung der neuen Zielfunktion sowie die Steigungen aller Begrenzungsgeraden der Nebenbedingungen und folgern Sie daraus die neue optimale Lösungsmenge. (3 Punkte)

4. Aufgabe (12/50 Punkte)

a) Man bietet Ihnen an, wahlweise mit 19 % Rabatt oder mit einem Erlass der Mehrwertsteuer einzukaufen. Wofür entscheiden Sie sich, wenn Sie möglichst wenig zahlen wollen? Für eine geratene Antwort ohne Begründung gibt es keine Punkte. (2 Punkte)
b) Gegeben Sei eine invertierbare Matrix, deren Determinante den Wert 37 besitzt. Welchen Wert besitzt die Determinante der Inversen und warum? (2 Punkte)
c) Berechnen Sie $\frac{101!}{99!}$ vorzugsweise ohne Taschenrechner. (2 Punkte)
d) Definieren Sie, was man unter einer geometrischen Zahlungsfolge versteht. (2 Punkte)
e) Wie ist der Bildbereich einer mathematischen Funktion definiert? Nehmen Sie in Ihrer Definition Bezug auf den Wertebereich und klären Sie das Verhältnis zwischen Bildbereich und Wertebereich. (2 Punkte)
f) Nur genau wann können zwei Matrizen miteinander multipliziert werden? (2 Punkte)

Klausur Bachelor, Wintersemester 2010/2011

1. Aufgabe (20/100 Punkte)

a) Eine Firma nimmt ein Darlehen über eine Summe von 125.000 Euro auf. Der Zinssatz beträgt 7 % p. a. bei einer Laufzeit von 8 Jahren. Wie hoch ist die Annuität im Fall einer Annuitätentilgung? (4 Punkte)
b) Gegeben sei ein Kredit mit einer Laufzeit von 17 Jahren, einem Zinssatz von 8 % p. a. und einer Anfangsschuld in Höhe von 350.000 Euro. Berechnen Sie für den Fall einer Ratentilgung die Annuität im 12. Jahr. (4 Punkte)
c) Betrachten Sie eine vorschüssige geometrische Rente mit einer Laufzeit von 20 Jahren, für die Zuwachs- gleich Aufzinsungsfaktor gilt. Wie groß ist die erste Rentenzahlung, wenn der Rentenbarwert 100.000 Euro beträgt? (6 Punkte)
d) Berechnen Sie den nachschüssigen Zinssatz, bei dem sich ein Kapital bei jährlichem Zinszuschlag nach 9 Jahren verdoppelt hat. (6 Punkte)

2. Aufgabe (26/100 Punkte)

Durch die Abbildungsvorschrift $f(x,y) = x^4 - 2x^2 + y^2$ sei eine Funktion auf $\mathbb{R}^2$ gegeben.

a) Finden Sie alle Punkte, für die die erste Ableitung gleich 0 ist (14 Punkte).
b) Zeigen Sie, dass die Funktion im Punkt $(-1,0)$ ein lokales Extremum annimmt. Um welche Art von Extremum handelt es sich? Berechnen Sie den Extremwert. (12 Punkte)

3. Aufgabe (26/100 Punkte)

In einem Unternehmen gibt es mit A, B, C und D vier Abteilungen, die sich untereinander Leistungen zur Verfügung stellen. In der anschließenden Übersicht sind die Leistungsströme gemessen in Leistungseinheiten (LE) zusammengetragen:

	Abteilung A	Abteilung B	Abteilung C	Abteilung D
Lieferung von A an	0	1	2	1
Lieferung von B an	1	0	0	0
Lieferung von C an	1	1	0	4
Lieferung von D an	1	0	2	0

Ferner sei bekannt, dass die Abteilungen A, B, C und D primären Kosten von 9, 117, 28 und 51 Geldeinheiten (GE) aufweisen und Gesamtleistungen von 20, 40, 20 und 10 LE erbringen.

a) Stellen Sie das im Rahmen der **innerbetrieblichen Leistungsverrechnung** notwendige Gleichungssystem auf, das zur Bestimmung der zugehörigen Verrechnungspreise a, b, c und d dient. Tipp: Der Ansatz lautet: Kosten = Wert der erstellten LE. (12 Punkte)
b) Nach einiger Rechnung stößt man auf folgendes Zwischenergebnis:

$$\begin{array}{cccc|c}
0 & 1 & -1.909 & 0 & -3.815 \\
0 & 0 & 1 & 0 & 2 \\
0 & 0 & -10 & 1 & -14 \\
1 & 0 & -96 & 0 & -191
\end{array}$$

Entschlüsseln Sie das lineare Gleichungssystem mittels Gaußalgorithmus in einem Schritt, und lesen Sie die optimalen Lösungen ab. Geben Sie hinter jeder Zeile in obiger Tabelle an, welche Manipulationen Sie durchführen. Schreiben Sie einen Schlusssatz, welcher die Lösung im betriebswirtschaftlichen Kontext zusammenfasst. (18 Punkte)

4. Aufgabe (24/100 Punkte)

a) Ein Zeitungsverkäufer verkaufte gestern Morgen 50 Zeitungen. Heute Morgen waren es nur 40 Zeitungen. Um wie viel Prozent ist seine Verkaufsmenge im Vergleich zum Vortag eingebrochen? Eine Antwort ohne Begründung (Rechnung) gibt keine Punkte. (4 Punkte)

b) Fünf Schuhfabriken produzieren in drei Wochen insgesamt 1.500 Paar Damenschuhe. Wie viele Paar Damenschuhe produzieren zwei Fabriken gleicher Art in vier Wochen? Begründung! (4 Punkte)

c) Berechnen Sie

$$\sqrt[2.340]{41.170}$$

vorzugsweise ohne Taschenrechner. (4 Punkte)

d) Wie verhalten sich Tilgungsleistungen im Laufe der Zeit, wenn eine Annuitätentilgung zugrunde gelegt wird? Begründen Sie Ihre Antwort. (4 Punkte)

e) Wann befindet sich ein lineares Programm in der kanonischen Form? Geben Sie alle diesbezüglichen Eigenschaften an. (4 Punkte)

f) Nur genau wann können zwei Matrizen im Hinblick auf ihre Formate miteinander multipliziert werden? (4 Punkte)

Klausur Bachelor, Sommersemester 2011

1. Aufgabe (20/100 Punkte)

a) Eine Firma nimmt ein Darlehen über 600.000 Euro auf. Der Zinssatz beträgt 9 % p. a. bei einer Laufzeit von 15 Jahren. Berechnen Sie die Höhe der Zinszahlung im 9. Jahr, wenn eine Ratentilgung zugrunde gelegt wird. (5 Punkte)

b) 15 Jahre lang werden, ausgehend von 10.000 Euro zu Beginn, jedes Jahr 500 Euro weniger gezahlt als im Jahr zuvor. Der Zinssatz sei mit 5 % p. a. vorgegeben. Alle Zahlungen fallen am Jahresende an. Berechnen Sie den Rentenbarwert. (5 Punkte)

c) Die von der Bundesbank für eine Geldanlage angebotenen **Schatzbriefe** Typ B mit Zinsansammlung weisen eine von Jahr zu Jahr steigende Verzinsung auf. Die Konditionen seien anhand nachfolgender Tabelle angegeben:

Jahr	1	2	3	4	5	6	7
Zinssatz p. a.	3,00	4,50	5,50	6,00	6,00	6,25	6,25

Welche Rendite kann man mit solchen Schatzbriefen erzielen, wenn man sie über die volle Laufzeit von sieben Jahren behält und nicht vorzeitig zurückgibt? (10 Punkte)
(Quelle: aus Luderer/Würker [49], S. 129)

2. Aufgabe (26/100 Punkte)
Durch die Abbildungsvorschrift

$$f(x, y) = 2(x - 1)^2 - y^3 - y^2$$

sei eine Funktion auf $\mathbb{R}^2$ gegeben. Berechnen Sie die lokalen Extremstellen und weisen Sie nach, um welche Art von Extremum es sich handelt.
(Quelle: aus Luderer/Paape/Würker [48], S. 129)

3. Aufgabe (30/100 Punkte)

a) Eine Möbelfabrik hat aus einem Sonderangebot 500 laufende Meter hochwertiger Bretter vom Typ A und 300 laufende Meter speziell veredelter Bretter vom Typ B zur Verfügung. Aufgrund des Bedarfs ist es sinnvoll, daraus wenigstens 40 Spiegelschränke, 130 Konsolen, 30 Hängeschränke und nicht mehr als 10 Wandschränke herzustellen. Der Arbeitszeitfonds für diese zusätzliche Arbeit beläuft sich auf 800 Stunden. In der folgenden Tabelle sind der Aufwand an Brettern in Metern, der Arbeitszeit in Stunden sowie der Gewinn in Euro (jeweils pro Stück) angegeben:

	Spiegelschrank	Konsole	Hängeschrank	Wandschrank
Typ A	1,7	0,1	3,1	4
Typ B	0,7	1,1	1,3	0,3
Arbeitszeit	3	0,5	5	10
Gewinn	60	20	80	70

Es ist ein Produktionsplan zu bestimmen, der maximalen Gewinn sichert. Stellen Sie ein lineares Programm zur Lösung des Problems auf. (12 Punkte)
(Quelle: aus Luderer/Würker [49], S. 211 f.)

b) Bei der Modellierung eines Getränkeproblems (nach Luderer/Würker [49], S. 217 f.) stößt man auf folgendes lineare Programm:

$$\max \quad z = 50x_1 + 150x_2$$

unter den Nebenbedingungen

$$x_1 + x_2 \le 60, \quad x_2 \le 45 \quad \text{und} \quad 0,3x_1 + 0,15x_2 \le 15$$

mit $x_1, x_2 \ge 0$. Lösen Sie das Programm nachvollziehbar anhand einer Graphik. Aus der Graphik müssen Nebenbedingungen, Zulässigkeitsbereich, Zielfunktion sowie optimale Lösung hervorgehen. Berechnen Sie die optimale Lösung als Schnittpunkt zweier Geraden und geben Sie den maximalen Zielfunktionswert an. (18 Punkte)

4. Aufgabe (24/100 Punkte)

a) Welche Eigenschaft hat eine stetige Funktion auf kompakter Menge im Hinblick auf die Extremwertberechnung. (4 Punkte)
b) Wann heißt eine Teilmenge des $\mathbb{R}^n$ kompakt? (4 Punkte)
c) Berechnen Sie

$$\sqrt[3.693]{271.231}$$

vorzugsweise ohne Taschenrechner. (4 Punkte)
d) Welche beiden Zinsarten kombiniert die sogenannte „gemischte Verzinsung"? (4 Punkte)
e) Warum heißt die lineare Programmierung „linear"? (4 Punkte)
f) Was versteht man unter der multiplikativ Inversen einer quadratischen Matrix? (4 Punkte)

Klausur Bachelor, Wintersemester 2011/2012

1. Aufgabe (22/100 Punkte)
Ihnen wird nachfolgender Ausschnitt aus einem Werbeprospekt der Sparda-Bank vorgelegt. Es handelt sich um das Faltblatt

Träume realisieren und vorsorgen: Bauzinsen auf historischem Tiefstand

zur Kundeninformation, wie es im Herbst 2011 in den Filialen der Bank erhältlich war.

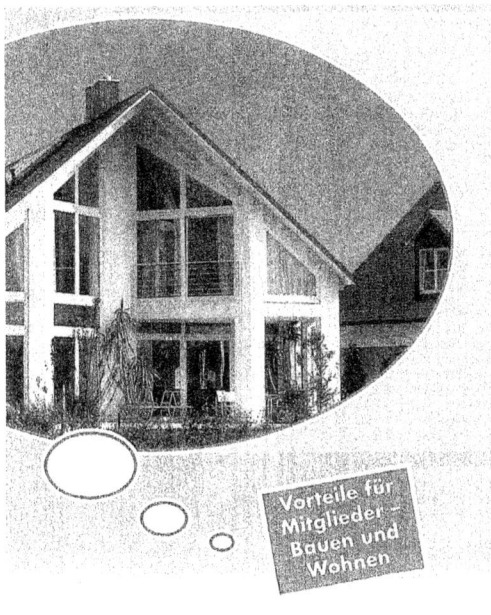

Jetzt beraten lassen:

Träumen Sie schon länger von Ihrer eigenen Immobilie?

Lassen Sie sich von uns Ihren Weg zu Ihren eigenen vier Wänden zeigen! Im eigenen Haus wohnen Sie nicht nur nach den eigenen Vorstellungen – Sie sorgen vor und profitieren schon jetzt von den vielen Vorteilen einer eigenen Immobilie.

Ein Beispiel: Bei 500,- Euro Miete im Monat geben Sie, bei einer angenommenen jährlichen Mietpreissteigerung von 1,2 %, über einen Zeitraum von 30 Jahren, ein Vermögen von mehr als 215.130,- Euro für die Miete aus!

Mit einer Baufinanzierung zahlen Sie fürs eigene Wohneigentum und können gleichzeitig von der Wertentwicklung Ihrer Immobilie profitieren. In der eigenen Wohnung oder dem eigenen Haus wohnt man im Alter mietfrei! Unabhängig sein, seinen Lebensraum nach den eigenen Bedürfnissen gestalten zu können – das sind weitere Vorteile.

Abb. 4.5: Aufgabe: Werbeprospekt der Spada-Bank, Winter 2011

Betrachten Sie das Beispiel im zweiten Abschnitt auf der rechten Seite.

a) Was versteht man allgemein unter dem Zeitwert des Geldes? (4 Punkte)
b) Rechnen Sie nachvollziehbar vor, wie der Verfasser auf die angegebenen 215.130 Euro kommt. Klären Sie bei Ihren Ausführungen folgende Fragen: Welcher Zinssatz wird der Berechnung zugrunde gelegt, wird die monatliche Miete vor- oder nachschüssig gezahlt, um welche Art von Rente handelt es sich und wie hoch ist die äquivalent jährliche Mietleistung? (18 Punkte)

2. Aufgabe (27/100 Punkte)
Gegeben sei die Funktion $f(x, y) = e^{xy}$ für reelle Variablen.

a) Berechnen Sie die lokalen Extrempunkte der Funktion. Weisen Sie mittels zweiter Ableitung nach, um welche Art von Extremum es sich handelt. (19 Punkte)
b) Ist der Definitionsbereich offen, abgeschlossen, beschränkt oder kompakt? Begründen Sie Ihre Meinung. Für reines Raten ohne Begründung gibt es keine Punkte. (8 Punkte)

3. Aufgabe (28/100 Punkte)
(Quelle: J. Schwarze [61], Aufgabe 20.2.1 auf S. 71 bzw. S. 139)

Eine Unternehmung produziert zwei beliebig teilbare Güter in den Mengen x und y. Die Herstellung erfolgt so, dass jedes Stück auf den beiden Maschinen A und B bearbeitet wird. Die Bearbeitungszeit beträgt auf A für das erste Gut 15 min und für das zweite Gut 30 min pro Stück. Für Maschine B sind es 30 min für das erste und 15 min für das zweite Gut pro Stück. Die wöchentliche Arbeitszeit sei mit 40 Stunden angegeben. Der Gewinn für Gut 1 beträgt 3 EUR/Stück und für das zweite Gut 4 EUR/Stück. Aus technischen Gründen muss Maschine A mindestens 20 Stunden pro Woche in Betrieb sein. Weiter muss aus Gründen der Wirtschaftlichkeit die Produktion von Gut 1 mindestens 40 Stück pro Woche betragen. Man ist an einer Gewinnmaximierung interessiert.

a) Formulieren Sie das Problem als lineares Programm (Zielfunktion und Nebenbedingungen). (10 Punkte)
b) Lösen Sie das lineare Programm anhand einer Graphik, aus der alle Nebenbedingungen, der Zulässigkeitsbereich, die Lage der Isolinien der Zielfunktion, die optimale Lösung und die optimale Zielfunktionsgerade hervorgeht. Berechnen Sie die optimale Lösung als Schnittpunkt zweier Geraden. Schreiben Sie einen Schlusssatz, der die Ergebnisse zusammenfasst. (14 Punkte)
c) Begründen Sie, wie sich die optimale Lösungsmenge verändert, wenn von Gut 1 statt 40 mindestens 50 Stück pro Woche produziert werden müssen. (4 Punkte)

4. Aufgabe (23/100 Punkte)

a) Ingo läuft mit doppelter Geschwindigkeit hinter Uwe. Der Abstand zwischen den beiden sei mit x gegeben. Nach welcher Strecke hat Ingo Uwe eingeholt? (4 Punkte)
b) Berechnen Sie

$$\sqrt{4^{4.713} \cdot 16^{-2.356}}$$

vorzugsweise ohne Taschenrechner. (4 Punkte)
c) Untersuche Sie die Definitheit der Matrix

$$\begin{pmatrix} -1 & 2 & 0 \\ 2 & -5 & 1 \\ 0 & 1 & -3 \end{pmatrix}$$

mittels Hauptabschnittsdeterminanten. (4 Punkte)
d) Wie lautet die multiplikativ Inverse der folgenden Matrix? (2 Punkte)

$$\begin{pmatrix} -1 & 0 \\ 0 & -1 \end{pmatrix}$$

e) Berechnen Sie $\sqrt{2}$ nährungsweise mittels Newtonverfahren. Verwenden Sie die Funktion $f(x) = x^2 - 2$ und den Startwert 1,5. Machen Sie einen Iterationsschritt. (5 Punkte)

f) Bringen Sie das lineare Programm auf eine kanonische Form:

$$
\begin{array}{rrrrrr}
\min & 7x & + & 2y & - & z \\
\text{u. d. N.} & -3x & + & y & - & z & \geq & 4 \\
& -x & & & + & 5z & \leq & -2 \\
& 4x & - & 3y & & & = & 7
\end{array}
$$

mit $x, y, z \geq 0$. (4 Punkte)

Klausur Bachelor, Sommersemester 2012

1. Aufgabe (24/100 Punkte)
Für ein Investitionsobjekt A sei folgende Zahlungsreihe gegeben. Dabei wird vereinfachend angenommen, dass alle Zahlungen am Jahresende anfallen.

Zeit [Jahre]	0	1	2	3	4
Einzahlungsüberschüsse [1.000€]	−1.000	300	500	400	200

Der Kalkulationszinssatz beträgt 10 % p. a.

a) Berechnen Sie den Rentenbarwert. Beurteilen Sie anhand dessen die Vorteilhaftigkeit der Investition. (9 Punkte)
b) Wie hoch sind die jährlich konstanten Zahlungen einer vorschüssigen Rente mit demselben Barwert und identischer Laufzeit? (6 Punkte)
c) Für ein Investitionsobjekt B gelte folgende Zahlungsreihe:

Zeit [Jahre]	0	1	2	3
Einzahlungsüberschüsse [1.000€]	?	400	600	300

Wie viel darf die Anfangsauszahlung von B maximal betragen, damit dieses Investitionsobjekt einen größeren Rentenbarwert als Alternative A besitzt? Fassen Sie das Ergebnis in einem Schlusssatz zusammen. (9 Punkte)

2. Aufgabe (26/100 Punkte)
Es sei die reellwertige Funktion

$$f(x, y) = 6xy - 3y^2 - 2x^3$$

mit zwei reellen Variablen vorgelegt.

a) Bestimmen Sie mit Hilfe der ersten und zweiten Ableitung alle lokalen Extremstellen. Um welche Art von Extremum handelt es sich jeweils?
b) Weisen Sie nach, dass keine globalen Extremstellen existieren.

(Quelle: in Anlehnung an M. Barner und F. Flohr [5], S. 136)

3. Aufgabe (26/100 Punkte)

a) In einem Betrieb werden zwei Produkte X und Y gefertigt. Zur Produktion stehen die beiden Vorprodukte A und B zur Verfügung. Zur Herstellung von einem X benötigt man ein A sowie drei B, bezüglich Y sind es jeweils zwei von A und von B. Es liegen noch acht A bzw. zwanzig B auf Lager. Ferner muss aus produktionstechnischen Gründen X und Y in einem festen Verhältnis produziert werden. Dieses Verhältnis von X zu Y beträgt 2 zu 1. Der Betrieb strebt nach einer Umsatzmaximierung. Dabei geht er von einem Umsatz von 5€ pro X bzw. 3€ pro Y aus und nimmt an, dass alles verkauft werden kann, was produziert wurde. Formulieren Sie das Produktionsproblem als lineares Programm. (10 Punkte)

b) Gegeben sei ein lineares Entscheidungsproblem in folgender Form:

$$\max \quad z = 6x + 4y$$

unter den Nebenbedingungen

$$y \geq 20, \quad x \geq 10, \quad 4x + 5y \geq 200, \quad 3x + 2y \leq 180 \quad \text{mit} \quad x, y \geq 0.$$

Lösen Sie das Programm nachvollziehbar anhand einer Graphik. Aus der Darstellung müssen alle Nebenbedingungen, der Zulässigkeitsbereich und die Isolinie für $z = 240$ hervorgehen. Geben Sie die optimale Lösungsmenge als Konvexkombination an und berechnen Sie den maximalen Zielfunktionswert. (16 Punkte)

4. Aufgabe (24/100 Punkte)

a) Der Kurs einer Aktie gibt um 10 % nach. Um wie viel Prozent müsste sie, bezogen auf den neuen Kurs, anschließend wieder steigen, um bei ihrem Ausgangswert zu landen? Beantworten Sie die Frage anhand einer Rechnung. (4 Punkte)

b) Wann befindet sich ein lineares Programm in der kanonischen Form? (3 Punkte)

c) Berechnen Sie eine Nullstelle von $x^2 - 3$ mit Hilfe des Newtonverfahrens. Es genügt ein Iterationsschritt mit 1,75 als Startwert. Geben Sie das Ergebnis mit sechs Nachkommastellen an. (5 Punkte)

d) Wie entwickeln sich Restschulden, Zins- bzw. Tilgungsanteile sowie Annuitäten im Rahmen einer Annuitätentilgung im Laufe der Zeit? Begründen Sie Ihre Antworten. (4 Punkte)

e) Nennen Sie vier Eigenschaften von Mengen. (4 Punkte)

f) Für welche reellen Zahlen a und b ist die Matrix

$$\begin{pmatrix} a & b \\ 0 & 1 \end{pmatrix}$$

invertierbar? (4 Punkte)

Klausur Bachelor, Wintersemester 2012/2013

1. Aufgabe (20/100 Punkte)

a) Es werden monatlich 100 Euro vorschüssig bei 5 % Verzinsung auf ein Konto eingezahlt. Wie groß ist der Kontostand nach 10 Jahren? (12 Punkte)
(Quelle: Heinrich [32], Beispiel 4.8, S. 64)

b) Ein Sparer zahlt zu Beginn eines Jahres a Euro auf sein Konto ein. Jeden weiteren Monatsanfang zahlt er d Euro mehr ein als im Vormonat. Leiten Sie eine allgemeingültige Formel her für die insgesamt eingezahlte Summe der Beträge s in den ersten n Monaten ohne Berücksichtigung von Zinsen. Vereinfachen Sie die Formel soweit wie möglich. (8 Punkte)

2. Aufgabe (25/100 Punkte)

Ein Monopolist stellt ein Produkt in zwei verschiedenen Ausführungen her. Bei einem Verkaufserlös von x Euro je Mengeneinheit (ME) der Sorte 1 und einem Verkaufspreis von y Euro je ME der Sorte 2 lauten die Nachfragefunktionen:

- nach der 1. Sorte: $f_1(x,y) = 39.500 - 1.000x + 400y$
- nach der 2. Sorte: $f_2(x,y) = 6.500 + 300x - 800y$

Berechnen Sie die Preise, bei denen der Gesamtumsatz maximal ist. Dabei wird vorausgesetzt, dass die Nachfragemengen auch abgesetzt werden. Wie groß ist der maximale Umsatz? Gehen Sie davon aus, dass das einzige lokale Maximum schon das globale Maximum ist. Schreiben Sie einen Schlusssatz, welcher die Ergebnisse zusammenfasst. (Quelle: Karl Bosch [10], B 19.3, S. 128)

Tipp: Gesamtumsatz $U(x,y) = x \cdot f_1(x,y) + y \cdot f_2(x,y)$

3. Aufgabe (30/100 Punkte)

a) Ein Vitaminpräparat, welches man neu auf den Markt bringt, wird aus den Präparaten A und B zusammengesetzt. Es soll aus a Gramm von A und b Gramm von B bestehen und höchstens 14 Gramm wiegen. In der nachfolgenden Tabelle sind die Vitaminanteile (in Gewichtseinheiten) je Gramm der Präparate A und B angegeben sowie der Mindestbedarf, der abgedeckt werden soll.

	Präparat A	Präparat B	Mindestbedarf
Vitamin A	2	5	40
Vitamin B	0	7	28
Vitamin C	12	5	65

Ein Gramm von A kostet 2 Euro und ein Gramm von B je 6 Euro. Erstellen Sie ein lineares Programm (Zielfunktion und Nebenbedingungen), wenn die Mischung für das neue Präparat möglichst günstig werden soll. (12 Punkte) (Quelle: nach Karl Bosch [10], B 29.3, S. 193)

b) Lösen Sie das nachfolgende lineare Programm anhand einer Graphik, aus der alle Nebenbedingungen, der Zulässigkeitsbereich, die Lage der Isolinien der Zielfunktion, die optimale Lösung und die optimale Zielfunktionsgerade hervorgeht. Berechnen Sie die optimale Lösung als Schnittpunkt zweier Geraden. Berechnen Sie den optimalen Zielfunktionswert. (Quelle: Gert Heinrich [32], Bsp. 12.1, S. 219 f.)
Maximiere $z = 50x_1 + 10x_2$ unter den Nebenbedingungen

$$x_1 + x_2 \leq 500, \quad x_2 \geq 100 \quad \text{und} \quad 8x_1 + 4x_2 \leq 2.400$$

mit $x_1, x_2 \geq 0$. (18 Punkte)

4. Aufgabe (25/100 Punkte)

a) Ein Jogger läuft 1.000 Meter in 5 Minuten und 30 Sekunden. Wie groß ist seine Geschwindigkeit in Kilometer pro Stunde? Eine Antwort ohne Rechnung gibt keine Punkte. (4 Punkte)

b) Uli Hoeneß produziert in fünf Fabriken in drei Monaten 1.500 Paar Weißwürste. Wie viele Paar Weißwürste produziert er in zwei Fabriken gleicher Art in vier Monaten? Begründung! (4 Punkte)

c) Berechnen Sie

$$\sqrt[160]{20^{80} \cdot 45^{-80}}$$

unter Verwendung der Potenzrechenregeln ohne Taschenrechner und geben Sie das Endergebnis als Bruch an. (4 Punkte)

d) Definieren Sie die Begriffe Rentenbar- und Rentenendwert mit Hilfe des Begriffs Kapitalwert. Wie berechnet man den Rentenendwert aus dem Rentenbarwert? (6 Punkte)

e) Nennen Sie ein praktisches Beispiel außerhalb der Mathematik für ein lokales und ein globales Maximum. (2 Punkte)

f) Wie lautet von $\begin{pmatrix} 1 & 1 \\ 1 & 2 \end{pmatrix}$ die multiplikativ inverse Matrix mittels Gaußalgorithmus? (5 Punkte)

Klausur Bachelor, Sommersemester 2013

Für die Bearbeitung dieser Klausur war kein Taschenrechner als Hilfsmittel zugelassen. Alle Ergebnisse sind so weit wie möglich auszurechnen.

1. Aufgabe (9/100 Punkte)

Die Laufzeit eines Kredits über 100.000 Euro beträgt 10 Jahre bei einem Zinssatz von 2 % p. a. Berechnen Sie die Annuität sowohl für eine Raten- als auch für eine Annuitätentilgung jeweils im 8. Jahr. Welche der beiden Annuitäten ist größer?

Tipp: Es kann $1{,}02^{-10} \approx 0{,}8$ angenommen werden.

2. Aufgabe (16/100 Punkte)

Ein Absolvent der Universität Augsburg hat während seines Studiums 8 Semester lang jeweils zu Monatsbeginn 1.000 Euro BAföG erhalten. Die Hälfte des Betrags wurde ihm als zinsloses Darlehen gewährt, während die zweite Hälfte einen Zuschuss darstellt, der nicht zurückgezahlt werden muss. 5 Jahre nach Beendigung seines Studiums erhält der Absolvent einen Bescheid vom BAföG-Amt, der ihn zur Rückzahlung der gesamten Darlehensschuld auffordert. Dabei werden ihm die folgenden beiden Rückzahlungsalternativen zur Wahl gestellt:

- Alternative 1:
  Zahlung von je 600 Euro zum Quartalsende, beginnend ab dem ersten Quartal des Folgejahres bis zur vollständigen Tilgung der Darlehensschuld.

- Alternative 2:
  Einmalige Rückzahlung der gesamten Darlehensschuld abzüglich eines Teilerlasses von 25 Prozent der Darlehensschuld zum 1. Januar des Folgejahres.

a) Wie hoch ist die Darlehensschuld? (2 Punkte)
b) Wie lange müsste der Absolvent hinsichtlich Alternative 1 tilgen, um seine Schulden vollständig abzubezahlen, wenn das Darlehen weiterhin zinsfrei bleibt? (3 Punkte)
c) Für welche der beiden Rückzahlungsalternativen wird sich der Absolvent entscheiden, wenn er über eigene Mittel in unbegrenzter Höhe verfügen kann und den Betrachtungen einen Kalkulationszinssatz von 2 % p. a. zugrunde legt? (11 Punkte)

(Quelle: vgl. Papatrifon [52], Aufgabe 18)

Tipp 1: Sollten Sie b) nicht lösen können, dann gehen Sie für c) von 10 Jahren aus.

Tipp 2: Es kann $1{,}02^{-10} \approx 0{,}8$ angenommen werden.

3. Aufgabe (25/100 Punkte)
Untersuchen Sie die Funktion

$$f : \mathbb{R}^2 \longrightarrow \mathbb{R} \quad \text{mit} \quad f(x,y) = 1.200 - 30x - 20y + xy$$

auf lokale und globale Extrema.

4. Aufgabe (17/100 Punkte)

a) Lösen Sie das lineare Gleichungssystem, das durch $x + 2y = 4$ und $x + 3y = -1$ gegeben ist. (4 Punkte)

b) Bestimmen Sie c so, dass $\begin{pmatrix} 3 & -2 \\ -1 & c \end{pmatrix}$ die Inverse von $A = \begin{pmatrix} 1 & 2 \\ 1 & 3 \end{pmatrix}$ ist. (6 Punkte)

c) Lösen Sie das lineare Gleichungssystem mit Hilfe der Inversen erneut. (3 Punkte)

d) Für welche a ist $\begin{pmatrix} 1 & 2 \\ 1 & a \end{pmatrix}$ invertierbar? (4 Punkte)

5. Aufgabe (8/100 Punkte)
Ein Teehändler möchte Teeproben zu je mindestens 10 g zu Werbezwecken verschenken. Dazu will er die Sorte Zitrone-Limette mit schwarzem Tee mischen. Die Sorte Zitrone-Limette kostet im Einkauf 0,60 € und der schwarze Tee kostet 0,30 € pro Gramm. Allerdings möchte er maximal 1,50 € pro Packung ausgeben. Der Teehändler strebt nach einer Minimierung der Kosten pro Packung. Die Variablendeklaration lautet:

x = Menge Zitrone-Limette Tee in Gramm,

y = Menge schwarzer Tee in Gramm.

a) Formulieren Sie das Problem als lineares Programm (Zielfunktion und Nebenbedingungen). (4 Punkte)

b) Warum ist das Problem offenkundig unlösbar? Gehen Sie mit Ihrer Argumentation direkt vom Text aus. (4 Punkte)

(Quelle: vgl. Barz/Grieger/Tritsch [4]: Aufgabe Teehändler)

6. Aufgabe (25/100 Punkte)

a) Was wissen Sie über Existenz und Eindeutigkeit des internen Zinsfußes? (3 Punkte)

b) Aus welchen Bestandteilen besteht eine mathematische Funktion? (3 Punkte)

c) Sie verfügen heute über 200 Euro. Wie groß ist bei 10 % p. a. Zinssatz ein dazu äquivalentes Kapital nach zwei Jahren? (5 Punkte)

d) Welche Funktion stimmt mit ihrer Ableitung überein? (2 Punkte)

e) Von einem rechteckigen Stück Papier, 192 mm lang und 84 mm breit, schneide ich mit einem geraden Schnitt ein Quadrat ab. Vom Rest schneide ich wieder ein Quadrat ab und wiederhole dieses Abschneiden, bis es nicht mehr möglich ist, ein Quadrat abzuschneiden. Wie lang ist eine Seite des kleinsten Quadrats, das dabei entsteht? (6 Punkte) (Quelle: Aufgabe C7 aus Känguru-Test 2012 für die Klassenstufen 3 und 4)

f) Wie viel Prozent Alkohol hat eine Mischung aus einem fünftel Liter Bier mit 5 % Alkohol, einer Flasche Gin (750 ml) mit 40 % und einem Schnapsglas (5 cl) Wasser? (6 Punkte)

5   Lösungen

5.1   Lösungen zur Finanzmathematik

Lösung zur Aufgabe 1 (Wechsel, vorschüssiger Zins, Effektivzins)

a) Da es sich um einen Wechsel handelt, bezieht sich der Kalkulationszins auf die Endsumme, weshalb der Zinssatz vorschüssig ist. Mit K_s sei wie immer das Anfangs- und mit

$$K_t = 5.250$$

das Endkapital bezeichnet. Ferner stehe S für die Spesen und Z für die Zinsen.

$$\begin{aligned} K_s &= K_t - Z - S \\ &= K_t - K_t \cdot (t - s) \cdot i_{\mathrm{vor}} - S \\ &= 5.250 \cdot \left(1 - \tfrac{1}{3} \cdot 9{,}3\,\%\right) - 42 \\ &= 5.045{,}25 \end{aligned}$$

Am 01.02.2006, also zu Beginn des betrachteten Zeitraums, erhält die Firma unter den gegebenen Konditionen einen Betrag in Höhe von 5.045,25 € von der Bank ausgezahlt.

b) Der Effektivzins ist ein äquivalenter nachschüssiger Jahreszins. Das bedeutet, dass er unter Berücksichtigung aller zusätzlichen Erträge und Aufwendungen, wie z. B. Spesen, zu demselben Endkapital führen muss. Demnach lautet der Ansatz

$$K_t = (1 + (t - s) \cdot i_{\mathrm{eff}}) \cdot K_s \,,$$

wobei die Zeitspanne $t - s$ in diesem Fall mit vier Monaten ein Drittel Jahr beträgt. Löst man die Gleichung nach dem Effektivzinssatz auf, so ergibt sich:

$$i_{\mathrm{eff}} = \left(\frac{K_t}{K_s} - 1\right) \cdot \frac{1}{t - s} = \left(\frac{5.250}{5.045{,}25} - 1\right) \cdot 3 \approx 12{,}17\,\% \,.$$

Der Effektivzins, der dem Bankgeschäft zugrunde liegt, beträgt rund 12,17 %.

Lösung zur Aufgabe 2 (Skonto, vorschüssiger Zins, Effektivzins)

Der Nettowarenwert ist mit 1.535 € gegeben. Zuzüglich Mehrwertsteuer ergibt das

$$K_t = 1.535 \cdot 1{,}19 = 1.826{,}65\,€ \,.$$

Auf diesen Betrag 2 % Skonto gerechnet macht ca. 36,53 €, den man innerhalb von 14 Tagen bezogen auf die oben genannte Endsumme sparen kann. Der Geldbetrag zu Beginn des Betrachtungszeitraums beträgt dementsprechend

$$K_s = 1.826{,}65 \cdot 0{,}98 = 1.790{,}117\,€ \,.$$

Löst man die Ausgangsformel

$$K_t = (1 + (t - s) \cdot i_{\text{eff}}) \cdot K_s$$

nach dem Effektivzinssatz auf und setzt ein, so ergibt sich

$$i_{\text{eff}} = \left(\frac{K_t}{K_s} - 1\right) \cdot \frac{1}{t - s} = \left(\frac{1.826{,}65}{1.790{,}117} - 1\right) \cdot \frac{365}{14} \approx 53{,}21\,\% \,.$$

Der Effektivzinssatz beträgt rund 53,21 %. An der außerordentlichen Höhe des Zinssatzes erkennt man, dass in der Praxis i. a. von der Möglichkeit des Skonto-Abzugs Gebrauch gemacht werden soll.

Lösung zur Aufgabe 3 (gemischte Verzinsung)

Gegeben sind laut Aufgabenstellung folgende Größen:

$K_s = 3.700 €$ Anfangskapital, Kalkulationszinssatz $i = 3\,\%$ p. a.,

Startzeitpunkt $s = 1$. Mai 2006, Endzeitpunkt $t = 1$. Oktober 2009.

Das Endkapital ist gesucht. Da sich die Zinsperiode über ein Kalenderjahr erstreckt, werden alle Zeiträume in Jahren und dessen Bruchteile gemessen. Von Beginn der Geldanlage an bis zum ersten Zinszuschlagstermin am Jahresende 2006 vergehen 8 Monate. Dann steht das Kapital 2 komplette Jahre mit Zinszuschlag jeweils am Jahresende. Anschließend bleibt das Geld noch 9 Monate angelegt, bis das Wertpapier verkauft wird.

Gemäß der gemischten Verzinsung gilt dementsprechend:

$$\begin{aligned}
K_t &= K_s \cdot (1 + \tfrac{8}{12} \cdot 3\,\%) \cdot (1 + 3\,\%)^2 \cdot \left(1 + \tfrac{9}{12} \cdot 3\,\%\right) \\
&= 3.700 \cdot 1{,}02 \cdot 1{,}0609 \cdot 1{,}0225 \\
&\approx 4.093{,}92
\end{aligned}$$

Am 01. Oktober 2009 beträgt das Guthaben 4.093,92 €.

Lösung zur Aufgabe 4 (Zinseszins, gemischte Verzinsung)

a) Das Kapital ist fünf komplette Jahre lang angelegt. Bei Anfangs- und Endzeitpunkt des Anlagezeitraums handelt es sich um die Zinszuschlagstermine

$$s = 01.01.2001 \quad \text{und} \quad t = 01.01.2006\,.$$

Aus der Zinseszinsformel folgt damit unmittelbar:

$$K_t = K_s \cdot (1 + i)^{(t-s)} = 5.000 \cdot 1{,}04^5 \approx 6.083{,}26\,.$$

Am Ende der Laufzeit hat man demnach ein Guthaben von 6.083,26 €.

b) Wird das Geld vom 01.04.2001 bis zum 01.04.2006 angelegt, so könnte eine zinsperioden-konforme Zeitachse wie folgt aussehen. Wir definieren den ersten Zinszuschlagstermin vor dem Startzeitpunkt, es handelt sich um den 01.01.2001, als Nullpunkt der Zeitachse. Die Skalierung der Zeitachse richtet sich nach der Dauer einer Zinsperiode, und ist deshalb in Jahren angegeben. Für Anfangs- und Endzeitpunkt gilt demnach:

$$s = 0{,}25 \quad \text{bzw.} \quad t = 5{,}25 \,.$$

Der erste Zinszuschlagstermin nach dem Startzeitpunkt bzw. der letzte Zinszuschlagstermin vor dem Endzeitpunkt der Geldanlage lauten entsprechend:

$$\lceil s \rceil = 1 \quad \text{bzw.} \quad \lfloor t \rfloor = 5 \,.$$

Durch Einsetzen in die gemischte Zinsformel

$$K_t = K(s) \cdot (1 + (\lceil s \rceil - s) \cdot i) \cdot (1 + i)^{\lfloor t \rfloor - \lceil s \rceil} \cdot (1 + (\lfloor t \rfloor - t) \cdot i)$$

erhält man

$$5.000 \cdot (1 + 0{,}75 \cdot 4\,\%) \cdot 1{,}04^4 \cdot (1 + 0{,}25 \cdot 4\,\%) = 5.000 \cdot 1{,}03 \cdot 1{,}04^4 \cdot 1{,}01 \approx 6.085{,}02 \,.$$

Am Ende der Laufzeit liegen rund 6.085,02 € vor.

Lösung zur Aufgabe 5 (vorschüssiger, effektiver, stetiger Zins, nomineller Jahreszins))

Ein nachschüssiger Zinssatz in Höhe von 12 % ist gegeben. Für den äquivalenten vorschüssigen Zinssatz gilt:

$$i_{\text{vor}} = \frac{i_{\text{nach}}}{1 + i_{\text{nach}}} = \frac{0{,}12}{1{,}12} \approx 10{,}71\,\% \,.$$

Der gleichwertige stetige Zinssatz beträgt:

$$1{,}12 = e^{i_{\text{stet}}} \quad \Longleftrightarrow \quad i_{\text{stet}} = \ln(1{,}12) \approx 11{,}33\,\% \,.$$

Der effektive Zinssatz ist per Definition ein nachschüssiger Jahreszins. Er ist, da in diesem Beispiel keine sonstigen Kosten oder Erträge entstehen, gleich dem gegebenen Zinssatz. Zudem erstreckt sich die Zinsperiode über ein ganzes Jahr. Daraus folgt:

$$i_{\text{eff}} = i_{\text{nom}} = 12\,\% \,.$$

Im vorliegenden Fall sind Effektivzinssatz, nomineller Jahreszinssatz und nachschüssiger Zinssatz identisch, da keine unterjährigen Zinszuschlagstermine vorliegen.

Lösung zur Aufgabe 6 (nach-, vorschüssiger, stetiger, nomineller und effektiver Zins)

Der gegebene Zinssatz von 0,5 % gilt für zwei Monate. Der äquivalente vorschüssige Zinssatz bezogen auf denselben Zeitraum beträgt:

$$i_{\text{vor}} = \frac{i_{\text{nach}}}{1 + i_{\text{nach}}} = \frac{0{,}5\,\%}{1 + 0{,}5\,\%} \approx 0{,}49751\,\% \,.$$

Der äquivalente vorschüssige Zinssatz ist somit marginal kleiner als der gegebene nachschüssige Zinssatz, da er sich mit dem Endkapital verglichen mit dem Anfangskapital auf den größeren Geldbetrag bezieht. Für den nominellen Jahreszinssatz erhält man:

$$i_{\text{nom}} = 6 \cdot i_{\text{nach}} = 6 \cdot 0,5\,\% = 3\,\%\,.$$

Geht man davon aus, dass der Zinszuschlag nur aufgrund der Fälligkeit des Kredits nach zwei Monaten erfolgt, ansonsten sich aber die Zinsperiode über ein Jahr erstreckt, so gilt:

$$i_{\text{eff}} = i_{\text{nom}} = 3\,\%\,.$$

Der äquivalente stetige Zinssatz lautet:

$$i_{\text{stet}} = \ln(1 + i_{\text{nach}}) = \ln(1,005) \approx 0,49875\,\%\,.$$

Wie der vorliegende vor- und nachschüssige Zinssatz bezieht sich auch der stetige Zinssatz auf eine Zeitdauer von zwei Monaten.

Lösung zur Aufgabe 7 (einfacher, nach-, vorschüssiger, effektiver, stetiger Zins)

a) Das Konto wird vier Monate lang um konstant 500 € überzogen. Für diese Zeitdauer ist der Zins anteilig zu berechnen:

$$Z_1 = 500 \cdot \frac{4}{12} \cdot 9\,\% = 15\,\text{€}\,.$$

In den nächsten fünf Monaten ist das Konto mit 1.000 € im Minus. Daraus folgt:

$$Z_2 = 1.000 \cdot \frac{5}{12} \cdot 9\,\% = 37,5\,\text{€}\,.$$

Aufgrund der ganzjährigen Zinsperioden hat man daher am Jahresende in der Summe für die Kontoüberziehungen 52,50 € Zinsen zu zahlen.

b) Der Effektivzinssatz ist laut Definition gleich dem gegebenen nachschüssigen Jahreszinssatz, und für den äquivalenten stetiger Zinssatz gilt:

$$i_{\text{stet}} = \ln(1 + i_{\text{eff}}) = \ln(1,09) \approx 8,62\,\%\,.$$

Für den gleichwertigen vorschüssigen Zinssatz erhält man:

$$i_{\text{vor}} = \frac{i_{\text{nach}}}{1 + i_{\text{nach}}} = \frac{0,09}{1,09} \approx 8,26\,\%\,.$$

Lösung zur Aufgabe 8 (Preisangabenverordnung, Effektivzins)

Die Preisangabenverordnung arbeitet aus Vereinfachungsgründen hinsichtlich der Zinszuschlagstermine mit der exponentiellen Verzinsung und daher mit einer Näherungsformel.

$$98.000 = 118.500 \cdot (1 + i_{\text{eff}})^{-1,75} \quad \Longleftrightarrow \quad i_{\text{eff}} = \left(\frac{1.185}{980}\right)^{\frac{4}{7}} - 1 = 11,46\,\%\,.$$

Der Ansatz für eine exakte Rechnung lautet:

$$98.000 \cdot (1 + i_{\text{eff}}) \cdot \left(1 + \frac{3}{4} \cdot i_{\text{eff}}\right) = 118.500 \quad \Longleftrightarrow \quad 980 \cdot \left(1 + \frac{7}{4} \cdot i_{\text{eff}} + \frac{3 \cdot i_{\text{eff}}^2}{4}\right) = 1.185 \,.$$

Die quadratische Gleichung ergibt unter Vernachlässigung der negativen Lösung:

$$i_{\text{eff}}^2 + \frac{7}{3} \cdot i_{\text{eff}} + \frac{4}{3} = \frac{1.185}{980} \cdot \frac{4}{3} \quad \Longrightarrow \quad i_{\text{eff}} = -\frac{7}{6} + \sqrt{\frac{49}{36} + \frac{1.185}{980} \cdot \frac{4}{3} - \frac{4}{3}} \approx 11{,}40\,\% \,.$$

Der Unterschied zwischen exakter Rechnung und Näherung beträgt ca. 0,06 Prozentpunkte.

Lösung zur Aufgabe 9 (effektive, stetige, unterjährige Verzinsung)

Das Kapital K_t am Jahresende ergibt sich aus dem Anfangskapital K_s nebst Zinsen:

$$\begin{aligned}
K_t &= K_s + Z \\
&= K_s + \left(K_s \cdot \frac{4\,\%}{4} + K_s \cdot \frac{3\,\%}{4} + K_s \cdot \frac{2\,\%}{4} + K_s \cdot \frac{1\,\%}{4}\right) \\
&= K_s \cdot \left(1 + \frac{1}{4} \cdot (4\,\% + 3\,\% + 2\,\% + 1\,\%)\right)
\end{aligned}$$

Andererseits gilt für den Effektivzinssatz laut seiner Definition als äquivalenter nachschüssiger Jahreszinssatz

$$K_t = K_s \cdot (1 + i_{\text{eff}}) \,,$$

woraus durch Gleichsetzen folgt:

$$i_{\text{eff}} = \frac{10\,\%}{4} = 2{,}5\,\% \,.$$

Der Effektivzinssatz ist im vorliegenden Fall gleich dem nominellen Jahreszinssatz, da keine zusätzlichen Kosten oder Erträge im betrachteten Zeitraum anfallen. Der zum Effektivzinssatz äquivalente stetige Zinssatz beträgt:

$$i_{\text{stet}} = \ln(1 + i_{\text{eff}}) = \ln(1{,}025) \approx 2{,}47\,\%$$

Er ist erwartungsgemäß kleiner als der effektive Zinssatz.

Lösung zur Aufgabe 10 (Barwert, äquivalente Zahlungsfolge)

Von beiden Zahlungsreihen wird der Barwert gebildet, um sie vergleichbar zu machen. Die erste Zahlungsfolge besteht aus zwei Zahlungen, 40.000 € nach drei und 20.000 € nach acht Jahren. Die zweite Zahlungsfolge besteht nur aus einer Zahlung in Höhe von 60.000 € zu einem noch unbekannten Zeitpunkt n.

$$40.000 \cdot e^{-3 \cdot 0{,}07} + 20.000 \cdot e^{-8 \cdot 0{,}07} = 60.000 \cdot e^{-n \cdot 0{,}07} \quad \Longleftrightarrow \quad \tfrac{2}{3} \cdot e^{-0{,}21} + \tfrac{1}{3} \cdot e^{-0{,}56} = e^{-n \cdot 0{,}07}$$

Zieht man auf beiden Seiten den natürlichen Logarithmus und löst nach n auf, so folgt:

$$n = -\tfrac{1}{0{,}07} \cdot \ln(\tfrac{2}{3} \cdot e^{-0{,}21} + \tfrac{1}{3} \cdot e^{-0{,}56}) \approx 4{,}48 \,.$$

Die Zahlung ist nach 4 Jahren und 6 Monaten zu leisten.

Lösung zur Aufgabe 11 (einfache Zinsen, nomineller, effektiver, stetiger Zins)

a) Aufgrund der erwirtschafteten Zinsen gemäß

$$K_1 = K_0 + K_0 \cdot \frac{1}{4} \cdot 3\% + K_0 \cdot \frac{3}{4} \cdot 1\% = K_0 \cdot (1 + 1{,}5\%)$$

lautet der nominelle Jahreszinssatz bzw. der Effektivzinssatz im ersten Jahr:

$$i_{\text{eff}} = i_{\text{nom}} = 1{,}5\% \,.$$

Man beachte, dass es keine unterjährigen Zinszuschlagstermine gibt.

b) Für den zum effektiven Zinssatz äquivalenten stetigen Zinssatz gilt demzufolge:

$$i_{\text{stet}} = \ln(1 + i_{\text{eff}}) = \ln(1{,}015) = 0{,}0148886 \approx 1{,}49\% \,.$$

Lösung zur Aufgabe 12 (Zinseszins, konstante unterjährige Rente)

a) Das Darlehen hat eine Höhe von 25.000 € über einen Betrachtungszeitraum von sechs Jahren. Kreditaufnahme und Endzeitpunkt fallen exakt auf einen Zinszuschlagstermin. Mittels der Zinseszinsformel erhält man demnach einen Schuldenstand von

$$K_6 = K_0 \cdot (1 + i)^6 = 25.000 \cdot (1 + 8\%)^6 \approx 39.671{,}86 \,.$$

Die Schulden würden nach sechs Jahren 39.671,86 € betragen.

b) Wird im ersten Jahr am Ende jedes Quartals gezahlt, so liegen vier unterjährige Zahlungen vor, da die Zinszuschlagstermine jeweils am Jahresende liegen. Die einfache Verzinsung liefert für gleichgroße Raten R den Ansatz:

$$R \cdot \left(1 + 8\% \cdot \frac{3}{4}\right) + R \cdot \left(1 + 8\% \cdot \frac{1}{2}\right) + R \cdot \left(1 + 8\% \cdot \frac{1}{4}\right) + R = 25.000 \cdot 1{,}08$$

Der Ansatz resultiert aus dem Äquivalenzprinzip, dass nämlich die Leistung des Gläubigers der Leistung des Schuldners entsprechen muss. Die obige Gleichheit beider Leistungen ergibt sich zum Ende des ersten Jahres. Wir stellen nach R um und rechnen aus:

$$R \cdot 1{,}06 + R \cdot 1{,}04 + R \cdot 1{,}02 + R = 27.000 \quad \Longleftrightarrow \quad R = \frac{27.000}{4{,}12} \approx 6.553{,}40 \,.$$

Die vier Raten betragen jeweils 6.553,40 €.

Lösung zur Aufgabe 13 (unterjährige geometrische Rente, Rentenbarwert)

Es handelt sich um eine geometrische Rente, die unterjährig gezahlt wird. Zunächst müssen die unterjährigen Zahlungen auf den nächsten Zinszuschlagstermin aufgezinst werden, d. h. man muss die unterjährigen Rentenzahlungen in eine gleichwertige Jahreszahlung umrechnen. Gegeben sind dazu laut Aufgabenstellung die ersten monatlichen Zahlungen, der Zuwachsfaktor sowie der Kalkulationszinssatz, in Symbolen:

$$R' = 1.000 \,, \quad z = 1{,}03 \quad \text{und} \quad i = 5\% \,.$$

a) Erfolgen die monatlichen Zahlungen am Monatsende, so gilt für die erste Jahreszahlung unter Verwendung der Gaußformel:

$$R = \sum_{k=0}^{11} R' \cdot \left(1 + \frac{5\,\%}{12} \cdot k\right)$$

$$= 1.000 \cdot \left[12 + \frac{5\,\%}{12} \cdot \frac{11 \cdot 12}{2}\right]$$

$$= 1.000 \cdot \left[12 + \frac{11}{40}\right]$$

$$= 12.275$$

Steigen die monatlichen Zahlungen jedes Jahr um 3 %, so tun das auch die Jahreszahlungen, was man an obiger Summenformel unmittelbar erkennt, da man die 3 % ausklammern kann. Demnach handelt es sich um eine nachschüssige geometrische Rente, deren Barwert sich laut Satz 1.18 wie folgt berechnet:

$$K_0 = q^{-n} \cdot K_n = q^{-n} \cdot R \cdot \frac{q^n - z^n}{q - z} = 1,05^{-10} \cdot 12.275 \cdot \frac{1,05^{10} - 1,03^{10}}{1,05 - 1,03} \approx 107.376,74\,.$$

Damit hat die gleichwertige Einmalzahlung an den Rentner zu Beginn des Jahres eine Höhe von 107.376,74 €.

b) Wird die monatliche Rente am Monatsanfang gezahlt, so ergibt sich analog:

$$R = \sum_{k=1}^{12} R' \cdot \left(1 + \frac{5\,\%}{12} \cdot k\right) = 1.000 \cdot \left[12 + \frac{5\,\%}{12} \cdot \frac{12 \cdot 13}{2}\right] = 1.000 \cdot \left[12 + \frac{13}{40}\right] = 12.325\,.$$

Und daraus folgt:

$$K_0 = q^{-n} \cdot R \cdot \frac{q^n - z^n}{q - z} = 1,05^{-10} \cdot 12.325 \cdot \frac{1,05^{10} - 1,03^{10}}{1,05 - 1,03} \approx 107.814,12\,.$$

Die Einmalzahlung von 107.814,12 € ist in diesem Fall aufgrund der früheren Zahlungen zum Monatsanfang anstatt zum Monatsende höher.

Lösung zur Aufgabe 14 (geometrische Rente, arithmetische Rente)

a) Es handelt sich um eine nachschüssige geometrische Rentenzahlung mit den Größen

$$R = 4.000\,, \quad n = 8\,, \quad q = 1,06 \quad \text{und} \quad z = 1,05\,.$$

Setzt man die Zahlen in die entsprechende Formel ein, so erhält man:

$$K_0 = q^{-n} \cdot R \cdot \frac{q^n - z^n}{q - z} = 1,06^{-8} \cdot 4.000 \cdot \frac{1,06^8 - 1,05^8}{1,06 - 1,05} \approx 29.210,47\,.$$

Die Schuld kann durch eine Zahlung von 29.210,47 € sofort abgelöst werden.

b) Es liegt eine nachschüssige arithmetische Rente vor, für die gilt:

$$K_0 = R \cdot \text{RBF}_{\text{nach}}(n, i) + \frac{d}{q - 1} \cdot (\text{RBF}_{\text{nach}}(n, i) - q^{-n} \cdot n)$$

mit $\text{RBF}_{\text{nach}}(n, i) = \dfrac{1 - q^{-n}}{q - 1}$.

Nach dem festen Betrag d ist gesucht, so dass die Formel danach umzustellen ist.

$$d = \frac{(K_0 - R \cdot \text{RBF}_{\text{nach}}(n, i)) \cdot (q - 1)}{\text{RBF}_{\text{nach}}(n, i) - q^{-n} \cdot n} = \frac{K_0 \cdot (q - 1) - R \cdot (1 - q^{-n})}{\dfrac{1 - q^{-n}}{q - 1} - q^{-n} \cdot n}$$

Anschließend setzt man die vorhandenen Werte ein und rechnet aus:

$$\begin{aligned}
d &= \frac{K_0 \cdot (q - 1) - R \cdot (1 - q^{-n})}{\dfrac{1 - q^{-n}}{q - 1} - q^{-n} \cdot n} \\[2ex]
&= \frac{29.210{,}47 \cdot 0{,}06 - 4.000 \cdot (1 - 1{,}06^{-8})}{\dfrac{1 - 1{,}06^{-8}}{0{,}06} - 1{,}06^{-8} \cdot 8} \\[2ex]
&= 220{,}31
\end{aligned}$$

Um Rundungsfehler zu vermeiden, empfiehlt es sich, den exakten Barwert aus Teil a) in die Formel einzusetzen. Demnach kann die Schuld durch acht Jahresraten getilgt werden, die sich jährlich um 220,31 € erhöhen.

Lösung zur Aufgabe 15 (unterjährige arithmetische Rente)

Es ist Vorsicht geboten, weil die Formel für die nachschüssige arithmetische Rente nicht verwendet werden kann. Der Grund dafür liegt in den unterjährigen Zahlungen in der Aufgabenstellung, während eine Anwendung der Formel voraussetzt, dass alle Zahlungen zu Zinszuschlagsterminen vorliegen. Mit Hilfe der einfachen Zinsrechnung folgt für den Wert der Zahlungsfolge, bestehend aus dem Einmalbetrag von 2.000 €, bezogen auf das Jahresende:

$$2.000 \cdot 1{,}04 = 2.080 \,.$$

Der Wert der zweiten Zahlungsfolge zum Jahresende beträgt:

$$R \cdot \left(1 + \tfrac{3}{4} \cdot 4\,\%\right) + (R - 50) \cdot \left(1 + \tfrac{2}{4} \cdot 4\,\%\right) + (R - 2 \cdot 50) \cdot \left(1 + \tfrac{1}{4} \cdot 4\,\%\right) + R - 3 \cdot 50 \,.$$

Beide Werte müssen aufgrund des Äquivalentsprinzips übereinstimmen. Daher gilt:

$$\begin{aligned}
2.000 \cdot 1{,}04 &= 1{,}03 \cdot R + 1{,}02 \cdot R - 50 \cdot 1{,}02 + 1{,}01 \cdot R - 101 + R - 150 \\
&= 4{,}06 \cdot R - 302
\end{aligned}$$

Die Formel nach der gesuchten Größe R aufgelöst ergibt:

$$R = \frac{2.080 + 302}{4{,}06} \approx 586{,}70$$

Die Anfangsrate der unterjährigen arithmetischen Rente beträgt 586,70 €.

Lösung zur Aufgabe 16 (unterjährige arithmetische Rente)

Die Aufgabe ist analog zu der vorangegangenen. Nur sind diesmal die unterjährigen Rentenzahlungen steigend und vorschüssig. Während die Zahlungen zuvor von einer Zahlung zur nächsten um 50 € abnahmen, wachsen die Geldbeträge diesmal um jeweils 100 €. Abgesehen von den veränderten Zahlen und dem Zahlungszeitpunkt bleiben Ansatz und Rechenweg dieselben.

$$5.250 = 1{,}05 \cdot R + (R + 100) \cdot \left(1 + \tfrac{3}{4} \cdot 5\,\%\right) + (R + 200) \cdot \left(1 + \tfrac{5\,\%}{2}\right) + (R + 300) \cdot \left(1 + \tfrac{5\,\%}{4}\right)$$

$$\Longleftrightarrow \quad 5.250 = 1{,}05 \cdot R + 1{,}0375 \cdot R + 103{,}75 + 1{,}025 \cdot R + 205 + 1{,}0125 \cdot R + 303{,}75$$

$$\Longleftrightarrow \quad 4{,}125 \cdot R = 4.637{,}5$$

$$\Longleftrightarrow \quad R = 1.124{,}24$$

Die erste zu zahlende Rate beträgt 1.124,24 €.

Lösung zur Aufgabe 17 (konstante unterjährige Rente)

Wir berechnen im Folgenden, welche der beiden Alternativen die höchste Ablaufleistung bietet. Dabei ist zu beachten, dass freiwerdende Beträge immer zu wenigstens 3 % p. a. auf dem Sparbuch angelegt werden können. Als erstes kümmern wir uns um den thesaurierenden Sparplan der Sparkasse.

Wandelt man die monatlichen Zahlungen R' in Höhe von 100 € mit Hilfe des Periodenzinssatzes i in eine äquivalente jährliche Zahlung R um, so gilt:

$$R = \sum_{k=0}^{11} R' \cdot \left(1 + k \cdot \frac{i}{12}\right) = 100 \cdot \left(12 + \frac{i}{12} \cdot \frac{11 \cdot 12}{2}\right) = 100 \cdot (12 + 5{,}5 \cdot i).$$

Bezeichnet i_t den jeweiligen Jahreszinssatz der Jahre t von 1 bis 5 und K_t den Endwert des Kapitals am Ende des t-ten Jahres, dann lautet die Rekursionsformel:

$$K_t = (1 + i_t) \cdot K_{t-1} + 100 \cdot (12 + 5{,}5 \cdot i_t).$$

Mit anderen Worten, das Kapital am Ende eines Jahres setzt sich zusammen aus dem Endbetrag des Vorjahres, verzinst mit dem jeweils gültigen Zinssatz des Sparplans, zuzüglich der in dem betreffenden Jahr angesparten monatlichen Leistungen.

Startet man mit $K_0 = 0$ und vernachlässigt für $t = 5$ den letzten Summanden, da keine Sparleistungen mehr erbracht werden, dann folgt:

t	i_t	K_t
1	4,0 %	1.222,00
2	4,5 %	2.501,74
3	5,0 %	3.854,33
4	6,0 %	5.318,59
5	8,0 %	5.744,07

Investiert man das Geld alternativ, so wie der Freund es vorschlägt, dann gilt

$$R = 100 \cdot (12 + 5{,}5 \cdot 0{,}03) = 1.216{,}50$$

als Endbetrag der monatlichen Einzahlungen in jedem Jahr, weil Anteile nur zu Jahresbeginn erworben werden können. Im ersten Jahr werden für 1.200 € Anteile gekauft. Der Restbetrag in Höhe von 16,50 € verbleibt auf dem Sparbuch usw.

t	Sparbuch	Anteile	Jahresendsumme
2	$1.216{,}50 + 1{,}03 \cdot 16{,}50 = 1.233{,}50$	$1.200 \cdot 1{,}07 = 1.284$	2.517,50
3	$1.216{,}50 + 1{,}03 \cdot 17{,}50 = 1.234{,}53$	$2.500 \cdot 1{,}07 = 2.675$	3.909,53
4	$1.216{,}50 + 1{,}03 \cdot 9{,}53 = 1.226{,}32$	$3.900 \cdot 1{,}07 = 4.173$	5.399,32
5	$1{,}03 \cdot 99{,}32 = 102{,}30$	$5.300 \cdot 1{,}07 = 5.671$	5.773,30

In diesem Fall erzielt der Anleger 5.773,30 € und wählt daher die zweite Alternative.

Lösung zur Aufgabe 18 (unterjährige geometrische Rente)

Bei einem Kalkulationszinssatz von 3 % p. a. sollen die sechs unterjährigen Zahlungen am Jahresende einen Wert von 10.000 € haben. Da sich die Raten von einem Termin auf den nächsten jeweils verdoppeln, handelt es sich um eine geometrische Rente. Die unterjährigen Zahlungen werden mittels einfacher Zinsrechnung auf das Jahresende aufgezinst.

$$
\begin{aligned}
10.000 &= R \cdot \sum_{k=0}^{5} 2^k \cdot \left(1 + \frac{3\,\%}{6} \cdot (5-k)\right) \\
&= R \cdot \left[\sum_{k=0}^{5} 2^k + 0{,}005 \cdot \sum_{k=0}^{5} (5-k) \cdot 2^k \right] \\
&= R \cdot \left[\frac{2^6 - 1}{2 - 1} + 0{,}005(5 \cdot 1 + 4 \cdot 2 + 3 \cdot 4 + 2 \cdot 8 + 1 \cdot 16 + 0 \cdot 32) \right] \\
&= R \cdot [63 + 0{,}005 \cdot 57]
\end{aligned}
$$

In der dritten Gleichung kam die geometrische Summenformel zum Einsatz. Löst man nach der ersten Rate auf, so erhält man

$$R = \frac{10.000}{63{,}285} \approx 158{,}02$$

Um am Ende des Jahres bei einem Kalkulationszinssatz von 3 % p. a. über einen Betrag von 10.000 € verfügen zu können, müssen alle zwei Monate sich verdoppelnde Raten eingezahlt werden, beginnend mit 158,02 € Ende Februar.

Lösung zur Aufgabe 19 (geometrische Rente, Barwert)

a) Da Zinszuschlagstermine nur am Ende des Jahres liegen, muss man als erstes die unterjährigen Zahlungen auf den nächsten Zinszuschlagstermin aufzinsen und somit aus der unterjährigen Rente eine gleichwertige jährliche Rente berechnen. Gegeben sind unterjährige Zahlungen in Höhe von 100 € jeweils zum Monatsende, der Kalkulationszinssatz beträgt 6 % p. a., die Laufzeit geht über 20 Jahre und die Dynamik lautet auf 5 % jedes Jahr. Demnach liegen übersichtlich zusammengefasst folgende Größen vor:

$$R' = 100, \quad i = 0{,}06, \quad n = 20 \quad \text{und} \quad z = 1{,}05.$$

Wird die äquivalente erste Jahresrente mit R bezeichnet, so stößt man auf den Ansatz:

$$R = 100 \cdot \left(1 + \frac{11}{12} \cdot 6\%\right) + 100 \cdot \left(1 + \frac{10}{12} \cdot 6\%\right) + \ldots + 100 \cdot \left(1 + \frac{0}{12} \cdot 6\%\right).$$

Die angegebene Summe, unter Verwendung des Summenzeichens zusammengefasst und mit Hilfe der Gaußformel ausgerechnet, liefert folgendes Ergebnis:

$$R = \sum_{k=0}^{11} 100 \cdot \left(1 + \frac{k}{12} \cdot 6\%\right)$$

$$= 100 \cdot \left(12 + \frac{6\%}{12} \cdot \sum_{k=0}^{11} k\right)$$

$$= 100 \cdot \left(12 + \frac{6\%}{12} \cdot \frac{11 \cdot 12}{2}\right)$$

$$= 1.233$$

Die erste zu den Monatszahlungen gleichwertige Jahreszahlung beträgt 1.233 €. Um die gesuchte Ablaufleistung zu bestimmen, sind die Jahreszahlungen unter Berücksichtigung der Dynamisierung auf das Ende der Laufzeit aufzuzinsen. Man wendet die Berechnungsformel für geometrische Renten an und erhält:

$$K_n = R \cdot \frac{q^n - z^n}{q - z} = 1.233 \cdot \frac{1{,}06^{20} - 1{,}05^{20}}{1{,}06 - 1{,}05} \approx 68.288{,}20.$$

Die Ablaufleistung beträgt unter den gegebenen Voraussetzungen 68.288,20 €.

b) Die Frage nach der Einmalzahlung zu Beginn der Laufzeit ist die Frage nach dem Rentenbarwert. Daher gilt:

$$K_0 = K_n \cdot q^{-n} = 68.288{,}20 \cdot 1{,}06^{-20} \approx 21.292{,}58.$$

Demnach ist die genannte Investitionsfolge äquivalent zu einer Einmalzahlung am Anfang der Laufzeit in Höhe von 21.292,58 €.

Lösung zur Aufgabe 20 (konstante unterjährige Rente)

a) Die beiden unterjährigen Zahlungen sind äquivalent zur folgenden Jahreszahlung:

$$R = 500 \cdot (1 + 5\,\%) + 500 \cdot (1 + \tfrac{1}{2} \cdot 5\,\%) = 1.037{,}50$$

Es liegt eine konstante nachschüssige Rente vor, deren Endwert mit folgender Formel berechnet wird:

$$K_n = R \cdot \frac{q^n - 1}{q - 1}\,.$$

Man setzt die vorhandenen Werte ein und rechnet aus:

$$K_0 = R \cdot \frac{1 - q^{-n}}{q - 1} = 1.037{,}50 \cdot \frac{1 - 1{,}05^{-5}}{0{,}05} \approx 4.491{,}83\,.$$

Der Rentenendwert der gezahlten Studiengebühren beträgt 5.732,84 €.

b) Wird die nachschüssige monatliche Zahlung mit R' bezeichnet, so muss die Summe aller Zahlungen, unter Berücksichtigung der Zinsen, denselben Rentenendwert ergeben wie der oben angegebene. Zunächst rechnet man die monatlichen Zahlungen wieder in eine gleichwerte Jahreszahlung um:

$$R' \cdot \sum_{k=0}^{11}\left(1 + \frac{5\,\%}{12} \cdot k\right) = R' \cdot \left[12 + \frac{5\,\%}{12} \cdot \frac{11 \cdot 12}{2}\right] = 12{,}275 \cdot R'.$$

Dann berechnet man den Rentenendwert dieser konstanten nachschüssigen Rente und setzt den Wert mit dem Rentenendwert aus Teil a) gleich:

$$K_n = 1.037{,}50 \cdot \frac{q^5 - 1}{q - 1} = 12{,}275 \cdot R' \cdot \frac{q^5 - 1}{q - 1} \quad \Longleftrightarrow \quad R' = \frac{1.037{,}50}{12{,}275} \approx 84{,}52\,.$$

Man hätte jeden Monat 84,52 € mehr konsumieren können, wenn man die Studiengebühren nicht hätte zahlen müssen.

Lösung zur Aufgabe 21 (konstante, arithmetische, geometrische Rente)

a) Die Zahlungsreihe A bildet eine konstante Rente mit vier Zahlungen, deren Endwert wir als erstes berechnen. Der Endwert liegt am Ende des achten Jahres vor, weswegen wir, um den Barwert zu bilden, den Betrag um acht Jahre abzinsen müssen.

$$K_A(0) = 10.000 \cdot \mathrm{REF}_{\mathrm{nach}}(8\,\%, 4) \cdot q^{-8}$$

$$= 10.000 \cdot \frac{1{,}08^4 - 1}{0{,}08} \cdot 1{,}08^{-8}$$

$$\approx 24.345{,}12$$

Die Zahlungsreihe B stellt eine nachschüssige geometrische Rente dar:

$$K_B(0) = R \cdot \frac{q^{10} - z^{10}}{q - z} \cdot q^{-10} = 2.500 \cdot \frac{1{,}08^{10} - 1{,}1^{10}}{-0{,}02} \cdot 1{,}08^{-10} \approx 25.175{,}58\,.$$

Alternative B hat im Vergleich zu A einen um 830,46 € größeren Barwert.

b) Damit Alternative A und C äquivalent sind, muss der Barwert von C mit dem Barwert von A übereinstimmen. Daher wird als erstes der Barwert von C berechnet. Die Rente ist arithmetisch und wird vorschüssig modelliert. Da die Beträge nur alle zwei Jahre gezahlt werden, wir aber die Formel zur Berechnung einer arithmetischen Rente anwenden möchten, muss man Zinsperioden betrachten, die sich über zwei Jahre erstrecken. Aufgrund des jährlichen Zinszuschlagstermins und des daraus resultierenden Zinseszinseffekts, beträgt der Periodenzinssatz für den Zweijahreszeitraum nicht 16 % sondern

$$i' = 1{,}08^2 - 1 = 16{,}64\,\%\,.$$

Der berechnete Rentenendwert liegt nach elf Jahren vor. Deshalb muss die Größe mit dem ursprünglichen Diskontfaktor um elf Jahre abgezinst werden.

$$K_C(0) = \left[R \cdot \text{REF}_{\text{vor}}(5, i') + \frac{d}{i'} \cdot (\text{REF}_{\text{vor}}(5, i') - 5q')\right] \cdot q^{-11}$$

$$= \left[4.200 \cdot \frac{1{,}1664^5 - 1}{0{,}1664} + \frac{d}{0{,}1664} \cdot \left(\frac{1{,}1664^5 - 1}{0{,}1664} - 5\right)\right] \cdot 1{,}1664 \cdot 1{,}08^{-11}$$

$$= 14.633{,}139 + d \cdot 5{,}9064657 \stackrel{!}{=} K_A(0)$$

Setzt man den für Alternative A ermittelten Barwert ein und löst nach d auf, so erhält man einen Betrag von $d = 1.644{,}30\,€$.

c) Dieser Aufgabenteil wird analog zu Teil b) gerechnet, wobei man anstelle des Barwerts von Alternative A den Barwert von Alternative B einsetzt. Man stellt fest, dass A und C genau dann äquivalent sind, wenn der konstante Zuwachsbetrag $1.784{,}90\,€$ beträgt.

Lösung zur Aufgabe 22 (Barwert, äquivalente Zahlungsfolgen)

a) Als erstes ist unter Vorgabe von 6 % p. a. der Barwert der drei Zahlungen zu berechnen:

$$2.000 \cdot q^{-2} + 5.000 \cdot q^{-5} + 10.000 \cdot q^{-10} \approx 11.100{,}23$$

Der Barwert der Zahlungsfolge beträgt $11.100{,}23\,€$.

b) Wir berechnen den Barwert der neuen Zahlungsfolge mit den beiden unbekannten Beträgen und vergleichen ihn mit dem unter a) berechneten Barwert. Die beiden Zahlungsfolgen sind genau dann gleichwertig, wenn die Barwerte übereinstimmen.

$$x \cdot q^{-3} + x \cdot q^{-9} = 11.100{,}23 \quad \Longleftrightarrow \quad x = \frac{11.100{,}23}{1{,}06^{-3} + 1{,}06^{-9}} \approx 7.754{,}17$$

Nach drei bzw. neun Jahren muss der Schuldner jeweils $7.754{,}17\,€$ zahlen.

Lösung zur Aufgabe 23 (Hypothekendarlehen, Ratentilgung)

a) Die Formel zur Berechnung der Zinszahlung lautet:

$$Z_k = \frac{S_0}{n} \cdot (n - k + 1) \cdot i\,.$$

Setzt man die in der Aufgabenstellung gegebenen Größen

$$k = 17\,, \quad n = 25\,, \quad S_0 = 100.000 \quad \text{und} \quad i = 5\,\%$$

in die Gleichung ein, so erhält man die Zinszahlung in Euro nach 17 Jahren:

$$Z_{17} = \frac{100.000}{25} \cdot (25 - 17 + 1) \cdot 0{,}05 = 1.800.$$

b) Die einfache Summe der Zinsen ohne Zinseszinsen beträgt in den 25 Jahren in Euro:

$$Z = \sum_{k=1}^{25} Z_k$$

$$= \sum_{k=1}^{25} \frac{S_0}{n} \cdot (n - k + 1) \cdot i$$

$$= \frac{S_0}{n} \cdot i \cdot \sum_{k=1}^{25} (n - k + 1)$$

$$= \frac{100.000}{25} \cdot 0{,}05 \cdot \sum_{k=1}^{25} k$$

$$= 200 \cdot 25 \cdot 13$$

$$= 65.000$$

c) Gefragt ist nach dem Endwert aller Zinszahlungen. Im Gegensatz zu Teil b) sind Zins und Zinseszinsen zu berücksichtigen. Die Zinsen beziehen sich in jedem Jahr auf die Restschuld. Diese sinkt, da es sich um eine Ratentilgung handelt, um die immer gleiche jährliche Tilgung. Man hat es daher mit einer arithmetischen Rentenfolge zu tun, bei der sich die Zahlungen von einer Zahlung auf die nächste um den Tilgungsanteil unterscheiden. Weil die Restschuld kleiner wird, sinken im Laufe der Zeit auch die Zinszahlungen. Die jährliche Tilgungsleistung beträgt

$$T = \frac{S_0}{n} = \frac{100.000}{25} = 4.000 \,€.$$

Die Berechnungsformel des Endwerts für die nachschüssige arithmetische Rente lautet:

$$K_n = R \cdot \text{REF}_{\text{nach}}(n, i) + \frac{d}{q - 1} \cdot (\text{REF}_{\text{nach}}(n, i) - n) \quad \text{mit } \text{REF}_{\text{nach}}(n, i) = \frac{q^n - 1}{q - 1}.$$

Die einzusetzenden Größen sind gegeben mit:

$$n = 25, \quad i = 5\,\%, \quad R = i \cdot 100.000 = 5.000 \quad \text{und} \quad d = -4.000 \cdot i = -200.$$

Durch Einsetzen erhält man:

$$K_{25} = R \cdot \frac{q^n - 1}{q - 1} + \frac{d}{q - 1} \cdot \left(\frac{q^n - 1}{q - 1} - n \right)$$

$$= 5.000 \cdot \frac{1{,}05^{25} - 1}{0{,}05} - \frac{200}{0{,}05} \cdot \left(\frac{1{,}05^{25} - 1}{0{,}05} - 25 \right)$$

$$\approx 147.727{,}10$$

Man erkennt, dass sich mit 147.727,10 € der Endwert aufgrund der Zinseffekte im Vergleich zum Endwert ohne Zinsen aus Teil b) über 25 Jahre mehr als verdoppelt.

Lösung zur Aufgabe 24 (Sanierungsplan, Tilgungsrechnung)

a) Annuität und Zinsanteil in 2022 sowie Tilgungsanteil in 2037 sind gesucht. Gegeben sind

$$\text{das Startkapital } S_0 = 10,8 \cdot 10^9, \text{ der Zinssatz } i = 9\,\% \text{ und die Gesamtlaufzeit } n = 54.$$

Daraus berechnet man die Annuität:

$$A = \frac{S_0}{\text{RBF}_{\text{nach}}(n, i)} = \frac{S_0 \cdot (q - 1)}{1 - q^{-n}} = \frac{10,8 \cdot 10^9 \cdot 0,09}{1 - 1,09^{-54}} \approx 981.349.596,30 \,\text{\euro}.$$

Darauf aufbauend lässt sich der gesuchte Zinsanteil berechnen:

$$Z_{26} = A \cdot (1 - q^{-n+26-1}) = A \cdot (1 - 1,09^{-29}) \approx 900.727.273 \,\text{\euro}.$$

Und für den Tilgungsanteil gilt:

$$T_{41} = A \cdot q^{-n+41-1} = A \cdot 1,09^{-14} = 293.665.397 \,\text{\euro}.$$

b) Gefragt ist nach dem Kapitalwert der Hilfsleistungen zum Jahresbeginn 1997. Es liegt eine konstante vorschüssige Rentenzahlung vor. Mit

$$n = 7 \quad \text{und} \quad i = 9\,\%$$

hat man zum Jahresende 2005 einen Rentenendwert in Höhe von

$$10^9 \cdot \text{REF}_{\text{vor}}(n, i) = 10^9 \cdot \frac{q^7 - 1}{q - 1} \cdot q,$$

so dass für den um neun Jahre diskontierten Wert zum Zeitpunkt Anfang 1997 folgt:

$$10^9 \cdot \frac{q^7 - 1}{q - 1} \cdot q \cdot q^{-9} = 10^9 \cdot \frac{1,09^7 - 1}{0,09} \cdot 1,09^{-8} \approx 4.617.387.922 \,\text{\euro}.$$

c) Von 1997 bis zum Jahr 1999 werden die Schulden noch zwei volle Jahre verzinst. Anfang 1999 beläuft sich die Schuldenlast demnach auf:

$$10,8 \cdot 10^9 \cdot 1,09^2 = 12,83148 \cdot 10^9 \,\text{\euro}.$$

Weil das Unternehmen die Zinsen selbst zahlt und die Hilfsleistungen ausschließlich zur Schuldentilgung eingesetzt werden, sind die Schulden, Stand Ende 2005, um 7 Mrd. Euro gesunken. Die Restschulden betragen demnach 5,83148 Mrd. Euro. Für die Annuität ab dem Jahr 2006 gilt daher mit $n = 45$ Jahren:

$$A = \frac{S_0}{\text{RBF}_{\text{nach}}(n, i)} = S_0 \cdot \frac{q - 1}{1 - q^{-n}} = 5,83148 \cdot 10^9 \cdot \frac{0,09}{1 - 1,09^{-45}} \approx 535.922.642 \,\text{\euro}.$$

Man leistet Annuitäten über 535.992.642 €, um nach 45 Jahren schuldenfrei zu sein.

Lösung zur Aufgabe 25 (Annuitäten-, Ratentilgung, Tilgungsplan)

a) Der Tilgungsplan im Hinblick auf eine Annuitätentilgung lautet:

Jahr	Restschuld Anfang	Zins	Tilgung	Annuität	Restschuld Ende
1	150.000,00	7.500,00	4.536,39	12.036,39	145.463,61
2	145.463,61	7.273,18	4.763,21	12.036,39	140.700,40
3	140.700,00	7.035,02	5.001,37	12.036,39	135.699,04
4	135.699,04	6.784,95	5.251,44	12.036,39	130.447,60
5	130.447,60	6.522,38	5.514,00	12.036,39	124.933,60

Um den Tilgungsplan aufstellen zu können, benötigt man die Annuität. Diese beträgt:

$$A = S_0 \cdot \frac{q-1}{1-q^{-n}} = 150.000 \cdot \frac{1,05-1}{1-1,05^{-20}} \approx 12.036,39\,\text{€}.$$

b) Die Zinszahlung im 17. Jahr im Hinblick auf eine Ratentilgung lautet:

$$Z_{17} = \frac{S_0}{n} \cdot (n-17+1) \cdot i = \frac{150.000}{20} \cdot (20-17+1) \cdot 0,05 = 1.500\,\text{€}.$$

c) Im Fall einer Annuitätentilgung hat die Restschuld nach 15 Jahren eine Höhe von

$$S_{15} = A \cdot q^{-n} \cdot \frac{q^n - q^{15}}{q-1} = 12.036,39 \cdot 1,05^{-20} \cdot \frac{1,05^{20} - 1,05^{15}}{1,05-1} \approx 52.111,26\,\text{€}.$$

Ist man an dem Barwert interessiert, so rechnet man:

$$S_{15} \cdot q^{-15} = 25.066,40\,\text{€}.$$

Der Barwert der Restschuld beträgt 25.066,40 €.

Lösung zur Aufgabe 26 (Zins, Tilgung, Annuität, Restschuld)

Man sucht bzgl. einer Raten- sowie einer Annuitätentilgung die Höhe der Zinsen im 5. Jahr, die Restschuld am Ende des 6. Jahres, die Annuität im 7. Jahr sowie die Tilgung im 8. Jahr. Gemäß der Aufgabenstellung sind Anfangsschuld, Zinssatz und Laufzeit gegeben. Die entsprechenden Größen lauten:

$$S_0 = 700.000, \quad i = 10\,\% \quad \text{und} \quad n = 10.$$

Die Fragen sind ohne die Verwendung eines Tilgungsplans zu beantworten.

a) Zunächst gehen wir von einer Ratentilgung aus:

$$T_8 = T = \frac{S_0}{n} = \frac{700.000}{10} = 70.000\,\text{€},$$

$$S_6 = S_0 - 6 \cdot T = 700.000 - 6 \cdot 70.000 = 280.000\,\text{€},$$

$$Z_5 = \frac{S_0}{n} \cdot (n-5+1) \cdot i = 70.000 \cdot (10-5+1) \cdot 0,1 = 42.000\,\text{€},$$

$$A_7 = \frac{S_0}{n} \cdot [(n-7+1) \cdot i + 1] = 70.000 \cdot [(10-7+1) \cdot 0,1 + 1] = 98.000\,\text{€}.$$

b) Liegt eine Annuitätentilgung vor, so ergibt sich demgegenüber:

$$A_7 = A = \frac{S_0}{\mathrm{RBF}_{\mathrm{nach}}(n,i)} = \frac{S_0}{1 - q^{-n}} \cdot i = \frac{700.000}{1 - 1{,}1^{-10}} \cdot 0{,}1 = 113.921{,}78 \,\text{€},$$

$$T_8 = A \cdot q^{-n+8-1} = A \cdot 1{,}1^{-3} = 85.591{,}12 \,\text{€},$$

$$S_6 = A \cdot \frac{1 - q^{6-n}}{q - 1} = A \cdot \frac{1 - 1{,}1^{-4}}{0{,}1} = 361.116{,}70 \,\text{€},$$

$$Z_5 = A \cdot (1 - q^{-n+5-1}) = A \cdot (1 - 1{,}1^{-6}) = 49.615{,}90 \,\text{€}.$$

Lösung zur Aufgabe 27 (Annuitäten-, Ratentilgung, Tilgungsplan)

Im Hinblick auf eine Ratentilgung erhält man folgenden Tilgungsplan:

Jahr	Restschuld Anfang	Zins	Tilgung	Annuität	Restschuld Ende
1	100.000	8.000	20.000	28.000	80.000
2	80.000	6.400	20.000	26.400	60.000
3	60.000	4.800	20.000	24.800	40.000
4	40.000	3.200	20.000	23.200	20.000
5	20.000	1.600	20.000	21.600	0

Am besten startet man mit der Berechnung der Tilgung, die konstant ist. Dazu teilt man die Darlehenssumme durch die Anzahl der Jahre. Die Restschulden sind damit klar, so dass davon ausgehend die Zinsen berechnet werden können. Die Summe aus Zins und Tilgung ergibt dann stets die Annuität.

Handelt es sich um eine Annuitätentilgung, so rechnet man zunächst die Annuität aus:

$$A = \frac{S_0}{\mathrm{RBF}_{\mathrm{nach}}(n,i)} = 100.000 \cdot \frac{0{,}08}{1{,}08^5 - 1} \cdot 1{,}08^5 = 25.045{,}65 \,.$$

Anschließend erstellt man den Tilgungsplan wie folgt:

Jahr	Restschuld Anfang	Zins	Tilgung	Annuität	Restschuld Ende
1	100.000,00	8.000,00	17.045,65	25.045,65	82.954,35
2	82.954,35	6.636,35	18.409,30	25.045,65	64.545,05
3	64.545,05	5,163,60	19.882,05	25.045,65	44.663,00
4	44.663,00	3.573,04	21.472,61	25.045,65	23.190,39
5	23.190,39	1.855,23	23.190,42	25.045,65	0

Man beachte, dass die Tilgungsleistungen eine geometrische Folge bilden. Das heißt, dass sich zwei aufeinander folgende Zahlungen nur um den Aufzinsungsfaktor q unterscheiden.

Lösung zur Aufgabe 28 (Investitionsrechnung, Kapitalwerte)

a) Einnahmen werden anhand positiver Zahlen, Ausgaben mittels negativer Zahlen dargestellt. Für die Ermittlung des Barwerts sind die Anschaffungskosten der Maschine wichtig. Sie teilen sich auf in eine Anzahlung über 40.000 € sowie weiteren 15.000 € jeweils in den folgenden vier Jahren. Für jede abgesetzte Mengeneinheit des produzierten Gutes erhält die Firma im Verkauf 10 €, während auf der anderen Seite 8 € Stückkosten anfallen, sowie Fixkosten in Höhe von 2.000 € pro Jahr beachtet werden müssen. 10.000 Mengeneinheiten werden pro Jahr produziert. All das zusammen ergibt unter Berücksichtigung einer Nutzungsdauer von acht Jahren folgenden Wert:

$$K_0 = -40.000 - 15.000 \cdot \text{RBF}_{\text{nach}}(10\,\%,4) + [(10-8) \cdot 10.000 - 2.000] \cdot \text{RBF}_{\text{nach}}(10\,\%,8)$$

$$= -40.000 - 15.000 \cdot \frac{1 - 1{,}1^{-4}}{0{,}1} + 18.000 \cdot \frac{1 - 1{,}1^{-8}}{0{,}1}$$

$$= 8.480{,}69 > 0$$

Demnach sollte die Firma die Maschine kaufen.

b) Die Ausgangsgleichung ist dieselbe wie im ersten Teil, allerdings ist im Gegensatz zu den 10.000 Mengeneinheiten vorher diesmal die Produktionsmenge unbekannt.

$$-40.000 - 15.000 \cdot \text{RBF}_{\text{nach}}(10\,\%,4) + [2x - 2.000] \cdot \text{RBF}_{\text{nach}}(10\,\%,8) > 0$$

$$\iff \quad 2x \cdot \frac{1 - 1{,}1^{-8}}{0{,}1} > 40.000 + 15.000 \cdot \frac{1 - 1{,}1^{-4}}{0{,}1} + 2.000 \cdot \frac{1 - 1{,}1^{-8}}{0{,}1}$$

$$\iff \quad x > \left(20.000 + 7.500 \cdot \frac{1 - 1{,}1^{-4}}{0{,}1} + 1.000 \cdot \frac{1 - 1{,}1^{-8}}{0{,}1}\right) \cdot \frac{0{,}1}{1 - 1{,}1^{-8}}$$

$$\iff \quad x > 9.205{,}17$$

Geht man von ganzen Stückzahlen aus, so sind mindestens 9.206 Mengeneinheiten zu produzieren, damit die Investition vorteilhaft ist.

c) Der besseren Übersichtlichkeit wegen werden die Sachverhalte in der Folge einzeln behandelt. Der Barwert beträgt im Fall

- der Anschaffungskosten:

$$-40.000 - 15.000 \cdot \text{RBF}_{\text{nach}}(10\,\%,4) = -40.000 - 15.000 \cdot \frac{1 - 1{,}1^{-4}}{0{,}1} = -87.548{,}05\,,$$

- der Umsatzerlöse in den ersten acht Jahren:

$$10.000 \cdot 10 \cdot \text{RBF}_{\text{nach}}(10\,\%,8) = 100.000 \cdot \frac{1 - 1{,}1^{-8}}{0{,}1} = 533.493\,,$$

- der Produktionskosten:

$$(-15.000 \cdot 8 - 2.000) \cdot \text{RBF}_{\text{nach}}(10\,\%,8) = -122.000 \cdot \frac{1 - 1{,}1^{-8}}{0{,}1} = -650.861{,}46\,,$$

- der Umsatzerlöse nach acht Jahren:

$$10.000 \cdot 16 \cdot \text{REF}_{\text{nach}}(10\,\%,4) \cdot q^{-12} = 160.000 \cdot \frac{1,1^4 - 1}{0,1} \cdot 1,1^{-12} = 236.602,50 \,,$$

(Es ist zu beachten, dass $8 \cdot (15.000 - 10.000) = 40.000$ ME auf Lager gegangen sind, weshalb vier Jahre lang, Zeitpunkte 9 bis 12, weiterverkauft werden kann.)

- der Lagerhaltungskosten

$$-5.000 \cdot \text{REF}_{\text{nach}}(10\,\%,11) \cdot q^{-12} = -29.523,01 \,.$$

In der Summe hat man damit insgesamt einen Barwert von

$$-87.548,05 + 533.493 - 650.861,46 + 236.602,50 - 29.523,01 = 2.162,98 > 0.$$

Da der Barwert positiv ist, wird der zugrunde gelegte Referenzzinssatz von 10 % überschritten, weshalb die Investition getätigt werden sollte.

Lösung zur Aufgabe 29 (Fallstudie: Faltblatt der Volksbank Dudweiler)

a) Die einzelnen Spalten der Tabelle des vorgelegten Faltblatts der Volksbank Dudweiler haben inhaltlich folgende Bedeutung:

- 1. Spalte: Ende des angegebenen Jahres
- 2. Spalte: Summe aller jährlich eingezahlten Beträge in Höhe von jeweils 600 €
- 3. Spalte: Bonus in Prozent bezogen auf die im jeweiligen Jahr eingezahlten 600 €
- 4. Spalte: Summe der Bonuszahlungen vom Anfang der Laufzeit an
- 5. Spalte: Kumulierte Zinsen über die Jahre
- 6. Spalte: Endkapital als Summe der eingezahlten Beträge + Zinsen + Boni

b) Laut Faltblatt werden die 50 € monatlich jeweils am Monatsanfang bezahlt. Daraus folgt unter Berücksichtigung des Basiszinssatzes in Höhe von 1 % p. a. für die Zinsen:

$$Z = 50 \cdot \sum_{k=1}^{12} i \cdot \frac{k}{12} = 50 \cdot \frac{1\,\%}{12} \cdot \frac{12 \cdot 13}{2} = 3,25 \,\text{€} \,.$$

c) Wie wir in Teil a) festgestellt haben, handelt es sich um die kumulierten Zinsen, die in der fünften Spalte der Tabelle ausgewiesen werden. Die angegebenen Zinsen in Höhe von 12,53 € im zweiten Jahr setzen sich aus drei Komponenten zusammen: den 1 % Zinsen auf den Endbetrag des ersten Jahres, den in b) ausgerechneten Zinsen für den monatlich eingezahlten Sparbetrag und den 3,25 € Zinsen, die bereits im ersten Jahr erwirtschaftet wurden. Das ergibt zusammen:

$$1\,\% \cdot 603,25 + 3,25 + 3,25 = 12,53 \,\text{€} \,.$$

Ebenso verhält es sich mit der Zinsangabe im 15. Jahr. Der Betrag setzt sich zusammen aus den 1 % Zinsen auf die 10.509,59 € Guthaben des vorangegangenen Jahres, aus den 3,25 € Zinsen auf die Sparleistungen des aktuellen Jahres plus der Summe der bisherigen Zinsen in Höhe von 663,59 €. Das ergibt zusammen:

$$1\,\% \cdot 10.509,59 + 3,25 + 663,59 = 771,94 \,\text{€} \,.$$

d) Der Auszahlungsbetrag am Ende des 25. Jahres beträgt 22.172,96 € gemäß Faltblatt. Dies ist die Leistung der Bank. Die Leistung des Sparers besteht demgegenüber in der Einzahlung der 50 € monatlich, 25 Jahre lang jeweils zum Monatsanfang. Zunächst berechnen wir die äquivalente Jahresrente.

$$R = 50 \cdot \sum_{k=1}^{12} \left(1 + i_{\text{eff}} \cdot \frac{k}{12}\right) = 50 \cdot \left(12 + \frac{i_{\text{eff}}}{12} \cdot \frac{12 \cdot 13}{2}\right) = 600 + 325 \cdot i_{\text{eff}}$$

Es handelt sich um eine konstante nachschüssige Jahresrente über 25 Jahre, deren Rentenendwert aufgrund des Äquivalentsprinzips 22.172,96 € betragen muss.

$$22.172,96 = R \cdot \text{REF}_{\text{nach}}(25, i_{\text{eff}}) = (600 + 325 \cdot i_{\text{eff}}) \cdot \frac{q^{25} - 1}{q - 1}$$

Eine Umformung der letzten Gleichung führt zu folgendem Nullstellenproblem:

$$22.172,96 = (600 + 325 \cdot i_{\text{eff}}) \cdot \frac{q^{25} - 1}{q - 1}$$

$$\Longleftrightarrow \quad 22.172,96 \cdot (q - 1) = 600 \cdot (q^{25} - 1) + 325 \cdot (q - 1) \cdot (q^{25} - 1)$$

$$\Longleftrightarrow \quad 325 \cdot q^{26} + 275 \cdot q^{25} - 22.497,96 \cdot q + 21.897,96 = 0$$

Mittels des Newtonverfahrens unter Zuhilfenahme einer einschlägigen Lösungssoftware, vgl. etwa die kostenlosen Internetseiten von Arndt Brünner mit entsprechenden Programmen, errechnet man einen internen Zinssatz von ca. 2,98 % p. a.

Lösung zur Aufgabe 30 (Barwertmethode, interne Zinsfußmethode)

a) Nach der Barwertmethode sind alle zukünftigen Zahlungen auf den heutigen Zeitpunkt zu diskontieren. Mit einem Kalkulationszinssatz von 5 % gilt für den Barwert der ersten Investitionsalternative:

$$K_A(0) = -2 + 1 \cdot 1{,}05^{-1} + 2 \cdot 1{,}05^{-2} \approx 0{,}77 > 0$$

Für Investitionsalternative B erhält man analog:

$$K_B(0) = -2 + 3{,}5 \cdot 1{,}05^{-1} - 1 \cdot 1{,}05^{-2} \approx 0{,}43 > 0$$

Investitionsalternative A ist der Investitionsalternative B vorzuziehen, da sie den größeren positiven Barwert hat. Beide Alternativen erwirtschaften eine höhere Rendite als die vorgelegten 5 % p. a.

b) Der interne Zinssatz liefert einen Barwert von 0. Für Investitionsalternative A gilt unter Vernachlässigung negativer Lösungen:

$$-2 + q^{-1} + 2 \cdot q^{-2} = 0 \quad \Longleftrightarrow \quad -2 \cdot q^2 + q + 2 = 0 \quad \Longrightarrow \quad q = \frac{1}{4} + \sqrt{\frac{1}{16} + 1} \approx 1{,}2808$$

Für Investitionsalternative B erhält man entsprechend:

$$-2 + 3{,}5 \cdot q^{-1} - q^{-2} = 0 \quad \Longleftrightarrow \quad -2 \cdot q^2 + 3{,}5 \cdot q - 1 = 0 \quad \Longrightarrow \quad q = \frac{7}{8} + \sqrt{\frac{49}{64} - \frac{1}{2}} \approx 1{,}3904$$

Beide Zinssätze liegen über dem Kalkulationszinssatz von 5 %. Man sollte sich nach dem internen Zinsfußverfahren für Alternative B entscheiden, da sie mit 39,04 % gegenüber 28,08 % den größeren internen Zinsfuß liefert.

Lösung zur Aufgabe 31 (Newtonverfahren, interner Zinsfuß, Barwert))

a) Der Kalkulationszinssatz ist mit 8 % angegeben, so dass für den Barwert der ersten Investitionsalternative gilt:

$$K_A(0) = -100 + 30 \cdot q^{-1} + 50 \cdot q^{-2} + 60 \cdot q^{-3} + 50 \cdot q^{-4} + 30 \cdot q^{-5} \approx 75,45 > 0.$$

Für Investitionsalternative B beträgt der Barwert:

$$K_B(0) = -100 + 60 \cdot q^{-1} + 50 \cdot q^{-2} + 40 \cdot q^{-3} + 30 \cdot q^{-4} + 20 \cdot q^{-5} = 65,84 > 0$$

Investitionsalternative A ist vorteilhafter, da sie den größeren positiven Barwert hat.

b) Nach der internen Zinsfußmethode verfolgt man für Alternative A den Ansatz:

$$-10 + 3 \cdot q^{-1} + 5 \cdot q^{-2} + 6 \cdot q^{-3} + 5 \cdot q^{-4} + 3 \cdot q^{-5} = 0$$

$$\Longleftrightarrow \quad -10 \cdot q^5 + 3 \cdot q^4 + 5 \cdot q^3 + 6 \cdot q^2 + 5 \cdot q + 3 = 0$$

Und für Investitionsalternative B erhält man die Bestimmungsgleichung:

$$-10 + 6 \cdot q^{-1} + 5 \cdot q^{-2} + 4 \cdot q^{-3} + 3 \cdot q^{-4} + 2 \cdot q^{-5} = 0$$

$$\Longleftrightarrow \quad -10 \cdot q^5 + 6 \cdot q^4 + 5 \cdot q^3 + 4 \cdot q^2 + 3 \cdot q + 2 = 0$$

In beiden Fällen wurde die Gleichung, um die Zahlen klein zu halten, auf beiden Seiten durch 10.000 geteilt, was für die Bestimmung der Nullstellen keinen Unterschied macht. Mit Hilfe z. B. des Newtonverfahrens kann im Rahmen einer Lösungssoftware der interne Zinsfuß bestimmt werden. Auf eine solche Software kann bspw. kostenlos über das Internet zugegriffen werden, etwa über die Mathematikseiten von Arndt Brünner. Das Verfahren liefert die beiden Zinssätze

$$i_A = 32,75 \% \quad \text{und} \quad i_B = 36,08 \% .$$

Investitionsalternative B bietet damit den größeren der beiden internen Zinssätze oberhalb des Kalkulationszinssatzes, weshalb nach dieser Methode Alternative B gewählt werden sollte.

c) Beide Verfahren führen im konkreten Fall zu verschiedenen Ergebnissen, welche der vorgelegten Investitionsalternative die bessere sei. Das ist allerdings kein Widerspruch, weil sich die Verfahren hinsichtlich ihrer Fragestellungen unterscheiden. Vom mathematischen Standpunkt her sind verschiedene Ergebnisse nicht verwunderlich, was am Steigungsverhalten der beiden Barwertfunktionen liegt. Eine Funktion kann an der Stelle des Kalkulationszinssatzes den größeren Funktionswert haben und dennoch die Abszisse früher scheiden, eben weil sie schneller fällt.

Betriebswirtschaftlich betrachtet spielt der Zeitwert des Geldes die entscheidende Rolle. Denn je weiter ein Geldbetrag in der Zukunft liegt, desto mehr unterliegt er wertmäßigen Schwankungen, wenn der Zinssatz variiert. Beobachten kann man diesen Effekt bspw. auch bei festverzinslichen Wertpapieren mit unterschiedlicher Laufzeit. Der Kurs eines länger laufenden Wertpapiers wird bei Zinsänderungen stärker schwanken als bei Kurzläufern. Entsprechend kann sich die Vorteilhaftigkeit einer Investition gegenüber einer Investitionsalternative ändern, wenn der Kalkulationszinssatz verändert wird.

Lösung zur Aufgabe 32 (interne Zinsfußmethode)

Die Anwendung der internen Zinsfußmethode zur Beurteilung der Vorteilhaftigkeit einer Investition muss kritisch gesehen werden. Denn die Frage nach dem internen Zinssatz führt mathematisch zu einem Nullstellenproblem. Das heißt, man sucht die Nullstelle eines Polynoms höheren Grades. Der Grad des Polynoms wird durch die Laufzeit der Investition bestimmt. Nun ist aus der linearen Algebra bekannt, dass i. a. weder eine Nullstelle existieren muss noch die Nullstelle, falls sie doch existiert, eindeutig bestimmt sein muss. Die Frage nach dem internen Zinsfuß ist damit in diesem Sinne schlecht gestellt, da die Antwort auf die Frage unter Umständen aufgrund einer mangelnden Eindeutigkeit bzw. Existenz unbefriedigend bleibt. Von weiteren betriebswirtschaftlichen Gegenargumenten gegen den internen Zinssatz, wie z. B. fehlende Liquiditätsbetrachtungen, ganz zu schweigen.

Lösung zur Aufgabe 33 (Effektivzins, Newtonverfahren)

Der Ausgabeaufschlag zählt zu den Transaktionskosten. Er schmälert die Rendite und ist daher mit zu berücksichtigen. Man geht also von 500 € aus, die jedes Jahr nachschüssig investiert werden. Der Wert der Fondsanteile nach neun Jahren in Höhe von 5.100 € ist der Wert der Anteile nach Investition des neunten Jahresbeitrags. Die Rentenfolge ist des Weiteren konstant, weshalb gilt:

$$5.100 = 500 \cdot \text{REF}_{\text{nach}}(9, i_{\text{eff}}) = 500 \cdot \frac{q^9 - 1}{q - 1}$$

Man stellt die letzte Gleichung um und stößt auf folgendes Nullstellenproblem:

$$5.100 = 500 \cdot \frac{q^9 - 1}{q - 1}$$
$$\Longleftrightarrow \quad 5.100 \cdot (q - 1) = 500 \cdot (q^9 - 1)$$
$$\Longleftrightarrow \quad 5q^9 - 51q + 46 = 0$$

Durch Anwendung des Newtonverfahrens stößt man auf die Lösung

$$q = 1{,}0309856567841191$$

und damit auf einen Effektivzinssatz von rund 3,10 % p. a. Es sei jedoch darauf hingewiesen, dass obige Umformungen nur deshalb äquivalent sind, weil man von dem Fall absieht, dass der Aufzinsungsfaktor gleich 1 ist. Dann würde man nämlich durch 0 teilen, was nicht definiert ist. Auf diesen Spezialfall kann aber in der Rechnung getrost verzichtet werden, da er zu einem Zinssatz von 0 % führen würde, weshalb die Summe aller Einzahlungsbeträge den genannten Depotwert der Fondsanteile nach neun Jahren ergeben müsste. Wegen

$$9 \cdot 500 = 4.500 \neq 5.100$$

tut sie das allerdings nicht. An diese Überlegung muss man sich erinnern, wenn bei der Suche nach einer Nullstelle des oben genannten Polynoms auch $q = 1$ in Frage käme.

Lösung zur Aufgabe 34 (Effektivzins, Newtonverfahren)

a) Es liegt eine konstante vorschüssige Rente mit

Rate $R = 600$, Laufzeit $n = 11$ Jahre und Rentenendwert $K_{11} = 7.050 \, €$

vor, weshalb man folgende Bestimmungsgleichung für den Effektivzinssatz erhält:

$$K_n = R \cdot \frac{q^n - 1}{q - 1} \cdot q$$

$$\Longleftrightarrow \quad 7.050 = 600 \cdot \frac{q^{11} - 1}{q - 1} \cdot q$$

$$\Longleftrightarrow \quad 7.050 \cdot q - 7.050 = 600 \cdot q^{12} - 600 \cdot q$$

$$\Longleftrightarrow \quad 4 \cdot q^{12} - 51 \cdot q + 47 = 0$$

b) Die Rekursionsgleichung für das Newtonverfahren lautet:

$$q_{k+1} = q_k - \frac{f(q_k)}{f'(q_k)}$$

mit Startwert $q_0 = 1,01$ und zwei verlangten Iterationsschritten. Man hat ferner

$$f(q) = 4q^{12} - 51q + 47 \quad \text{und} \quad f'(q) = 48q^{11} - 51.$$

Setzt man die Werte ein, so erhält man:

$$q_1 = q_0 - \frac{f(q_0)}{f'(q_0)} = 1,01 - \frac{f(1,01)}{f'(1,01)} = 1,011057913$$

$$\Longrightarrow \quad q_2 = q_1 - \frac{f(q_1)}{f'(q_1)} = 1,010954671$$

Der Effektivzinssatz beträgt rund 1,10 % p. a.

Lösung zur Aufgabe 35 (interne Zinsfußmethode, Barwertmethode, Newtonverfahren)

a) Per Definition ist für den internen Zinsfuß der Kapitalwert der Zahlungsreihe gleich Null. Alle Überschüsse sind demnach einzeln für jedes Investitionsobjekt auf den Investitionsbeginn abzuzinsen und dort mit dem Kapitaleinsatz zu verrechnen. Auf diese Weise entsteht ein Polynom, an dessen Nullstellen der Investor interessiert ist.
Für Objekt A ergibt sich daraus der Ansatz:

$$-1.000 + 350q^{-1} + 400q^{-2} + 600q^{-3} = 0$$

Daraus folgt

$$f(q) = -10q^3 + 3,5q^2 + 4q + 6 \quad \text{und} \quad f'(q) = -30q^2 + 7q + 4.$$

Die Anwendung des Newtonverfahrens

$$q_{k+1} = q_k - \frac{f(q_k)}{f'(q_k)} \quad \text{für } k = 0, 1, 2, \dots$$

z. B. mit dem Startwert $q_0 = 1,1$ ergibt $q \approx 1,15 \Longleftrightarrow i \approx 15\%$ für den internen Zinsfuß. Eine Alternative hierzu wäre die Anwendung der linearen Interpolation Regula Falsi. Für Objekt B ergibt sich:

$$-1.000 + 200q^{-1} + 350q^{-2} + 400q^{-3} + 450q^{-4} + 50q^{-5} = 0$$

$$\Longleftrightarrow \quad f(q) = -10q^5 + 2q^4 + 3,5q^3 + 4q^2 + 4,5q + 0,5 = 0$$

Als Näherungslösung erhält man:

$$q \approx 1,143 \Longleftrightarrow i \approx 14,3\%$$

Damit erweist sich A als die bessere Investition, unter Beachtung, dass der interne Zinsfuß über dem Kalkulationszinssatz liegt.

b) Man erhält die Kapitalwerte durch Einsetzen von $q = 1,08$ in obige Gleichungen:

$$K_A(0) \approx 143,31 > 0 \quad \text{und} \quad K_B(0) \approx 167,58 > 0.$$

Nach diesem Ergebnis sollte das Objekt B gewählt werden, da es den größeren positiven Kapitalwert besitzt.

Ein genereller Vergleich beider Investitionsalternativen ist aufgrund der unterschiedlichen Laufzeiten kaum möglich. Ebenso würde es sich verhalten, wenn der Kapitaleinsatz verschieden wäre.

Lösung zur Aufgabe 36 (Wertpapieranalyse, Rendite)

Das festverzinsliche Wertpapier wird zum angegebnen Kurs bzw. Preis erworben. Zu den genannten Zeitpunkten werden die fälligen Zinsen vom Schuldner, dem Wertpapieremittent, an den Gläubiger, den Investor bzw. Käufer des Wertpapiers, gezahlt. Am Ende der verbrieften Laufzeit bekommt zudem der Schuldner den Nennwert des Papiers. Alle Erträge im konkreten Beispiel werden durch folgende Zahlungsreihe dargestellt:

Zeitpunkt [Jahre]	0	1	...	5	6	...	14	15
Erträge [DM]	– Preis	0	...	0	20	...	20	120

a) Beträgt der Preis 90 DM, so muss für die Rendite gelten:

$$90 \cdot q^{15} = 20 \cdot \text{REF}_{\text{nach}}(10, i_{\text{eff}}) + 100$$

$$\Longleftrightarrow \quad 90 \cdot q^{15} - 20 \cdot \frac{q^{10} - 1}{q - 1} - 100 = 0$$

$$\Longleftrightarrow \quad 90q^{16} - 90q^{15} - 20q^{10} - 100q + 120 \stackrel{!}{=} 0$$

Die Bestimmung der Nullstelle des Polynoms im relevanten Bereich mit Hilfe des Newtonverfahrens liefert $q = 1,1109$ und daher eine Rendite von 11,09 % p. a.
Beträgt der Preis 100 DM, so führt dies zu einem analogen Nullstellenproblem:

$$100q^{16} - 100q^{15} - 20q^{10} - 100q + 120 = 0$$

und mit Hilfe des Newtonverfahrens erhalten wir in diesem Fall, aufgrund des höheren Einstandspreises, eine kleinere Rendite in Höhe von 10,02 % p. a.

b) Der Kurs ist der Barwert aller zukünftigen Zahlungen. Bei einem Referenzzinssatz von 6 % folgt für diesen Barwert:

$$K_0 = (20 \cdot \text{REF}_{\text{nach}}(10,6\%) + 100) \cdot q^{-15}$$

$$= \left(20 \cdot \frac{1,06^{10} - 1}{0,06} + 100\right) \cdot 1,06^{-15}$$

$$= 151,72$$

Das Wertpapier hat unter den gegebenen Marktkonditionen einen Preis von 151,72 DM.

c) Bis zur ersten Zinszahlung zum 31.12.2000 nimmt der Rentenbarwert und somit der Kurs

$$K_j = \left(20 \cdot \frac{1,06^{10} - 1}{0,06} + 100\right) \cdot 1,06^{-15+j} \quad \text{für} \quad j = 0, 1, \ldots, 6$$

zu, während die Anzahl der Zahlungen und alle restlichen Terme konstant bleiben. Der Kurs zum Zeitpunkt 6 beträgt:

$$K_6 = \left(20 \cdot \frac{1,06^{10} - 1}{0,06} + 100\right) \cdot 1,06^{-9} = 215,22.$$

Der Kurs zum Zeitpunkt 7 lautet:

$$K_7 = (20 \cdot \text{REF}_{\text{nach}}(9,6\%) + 100) \cdot q^{-8} = \left(20 \cdot \frac{1,06^9 - 1}{0,06} + 100\right) \cdot 1,06^{-8} = 206,94.$$

Die Kurse fallen in jedem Schritt weiter ab bis schließlich

$$K_{15} = 100 + 20 = 120$$

gilt. Neben dieser expliziten Betrachtung der Kurswerte gilt offensichtlich für die Zeitpunkte $6 < t \leq 15$ die Rekursionsformel:

$$K_t = q^{-1} \cdot K_{t+1} + 20 \quad \Longleftrightarrow \quad K_{t+1} = 1,06 \cdot K_t - 21,2$$

Die Folge der Barwerte ist ab dem Zeitpunkt 6 also fallend, weswegen der höchste Kurswert mit 215,22 zum Zeitpunkt 6 erreicht wird. Es bleibt anzumerken, dass der Kurs während eines Jahres immer niedriger ist als am Jahresende, weil mittels einfacher Verzinsung auf den Zeitpunkt diskontiert würde. Daher genügt es, wie oben geschehen, die Kurse zu den Zinszahlungsterminen zu betrachten.

Lösung zur Aufgabe 37 (Liquiditätsprofil, Effektivzinssatz)

a) Wir beginnen mit Bank A. Als Skalierung der Zeitachse wählt man den Beginn der einzelnen Quartale. Der nominelle Zinssatz pro Quartal beträgt

$$\frac{7,25\%}{4} = 1,8125\%.$$

Die vierteljährlich konstante Zahlung berechnet sich gemäß:

$$A = \frac{S_0}{\text{RBF}_{\text{nach}}(40,1,8125)} = \frac{212.000}{28,277} = 7.497,25$$

Die jährliche Liquiditätsbelastung beträgt also konstant 29.989 €. Die jährliche Liquiditätsbelastung im Fall von Bank B ergibt sich aus der Summe von Tilgungs- und Zinsanteil. Der
Tilgungsanteil beträgt

$$T = \frac{210.000}{10} = 21.000 \text{ € pro Jahr.}$$

Der Zinsanteil folgt einer arithmetischen Folge mit den Folgegliedern:

$$Z_k = (S_0 - (k-1) \cdot T) \cdot i_{\text{nom}}$$

Die Liquiditätsbelastung der Jahre $k = 1, \ldots, 10$ beträgt also:

$$L_k = T + Z_k$$
$$= T + (S_0 - T \cdot (k-1)) \cdot i_{\text{nom}}$$
$$= 21.000 + (210.000 - 21.000 \cdot (k-1)) \cdot 0{,}075$$
$$= 38.325 - 1.575 \cdot k$$

Das heißt, man hat eine Belastung von 38.325 € im ersten Jahr, die sich in jedem darauf
folgenden Jahr um 1.575 € verringert. Wenden wir uns als nächstes der Bank C zu. In den
ersten neun Jahren erfolgen ausschließlich Zinszahlungen in einer Höhe von

$$S_0 \cdot i_{\text{nom}} = 17.500 \text{ €.}$$

Die Liquiditätsbelastung im zehnten Jahr beträgt

$$S_0 + S_0 \cdot i_{\text{nom}} = 217.500 \text{ €.}$$

b) Der Effektivzins des Kredites berechnet sich analog zum internen Zins einer Investition. Die
   Leistung des Gläubigers muss gleich der Gegenleistung des Schuldners sein. Betrachten wir
   zunächst die Bank A. Da der effektive Zinssatz als Jahreszinssatz jährlichen Zinszuschlag
   voraussetzt, müssen wir die vier vierteljährlichen Zahlungen in Höhe von $A = 7.497{,}25$ €
   in eine gleichwertige nachschüssige Jahreszahlung umrechnen:

$$R = A \cdot \sum_{k=0}^{3} \left(1 + \frac{k}{4} \cdot i_{\text{eff}}\right) = A \cdot \left(4 + \frac{6}{4} \cdot i_{\text{eff}}\right) = 2A \cdot \left(2 + \frac{3}{4} \cdot i_{\text{eff}}\right).$$

Nach dem Äquivalenzprinzip, das oben angesprochen wurde, muss dann gelten:

$$200.000 = R \cdot \text{RBF}_{\text{nach}}(10, i_{\text{eff}}) = 2R \cdot \left(2 + \frac{3}{4} \cdot i_{\text{eff}}\right) \cdot \frac{(1 + i_{\text{eff}})^{10} - 1}{i_{\text{eff}}} \cdot (1 + i_{\text{eff}})^{-10}.$$

Durch Anwendung des Newtonverfahrens mit Startwert $i_0 = 0{,}1$ ergibt sich ein effektiver
Zinssatz von $i_{\text{eff}} = 8{,}87\,\%$ p. a. Durch eine analoge Vorgehensweise wie für Bank A erhält
man für Bank B, unter Berücksichtigung des angegebenen Disagios und der in Aufgabenteil a) ermittelten Struktur der in diesem Fall vorliegenden arithmetischen Zahlungsfolge,

anschließende Rechnung:

$$200.000 = \left((S_0 \cdot i_{\text{nom}} + T) \cdot \text{REF}_{\text{nach}}(10, i_{\text{eff}}) - \frac{T \cdot i_{\text{nom}}}{i_{\text{eff}}} \cdot (\text{REF}_{\text{nach}}(10, i_{\text{eff}}) - n) \right) \cdot q^{-10}$$

$$= (210.000 \cdot 7,5\,\% + 21.000) \cdot \frac{q^{10} - 1}{(q-1) \cdot q^{10}} - \frac{21.000 \cdot 7,5\,\%}{(q-1) \cdot q^{10}} \cdot \left(\frac{q^{10} - 1}{q - 1} - 10 \right)$$

$$= 36.750 \cdot \frac{q^{10} - 1}{(q-1) \cdot q^{10}} - \frac{1.575}{(q-1) \cdot q^{10}} \cdot \left(\frac{q^{10} - 1}{q - 1} - 10 \right)$$

Mittels Newtonverfahren ergibt sich als Näherungslösung $i_{\text{eff}} = 8,68\,\%$ p. a. Für das Kreditangebot der Bank C gilt, da weder ein Disagio noch Tilgungen während der Laufzeit auftreten, dass der effektive Zinssatz dem nominellen Zinssatz ist, also

$$i_{\text{eff}} = i_{\text{nom}} = 8,75\,\%\ p.\,a.$$

Nimmt man den Effektivzinssatz als entscheidungsrelevante Größe, so wäre aus Sicht des Kreditnehmers das Angebot der Bank B am attraktivsten.

5.2   Lösungen zur Extremwertberechnung

Lösung zur Aufgabe 38 (betriebswirtschaftliche Funktionen, Definitions- und Wertebereich)

a) Die absetzbare Menge x muss größergleich 0 sein. Dasselbe gilt für den Preis

$$6 - \frac{x}{2} \geq 0 \quad \Longleftrightarrow \quad 12 \geq x$$

Daher lautet der Definitionsbereich $\mathbb{D} = [0, 12]$.
Das Schaubild der Preisabsatzfunktion ist eine fallende Gerade, weshalb es zur Bestimmung des Wertebereichs ausreicht, die Funktionswerte an den Randpunkten des Definitionsbereichs zu betrachten:

$$p(0) = 6 \quad \text{und} \quad p(12) = 0\,.$$

Für den Wertebereich gilt $\mathbb{W} = [0, 6]$.

b) Man hat Stückkosten in Höhe von 2 € pro Stück sowie 10.000 € fixe Kosten.

$$K : \mathbb{D} \longrightarrow \mathbb{R} \quad \text{mit} \quad K(x) = 2.000x + 10.000$$

Man beachte, dass x in 1.000 Stück gemessen wird.

c) Erlös ist definiert als Preis mal Menge:

$$E : \mathbb{D} \longrightarrow \mathbb{R} \quad \text{mit} \quad E(x) = p \cdot x = 6x - \frac{x^2}{2}\,.$$

Gewinn ist Erlös minus Kosten, also $G : \mathbb{D} \longrightarrow \mathbb{R}$ mit

$$G(x) = E(x) - K(x) = 6x - \frac{x^2}{2} - 2.000x - 10.000 = -\frac{x^2}{2} - 1.994x - 10.000\,.$$

Der Deckungsbeitrag ergibt sich aus dem Erlös minus die variablen Stückkosten.

$$D : \mathbb{D} \longrightarrow \mathbb{R} \quad \text{mit} \quad D(x) = E(x) - K_{\text{var}}(x) = 6x - \frac{x^2}{2} - 2.000x = -\frac{x^2}{2} - 1.994x.$$

Lösung zur Aufgabe 39 (Stetigkeit, abschnittsweise definierte Funktion)

Die angegebene Funktion ist auf $[0, 3]$ mit Ausnahme der Stelle $x = 1$ stetig als Komposition stetiger Funktionen. Für die Stelle $x = 1$ gilt:

$$\lim_{x \downarrow 1} f(x) = \lim_{x \downarrow 1} \left(-\frac{1}{8} \cdot (5x^2 + 7) \right) = -\frac{1}{8} \cdot (5 + 7) = -\frac{3}{2} = \frac{1 + 2}{1^2 - 1 - 2} = f(1).$$

Damit ist die Funktion auch an der Stelle 1 und damit auf dem gesamten Intervall stetig.

Lösung zur Aufgabe 40 (Stetigkeit, abschnittsweise definierte Funktion)

a) Die Funktion ist für alle reellen $x \neq 0$ stetig als Komposition stetiger Funktionen. An der Stelle $x = 0$ muss gelten:

$$\lim_{x \uparrow 0} f(x) = \lim_{x \uparrow 0} (ax + b) = b = 1 = (0 + 1) \cdot \cos(0) = f(0).$$

Damit die Funktion stetig ist, muss der Ordinatenabschnitt $b = 1$ sein.

b) Jede differenzierbare Funktion ist notwendig stetig. Daher muss $b = 1$ gelten, wie in a) ermittelt. Darüber hinaus ist die Funktion für alle $x \neq 0$ differenzierbar als Komposition differenzierbarer Funktionen. Damit die Funktion an der Nahtstelle $x = 0$ differenzierbar ist, also keinen Knick hat, müssen die Steigungen beider Teilfunktionen an dieser Stelle übereinstimmen. Mathematisch ausgedrückt, laut Definition der Differenzierbarkeit muss der Limes des Differenzenquotienten existieren, d. h.

$$\lim_{x \uparrow 0} \frac{f(x) - f(0)}{x - 0} = a = 1 = \cos(0) - (0 + 1) \cdot \sin(0) = \lim_{x \downarrow 0} \frac{f(x) - f(0)}{x - 0}.$$

Daher muss $a = 1$ sein, und die Funktion ist genau dann differenzierbar, wenn:

$$f : \mathbb{R} \longrightarrow \mathbb{R} \quad \text{mit} \quad f(x) = \begin{cases} x + 1 & \text{für } x < 0 \\ (x + 1) \cdot \cos(x) & \text{für } x \geq 0 \end{cases}$$

Lösung zur Aufgabe 41 (Ableitungen in einer Veränderlichen)

Folgende Abkürzungen bedeuten: SR = Summenregel, PR = Produktregel, QR = Quotientenregel und KR = Kettenregel.

a) $f'(x) = 28x^3 - 1$ (SR)

b) $f'(x) = 3(2x^4 + 3x^3 - 1)^2 \cdot (8x^3 + 9x^2)$ (KR)

c) $f'(x) = 3 \cdot x \cdot e^x + (3x + 5) \cdot e^x + (3x + 5) \cdot x \cdot e^x = (3x^2 + 11x + 5) \cdot e^x$ (PR)

d) $f'(x) = 2e^{2x+7}$ (KR)

e) $f'(x) = \dfrac{4x^3 - 6x}{x^4 - 3x^2} = \dfrac{4x^2 - 6}{x^3 - 3x}$ (KR)

f) $f'(x) = 4 \cdot (7x - 3) + (4x + 2) \cdot 7 = 56x + 2$ (PR)

g) $f'(x) = \dfrac{\frac{8}{3}x}{2 \cdot \sqrt{\frac{4}{3}x^2 - 2}} = \dfrac{4x}{3 \cdot \sqrt{\frac{4}{3}x^2 - 2}}$ (KR)

h) $f'(x) = \dfrac{-2 \cdot \sqrt{5x^3} - (3 - 2x) \cdot {}^{15x^2}\!/2\sqrt{5x^3}}{5x^3} = \dfrac{-4x^3 - (3 - 2x) \cdot 3x^2}{2\sqrt{5x^3} \cdot x^3} = \dfrac{2x - 9}{2x^2 \sqrt{5x}}$ (QR)

i) $f'(x) = \dfrac{(2x + 3) \cdot x \cdot (x + 6) - (x^2 + 3x + 2) \cdot (2x + 6)}{5x^2 \cdot (x + 6)^2} = \dfrac{3x^2 - 4x - 12}{5x^2 \cdot (x + 6)^2}$ (QR)

j) $f'(x) = 6x + e^{-x}$ (KR)

k) $f'(x) = -\cos(\cos(\ln(2x))) \cdot \sin(\ln(2x)) \cdot \frac{1}{x}$ (KR)

l) $f'(x) = \dfrac{-4\sin(x) - (1 - 4x) \cdot \cos(x)}{(\sin(x))^2}$ (QR)

m) $f'(x) = 0$ (konstante Funktion)

n) $f'(x) = \dfrac{3\cos(x) + (3x - 4) \cdot \sin(x)}{(\cos(x))^2}$ (QR)

o) $f'(x) = 10 \cdot (5x - 1) \cdot (x + 1) + (5x - 1)^2 = 3 \cdot (5x - 1) \cdot (5x + 3)$ (PR)

Lösung zur Aufgabe 42 (Ableitung, Limes des Differenzenquotienten)

Sei $x_0 \in \mathbb{R}$ beliebig aber fest. Dann gilt für alle $x \neq x_0$ folgendes:

$$(x - x_0) \cdot \sum_{k=0}^{n-1} x^{n-k-1} \cdot x_0^k = \sum_{k=0}^{n-1} x^{n-k} \cdot x_0^k - \sum_{k=1}^{n} x^{n-k} \cdot x_0^k = x^n - x_0^n.$$

Daraus folgt bereits die Behauptung, denn es gilt:

$$\lim_{x \to x_0} \frac{x^n - x_0^n}{x - x_0} = \lim_{x \to x_0} \sum_{k=0}^{n-1} x^{n-k-1} \cdot x_0^k = \sum_{k=0}^{n-1} \lim_{x \to x_0} x^{n-k-1} \cdot x_0^k = \sum_{k=0}^{n-1} x_0^{n-1} = n \cdot x_0^{n-1}.$$

Lösung zur Aufgabe 43 (Extremwertberechnung, Newtonverfahren)

a) Das Emissionsvermögen des Geräts hängt von der eingestellten Wellenlänge λ ab. Nur sie kann vom Benutzer verändert werden. Alle anderen Parameter, wie z. B. die Temperatur, sind fest vorgegeben. Wir führen die angegebene Substitution aus:

$$x = \frac{hc}{kT\lambda} \quad \Longleftrightarrow \quad \lambda = \frac{hc}{kTx}.$$

Eingesetzt in die Funktionsgleichung ergibt das:

$$E(x) = \frac{h \cdot c^2}{h^5 \cdot c^5} \cdot k^5 \cdot T^5 \cdot x^5 \cdot \frac{1}{e^x - 1}.$$

Alle Größen bis auf x sind konstant, so dass $\alpha = \dfrac{h \cdot c^2}{h^5 \cdot c^5} \cdot k^5 \cdot T^5$ konstant ist. Daher gilt:

$$E(x) = \alpha \cdot x^5 \cdot \frac{1}{e^x - 1} \quad \text{für } x \neq 0.$$

b) Ausgehend von dieser Funktion berechnet man die erste Ableitung:

$$E'(x) = \alpha \cdot \frac{5x^4 \cdot (e^x - 1) - x^5 \cdot e^x}{(e^x - 1)^2}$$

Eine notwendige Bedingung zur Vorlage eines Extremums ist der Umstand, dass die erste Ableitung der Funktion gleich 0 ist.

$$E'(x) = 0 \quad \Longleftrightarrow \quad 5x^4 \cdot e^x - 5x^4 - x^5 \cdot e^x = 0 \quad \Longleftrightarrow \quad 5 \cdot e^x - 5 - x \cdot e^x = 0.$$

c) Wendet man das Newtonverfahren auf die Funktion

$$f(x) = 5 \cdot e^x - 5 - x \cdot e^x$$

an, so erhält man die Nullstelle

$$x = 4{,}96.$$

Durch Einsetzen in die aus Teil a) gegebene Formel gelangt man unter Kenntnis der Parameter zur zugehörigen Wellenlänge λ, die zum maximalen Emissionsvermögen führt.

Lösung zur Aufgabe 44 (Elastizität)

Gegeben ist die Nachfragefunktion

$$N : [0, -ab[\longrightarrow]0, b] \quad \text{mit} \quad N(p) = \frac{p}{a} + b.$$

Dabei sind die Parameter $a < 0$ und $b > 0$ vorzeichenbeschränkt und von 0 verschieden. Die Nachfragefunktion ist elastisch genau dann, wenn

$$|\varepsilon_N(p)| > 1 \quad \Longleftrightarrow \quad \left| p \cdot \frac{N'(p)}{N(p)} \right| > 1.$$

Setzt man die Funktion und ihre Ableitung ein, dann erhält man:

$$\varepsilon_N(p) = p \cdot \frac{N'(p)}{N(p)} = p \cdot \frac{\frac{1}{a}}{\frac{1}{a} \cdot p + b} = \frac{p}{p + ab}.$$

Der Betrag eines Bruches ist gleich dem Betrag des Zählers durch den Betrag des Nenners. Während der Preis p im Zähler positiv ist, hat man es im Nenner des letzten Bruchs mit einer negativen Größe zu tun, denn man subtrahiert von einem Preis die maximale Preisobergrenze. Der Betrag ist also die Gegenzahl, d. h. man muss zur Auflösung des Betrags das Vorzeichen umdrehen. Insgesamt hat man:

$$|\varepsilon_N(p)| > 1 \quad \Longleftrightarrow \quad \frac{|p|}{|p + ab|} > 1 \quad \Longleftrightarrow \quad p > -p - ab \quad \Longleftrightarrow \quad p > -\frac{ab}{2}\,.$$

Unter Beachtung des Definitionsbereichs ist daher die Nachfragefunktion genau für solche Preise p elastisch, die in folgendem Intervall liegen:

$$p \in \left]-\frac{ab}{2}, -ab\right[\,.$$

Mit anderen Worten, die Nachfragefunktion ist in der oberen Hälfte ihres Definitionsbereichs elastisch, was bedeutet, dass bereits relativ kleine Veränderungen des Preises der angebotenen Ware zu überproportional großen Veränderungen in der nachgefragten bzw. absetzbaren Menge führen.

Lösung zur Aufgabe 45 (abgeschlossene, beschränkte, kompakte Mengen)

Anschaulich bedeutet die Abgeschlossenheit einer Menge grob gesprochen, dass der Rand mit zur Menge dazugehört, und eine Menge heißt beschränkt, wenn sie nirgends ins Unendliche reicht. Man nennt eine Teilmenge des n-dimensionalen Anschauungsraumes kompakt genau dann, wenn sie beschränkt und abgeschlossen ist.

a) Die Menge A, dargestellt in einem Koordinatensystem, ergibt ein Quadrat mit Kantenlänge 2, dessen Rand nicht mit zur Menge gehört. Die Menge ist daher beschränkt, aber nicht abgeschlossen und darum auch nicht kompakt.

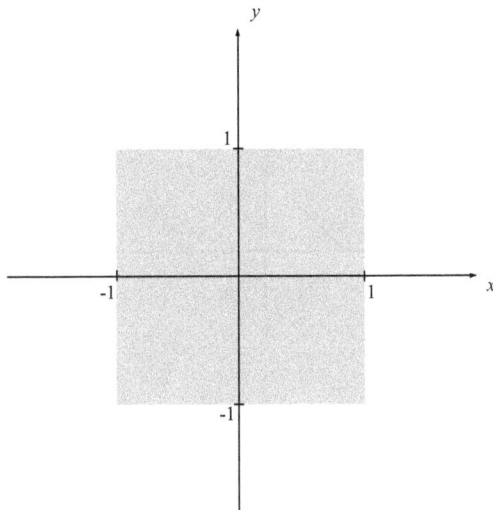

Abb. 5.1: Aufgabe: Beschränkte, nicht abgeschlossene Menge

b) Man hat es mit einer abgeschlossenen Kreisscheibe zu tun, die den Ursprung als Mittelpunkt besitzt und einen Radius von 3 hat. Die Menge ist kompakt.

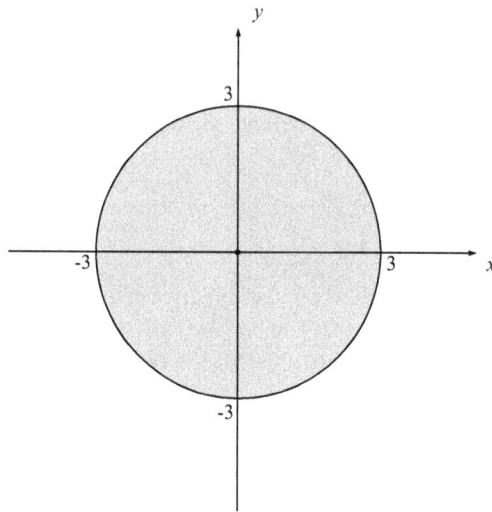

Abb. 5.2: *Aufgabe: Kompakte Menge*

c) Es handelt sich um alle Punkte der Anschauungsebne bis auf die Punkte innerhalb eines auf die Spitze gestellten Quadrats. Der Rand gehört zur Menge. Die Menge ist nicht beschränkt und daraus folgend auch nicht kompakt.

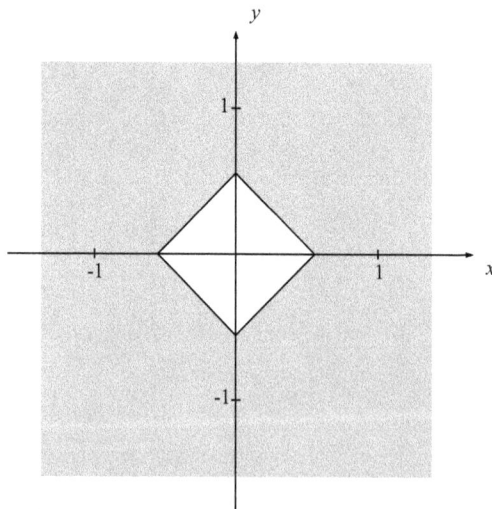

Abb. 5.3: *Aufgabe: Abgeschlossene, nicht beschränkte Menge*

d) Die Menge D ist nicht abgeschlossen, weil z. B. der Randpunkt $x = 2$ nicht mit zur Menge gehört. Ferner ist die Menge nicht beschränkt, denn sie enthält beliebig große wie kleine Zahlen. Somit ist die Menge auch nicht kompakt.

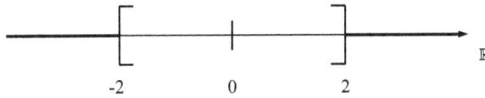

Abb. 5.4: *Aufgabe: Nicht abgeschlossene, nicht beschränkte Menge*

Lösung zur Aufgabe 46 (Extremwertberechnung in einer Veränderlichen)

Stellt man den Versorgungsschacht samt Kiste, die durch den Schacht transportiert werden soll, schematisch dar, so ergibt sich folgende Skizze.

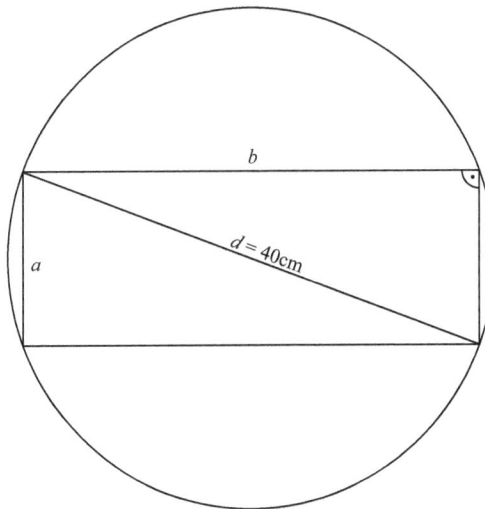

Abb. 5.5: *Aufgabe: Transportproblem*

Die Querschnittsfläche f ergibt sich aus dem Produkt aus Länge mal Breite der Kiste:

$$f = a \cdot b.$$

Nach dem Satz von Pythagoras gilt:

$$a^2 + b^2 = 40^2 \quad \Longleftrightarrow \quad a = \sqrt{1.600 - b^2}.$$

Es ist klar, dass die Maße der Kiste im Hinblick auf eine maximale Querschnittsfläche so gewählt werden, dass die Kiste den Schacht berührt. Ansonsten könnte man offensichtlich durch eine entsprechende Verlängerung der Kiste eine bessere Lösung finden. Daher hat man in obiger Herleitung eine Gleichung und keine Ungleichung.

Die Querschnittsfläche der Kiste in Abhängigkeit von nur einer Veränderlichen ist gegeben durch folgende Funktion:

$$f(a) = a \cdot \sqrt{1.600 - a^2} \quad \text{mit} \quad a \in [0, 40] \, .$$

Die Ableitung lautet nach der Produktregel:

$$f'(a) = \sqrt{1.600 - a^2} + \frac{a}{2\sqrt{1.600 - a^2}} \cdot (-2a) = \sqrt{1.600 - a^2} - \frac{a^2}{\sqrt{1.600 - a^2}} \, .$$

Man setzt die Ableitung gleich 0 und findet die Kandidaten für die Extremstellen:

$$\sqrt{1.600 - a^2} - \frac{a^2}{\sqrt{1.600 - a^2}} = 0 \quad \Longleftrightarrow \quad 1.600 - a^2 - a^2 = 0 \quad \Longleftrightarrow \quad a^2 = 800 \, .$$

Daraus folgt, da nur nichtnegative Zahlen in Frage kommen:

$$a = \sqrt{800} \quad \text{und} \quad b = \sqrt{1600 - 800} = \sqrt{800} \, .$$

An den beiden Rändern des Definitionsbereichs gilt:

$$a = 0 \quad \text{bzw.} \quad a = 40 \quad \Longrightarrow \quad f(0) = f(40) = 0 \, .$$

Weil stetige Funktionen auf kompaktem Definitionsbereich ihr globales Minimum bzw. globales Maximum annehmen, hat man das globale Maximum bereits gefunden. Die Kiste muss quadratisch sein. Sie hat eine Kantenlänge von rund 28,28 cm bei einer Querschnittsfläche von $800 \, \text{cm}^2$.

Lösung zur Aufgabe 47 (Extremwertberechnung in einer Veränderlichen)

Um sich das Produktionsproblem besser vorstellen zu können, betrachte man die Skizze auf Seite 229. Jeweils an den Ecken der Platten werden gleichgroße Quadrate unbekannter Länge ausgestanzt. Die Länge der Quadrate ist gleich der Höhe der Schachtel, die aus den Platten gefaltet wird. Länge und Breite der Schachtel sind gleich, nämlich 1 m minus das Doppelte der Länge eines Quadrats. Das Volumen einer Schachtel berechnet sich aus Grundfläche mal Höhe. Demnach lautet die Volumenfunktion:

$$f(x) = (1 - 2x)^2 \cdot x \quad \text{mit} \quad 0 \le x \le \tfrac{1}{2} \, .$$

Man bildet die Ableitung mit Hilfe der Produktregel:

$$f'(x) = 2 \cdot (1 - 2x) \cdot (-2) \cdot x + (1 - 2x)^2 = (1 - 2x) \cdot [(1 - 2x) - 4x] = (1 - 2x) \cdot (1 - 6x) \, .$$

Man bestimmt die Nullstellen der ersten Ableitung:

$$f'(x) = (1 - 2x) \cdot (1 - 6x) = 0 \quad \Longleftrightarrow \quad x = \tfrac{1}{2} \quad \text{oder} \quad x = \tfrac{1}{6} \, .$$

Die stetige Volumenfunktion nimmt auf dem kompakten Definitionsbereich ihr globales Minimum bzw. Maximum an. An den Randpunkten gilt:

$$f(0) = f(\tfrac{1}{2}) = 0 \, .$$

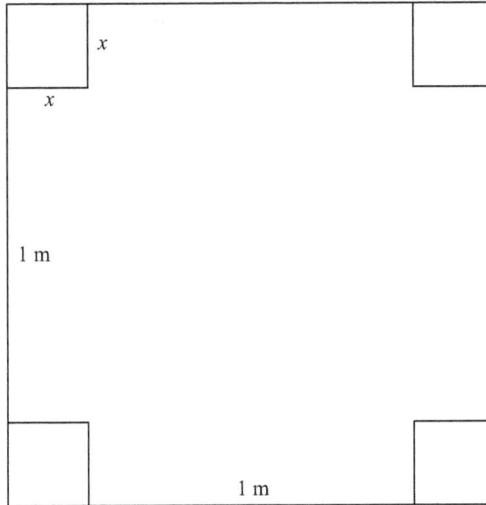

Abb. 5.6: *Aufgabe: Schachtel*

Das sind die globalen Minima. Und das globale Maximum liegt an der Stelle $x = \frac{1}{6}$ vor. Die optimale Schachtel entsteht dann, wenn Quadrate mit der Seitenlänge 16,67 cm an jeder Ecke der Platte ausgestanzt werden. Das maximale Volumen beträgt

$$f\left(\frac{1}{6}\right) = \left(\frac{2}{3}\right)^2 \cdot \frac{1}{6} = \frac{2}{27} \approx 0{,}074 \, \text{m}^3 \quad \text{bzw. ca. 74 Liter.}$$

Lösung zur Aufgabe 48 (Grenznutzen, Ableitungen höherer Ordnung)

Die Steigung wird durch die Ableitungsfunktion $u'(x) = 5x^4 - 3x^2$ beschrieben. Der Volkswirt interessiert sich für die Minimumstellen dieser Ableitungsfunktion. Er rechnet sich deshalb darauf aufbauend die erste und zweite Ableitung aus:

$$u''(x) = 20x^3 - 6x \quad \text{bzw.} \quad u'''(x) = 60x^2 - 6.$$

Eine notwendige Bedingung zur Vorlage eines Minimums lautet:

$$u''(x) = 0 \quad \Longleftrightarrow \quad 2x \cdot (10x^2 - 3) = 0.$$

Gemäß Aufgabenstellung sind nur positive x zur Konkurrenz zugelassen, weswegen nur

$$x = \sqrt{\frac{3}{10}}$$

als Kandidat für eine Extremstelle in Frage kommt. Wegen

$$u'''\left(\sqrt{\frac{3}{10}}\right) = 60 \cdot \frac{3}{10} - 6 = 12 > 0$$

liegt an der Stelle ein lokales Minimum vor. Der Funktionswert an dieser Stelle beträgt:

$$u\left(\sqrt{\frac{3}{10}}\right) = \frac{3}{10} \cdot \sqrt{\frac{3}{10}} \cdot \left(\frac{3}{10} - 1\right) \approx -0{,}12\,.$$

Aufgrund der Grenzbetrachtungen:

$$u(x) = x^5 - x^3 \longrightarrow \infty \text{ für } x \longrightarrow \infty \quad \text{bzw.} \quad u(x) = x^5 - x^3 \longrightarrow 0 \text{ für } x \longrightarrow 0$$

ist $x = \sqrt{\dfrac{3}{10}}$ bereits globale Minimumstelle.

Lösung zur Aufgabe 49 (Ableitungen in einer und mehreren Veränderlichen)

Die ersten Ableitungen der angegebenen Funktionen lauten:

a) $f'(x) = 15x^2 - 2$ (Summenregel)

b) $f'(x) = 2x \cdot \sqrt{x} + (x^2 - 2) \cdot \dfrac{1}{2\sqrt{x}}$ (Produktregel)

c) $f'(x,y) = (f_x(x,y), f_y(x,y)) = (y + 2, x - 3)$ (Summenregel)

d) $f'(x) = \dfrac{\cos(x) \cdot x - \sin(x)}{x^2}$ (Quotientenregel)

e) $f'(x) = -24 \cdot (1 - 2x)^{-5} \cdot (-2) = 48 \cdot (1 - 2x)^{-5}$ (Kettenregel)

f) $f'(x_1, x_2) = \begin{pmatrix} \dfrac{\partial f_1}{\partial x_1}(x_1, x_2) & \dfrac{\partial f_1}{\partial x_2}(x_1, x_2) \\[2mm] \dfrac{\partial f_2}{\partial x_1}(x_1, x_2) & \dfrac{\partial f_2}{\partial x_2}(x_1, x_2) \\[2mm] \dfrac{\partial f_3}{\partial x_1}(x_1, x_2) & \dfrac{\partial f_3}{\partial x_2}(x_1, x_2) \end{pmatrix} = \begin{pmatrix} 2x_2 & 2x_1 \\[2mm] e^{x_2} & x_1 \cdot e^{x_2} \\[2mm] \dfrac{1}{x_2} & -\dfrac{x_1}{x_2^2} \end{pmatrix}$ (elementare Ableitungen)

Lösung zur Aufgabe 50 (Gradient, Hessematrix)

Die erste Ableitung der reellwertigen Funktion, der Gradient, setzt sich aus den drei partiellen Ableitungen zusammen:

$$h'(a, b, c) = (3a^2 + bc^4, 2b + ac^4, 4c^3ab)\,.$$

Zur Bildung der zweiten Ableitung, der Hessematrix, leitet man die drei partiellen Ableitungen nach allen drei Variablen ab. Die Matrix ist daher quadratisch.

$$h''(a, b, c) = \begin{pmatrix} 6a & c^4 & 4c^3b \\ c^4 & 2 & 4c^3a \\ 4c^3b & 4c^3a & 12c^2ab \end{pmatrix}$$

Es sei ergänzt, dass die Matrix sogar symmetrisch ist, was bereits im Vorhinein aus dem Satz von Schwarz folgt, und die Arbeit etwas erleichtert.

Lösung zur Aufgabe 51 (Hessematrix)

Die ersten beiden Ableitung auf $\mathbb{D} = \mathbb{R}^2$ lauten:

$$f'(x,y) = (y+2, x-3) \quad \text{bzw.} \quad f''(x,y) = \begin{pmatrix} 0 & 1 \\ 1 & 0 \end{pmatrix}.$$

Mit der ersten Ableitung hat man den Gradient und mit der zweiten Ableitung die Hessematrix. Der Gradient setzt sich aus den partiellen Ableitungen zusammen, genauer:

$$\frac{\partial f}{\partial x}(x,y) = y+2 \quad \text{und} \quad \frac{\partial f}{\partial y}(x,y) = x-3.$$

Lösung zur Aufgabe 52 (Stetigkeit, partielle Differenzierbarkeit)

a) Als Komposition stetiger Funktionen ist die Funktion in allen Punkten außer dem Nullpunkt stetig. Laut Definition der Stetigkeit muss bezüglich des Nullpunkts gelten, dass der Grenzwert der Funktionswerte jeder Nullfolge gegen den Funktionswert im Nullpunkt konvergiert, mit anderen Worten

$$\lim_{\vec{x} \to \vec{0}} f(\vec{x}) = f(\vec{0}) = 0.$$

Genau dann ist die Funktion dort stetig. Für die Nullfolge

$$\vec{x}_n = \left(\tfrac{1}{n}, \tfrac{1}{n} \right) \quad \text{für} \quad n \longrightarrow \infty$$

gilt allerdings folgende Ungleichheit:

$$\lim_{n \to \infty} f(\vec{x}_n) = \lim_{n \to \infty} f\left(\tfrac{1}{n}, \tfrac{1}{n} \right) = \lim_{n \to \infty} \frac{\left(\frac{1}{n} \right)^2 \cdot \frac{1}{n}}{\frac{1}{n^4} + \frac{1}{n^4}} = \lim_{n \to \infty} \frac{\frac{1}{n^3}}{\frac{2}{n^4}} = \lim_{n \to \infty} \frac{n}{2} = \infty \neq 0 = f(\vec{0}).$$

Daher ist die Funktion im Nullpunkt nicht stetig.

b) Die Funktion ist zunächst, abgesehen vom Nullpunkt, überall partiell differenzierbar als Komposition differenzierbarer Funktionen, und es gilt:

$$\frac{\partial f}{\partial x}(x,y) = \frac{2xy \cdot (y^4 - x^4)}{(x^4 + y^4)^2} \quad \text{und} \quad \frac{\partial f}{\partial y}(x,y) = \frac{x^2 \cdot (x^4 - 3y^4)}{(x^4 + y^4)^2} \quad \text{für alle } (x,y) \neq \vec{0}.$$

Im Nullpunkt muss auf die Definition der partiellen Ableitung zurückgegriffen werden, weil die Funktion für den Nullpunkt separat definiert ist. Die partielle Ableitung ist definiert als Richtungsableitung in Richtung einer Koordinatenachse. Gibt man sich die Einheitsvektoren

$$\vec{e}_1 = (1,0) \quad \text{und} \quad \vec{e}_2 = (0,1) \in \mathbb{R}^2$$

vor, so lauteten die zugehörigen Richtungsableitungen:

$$\frac{\partial f}{\partial x}(\vec{0}) = \lim_{t \to 0} \frac{f(\vec{0} + t \cdot \vec{e}_1) - f(\vec{0})}{t} = \lim_{t \to 0} \frac{f(t,0) - 0}{t} = \lim_{t \to 0} \frac{0}{t} = 0 \quad \text{bzw.}$$

$$\frac{\partial f}{\partial y}(\vec{0}) = \lim_{t \to 0} \frac{f(\vec{0} + t \cdot \vec{e}_2) - f(\vec{0})}{t} = \lim_{t \to 0} \frac{f(0,t) - 0}{t} = \lim_{t \to 0} \frac{0}{t} = 0.$$

Beide partiellen Ableitungen im Nullpunkt existieren und sind gleich 0. Gemäß Aufgabenteil a) ist die Funktion im Nullpunkt nicht stetig, aber sie ist nach Aufgabenteil b) dort partiell differenzierbar. Das ist kein Widerspruch. Denn nur aus der totalen Differenzierbarkeit
einer Funktion folgt die Stetigkeit. Die partielle Differenzierbarkeit allein reicht, wie man
sieht, nicht aus. Anschaulich gesprochen sagt die Stetigkeit etwas über ein Wohlverhalten
der Funktion in einer Umgebung um die betreffende Stelle aus, während die partielle Differenzierbarkeit ein Verhalten der Funktion an der Stelle nur in einer bestimmten Richtung
untersucht.

Lösung zur Aufgabe 53 (Quotientenregel in mehreren Veränderlichen)

Die Quotientenregel lautet allgemein:

$$\left(\frac{f}{g}\right)'(\vec{x}_0) = \frac{f'(\vec{x}_0) \cdot g(\vec{x}_0) - f(\vec{x}_0) \cdot g'(\vec{x}_0)}{(g(\vec{x}_0))^2}.$$

Für die beiden ersten Ableitungen der gegebenen Funktionen gilt:

$$f'(\vec{x}) = \begin{pmatrix} 2 & -1 & 0 \\ e^{x_1-x_2} & -e^{x_1-x_2} & 0 \end{pmatrix} \quad \text{und} \quad g'(\vec{x}) = (x_2, x_1, 1).$$

Zusammen folgt daraus für die Ableitung des Quotienten an der gegebenen Stelle, wenn man
den Punkt $(1, 1, 0)$ einsetzt:

$$\left(\frac{f}{g}\right)'(1, 1, 0) = \begin{pmatrix} 2 & -1 & 0 \\ 1 & -1 & 0 \end{pmatrix} - \begin{pmatrix} 1 \\ 1 \end{pmatrix} \cdot (1, 1, 1) = \begin{pmatrix} 1 & -2 & -1 \\ 0 & -2 & -1 \end{pmatrix}.$$

Lösung zur Aufgabe 54 (Kettenregel in mehreren Veränderlichen)

Die Kettenregel lautet:

$$(g \circ f)'(\vec{x}_0) = g'(f(\vec{x}_0)) \cdot f'(\vec{x}_0).$$

Daher rechnet man als erstes die Ableitungen der beiden Funktionen aus. Sie haben folgende
allgemeine Gestalt:

$$f'(x_1, x_2) = \begin{pmatrix} 5x_2 & 5x_1 \\ 1 + 2x_1 e^{x_2} & x_1^2 e^{x_2} \end{pmatrix} \quad \text{und} \quad g'(y_1, y_2) = \begin{pmatrix} 0 & 1 \\ 6y_1y_2 & 3y_1^2 - 2 \\ 1 & 1 \end{pmatrix}.$$

Setzt man den Punkt $(2, 0)$ ein, so ergibt das:

$$(g \circ f)'(2, 0) = g'(0, 6) \cdot f'(2, 0) = \begin{pmatrix} 0 & 1 \\ 0 & -2 \\ 1 & 1 \end{pmatrix} \cdot \begin{pmatrix} 0 & 10 \\ 5 & 4 \end{pmatrix} = \begin{pmatrix} 5 & 4 \\ -10 & -8 \\ 5 & 14 \end{pmatrix}.$$

Lösung zur Aufgabe 55 (Skalarprodukt, Matrizenrechnung)

Mit den Rechenregeln der Matrizenrechnung erhält man:

$$-2 \cdot \begin{pmatrix} 5 \\ 1 \\ 1 \end{pmatrix} \cdot (2, -1, 1) + \begin{pmatrix} 1 & -2 & 0 \\ -1 & 1 & 2 \\ 0 & 1 & 1 \end{pmatrix} = -2 \cdot \begin{pmatrix} 10 & -5 & 5 \\ 2 & -1 & 1 \\ 2 & -1 & 1 \end{pmatrix} + \begin{pmatrix} 1 & -2 & 0 \\ -1 & 1 & 2 \\ 0 & 1 & 1 \end{pmatrix}$$

$$= \begin{pmatrix} -19 & 8 & -10 \\ -5 & 3 & 0 \\ -4 & 3 & -1 \end{pmatrix}$$

Unter dem Skalarprodukt zweier Vektoren versteht man die komponentenweise Multiplikation mit anschließender Addition der Zwischenergebnisse. Die Vektoren müssen gleich lang sein, d. h. dieselbe Dimension besitzen, also Anzahl an Komponenten haben. Somit werden zwei Vektoren auf eine Zahl abgebildet.

Lösung zur Aufgabe 56 (Verknüpfungen von Vektoren und Matrizen)

Die Berechnungen erfolgen mittels einfacher Matrizenoperationen, d. h. mit Hilfe der Matrizenaddition, Matrizenmultiplikation, Skalarmultiplikation und Skalarprodukt. Die Ergebnisse lauten wie folgt:

a) $\begin{pmatrix} 7 & 0 & -3 \\ 7 & 2 & -23 \end{pmatrix}$

b) $\begin{pmatrix} 5 & -7 & -3 \\ -5 & 17 & 7 \end{pmatrix}$

c) $\begin{pmatrix} -73 & -21 & 18 \\ -11 & -3 & 5 \\ -23 & -4 & 7 \end{pmatrix}$

d) 190

Lösung zur Aufgabe 57 (Determinante, Regel von Sarrus, Laplacescher Entwicklungssatz)

Die Determinanten der ersten beiden Matrizen werden am einfachsten mit der Regel von Sarrus berechnet:

$$\det(A) = 2 \cdot 1 \cdot 2 + 1 \cdot 1 \cdot 3 + 2 \cdot (-1) \cdot (-2) - 3 \cdot 1 \cdot 2 - (-2) \cdot 1 \cdot 2 - 2 \cdot (-1) \cdot 1 = 11$$

$$\det(B) = 0 \cdot 2 \cdot 1 + (-1) \cdot 2 \cdot 5 + 1 \cdot 1 \cdot (-3) - 5 \cdot 2 \cdot 1 - (-3) \cdot 2 \cdot 0 - 1 \cdot 1 \cdot (-1) = -22$$

Für die beiden restlichen Matrizen bietet sich der Laplacesche Entwicklungssatz an, wobei man bevorzugt Zeilen bzw. Spalten zur Entwicklung auswählen sollte, die möglichst viele Nullen aufweisen, damit sich der Rechenaufwand in Grenzen hält.

Entwickeln nach der dritten Zeile liefert:

$$\det(C) = -2 \cdot (-1)^{3+3} \cdot \det \begin{pmatrix} -1 & 3 & 5 \\ 1 & 2 & 3 \\ 2 & 1 & 1 \end{pmatrix} + 1 \cdot (-1)^{3+4} \cdot \det \begin{pmatrix} -1 & 3 & 0 \\ 1 & 2 & 3 \\ 2 & 1 & -1 \end{pmatrix}$$

$$= -2 \cdot [-2 + 18 + 5 - 20 + 3 - 3] - 1 \cdot [2 + 18 + 0 - 0 + 3 + 3]$$

$$= -2 - 26 = -28$$

Wird die Matrix D nach der zweiten Zeile entwickelt, so erhält man:

$$\det(D) = 2 \cdot (-1)^{2+2} \cdot \det \begin{pmatrix} -2 & 0 & 3 \\ 1 & 2 & 1 \\ 2 & -1 & 1 \end{pmatrix} - 3 \cdot (-1)^{2+3} \cdot \det \begin{pmatrix} -2 & 1 & 3 \\ 1 & 3 & 1 \\ 2 & 0 & 1 \end{pmatrix}$$

$$= 2 \cdot [+4 + 0 + 3 + 12 + 2 + 0] + 3 \cdot [-6 + 2 + 0 + 18 + 0 + 1]$$

$$= -42 - 69 = -111$$

Lösung zur Aufgabe 58 (Definitheit, quadratische Form, Hauptabschnittsdeterminanten)

Alternativ kann in beiden Fällen die Definitheit wahlweise mittels quadratischer Form oder mit Hilfe der Hauptabschnittsdeterminanten überprüft werden. Fangen wir mit der quadratischen Form an.

$$Q_A(x_1, x_2) = 2x_1^2 - 1 \cdot x_1 \cdot x_2 - 1 \cdot x_2 \cdot x_1 + 2x_2^2$$

$$= x_1^2 + x_1^2 - 2 \cdot x_1 \cdot x_2 + x_2^2 + x_2^2$$

$$= (x_1 - x_2)^2 + x_1^2 + x_2^2 > 0$$

$$Q_B(x_1, x_2) = -4x_1^2 + 1 \cdot x_1 \cdot x_2 + 1 \cdot x_2 \cdot x_1 - 2x_2^2$$

$$= -4x_1^2 + 2 \cdot x_1 \cdot x_2 - 2x_2^2$$

$$= -3x_1^2 - (x_1 - x_2)^2 - x_2^2 < 0$$

Die Abschätzungen gelten jeweils für alle Vektoren, die vom Nullvektor verschieden sind. Denn im ersten Fall sind die abschließenden drei Summanden jeder größergleich, im zweiten Fall jeder kleinergleich 0. Damit sie zur Gesamtsumme keinen Beitrag leisten, muss jeder für sich schon 0 sein. Die Matrix A ist damit positiv definit, Matrix B ist negativ definit.

Durch Berechnung der Hauptabschnittsdeterminanten gelangt man zum selben Ergebnis:

$$\det(A^{11}) = \det(2) = 2 > 0 \quad \text{und} \quad \det(A^{22}) = \det(A) = 2 \cdot 2 - (-1) \cdot (-1) = 3 > 0$$

$$\det(B^{11}) = \det(-4) = -4 < 0 \quad \text{und} \quad \det(B^{22}) = \det(B) = -4 \cdot (-2) - 1 \cdot 1 = 7 > 0$$

Im ersten Fall sind beide Hauptabschnittsdeterminanten positiv und daher die Matrix positiv definit. Im zweiten Fall ist das Vorzeichen der Hauptabschnittsdeterminanten alternierend, beginnend mit minus. Die Matrix ist negativ definit.

Lösung zur Aufgabe 59 (Definitheit)

a) Überprüfung der Definitheit mit Hilfe der quadratischen Form liefert

$$Q_M(x_1, x_2, x_3) = -2x_1^2 + 2x_1 x_2 - x_2^2 - 7x_3^2$$
$$= -x_1^2 - (x_1 - x_2)^2 - 7x_3^2 < 0$$

für alle Vektoren, die vom Nullvektor verscheiden sind.

b) Überprüfung der Definitheit mittels Hauptabschnittsdeterminanten:

$$|A^{11}| = -2, \quad |A^{22}| = 2 - 1 = 1, \quad |A^{33}| = -14 + 7 = -7.$$

Das Vorzeichen ist alternierend, mit kleiner 0 beginnend.

In beiden Aufgabenteilen zeigt sich, dass die Matrix negativ definit ist.

Lösung zur Aufgabe 60 (Extremwertberechnung in mehreren Veränderlichen)

Zunächst berechnet man den Gradienten und setzt diesen gleich dem Nullvektor:

$$f'(x_1, x_2) = (x_2^2 - 2x_1 - 2, 2x_1 x_2 - 2x_2) = (0, 0).$$

Aus der zweiten Komponente folgt:

$$2x_2 \cdot (x_1 - 1) = 0 \quad \text{d. h.} \quad x_2 = 0 \quad \text{oder} \quad x_1 = 1$$

$$\text{1. Fall: } x_2 = 0 \quad \Longrightarrow \quad -2 \cdot (x_1 + 1) = 0 \quad \Longleftrightarrow \quad x_1 = -1$$

$$\text{2. Fall: } x_1 = 1 \quad \Longrightarrow \quad x_2^2 - 4 = 0 \quad \Longleftrightarrow \quad x_2 = -2 \quad \text{oder} \quad x_2 = 2$$

Mit $(-1, 0)$ sowie $(1, -2)$ und $(1, 2)$ gibt es drei Kandidaten für eine lokale Extremstelle. Um die Kandidaten zu prüfen, berechnet man die Hessematrix:

$$f''(x_1, x_2) = \begin{pmatrix} -2 & 2x_2 \\ 2x_2 & 2x_1 - 2 \end{pmatrix}.$$

Anschließend werden die drei Kandidaten nacheinander in die zweite Ableitung eingesetzt, und die Definitheit der resultierenden Matrix wird bestimmt.

$$f''(-1, 0) = \begin{pmatrix} -2 & 0 \\ 0 & -4 \end{pmatrix} = A \quad \Longrightarrow \quad Q_A(x_1, x_2) = -2x_1^2 - 4x_2^2$$

Die Matrix ist negativ definit, weshalb $(-1, 0)$ lokale Maximumstelle ist.

$$f''(1, -2) = \begin{pmatrix} -2 & -4 \\ -4 & 0 \end{pmatrix} = B \quad \Longrightarrow \quad Q_B(x_1, x_2) = -2x_1^2 - 8x_1 x_2$$

Die quadratische Form der Matrix kann sowohl negative als auch positive Werte annehmen. Zum Beispiel gilt:

$$Q_B(1, 0) = -2 < 0 \quad \text{und} \quad Q_B(1, -1) = 6 > 0.$$

Die Matrix B ist indefinit, weshalb an der Stelle $(1, -2)$ keine lokale Extremstelle vorliegt. Für die Matrix C gilt:

$$f''(1,2) = \begin{pmatrix} -2 & 4 \\ 4 & 0 \end{pmatrix} = C \quad \Longrightarrow \quad Q_C(x_1, x_2) = -2x_1^2 + 8x_1 x_2$$

Auch diese Matrix ist indefinit, weil

$$Q_C(1,0) = -2 < 0 \quad \text{und} \quad Q_C(1,1) = 6 > 0\,.$$

Fasst man die bisherigen Ergebnisse zusammen, so liegt nur an der Stelle $(-1, 0)$ ein lokales Maximum der Funktion vor, mit dem Wert 1 als Funktionswert. Ferner gilt an den Rändern:

$$\lim_{x_2 \to \infty} f(2, x_2) = \lim_{x_2 \to \infty} (x_2^2 - 8) = \infty \quad \text{und} \quad \lim_{x_1 \to \infty} f(x_1, 0) = \lim_{x_1 \to \infty} (-x_1^2 - 2x_1) = -\infty\,.$$

Weil die Funktion über alle oberen Grenzen wachsen sowie unter alle unteren Grenzen fallen kann, existiert kein globales Extremum.

Lösung zur Aufgabe 61 (Fallbeispiel: Tetra Pak, Auflösungsverfahren)

a) Gefragt ist nach der Länge, Breite und Höhe eines Tetra Paks, der aus verpackungstechnischen Gründen eine möglichst kleine Oberfläche haben soll. Zunächst fertigen wir eine problembezogene Skizze an. Sei dazu a die Breite, b die Länge und c die Höhe der Verpackung.

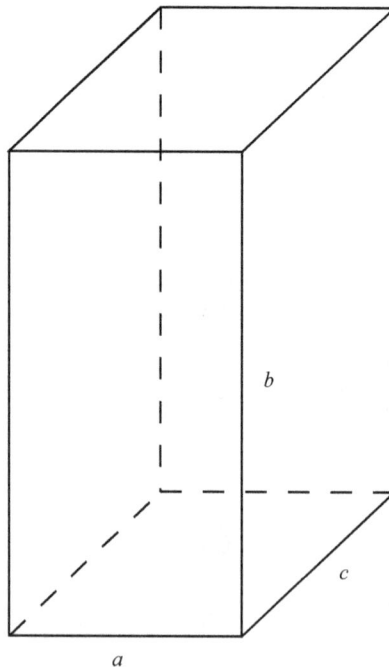

Abb. 5.7: Aufgabe: Tetra Pak

b) Oberfläche und Volumen der Schachtel setzen sich wie folgt zusammen. Dabei rechnen wir alle Längenmaße in der Einheit dm, d. h. ein Liter Volumen entspricht einem Kubikdezimeter Flüssigkeit.

$$O(a, b, c) = 2 \cdot a \cdot b + 2 \cdot c \cdot b + 2 \cdot a \cdot c$$
$$V(a, b, c) = a \cdot b \cdot c = 1$$

c) Wir wählen den Ansatz, dass wir die Volumenrestriktion nach einer der Variablen auflösen und in die Oberflächengleichung einsetzen. Dadurch entsteht ein Minimierungsproblem in Abhängigkeit von zwei Unbekannten.

$$c = \frac{1}{a \cdot b} \quad \Longrightarrow \quad O(a, b) = 2 \cdot a \cdot b + \frac{2}{a} + \frac{2}{b}$$

Die Herleitung gilt, weil alle Werte echtgrößer 0 und daher insbesondere von 0 verschieden sind. Ansonsten würde sich keine Schachtel ergeben. Von der oben angegebenen Oberflächenfunktion bestimmt man die erste Ableitung:

$$O'(a, b) = \left(2b - \frac{2}{a^2}, 2a - \frac{2}{b^2}\right) = \vec{0}.$$

Die erste Komponente gleich 0 gesetzt liefert:

$$2 \cdot b - \frac{2}{a^2} = 0 \quad \Longleftrightarrow \quad b = \frac{1}{a^2}.$$

Setzt man diesen Wert für b in die zweite Gleichung ein, so erhält man:

$$2 \cdot a - \frac{2}{b^2} = 0 \quad \Longleftrightarrow \quad 2 \cdot a - 2 \cdot a^4 = 0 \quad \Longleftrightarrow \quad a^3 = 1 \quad \Longleftrightarrow \quad a = 1.$$

Somit gilt insgesamt:

$$a = b = c = 1.$$

Dass es sich bei diesem Kandidaten tatsächlich um ein Minimum handelt, zeigen wir mit Hilfe der zweiten Ableitung:

$$O''(a, b) = \begin{pmatrix} \frac{4}{a^3} & 2 \\ 2 & \frac{4}{b^3} \end{pmatrix} \quad \Longrightarrow \quad O''(1, 1) = \begin{pmatrix} 4 & 2 \\ 2 & 4 \end{pmatrix} = M.$$

Die Matrix ist positiv definit, was man anhand der Hauptabschnittsdeterminanten erkennt, weil die quadratische Matrix symmetrisch ist:

$$\det(M^{11}) = \det(4) = 4 > 0 \quad \text{und}$$
$$\det(M^{22}) = \det(M) = 16 - 4 = 12 > 0.$$

Die Stelle $(1, 1)$ ist somit lokales Minimum. Das lokale ist bereits das globale Minimum, denn es gilt: Wird a immer kleiner, geht also gegen 0, dann wird b immer größer, d. h. b strebt gegen ∞ und umgekehrt, da das Volumen konstant einen Liter betragen soll. In beiden Fällen wächst die Oberfläche, siehe Oberflächenfunktion, ins Unendliche, weil wenigstens ein Summand gegen ∞ strebt und die Summe nur aus positiven Summanden besteht. Um eine kleinstmögliche Oberfläche zu erhalten, sollte der Tetra-Pak 10 cm lang, hoch und breit sein. Die optimale Form wäre die eines Würfels.

Lösung zur Aufgabe 62 (Fallbeispiel: Dose Ravioli, Auflösungsverfahren)

a) Um Fehler zu vermeiden ist darauf zu achten, dass man stets in derselben Einheit rechnet. Da die Kosten für das Etikett und das Blech bereits in Euro pro Quadratzentimeter gegeben sind, bietet es sich an, auch das Volumen in cm zu rechnen. Ein Liter sind ein Kubikdezimeter, gleich 1.000 Kubikzentimeter. Die Kostenfunktion sowie die Volumenrestriktion lauten:

$$K(r,h) = 2 \cdot \pi \cdot r^2 \cdot b + 2 \cdot \pi \cdot r \cdot h \cdot (a+b) \quad \text{und} \quad V(r,h) = \pi \cdot r^2 \cdot h = 1.000.$$

b) Wir lösen die Volumenbeschränkung nach h auf:

$$h = \frac{1.000}{\pi \cdot r^2}$$

und setzen den gefundenen Ausdruck in die Kostenfunktion ein:

$$K(r) = 2 \cdot \pi \cdot r^2 \cdot b + 2 \cdot \pi \cdot r \cdot (a+b) \cdot \frac{1.000}{\pi \cdot r^2}$$

$$= 2 \cdot \pi \cdot r^2 \cdot b + \frac{2.000 \cdot (a+b)}{r}$$

Man bildet die Ableitung der Funktion und setzt sie gleich Null:

$$K'(r) = 4 \cdot \pi \cdot r \cdot b - \frac{2.000 \cdot (a+b)}{r^2} = 0.$$

Die Gleichung wird nach r umgestellt, um die in Frage kommenden Kandidaten für die Extremstellen zu erhalten:

$$4 \cdot \pi \cdot b \cdot r^3 - 2.000 \cdot (a+b) = 0 \iff r^3 = \frac{500 \cdot (a+b)}{\pi \cdot b} \iff r = \sqrt[3]{\frac{500 \cdot (a+b)}{\pi \cdot b}}.$$

Die erste Ableitung hat an dieser Stelle einen Vorzeichenwechsel von negativer Steigung auf eine positive, d. h. die Kosten fallen bis zu dieser Stelle und danach steigen sie wieder. Es handelt sich daher um eine lokale Minimumstelle.
Die Kostenfunktion besteht aus zwei Summanden. Wählt man den Radius der Dose immer größer, bzw. lässt man den Radius gegen 0 gehen, so wächst genau einer dieser Summanden über alle Grenzen. Die Kostenfunktion strebt gegen Unendlich.

$$K(r) \longrightarrow \infty \quad \text{für} \quad r \longrightarrow \infty \quad \text{bzw.} \quad r \longrightarrow 0$$

Aus diesem Grund ist das oben vorliegende lokale Minimum der Kostenfunktion bereits das globale.

Lösung zur Aufgabe 63 (Satz von Lagrange)

Die Problemfunktion lautet

$$f : \mathbb{R}^2 \longrightarrow \mathbb{R} \quad \text{mit} \quad f(x,y) = \frac{(6 - 3y - 2x)^2}{13}$$

unter der Nebenbedingung $x^2 + 4y^2 - 4 = 0$.

Als erstes stellt man mit Hilfe eines Lagrangemultiplikators die Lagrangefunktion auf:

$$L(x, y, \lambda) = \frac{(6 - 3y - 2x)2}{13} + \lambda \cdot (x^2 + 4y^2 - 4).$$

Die drei partiellen Ableitungen der Lagrangefunktion werden gleich 0 gesetzt:

$$\frac{\partial L}{\partial x}(x, y, \lambda) = \frac{2}{13} \cdot (6 - 3y - 2x) \cdot (-2) + 2 \cdot \lambda \cdot x = 0 \quad \text{(I)}$$

$$\frac{\partial L}{\partial y}(x, y, \lambda) = \frac{2}{13} \cdot (6 - 3y - 2x) \cdot (-3) + 8 \cdot \lambda \cdot y = 0 \quad \text{(II)}$$

$$\frac{\partial L}{\partial \lambda}(x, y, \lambda) = x^2 + 4y^2 - 4 = 0 \quad \text{(III)}$$

Dreimal die erste Gleichung minus zweimal die zweite liefert:

$$6 \cdot \lambda \cdot x - 16\lambda \cdot y = 0 \quad \Longleftrightarrow \quad 2\lambda \cdot (3x - 8y) = 0.$$

Ein Produkt ist gleich 0 genau dann, wenn einer der Faktoren 0 ist.

1. Fall: $\lambda = 0$
Dann weiß man aus der ersten Gleichung:

$$-\frac{4}{13} \cdot (6 - 3y - 2x) = 0 \quad \Longleftrightarrow \quad y = 2 - \frac{2}{3} x.$$

Diesen Wert setzt man in die dritte Gleichung ein und erhält:

$$x^2 + 4 \cdot \left(2 - \frac{2}{3} x\right) - 4 = 0 \quad \Longleftrightarrow \quad \frac{25}{9} x^2 - \frac{32}{3} x + 12 = 0 \quad \Longleftrightarrow \quad x^2 - \frac{96}{25} x + \frac{108}{25} = 0.$$

Man stellt durch Anwendung der Lösungsformel für quadratische Gleichungen fest, dass die Gleichung keine reellen Lösungen besitzt.

2. Fall: $\lambda \neq 0$
Dann muss $y = \frac{3}{8} x$ sein, und einsetzen in die dritte Gleichung ergibt:

$$x^2 + 4 \cdot \frac{9}{64} x^2 - 4 = 0 \quad \Longleftrightarrow \quad \frac{25}{16} \cdot x^2 - 4 = 0 \quad \Longleftrightarrow \quad x^2 = \frac{64}{25} \quad \Longleftrightarrow \quad x = \pm \frac{8}{5}.$$

Demnach gibt es zwei Kandidaten für die Minimumstelle. Es handelt sich um die Punkte

$$\left(-\frac{8}{5}, -\frac{3}{5}\right) \quad \text{und} \quad \left(\frac{8}{5}, \frac{3}{5}\right).$$

Wegen

$$f\left(-\frac{8}{5}, -\frac{3}{5}\right) = \frac{11}{13} \quad \text{und} \quad f\left(\frac{8}{5}, \frac{3}{5}\right) = \frac{1}{13}$$

handelt es sich bzgl. des ersten Punktes um eine Maximumstelle, bzgl. des zweiten Punktes um die gesuchte Minimumstelle. Demnach muss ein Zuschauer von der Straße bis ins Stadion mindesten ein Dreizehntel Längeneinheiten gehen. Die Längeneinheiten hängen vom Maßstab der Karte ab.

Lösung zur Aufgabe 64 (Satz von Lagrange)

Die Lagrangefunktion hat folgende Gestalt:

$$L(x, y, z, \lambda_1, \lambda_2) = x^2 - 8x + y^2 - 4y + 2z^2 + \lambda_1(2x^2 - 18x - 3y^2 + 3y + 5z + 35)$$
$$+ \lambda_2(x^2 - 4x + y^2 - 6y + 10z - 10)$$

Und die fünf partiellen Ableitungen lauten:

$$L_x(x, y, z, \lambda_1, \lambda_2) = 2x - 8 + \lambda_1 \cdot (4x - 18) + \lambda_2(2x - 4) = 0$$
$$L_y(x, y, z, \lambda_1, \lambda_2) = 2y - 4 + \lambda_1 \cdot (-6y + 3) + \lambda_2 \cdot (2y - 6) = 0$$
$$L_z(x, y, z, \lambda_1, \lambda_2) = 4z + \lambda_1 \cdot 5 + \lambda_2 \cdot 10 = 0$$
$$L_{\lambda_1}(x, y, z, \lambda_1, \lambda_2) = 2x^2 - 18x - 3y^2 + 3y + 5z + 35 = 0$$
$$L_{\lambda_2}(x, y, z, \lambda_1, \lambda_2) = x^2 - 4x + y^2 - 6y + 10z - 10 = 0$$

Der Punkt $(4, 0, 1)$ erfüllt die letzten beiden Gleichungen, sprich die Nebenbedingungen. Aus der ersten Gleichung folgt:

$$-2\lambda_1 + 4\lambda_2 = 0 \quad \Longrightarrow \quad \lambda_1 = 2\lambda_2 \,.$$

Eingesetzt in Gleichung zwei führt dies zu einem Widerspruch, denn man hat:

$$-4 + 3\lambda_1 - 6\lambda_2 = 0 \quad \Longleftrightarrow \quad -4 = 0 \,.$$

Demnach kann im Punkt $(4, 0, 1)$ kein lokales Extremum angenommen werden.

Lösung zur Aufgabe 65 (Satz von Lagrange)

Man ist an den Extremstellen der Funktion

$$f : \mathbb{R}^2 \longrightarrow \mathbb{R} \quad \text{mit} \quad f(x, y) = 4x + 6y$$

interessiert, wobei die Wahl einer zulässigen Lösungen durch die Nebenbedingung

$$y + \frac{1}{2} \cdot (x - 4)^2 \leq 5$$

eingeschränkt wird. Im Innern des durch die Restriktion gegebenen Bereichs kann wegen

$$f'(x, y) = (4, 6) \neq \vec{0}$$

kein Extremum liegen. Für den Rand

$$y + \frac{1}{2} \cdot (x - 4)^2 = 5$$

der Menge lautet die Lagrangefunktion:

$$L(x, y, \lambda) = 4x + 6y + \lambda \cdot \left(y + \frac{1}{2} \cdot (x - 4)^2 - 5 \right).$$

Durch Nullsetzen der partiellen Ableitungen erhält man die Gleichungen:

$$L_x(x,y,\lambda) = 4 + \lambda \cdot (x-4) = 0 \quad \text{(I)}$$

$$L_y(x,y,\lambda) = 6 + \lambda = 0 \quad \text{(II)}$$

$$L_\lambda(x,y,\lambda) = y + \tfrac{1}{2} \cdot (x-4)^2 - 5 = 0 \quad \text{(III)}$$

Man folgert $\lambda^* = -6$ aus der zweiten Gleichung. Einsetzen erst in (I) dann in (II) liefert:

$$x^* = \frac{14}{3} \quad \text{und} \quad y^* = \frac{43}{9}.$$

Die Voraussetzungen zur Anwendung des Satzes von Lagrange sind erfüllt, denn:

- Man hat zwei Problemvariable aber nur eine Nebenbedingung.
- Die Nebenbedingung liegt nach dem Rückzug auf den Rand des durch die Nebenbedingung gegebenen Bereichs als Gleichung und nicht mehr als Ungleichung vor.
- Der Gradient der Nebenbedingung ist an der Stelle des Kandidaten für eine Extremstelle linear unabgängig, denn man hat:

$$g'\left(\frac{14}{3}, \frac{43}{9}\right) = \left(\frac{2}{3}, 1\right) \neq \vec{0}.$$

Des Weiteren liefern die zweiten Ableitungen nach den Problemvariablen

$$A = \begin{pmatrix} L_{xx}(x^*,y^*,\lambda^*) & L_{xy}(x^*,y^*,\lambda^*) \\ L_{yx}(x^*,y^*,\lambda^*) & L_{yy}(x^*,y^*,\lambda^*) \end{pmatrix} = \begin{pmatrix} \lambda^* & 0 \\ 0 & 0 \end{pmatrix} = \begin{pmatrix} -6 & 0 \\ 0 & 0 \end{pmatrix},$$

so dass für die mit dieser Matrix gebildeten quadratischen Form (die Hauptabschnittsdeterminanten führt zu keiner Aussage und damit nicht zum Erfolg) für alle Vektoren in $\mathbb{R}^2$ gilt:

$$Q_A(x_1,x_2) = -6x_1^2 \leq 0.$$

Die Gleichheit kann auch für Vektoren ungleich dem Nullvektor auftreten, wie das Beispiel $(x_1,x_2) = (0,1)$ zeigt, weshalb die Matrix auf $\mathbb{R}^2$ zunächst nur negativ semidefinit ist.

Prüft man hingegen die Definitheit von A unter der Nebenbedingung $B \cdot \vec{x} = \vec{0}$ mit $B = g'(\vec{x}^*)$, so ist die Matrix negativ definit, denn die Nebenbedingung lautet:

$$\left(\frac{2}{3}, 1\right) \cdot \begin{pmatrix} x_1 \\ x_2 \end{pmatrix} = \frac{2}{3} x_1 + x_2 = 0.$$

Die Nebenbedingung hat die Gestalt einer Ursprungsgeraden, für die gilt:

$$x_1 = 0 \iff x_2 = 0.$$

Nach dem Satz von Lagrange liegt demnach in $\left(\frac{14}{3}, \frac{43}{9}\right)$ ein lokales Maximum mit Wert $\frac{142}{3}$ vor. (Es handelt sich sogar um das globale Maximum.)

Es ist besonders darauf hinzuweisen, dass die zweite Ableitung nur mit den Problemvariablen und nicht zusätzlich noch mit den Lagrangemultiplikatoren zu bilden ist.

Es gibt kein globales Minimum, denn wird $x = 4$ gesetzt, dann ist die Nebenbedingung für alle $y \leq 5$ erfüllt. So kann aber für fallendes y der Funktionswert beliebig klein werden.

Lösung zur Aufgabe 66 (Satz von Lagrange)

Die abgeschlossene Einheitskugel ist kompakt, weswegen die stetige Problemfunktion dort, nach dem Satz über stetige Funktionen auf kompakter Menge, ihr globales Maximum und Minimum annimmt. Im Innern der Kugel liegt kein Extremum, denn es gilt:

$$f'(x, y, z) = (1, 1, -1) \neq \vec{0}.$$

Für den Rand der Kugel lautet die Lagrangefunktion:

$$L(x, y, z, \lambda) = x + y - z + \lambda \cdot (x^2 + y^2 + z^2 - 1).$$

Nullsetzen der partiellen Ableitungen liefert die vier Gleichungen:

$$L_x(x, y, z, \lambda) = 1 + 2\lambda x = 0 \quad \text{(I)}$$
$$L_y(x, y, z, \lambda) = 1 + 2\lambda y = 0 \quad \text{(II)}$$
$$L_z(x, y, z, \lambda) = -1 + 2\lambda z = 0 \quad \text{(III)}$$
$$L_\lambda(x, y, z, \lambda) = x^2 + y^2 + z^2 - 1 = 0 \quad \text{(IV)}$$

Wenn $\lambda = 0$ wäre, dann würde bspw. die erste Gleichung mit $1 = 0$ zu einem Widerspruch führen. Wegen $\lambda \neq 0$ folgt $x = y$ aus den ersten beiden Gleichungen. Ferner hat man

$$x = y = -\frac{1}{2\lambda} = -z$$

mit Hilfe der ersten drei Gleichungen. Eingesetzt in die vierte Gleichung ergibt:

$$3x^2 = 1 \quad \Longleftrightarrow \quad x = y = \pm \sqrt{\frac{1}{3}} \quad \text{und} \quad z = \mp \sqrt{\frac{1}{3}}.$$

Demnach gibt es zwei Kandidaten für die Extremstellen:

$$\vec{k}_1 = \left(\sqrt{\frac{1}{3}}, \sqrt{\frac{1}{3}}, -\sqrt{\frac{1}{3}} \right) \quad \text{und} \quad \vec{k}_2 = \left(-\sqrt{\frac{1}{3}}, -\sqrt{\frac{1}{3}}, \sqrt{\frac{1}{3}} \right).$$

Wegen

$$f(\vec{k}_1) = \sqrt{3} \quad \text{und} \quad f(\vec{k}_2) = -\sqrt{3}$$

liegt im Punkt $\vec{k}_1$ das globale Maximum und in $\vec{k}_2$ das globale Minimum vor.

Lösung zur Aufgabe 67 (Extremwertberechnung unter Nebenbedingungen)

Die Funktion soll optimiert werden auf der abgeschlossenen Hälfte der Einheitskreisscheibe, die oberhalb der ersten Winkelhalbierenden liegt. Die Ableitung der Funktion lautet:

$$f'(x, y) = (2xy^2 - 2x, 2x^2y - 2y) = \vec{0}.$$

Aus den Gleichungen der beiden Komponenten ergibt sich:

$$2x \cdot (y^2 - 1) = 0 \quad \Longleftrightarrow \quad x = 0 \quad \text{oder} \quad y = \pm 1 \quad \text{bzw.}$$
$$2y \cdot (x^2 - 1) = 0 \quad \Longleftrightarrow \quad y = 0 \quad \text{oder} \quad x = \pm 1 \,.$$

Zusammen resultieren daraus fünf Kandidaten für die lokalen Extremstellen, von denen nur der Nullpunkt alle Nebenbedingungen erfüllt.

$$f''(x,y) = \begin{pmatrix} 2y^2 - 2 & 4xy \\ 4xy & 2x^2 - 2 \end{pmatrix} \quad \Longrightarrow \quad f''(0,0) = \begin{pmatrix} -2 & 0 \\ 0 & -2 \end{pmatrix}.$$

An den Hauptabschnittsdeterminanten sieht man sofort, dass die Matrix negativ definit ist und daher im Nullpunkt ein lokales Maximum vorliegt mit Funktionswert 1. Es bleibt, den Rand zu untersuchen. Der Satz von Lagrange hilft nicht weiter, da beide Nebenbedingungen nicht gleichzeitig als Gleichungen erfüllt sind. Daher untersuchen wir den Rand bezogen auf jede Nebenbedingung separat. Für den Rand der Einheitskreisscheibe gilt:

$$x^2 + y^2 = 1 \quad \Longrightarrow \quad y^2 = 1 - x^2.$$

Eingesetzt in die Funktionsgleichung ergibt sich eine Funktion mit nur noch einer Variablen:

$$f(x) = x^2 \cdot (1 - x^2) - x^2 - (1 - x^2) + 1 = -x^4 + x^2 \,.$$

Man leitet ab und setzt gleich Null:

$$f'(x) = -4x^3 + 2x = 2x \cdot (1 - 2x^2) = 0 \quad \Longleftrightarrow \quad x = 0 \quad \text{oder} \quad x = \pm \sqrt{\frac{1}{2}} \,.$$

Die Funktionswerte lauten:

$$f(0) = 0 \quad \text{bzw.} \quad f\left(\pm \sqrt{\frac{1}{2}}\right) = -\frac{1}{4} + \frac{1}{2} = \frac{1}{4} < 1 \,.$$

Ebenso ist der Funktionswert für die Randpunkte $x = \pm 1$ gleich 0, wobei nur der negative auch die zweite Nebenbedingung erfüllt.

Hinsichtlich der Punkte auf der Gerade $y = x$ hat man entsprechend:

$$f(x) = x^4 - 2x^2 + 1 = (x^2 - 1)^2$$
$$f'(x) = 4x^3 - 4x = 4x \cdot (x^2 - 1) \,.$$

Das Nullsetzen der ersten Ableitung liefert die Kandidaten

$$x = 0 \quad \text{bzw.} \quad x = \pm 1 \,.$$

Den Nullpunkt haben wir bereits. Und die aus der zweiten Information resultierenden Punkte liegen außerhalb des Definitionsbereichs. Zusammengefasst hat man drei globale Extremstellen mit den Funktionswerten:

$$f(0,0) = 1 \quad \text{sowie} \quad f(-1,0) = f(0,1) = 0 \,.$$

Lösung zur Aufgabe 68 (Satz von Lagrange)

Der Graph der Nebenbedingung ist eine Lemniskate, d. h. eine Menge in Form einer Acht, die im ersten und dritten Quadranten liegt und symmetrisch zum Ursprung ist. Damit muss nach dem Satz über stetige Funktionen auf kompakter Menge das globale Maximum und Minimum existieren. Die Lagrangefunktion hat die Gestalt:

$$L(x, y, \lambda) = x + y + \lambda \cdot (x^4 + 2x^2y^2 + y^4 - 2xy) \, .$$

Das Nullsetzen der partiellen Ableitungen liefert:

$$L_x(x, y, \lambda) = 1 + \lambda \cdot (4x^3 + 4xy^2 - 2y) = 0 \quad \text{(I)}$$
$$L_y(x, y, \lambda) = 1 + \lambda \cdot (4y^3 + 4yx^2 - 2x) = 0 \quad \text{(II)}$$
$$L_\lambda(x, y, \lambda) = (x^2 + y^2)^2 - 2xy = 0 \quad \text{(III)}$$

Aus der ersten Gleichung schließt man, dass $\lambda \neq 0$ sein muss, da sich sonst mit $1 = 0$ ein Widerspruch ergibt. Setzt man dann (I) und (II) gleich, so erhält man:

$$2x \cdot (x^2 + y^2) + x = 2y \cdot (x^2 + y^2) + y \quad \Longleftrightarrow \quad x \cdot \left[2(x^2 + y^2) + 1\right] = y \cdot \left[2(x^2 + y^2) + 1\right].$$

Der identische Faktor auf beiden Seiten der letzten Gleichung ist größer als 1 und damit insbesondere ungleich 0, weswegen $x = y$ gilt. Diese Identität in (III) eingesetzt liefert:

$$4x^4 - 2x^2 = 2x^2 \cdot (2x^2 - 1) = 0 \quad \Longleftrightarrow \quad x = 0 \quad \text{oder} \quad x = \pm\sqrt{\tfrac{1}{2}} \, .$$

Daraus ergeben sich drei Kandidaten für die Extremstellen mit den Funktionswerten:

$$f(0, 0) = 0 \quad \text{sowie} \quad f\left(-\sqrt{\tfrac{1}{2}}, -\sqrt{\tfrac{1}{2}}\right) = -\sqrt{2} \quad \text{und} \quad f\left(\sqrt{\tfrac{1}{2}}, \sqrt{\tfrac{1}{2}}\right) = \sqrt{2} \, .$$

Somit liegt im Punkt $\left(-\sqrt{\tfrac{1}{2}}, -\sqrt{\tfrac{1}{2}}\right)$ das Minimum und in $\left(\sqrt{\tfrac{1}{2}}, \sqrt{\tfrac{1}{2}}\right)$ das Maximum vor. Im Ursprung hat man kein Extremum, die partiellen Ableitungen (I) und (II) sind von 0 verschieden.

5.3   Lösungen zu Operations Research

Lösung zur Aufgabe 69 (Erzeugendensystem, lineare Unabhängigkeit, Basis)

a) Lineare Abhängigkeit bedeutet, dass sich der Nullvektor auch auf eine nichttriviale Art erzeugen lässt, mit anderen Worten, mindestens einer der angegebenen Vektoren muss sich als Linearkombination der übrigen darstellen lassen.

$$\begin{pmatrix} 2 \\ 4 \\ 3 \\ 7 \end{pmatrix} + \begin{pmatrix} 6 \\ 1 \\ 0 \\ 1 \end{pmatrix} + \begin{pmatrix} 0 \\ -6 \\ 2 \\ -2 \end{pmatrix} = \begin{pmatrix} 8 \\ -1 \\ 5 \\ 6 \end{pmatrix} \quad \Longleftrightarrow \quad \begin{pmatrix} 2 \\ 4 \\ 3 \\ 7 \end{pmatrix} + \begin{pmatrix} 6 \\ 1 \\ 0 \\ 1 \end{pmatrix} + \begin{pmatrix} 0 \\ -6 \\ 2 \\ -2 \end{pmatrix} - \begin{pmatrix} 8 \\ -1 \\ 5 \\ 6 \end{pmatrix} = \begin{pmatrix} 0 \\ 0 \\ 0 \\ 0 \end{pmatrix}$$

Die 4 Vektoren sind linear abhängig.

b) Weniger als vier linear unabhängige Vektoren können kein Erzeugendensystem des Raums $\mathbb{R}^4$ bilden, denn sonst wären sie eine Basis im Widerspruch zur Dimension. Zum Beispiel lässt sich mit Hilfe des Gaußalgorithmus zeigen, dass der Vektor $(0, 0, 0, 1)$ nicht erzeugt werden kann.

c) Ein linear unabhängiges Erzeugendensystem heißt Basis. Da die Vektoren weder linear unabhängig sind noch ein Erzeugendensystem bilden, liegt keine Basis vor.

Lösung zur Aufgabe 70 (lineare Unabhängigkeit, Gaußalgorithmus)

Man prüft die lineare Unabhängigkeit der Vektoren durch Anwendung des Gaußalgorithmus:

$$
\begin{array}{ccc|c}
1 & 1 & 1 & 0 \\
1 & 2 & 4 & 0 \\
1 & 3 & 9 & 0
\end{array}
\begin{array}{l}
\\
|-\mathrm{I} \\
|-\mathrm{I}
\end{array}
\Longrightarrow
\begin{array}{ccc|c}
1 & 1 & 1 & 0 \\
0 & 1 & 3 & 0 \\
0 & 2 & 8 & 0
\end{array}
\begin{array}{l}
\\
\\
|-2 \cdot \mathrm{II}
\end{array}
\Longrightarrow
\begin{array}{ccc|c}
1 & 1 & 1 & 0 \\
0 & 1 & 3 & 0 \\
0 & 0 & 2 & 0
\end{array}
$$

Daraus folgt, dass

$$
\alpha \cdot \begin{pmatrix} 1 \\ 1 \\ 1 \end{pmatrix} + \beta \cdot \begin{pmatrix} 1 \\ 2 \\ 3 \end{pmatrix} + \gamma \cdot \begin{pmatrix} 1 \\ 4 \\ 9 \end{pmatrix} = \begin{pmatrix} 0 \\ 0 \\ 0 \end{pmatrix} \iff \alpha = \beta = \gamma = 0.
$$

Weil sich der Nullvektor nur trivial erzeugen lässt, sind die drei Vektoren linear unabhängig. Sie bilden somit sogar eine Basis des dreidimensionalen Anschauungsraums.

Lösung zur Aufgabe 71 (Erzeugendensystem, Basis, lineare Unabhängigkeit)

Ergänzt man die Standardbasis

$$
\vec{e}_1 = (1, 0, 0), \quad \vec{e}_2 = (0, 1, 0) \quad \text{und} \quad \vec{e}_3 = (0, 0, 1)
$$

des $\mathbb{R}^3$ bspw. um den Vektor $\vec{e}_4 = (1, 1, 1)$ zu einem System bestehend aus vier Vektoren, dann lässt sich jeder Vektor des dreidimensionalen Anschauungsraums erzeugen:

$$
\vec{x} = \begin{pmatrix} x_1 \\ x_2 \\ x_3 \end{pmatrix} = x_1 \cdot \vec{e}_1 + x_2 \cdot \vec{e}_2 + x_3 \cdot \vec{e}_3 + 0 \cdot \vec{e}_4,
$$

wogegen die Vektoren nicht zuletzt wegen

$$
\vec{e}_4 = \vec{e}_1 + \vec{e}_2 + \vec{e}_3
$$

linear abhängig sind. Der vierte Vektor lässt sich mit Hilfe der übrigen drei linear kombinieren. Alternativ argumentiert lässt sich sagen, dass mehr als drei Vektoren im $\mathbb{R}^3$ immer linear abhängig sind. Denn die Dimension ist über die maximal mögliche Anzahl linear unabhängiger Vektoren im Raum definiert.

Lösung zur Aufgabe 72 (linear abhängige Vektoren)

Man hat zu zeigen, dass sich der Nullvektor nur trivial erzeugen lässt. Das bedeutet, dass sich der Nullvektor nur genau dann aus der Linearkombination der gegebenen Vektoren ergibt, wenn alle Koeffizienten 0 sind.

$$\vec{0} = \alpha \cdot \vec{y}_1 + \beta \cdot \vec{y}_2 + \gamma \cdot \vec{y}_3$$

$$= \alpha \cdot (\vec{x}_2 - \vec{x}_3 + 2\vec{x}_4) + \beta \cdot (2\vec{x}_1 + 2\vec{x}_2 - \vec{x}_3 - \vec{x}_4) + \gamma \cdot (-\vec{x}_1 + \vec{x}_2 + \vec{x}_3 + \vec{x}_4)$$

$$= (2\beta - \gamma) \cdot \vec{x}_1 + (\alpha + 2\beta + \gamma) \cdot \vec{x}_2 + (-\alpha - \beta + \gamma) \cdot \vec{x}_3 + (2\alpha - \beta + \gamma) \cdot \vec{x}_4$$

Da die vier Ausgangsvektoren laut Voraussetzung in der Aufgabenstellung linear unabhängig sind, müssen alle obigen Faktoren gleich Null sein, d. h.

$$2\beta - \gamma = \alpha + 2\beta + \gamma = -\alpha - \beta + \gamma = 2\alpha - \beta + \gamma = 0.$$

Aus der ersten Gleichung folgt:

$$\gamma = 2\beta.$$

Eingesetzt in die drei restlichen Gleichungen ergibt:

$$\alpha = -4\beta, \quad \alpha = \beta \quad \text{und} \quad 2\alpha = -\beta.$$

Aufgrund der zweiten Identität gilt ausgehend von der ersten:

$$\alpha = -4\alpha \quad \Longleftrightarrow \quad 5\alpha = 0 \quad \Longleftrightarrow \quad \alpha = 0.$$

Also hat man $\alpha = \beta = \gamma = 0$, und der Beweis der linearen Unabhängigkeit ist erbracht.

Lösung zur Aufgabe 73 (lineare Abhängigkeit)

Bilden die Vektoren $\vec{x}_1, \ldots, \vec{x}_n$ ein System linear abhängiger Vektoren, dann gilt:

$$\alpha_1 \cdot \vec{x}_1 + \alpha_2 \cdot \vec{x}_2 + \ldots + \alpha_n \cdot \vec{x}_n = \vec{0}$$

mit mindestens einem reellen Koeffizienten ungleich Null. Nehmen wir ohne Beschränkung der Allgemeinheit an, dass $\alpha_1 \neq 0$ vorliegt. Dann aber folgt:

$$\vec{x}_1 = -\frac{\alpha_2}{\alpha_1} \cdot \vec{x}_2 - \ldots - \frac{\alpha_n}{\alpha_1} \cdot \vec{x}_n.$$

Lässt sich umgekehrt mindestens ein Vektor, wir gehen wieder ohne Einschränkung von x_1 aus, mit Hilfe der anderen darstellen, so hat man:

$$\vec{x}_1 = \beta_1 \cdot \vec{x}_2 + \ldots + \beta_n \cdot \vec{x}_n \quad \Longleftrightarrow \quad -\vec{x}_1 + \beta_1 \cdot \vec{x}_2 + \ldots + \beta_n \cdot \vec{x}_n = \vec{0},$$

und die Behauptung wurde insgesamt gezeigt.

Lösung zur Aufgabe 74 (Gleichungssysteme mit eindeutiger Lösung und keiner Lösung)

Die Variablendeklaration lautet wie folgt, wobei jeweils in Portionen gerechnet wird:

- x_1: Gemüse

- x_2: Fleisch

- x_3: Sättigungsbeilage

Davon ausgehend ergibt sich folgendes Gleichungssystem:

$$
\begin{array}{rcrcrcr}
x_1 & + & x_2 & + & x_3 & = & 6 \\
x_1 & + & 2x_2 & + & 4x_3 & = & 13 \\
x_1 & + & 3x_2 & + & 9x_3 & = & 24
\end{array}
$$

Man stellt die erweiterte Koeffizientenmatrix auf und wendet den Gaußalgorithmus an:

$$
\left[\begin{array}{ccc|c}
1 & 1 & 1 & 6 \\
1 & 2 & 4 & 13 \\
1 & 3 & 9 & 24
\end{array}\right]
\begin{array}{l} \\ |-I \\ |-I \end{array}
\implies
\left[\begin{array}{ccc|c}
1 & 1 & 1 & 6 \\
0 & 1 & 3 & 7 \\
0 & 2 & 8 & 18
\end{array}\right]
\begin{array}{l} \\ \\ |-2\cdot II \end{array}
\implies
\left[\begin{array}{ccc|c}
1 & 1 & 1 & 6 \\
0 & 1 & 3 & 7 \\
0 & 0 & 2 & 4
\end{array}\right]
$$

Die letzte Zeile des dritten Tableaus liefert $x_3 = 2$ als Lösung. Durch Einsetzen erhält man:

$$x_2 + 2 \cdot 3 = 7 \iff x_2 = 1 \quad \text{und} \quad x_1 + 1 + 2 = 6 \iff x_1 = 3 \,.$$

Man benötigt drei Portionen Gemüse, eine Portion Fleisch und zwei Portionen Sättigungsbeilage, um den Diätplan einzuhalten. Die Lösung ist eindeutig bestimmt, d. h. keine andere Kombination der Nahrungsmittel verschafft dem Patienten dieselben Nährstoffmengen.

Wenn also überhaupt eine Möglichkeit besteht, inklusive der Ballaststoffe alle Anforderungen zu erfüllen, dann geht das nur mit der oben angegebenen Lösung. Diese liefert aber:

$$2 \cdot 3 + 3 \cdot 1 + 7 \cdot 2 = 23$$

Mengeneinheiten Ballaststoffe. Da der Betrag von 25 ME verschieden ist, kann keine zulässige Mahlzeit mehr unter den geforderten Bedingungen zusammengestellt werden.

Lösung zur Aufgabe 75 (Gleichungssystem mit unendlich vielen Lösungen)

Man berechnet die Lösung des Systems mit Hilfe des Gaußalgorithmus:

$$
\left[\begin{array}{cccc|c}
1 & 5 & 9 & 2 & 30 \\
2 & 6 & 10 & 0 & 32 \\
3 & 7 & 11 & -2 & 34 \\
4 & 8 & 12 & -4 & 36
\end{array}\right]
\implies
\left[\begin{array}{cccc|c}
1 & 5 & 9 & 2 & 30 \\
0 & 4 & 8 & 4 & 28 \\
0 & 8 & 16 & 8 & 56 \\
0 & 3 & 6 & 3 & 21
\end{array}\right]
\implies
\left[\begin{array}{cccc|c}
1 & 5 & 9 & 2 & 30 \\
0 & 1 & 2 & 1 & 7 \\
0 & 0 & 0 & 0 & 0 \\
0 & 0 & 0 & 0 & 0
\end{array}\right]
$$

Zwei reelle Variablen können beliebig gewählt werden, die restlichen in Abhängigkeit davon. Seien demnach

$$x_3 \quad \text{und} \quad x_4 \in \mathbb{R}$$

beliebig vorgelegt, dann gilt aufgrund der zweiten Gleichung:

$$x_2 = 7 - 2x_3 - x_4 \, .$$

Setzt man dies in die erste Gleichung ein, dann ergibt sich:

$$x_1 = 30 - 2x_4 - 9x_3 - 5 \cdot (7 - 2x_3 - x_4) = x_3 + 3x_4 - 5 \, .$$

Zusammengefasst haben daher alle Lösungen die Gestalt:

$$(\alpha + 3\beta - 5, 7 - \beta - 2\alpha, \alpha, \beta) = (-5, 7, 0, 0) + \alpha \cdot (1, -2, 1, 0) + \beta \cdot (3, -1, 0, 1)$$

mit α und $\beta \in \mathbb{R}$ beliebig.

Lösung zur Aufgabe 76 (Gleichungssystem mit Parameter, entschlüsselte Form)

Man startet mit der erweiterten Koeffizientenmatrix und wendet den Gaußalgorithmus an. Die einzelnen Manipulationen sind jeweils hinter den Zeilen vermerkt.

$$
\begin{array}{rrr|r|l}
3 & -2 & 1 & 2r & -3 \cdot \text{III} \\
5 & -4 & -1 & 2 & -5 \cdot \text{III} \\
1 & 3 & -2 & 2r+6 &
\end{array}
$$

$$
\begin{array}{rrr|r|l}
0 & -11 & 7 & -4r-18 & -\text{II} \\
0 & -19 & 9 & -10r-28 & \\
1 & 3 & -2 & 2r+6 &
\end{array}
$$

$$
\begin{array}{rrr|r|l}
0 & 8 & -2 & 6r+10 & : (-2) \\
0 & -19 & 9 & -10r-28 & +\frac{9}{2} \cdot \text{I} \\
1 & 3 & -2 & 2r+6 & -\text{I}
\end{array}
$$

$$
\begin{array}{rrr|r|l}
0 & -4 & 1 & -3r-5 & +\frac{4}{17} \cdot \text{II} \\
0 & 17 & 0 & 17r+17 & : 17 \\
1 & -5 & 0 & -4r-4 & +\frac{5}{17} \cdot \text{II}
\end{array}
$$

$$
\begin{array}{rrr|r}
0 & 0 & 1 & r-1 \\
0 & 1 & 0 & r+1 \\
1 & 0 & 0 & r+1
\end{array}
$$

Das letzte Tableau liegt in entschlüsselter Form vor, so dass die eindeutig bestimmte Lösung in Abhängigkeit vom Parameter $r \in \mathbb{R}$ direkt abgelesen werden kann. Sie lautet:

$$x_1 = x_2 = r + 1 \quad \text{und} \quad x_3 = r - 1 \, .$$

Lösung zur Aufgabe 77 (Gleichungssystem mit Parameter)

Das Gleichungssystem hängt von zwei reellen Parametern ab. Sie sind beliebig aber fest und werden daher wie Zahlen behandelt.

$$
\begin{array}{ccc|cl}
1 & 2 & 6 & 10 & \\
-3 & -4 & \mu - 14 & \mu + \upsilon - 30 & |+3 \cdot \text{I} \\
1 & 6 & 14 + 3\mu & 10 + 2\mu + 3\upsilon & |-\text{I}
\end{array}
$$

$$
\begin{array}{ccc|cl}
1 & 2 & 6 & 10 & \\
0 & 2 & \mu + 4 & \mu + \upsilon & \\
0 & 4 & 8 + 3\mu & 2\mu + 3\upsilon & |-2 \cdot \text{II}
\end{array}
$$

$$
\begin{array}{ccc|c}
1 & 2 & 6 & 10 \\
0 & 2 & \mu + 4 & \mu + \upsilon \\
0 & 0 & \mu & \upsilon
\end{array}
$$

Anhand der unteren Dreiecksform kann die Lösung abschließend berechnet werden. Dabei sind mehrere Fälle zu unterscheiden.

1. Fall: $\mu \neq 0$
Dann ist das Gleichungssystem eindeutig lösbar, und die Lösung lautet:

$$
x_3 = \frac{\upsilon}{\mu}
$$

$$
x_2 = \left(\mu + \upsilon - (\mu + 4) \cdot \frac{\upsilon}{\mu}\right) : 2 = \frac{\mu^2 + \upsilon \cdot \mu - (\mu + 4) \cdot \upsilon}{2\mu} = \frac{\mu^2 - 4\upsilon}{2\mu}
$$

$$
x_1 = 10 - 6 \cdot \frac{\upsilon}{\mu} - 2 \cdot \frac{\mu^2 - 4\upsilon}{2\mu} = \frac{-\mu^2 - 2\upsilon + 10\mu}{\mu}
$$

2. Fall: $\mu = 0$
a) Wenn in diesem Fall zusätzlich $\nu \neq 0$ gilt, dann ist das Gleichungssystem unlösbar.
b) Falls jedoch $\nu = 0$ ist, dann gibt es unendlich viele Lösungen. Denn man hat:

$$
\begin{array}{ccc|c}
1 & 2 & 6 & 10 \\
0 & 2 & 4 & 0 \\
0 & 0 & 0 & 0
\end{array}
$$

Daraus folgt, dass $x_3 \in \mathbb{R}$ beliebig gewählt werden kann sowie

$$
x_2 = (-4x_3) \cdot \tfrac{1}{2} = -2x_3 \quad \text{und}
$$

$$
x_1 = 10 - 6x_3 - 2x_2 = 10 - 6x_3 - 2 \cdot (-2x_3) = 10 - 2x_3 .
$$

Lösung zur Aufgabe 78 (homogenes, inhomogenes Gleichungssystem)

a) Alle Lösungen des inhomogenen Gleichungssystems ergeben sich aus der Addition einer speziellen Lösung des inhomogenen Gleichungssystems mit allen Lösungen des homogenen Gleichungssystems.

b) Die Berechnung aller Lösungen des homogenen Systems geht wie folgt:

$$\left.\begin{matrix} 1 & 1 & 0 & 2 \\ 1 & 1 & 2 & 1 \\ 2 & 2 & 2 & 3 \\ 1 & 1 & 4 & 0 \end{matrix}\right|\begin{matrix}0\\0\\0\\0\end{matrix} \implies \left.\begin{matrix} 1 & 1 & 0 & 2 \\ 0 & 0 & 2 & -1 \\ 0 & 0 & 2 & -1 \\ 0 & 0 & 4 & -2 \end{matrix}\right|\begin{matrix}0\\0\\0\\0\end{matrix} \implies \left.\begin{matrix} 1 & 1 & 0 & 2 \\ 0 & 0 & 2 & -1 \\ 0 & 0 & 0 & 0 \\ 0 & 0 & 0 & 0 \end{matrix}\right|\begin{matrix}0\\0\\0\\0\end{matrix}$$

Demnach gibt es unendlich viele Lösungen mit zwei Freiheitsgraden:

$$x_4 = \alpha \in \mathbb{R} \text{ beliebig} \quad \text{und} \quad x_2 = \beta \in \mathbb{R} \text{ beliebig.}$$

Die beiden übrigen Variablen sind in Abhängigkeit der ersten beiden zu bestimmen:

$$x_3 = \frac{x_4}{2} \quad \text{und} \quad x_1 = -2x_4 - x_2.$$

Alle Lösungen des homogenen Gleichungssystems, unter Beachtung der beliebig aber festen Werte für x_2 und x_4 siehe oben, lauten zusammengefasst:

$$\vec{h} = \begin{pmatrix} -2\alpha - \beta \\ \beta \\ \frac{\alpha}{2} \\ \alpha \end{pmatrix} = \alpha \cdot \begin{pmatrix} -2 \\ 0 \\ 0,5 \\ 1 \end{pmatrix} + \beta \cdot \begin{pmatrix} -1 \\ 1 \\ 0 \\ 0 \end{pmatrix} \quad \text{mit} \quad \alpha, \beta \in \mathbb{R} \text{ beliebig.}$$

c) Alle Lösungen des inhomogenen Problems ergeben sich, siehe Aufgabenteil a), durch folgende Summation:

$$\vec{x} = \begin{pmatrix} 2 \\ 0 \\ -1 \\ 0 \end{pmatrix} + \vec{h} = \begin{pmatrix} 2 \\ 0 \\ -1 \\ 0 \end{pmatrix} + \alpha \cdot \begin{pmatrix} -2 \\ 0 \\ 0,5 \\ 1 \end{pmatrix} + \beta \cdot \begin{pmatrix} -1 \\ 1 \\ 0 \\ 0 \end{pmatrix} \quad \text{mit} \quad \alpha, \beta \in \mathbb{R} \text{ beliebig.}$$

d) Ja, es gibt eine Lösung des Ausgangsproblems mit der zweiten Komponente gleich 1 und der vierten Komponente gleich 2, nämlich:

$$\begin{pmatrix} 2 \\ 0 \\ -1 \\ 0 \end{pmatrix} + 2 \cdot \begin{pmatrix} -2 \\ 0 \\ 0,5 \\ 1 \end{pmatrix} + 1 \cdot \begin{pmatrix} -1 \\ 1 \\ 0 \\ 0 \end{pmatrix} = \begin{pmatrix} -3 \\ 1 \\ 0 \\ 2 \end{pmatrix}.$$

Dazu muss man $\alpha = 2$ und $\beta = 1$ wählen, was man anhand der Lösung des inhomogenen Gleichungssystems aus Teil b) sofort erkennt.

Lösung zur Aufgabe 79 (inverse Matrix)

Gegeben seien die beiden Matrizen $A, B \in \mathbb{R}^{n \times n}$ mit den zugehörigen inversen Matrizen

$$A^{-1} \in \mathbb{R}^{n \times n} \quad \text{und} \quad B^{-1} \in \mathbb{R}^{n \times n}.$$

Dann existiert $B^{-1} \cdot A^{-1} \in \mathbb{R}^{n \times n}$ als Produkt quadratischer Matrizen, und es gilt:

$$(B^{-1} \cdot A^{-1}) \cdot (A \cdot B) = B^{-1} \cdot (A^{-1} \cdot A) \cdot B = B^{-1} \cdot E_n \cdot B = B^{-1} \cdot B = E_n \quad \text{bzw.}$$

$$(A \cdot B) \cdot (B^{-1} \cdot A^{-1}) = A \cdot (B \cdot B^{-1}) \cdot A^{-1} = A \cdot E_n \cdot A^{-1} = A \cdot A^{-1} = E_n.$$

Aus diesem Grund ist der Nachweis erbracht, dass auch für das Produkt die multiplikativ Inverse existiert. Sie lautet:

$$(A \cdot B)^{-1} = B^{-1} \cdot A^{-1}.$$

Lösung zur Aufgabe 80 (inverse Matrix)

Die Ausgangsmatrix A soll mit Hilfe des Gaußalgorithmus invertiert werden. Dazu schreibt man zunächst die Matrix selbst sowie die Einheitsmatrix in der zur Ausgangsmatrix passenden Dimension nebeneinander.

$$
\begin{array}{rrrr|rrrr}
1 & 0 & 0 & 2 & 1 & 0 & 0 & 0 \\
0 & -1 & 1 & 1 & 0 & 1 & 0 & 0 \\
-2 & 0 & -1 & 0 & 0 & 0 & 1 & 0 \quad |+2 \cdot \text{I} \\
1 & 1 & 0 & -1 & 0 & 0 & 0 & 1 \quad |-\text{I}
\end{array}
$$

$$
\begin{array}{rrrr|rrrr}
1 & 0 & 0 & 2 & 1 & 0 & 0 & 0 \\
0 & -1 & 1 & 1 & 0 & 1 & 0 & 0 \quad |\cdot(-1) \\
0 & 0 & -1 & 4 & 2 & 0 & 1 & 0 \\
0 & 1 & 0 & -3 & -1 & 0 & 0 & 1 \quad |+\text{II}
\end{array}
$$

$$
\begin{array}{rrrr|rrrr}
1 & 0 & 0 & 2 & 1 & 0 & 0 & 0 \\
0 & 1 & -1 & -1 & 0 & -1 & 0 & 0 \quad |-\text{III} \\
0 & 0 & -1 & 4 & 2 & 0 & 1 & 0 \quad |\cdot(-1) \\
0 & 0 & 1 & -2 & -1 & 1 & 0 & 1 \quad |+\text{III}
\end{array}
$$

$$
\begin{array}{rrrr|rrrr}
1 & 0 & 0 & 2 & 1 & 0 & 0 & 0 \quad |-\text{IV} \\
0 & 1 & 0 & -5 & -2 & -1 & -1 & 0 \quad |+\frac{5}{2} \cdot \text{IV} \\
0 & 0 & 1 & -4 & -2 & 0 & -1 & 0 \quad |+2 \cdot \text{IV} \\
0 & 0 & 0 & 2 & 1 & 1 & 0 & 1 \quad |\cdot 0,5
\end{array}
$$

$$
\begin{array}{rrrr|rrrr}
1 & 0 & 0 & 0 & 0 & -1 & -1 & -1 \\
0 & 1 & 0 & 0 & 0,5 & 1,5 & 1,5 & 2,5 \\
0 & 0 & 1 & 0 & 0 & 2 & 1 & 2 \\
0 & 0 & 0 & 1 & 0,5 & 0,5 & 0,5 & 0,5
\end{array}
$$

Man hat so lange pivotiert, bis die Einheitsmatrix, unter Beachtung der richtigen Reihenfolge der Einheitsvektoren, von der rechten auf die linke Seite der erweiterten Koeffizientenmatrix gewandert ist. Liegt diese abschließende Form vor, dann kann die multiplikativ inverse Matrix direkt von der rechten Seite abgelesen werden:

$$A^{-1} = \frac{1}{2} \cdot \begin{pmatrix} 0 & -2 & -2 & -2 \\ 1 & 3 & 3 & 5 \\ 0 & 4 & 2 & 4 \\ 1 & 1 & 1 & 1 \end{pmatrix}.$$

Mit der zweiten Matrix verfährt man analog:

$$\begin{array}{cccc|cccc}
1 & 0 & 1 & 1 & 1 & 0 & 0 & 0 \\
1 & 1 & 2 & 1 & 0 & 1 & 0 & 0 \\
0 & -1 & 0 & 1 & 0 & 0 & 1 & 0 \\
1 & 0 & 0 & 2 & 0 & 0 & 0 & 1
\end{array}
\begin{array}{l} \\ |-\text{I} \\ \\ |-\text{I} \end{array}$$

$$\begin{array}{cccc|cccc}
1 & 0 & 1 & 1 & 1 & 0 & 0 & 0 \\
0 & 1 & 1 & 0 & -1 & 1 & 0 & 0 \\
0 & -1 & 0 & 1 & 0 & 0 & 1 & 0 \\
0 & 0 & -1 & 1 & -1 & 0 & 0 & 1
\end{array}
\begin{array}{l} \\ \\ |+\text{II} \\ \end{array}$$

$$\begin{array}{cccc|cccc}
1 & 0 & 1 & 1 & 1 & 0 & 0 & 0 \\
0 & 1 & 1 & 0 & -1 & 1 & 0 & 0 \\
0 & 0 & 1 & 1 & -1 & 1 & 1 & 0 \\
0 & 0 & -1 & 1 & -1 & 0 & 0 & 1
\end{array}
\begin{array}{l} |-\text{III} \\ |-\text{III} \\ \\ |+\text{III} \end{array}$$

$$\begin{array}{cccc|cccc}
1 & 0 & 0 & 0 & 2 & -1 & -1 & 0 \\
0 & 1 & 0 & -1 & 0 & 0 & -1 & 0 \\
0 & 0 & 1 & 1 & -1 & 1 & 1 & 0 \\
0 & 0 & 0 & 2 & -2 & 1 & 1 & 1
\end{array}
\begin{array}{l} \\ |+\frac{1}{2}\cdot\text{IV} \\ |-\frac{1}{2}\cdot\text{IV} \\ |:2 \end{array}$$

$$\begin{array}{cccc|cccc}
1 & 0 & 0 & 0 & 2 & -1 & -1 & 0 \\
0 & 1 & 0 & 0 & -1 & 0,5 & -0,5 & 0,5 \\
0 & 0 & 1 & 0 & 0 & 0,5 & 0,5 & -0,5 \\
0 & 0 & 0 & 1 & -1 & 0,5 & 0,5 & 0,5
\end{array}$$

Die inverse Matrix lautet:

$$B^{-1} = \frac{1}{2} \cdot \begin{pmatrix} 4 & -2 & -2 & 0 \\ -2 & 1 & -1 & 1 \\ 0 & 1 & 1 & -1 \\ -1 & 1 & 1 & 1 \end{pmatrix}.$$

Lösung zur Aufgabe 81 (Determinante, Invertierbarkeit)

Eine Matrix ist genau dann invertierbar, wenn ihre Determinante ungleich 0 ist. Daher ist die Determinante der Matrix in Abhängigkeit von dem angegebenen Parameter zu berechnen. Man tut dies am besten durch Entwicklung nach der vierten Spalte, da diese lediglich einen von Null verschiedenen Eintrag aufweist. In diesem Fall erhält man:

$$\det\begin{pmatrix} 1 & \lambda & 0 & 0 \\ \lambda & 1 & 0 & 0 \\ 0 & \lambda & 1 & 0 \\ 0 & 0 & \lambda & 1 \end{pmatrix} = \det\begin{pmatrix} 1 & \lambda & 0 \\ \lambda & 1 & 0 \\ 0 & \lambda & 1 \end{pmatrix} = 1 - \lambda^2 = 0 \quad \Longleftrightarrow \quad \lambda = \pm 1.$$

Die Matrix ist für allen reellen λ invertierbar, die von -1 und 1 verschieden sind.

Lösung zur Aufgabe 82 (Marktverteilung, Übergangsmatrix)

a) Man rechnet:

$$A \cdot \begin{pmatrix} 0,4 \\ 0,3 \\ 0,2 \\ 0,1 \end{pmatrix} = \begin{pmatrix} 0,5 & 0,1 & 0,1 & 0 \\ 0,2 & 0,6 & 0,2 & 0 \\ 0,2 & 0,1 & 0,6 & 0,2 \\ 0,1 & 0,2 & 0,1 & 0,8 \end{pmatrix} \cdot \begin{pmatrix} 0,4 \\ 0,3 \\ 0,2 \\ 0,1 \end{pmatrix} = \begin{pmatrix} 0,25 \\ 0,3 \\ 0,25 \\ 0,2 \end{pmatrix}$$

Die Marktverteilung beträgt 25 %, 30 %, 25 % und 20 %.

b) Gesucht ist eine Marktaufteilung $\vec{x}$ derart, dass

$$A \cdot \vec{x} = \vec{x}$$

gilt. Zur Lösung des Problems formt man zu einem Gleichungssystem um:

$$A \cdot \vec{x} = \vec{x} \quad \Longleftrightarrow \quad A \cdot \vec{x} - \vec{x} = \vec{0} \quad \Longleftrightarrow \quad (A - E) \cdot \vec{x} = \vec{0}.$$

Dabei steht $E \in \mathbb{R}^{4 \times 4}$ für die Einheitsmatrix. Wir wenden den Gaußalgorithmus auf die erweiterte Koeffizientenmatrix

$$\left[\begin{array}{cccc|c} -0,5 & 0,1 & 0,1 & 0 & 0 \\ 0,2 & -0,4 & 0,2 & 0 & 0 \\ 0,2 & 0,1 & -0,4 & 0,2 & 0 \\ 0,1 & 0,2 & 0,1 & -0,2 & 0 \end{array}\right]$$

an. Davon ausgehend erhält man:

$$\left[\begin{array}{cccc|c} 1 & 2 & 1 & -2 & 0 \\ 0 & 11 & 6 & -10 & 0 \\ 0 & -8 & 0 & 4 & 0 \\ 0 & -3 & -6 & 6 & 0 \end{array}\right] \Longrightarrow \left[\begin{array}{cccc|c} 1 & 2 & 1 & -2 & 0 \\ 0 & 1 & 2 & -2 & 0 \\ 0 & 0 & -16 & 12 & 0 \\ 0 & 0 & 16 & -12 & 0 \end{array}\right] \Longrightarrow \left[\begin{array}{cccc|c} 1 & 2 & 1 & -2 & 0 \\ 0 & 1 & 2 & -2 & 0 \\ 0 & 0 & 4 & -3 & 0 \\ 0 & 0 & 0 & 0 & 0 \end{array}\right]$$

Aus dem letzten System schließt man:

$$x_4 \in \mathbb{R} \text{ beliebig}, \quad x_3 = \frac{3}{4} \cdot x_4, \quad x_2 = 2x_4 - \frac{3}{2} \cdot x_4 = \frac{1}{2} \cdot x_4 \quad \text{und} \quad x_1 = \frac{1}{4} \cdot x_4.$$

Von den unendlich vielen Lösungen ist diejenige zu bestimmen, für die die Summe aller Komponenten 100 % ergibt:

$$x_1 + x_2 + x_3 + x_4 = \left(\frac{1}{4} + \frac{1}{2} + \frac{3}{4} + 1\right) \cdot x_4 = \frac{5}{2} \cdot x_4 = 100\,\% \quad \Longleftrightarrow \quad x_4 = 40\,\%.$$

Die stationäre Marktaufteilung lautet: 10 %, 20 %, 30 % und 40 %.

Lösung zur Aufgabe 83 (Formulierung eines linearen Programms)

Die Kosten sind zu minimieren. Daher lautet die Zielfunktion:

$$\min z = 2 \cdot 10^6 x_1 + 4 \cdot 10^6 \cdot (x_2 + x_3) + 0{,}8 \cdot 10^6 \cdot (x_1 + x_2)$$
$$= 2{,}8 \cdot 10^6 \cdot x_1 + 4{,}8 \cdot 10^6 \cdot x_2 + 4 \cdot 10^6 \cdot x_3$$

unter den Nebenbedingungen

$$
\begin{array}{rcrcrcr}
x_1 & & & & & \geq & 22 \\
& & x_2 & + & x_3 & \leq & 48 \\
x_1 & + & x_2 & & & \leq & 65 \\
x_1 & + & x_2 & + & x_3 & = & 70 \\
3x_1 & - & 2x_2 & & & \leq & 0
\end{array}
$$

mit $x_1, x_2, x_3 \geq 0$.

Bezüglich der letzten Nebenbedingung ist zu bemerken, dass man sie nicht unmittelbar aus dem Text ablesen kann, sondern dass man sie herleiten muss. Man berechnet die Schadstoffmenge im Verhältnis zur gesamten Mischmenge:

$$\frac{8\,\% \cdot x_1 + 3\,\% \cdot x_2}{x_1 + x_2} \leq 5\,\% \quad \Longleftrightarrow \quad 0{,}08x_1 + 0{,}03x_2 \leq 0{,}05x_1 + 0{,}05x_2 \quad \Longleftrightarrow \quad 3x_1 - 2x_2 \leq 0.$$

Lösung zur Aufgabe 84 (Formulierung eines linearen Programms)

Aus Rundeisenstangen der Länge 20 m sollen die angegebenen Stückmengen an Eisenstangen in den Längen 9 m, 8 m und 6 m abgeschnitten werden. Zur Formulierung des linearen Programms stellt man sich die Frage, wie die Variablen deklariert werden sollen. Man stößt auf eine Idee, wenn man überlegt, welche Alternativen man zur Verfügung hat, die Rundeisenstangen zu schneiden. Der Reihe nach findet man insgesamt sechs Möglichkeiten, die Stangen zurechtzuschneiden:

• Möglichkeit 1: 2 mal 9 m mit 2 m Abfall

- Möglichkeit 2: 2 mal 6 m und 1 mal 8 m mit 0 m Abfall
- Möglichkeit 3: 1 mal 9 m und 1 mal 8 m mit 3 m Abfall
- Möglichkeit 4: 1 mal 9 m und 1 mal 6 m mit 5 m Abfall
- Möglichkeit 5: 2 mal 8 m mit 4 m Abfall
- Möglichkeit 6: 3 mal 6 m mit 2 m Abfall

Die Variablendeklaration lautet:

x_i ist die Anzahl an Eisenstangen, die gemäß Möglichkeit $i = 1,\ldots,6$ zersägt werden.

Das lineare Programm hat die folgende Gestalt:

$$\min z = 2x_1 + 3x_3 + 5x_4 + 4x_5 + 2x_6$$

unter den Nebenbedingungen:

$$
\begin{array}{rcrcrcl}
2x_1 &+& x_3 &+& x_4 &\geq& 8.000 \\
x_2 &+& x_3 &+& 2x_5 &\geq& 10.000 \\
2x_2 &+& x_4 &+& 3x_6 &\geq& 6.000
\end{array}
$$

mit $x_i \geq 0$ für $i = 1,\ldots,6$.

Eine Lösung, die im ersten Schritt günstig ist, muss nicht insgesamt optimal sein. Möchte man bspw. eine Strecke mit dem Fahrrad zurücklegen und dabei so wenig steile Berge wie möglich fahren. Dann könnte ein Weg mit vergleichsweise wenig Steigung zu Beginn insgesamt ungünstiger sein als andere Wege, weil die besonders steilen Passagen auf dieser Wegstrecke erst später kommen.

Lösung zur Aufgabe 85 (Formulierung eines linearen Programms)

Man definiert die Problemvariablen durch:

- a, b seien die herzustellenden Mengeneinheiten (ME) der Endprodukte A und B.
- c, d, e seien die benötigten ME der Zwischenprodukte C, D und E.
- f, g, h seien die benötigten ME der Vorprodukte F, G und H.

Additionen sind nicht möglich, da es sich nicht um Substitutionsgüter handelt, sondern die Mengenverhältnisse fest vorgegeben sind. Die sechs Nebenbedingungen lauten:

$$a = c, \quad 3a = d, \quad e = 2b, \quad f = 2c, \quad g = 4c + 3d + 6b + 2e \quad \text{und} \quad h = e.$$

Lösung zur Aufgabe 86 (Formulierung eines linearen Programms)

a) Man nummeriert die fünf Bahnhöfe der Reihe nach durch. Seien ferner

$$d_{ij} \geq 0 \quad \text{für} \quad i, j \in \{1,\ldots,5\}$$

die Distanzen zwischen den Bahnhöfen sowie

$$x_{ij} \geq 0 \quad \text{für} \quad i, j \in \{1,\ldots,5\}$$

die Anzahl der Güterwagen, die von Bahnhof i zu Bahnhof j gebrachte werden sollen. Dann
lässt sich das Problem wie folgt als lineares Programm darstellen:

$$\min z = x_{13} \cdot d_{13} + x_{14} \cdot d_{14} + x_{15} \cdot d_{15} + x_{23} \cdot d_{23} + x_{24} \cdot d_{24} + x_{25} \cdot d_{25}$$

unter den Nebenbedingungen

$$
\begin{aligned}
x_{13} + x_{14} + x_{15} &&&&&&= 10 \\
&& x_{23} + x_{24} + x_{25} &&&&= 10 \\
x_{13} &&+\ x_{23} &&&&= 5 \\
x_{14} &&&+\ x_{24} &&&= 7 \\
x_{15} &&&&+\ x_{25} &&= 8
\end{aligned}
$$

mit $x_{ij} \geq 0$ für $i, j \in \{1, \dots, 5\}$.

b) Weiß man wie viele Güterwagen vom ersten Rangierbahnhof zu den ersten beiden Bahnhöfen gebracht werden müssen, dann ist der Rest dadurch festgelegt. Man setzt

$$x = x_{13} \quad \text{sowie} \quad y = x_{14}$$

und erhält dadurch:

$$x_{15} = 10 - x - y \geq 0, \quad x_{23} = 5 - x \geq 0, \quad x_{24} = 7 - y \geq 0 \quad \text{und}$$
$$x_{25} = 8 - x_{15} = x + y - 2 \geq 0.$$

Die zweite Nebenbedingung unter a) ist redundant wegen:

$$x_{23} + x_{24} + x_{25} = 5 - x + 7 - y + x + y - 2 = 10.$$

Sie kann vernachlässigt werden. In die Zielfunktion des linearen Programms wird eingesetzt, und man erhält:

$$
\begin{aligned}
z &= x_{13} \cdot d_{13} + x_{14} \cdot d_{14} + x_{15} \cdot d_{15} + x_{23} \cdot d_{23} + x_{24} \cdot d_{24} + x_{25} \cdot d_{25} \\
&= x \cdot d_{13} + y \cdot d_{14} + (10 - x - y) \cdot d_{15} + (5 - x) \cdot d_{23} + (7 - y) \cdot d_{24} + (x + y - 2) \cdot d_{25}
\end{aligned}
$$

Damit lautet das lineare Pogramm mit nur zwei Variablen:

$$
\begin{aligned}
\min z = {} &(d_{13} - d_{15} - d_{23} + d_{25}) \cdot x + (d_{14} - d_{15} - d_{24} + d_{25}) \cdot y \\
&+ 10 \cdot d_{15} + 5 \cdot d_{23} + 7 \cdot d_{24} - 2 \cdot d_{25}
\end{aligned}
$$

unter den Nebenbedingungen

$$
\begin{aligned}
x + y &\leq 10 \\
x &\leq 5 \\
y &\leq 7 \\
x + y &\geq 2
\end{aligned}
$$

mit $x, y \geq 0$.

Der Vorteil des Programms in dieser Gestalt mit zwei anstatt mit sechs Variablen ist, dass man
es leicht graphisch lösen kann.

Lösung zur Aufgabe 87 (lineares Programm, graphische Lösung)

a) Unter Beachtung der gegebenen Restriktionen ist der Deckungsbeitrag zu maximieren.

x_1 sei die zu produzierende ME von Produkt 1.

x_2 sei die zu produzierende ME von Produkt 2.

Dann lautet das lineare Programm:

$$\max z = 20x_1 + 16x_2$$

unter den Nebenbedingungen

$$
\begin{array}{rcrcl}
x_1 & & & \leq & 3.000 \\
& & x_2 & \leq & 6.000 \\
10x_1 & + & 4x_2 & \leq & 40.000
\end{array}
$$

mit $x_1, x_2 \geq 0$.

b) Alle Informationen, die mit der Lösung des Problems in Zusammenhang stehen, sind in das untenstehende Schaubild eingetragen. Um ein Gefühl für die Lage der Isolinien in Bezug auf die Zielfunktion zu bekommen, ist eine Isolinie exemplarisch für $z = 80.000 \in$ eingezeichnet. Sie schneidet die Achsen in den Punkten

$$(4.000, 0) \quad \text{und} \quad (0, 5.000).$$

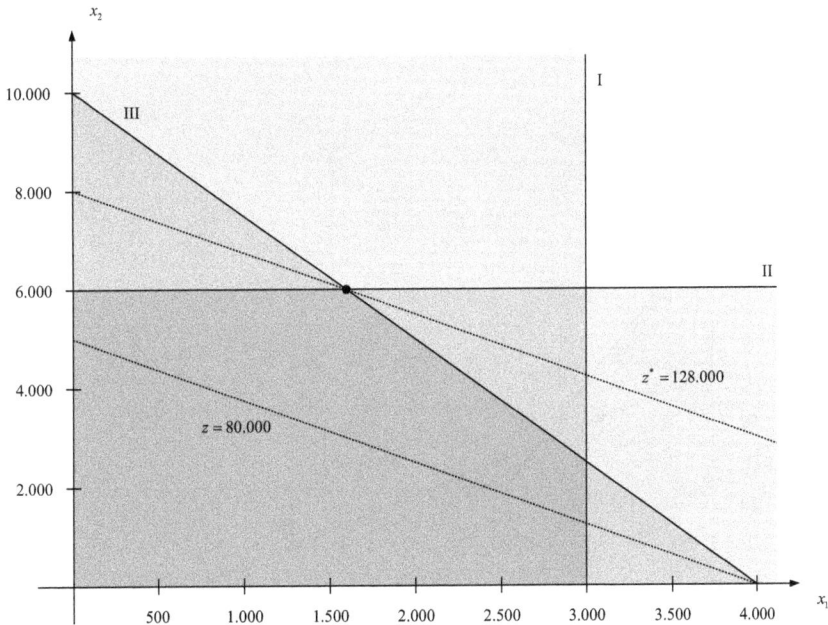

Abb. 5.8: Aufgabe: Deckungsbeitragsmaximierung

Wegen

$$\max z = 20x_1 + 16x_2 \quad \Longleftrightarrow \quad x_2 = -\frac{5}{4}x_1 + \frac{z}{16}$$

ist die Gerade parallel nach oben zu verschieben, da ein hoher Deckungsbeitrag mit einem großen Ordinatenabschnitt einhergeht. Der Schnittpunkt der Begrenzungsgeraden der zweiten und dritten Nebenbedingung ist optimal. Für ihn gilt:

$$x_2^* = 6.000 \quad \text{und damit} \quad 10x_1^* + 24.000 = 40.000 \quad \Longleftrightarrow \quad x_1^* = 1.600\,.$$

Der optimale Zielfunktionswert lautet:

$$z^* = 20 \cdot 1.600 + 16 \cdot 6.000 = 128.000\,.$$

Um den maximal möglichen Deckungsbeitrag von 128.000 Euro zu erhalten, muss man 1.600 Mengeneinheiten von Produkt 1 und 6.000 Mengeneinheiten von Produkt 2 produzieren. Die optimale Lösung ist eindeutig bestimmt.

Lösung zur Aufgabe 88 (lineares Programm, graphische Lösung)

a) Das Problem formuliert als lineares Programm beginnt mit der Variablendeklaration:

x_1 : zu produzierende Menge von Produkt A

x_2 : zu produzierende Menge von Produkt B

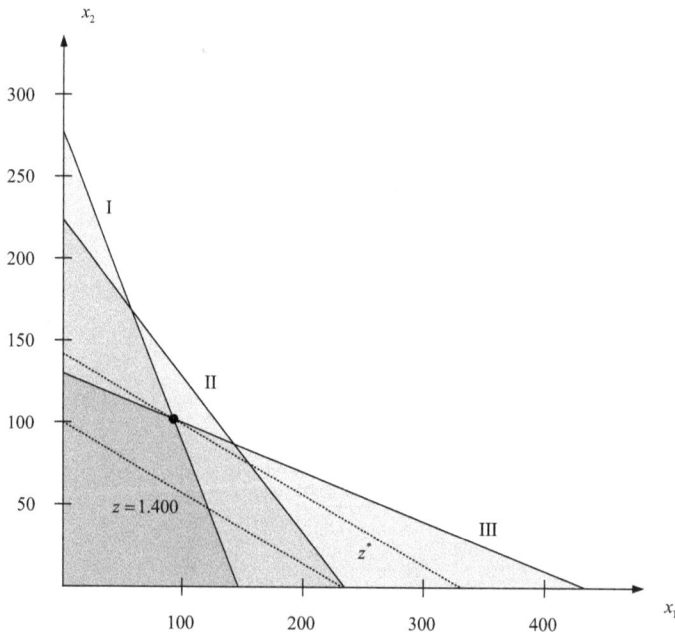

Abb. 5.9: *Aufgabe: Umsatzmaximale Produktion*

Die Zielfunktion

$$z = 6x_1 + 14x_2$$

ist zu maximieren unter den Nebenbedingungen

$$
\begin{array}{rcrcl}
17x_1 & + & 9x_2 & \leq & 2.500 \\
20x_1 & + & 21x_2 & \leq & 4.700 \\
3x_1 & + & 10x_2 & \leq & 1.300
\end{array}
$$

mit $x_1, x_2 \geq 0$.

b) Die graphische Lösung ist in Abb. 5.9 auf Seite 258 aufgeführt.

Die optimale Lösung ergibt sich aus dem Schnittpunkt der Begrenzungsgeraden der Nebenbedingungen eins und drei. Aus der dritten Nebenbedingung schließt man:

$$3x_1 + 10x_2 = 1.300 \quad \Longleftrightarrow \quad x_2 = -\frac{3}{10}x_1 + 130 \,.$$

Eingesetzt in die erste ergibt:

$$17x_1 + 9 \cdot \left(-\frac{3}{10}x_1 + 130\right) = 2.500 \quad \Longleftrightarrow \quad 17x_1 - \frac{27}{10}x_1 = 1.330 \quad \Longleftrightarrow \quad \frac{143}{10}x_1 = 1.330 \,.$$

Daraus folgt die optimale Lösung

$$x_1^* \approx 93{,}01 \quad \text{bzw.} \quad x_2^* \approx 102{,}10 \quad \text{mit} \quad z^* = 1.987{,}41 \,.$$

Die Rohstoffe X und Z sind verbraucht, da sowohl die erste als auch die zweite Nebenbedingung als Gleichung erfüllt ist. Bezüglich des Rohstoffs Y ergibt sich ein Rest von

$$4.700 - 20x_1^* - 21x_2^* \approx 695{,}8 \,\text{ME} \,.$$

Für eine umsatzmaximale Produktion sind 93,01 ME von A bzw. 102,1 ME von B zu produzieren. Der maximale Umsatz beträgt dann 1.987,41 €. Rohstoff X und Z sind nach der Produktion aufgebraucht. Von Rohstoff Y sind noch 695,8 ME übrig.

Lösung zur Aufgabe 89 (lineares Programm, graphische Lösung, Sensitivitätsanalyse)

a) Man strebt nach Maximierung des Gewinns.

> x_1 seien die zu produzierenden Einheiten von Müsli A.
>
> x_2 seien die zu produzierenden Einheiten von Müsli B.

Dann lautet das lineare Programm:

$$\max z = 5x_1 + 4x_2$$

unter den Nebenbedingungen

$$
\begin{array}{rcrcl}
2x_1 & + & 3x_2 & \leq & 12.000 \\
4x_1 & + & x_2 & \leq & 16.000 \\
x_1 & + & x_2 & \leq & 4.300
\end{array}
$$

mit $x_1, x_2 \geq 0$.

b) Die graphische Lösung ist an folgendem Schaubild illustriert:

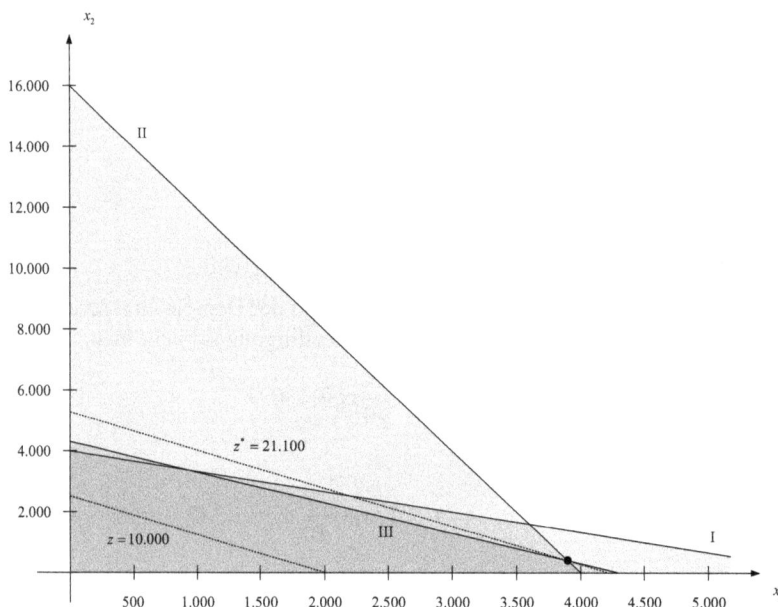

Abb. 5.10: *Aufgabe: Müsli*

Der Schnittpunkt der Grenzgeraden von zweiter und dritter Nebenbedingung liefert die optimale Lösung. Zunächst löst man die dritte Nebenbedingung auf:

$$x_1 + x_2 = 4.300 \quad \Longleftrightarrow \quad x_1 = 4.300 - x_2$$

Das Ergebnis setzt man in die zweite Nebenbedingung ein:

$$4 \cdot (4.300 - x_2) + x_2 = 16.000 \quad \Longleftrightarrow \quad -3x_2 = -1.200.$$

Daraus folgt unmittelbar:

$$x_2^* = 400 \quad \text{bzw.} \quad x_1^* = 3.900 \quad \text{sowie} \quad z^* = 5 \cdot 3.900 + 4 \cdot 400 = 21.100.$$

Der maximale Gewinn beträgt 21.100 Euro, wobei man dazu 400 Einheiten von Müsli B und 3.900 Einheiten von Müsli A produzieren muss.

c) Aufgrund von Lieferschwierigkeiten muss der Produktionsplan geändert werden. Die betroffenen Nebenbedingungen sind anzupassen.
Die erste Nebenbedingung wird ersetzt durch:

$$2x_1 + 3x_2 \leq 10.000,$$

und die neue Nebenbedingung drei lautet:

$$x_1 + x_2 \leq 4.000.$$

Die optimale Lösung als Schnittpunkt der Grenzgeraden der zweiten sowie der neuen dritten Nebenbedingung hat die Koordinaten:

$$x_1^* = 4.000 \quad \text{und} \quad x_2^* = 0 \quad \text{mit} \quad z^* = 5 \cdot 4.000 + 4 \cdot 0 = 20.000 \,.$$

Unter den veränderten Lieferbedingungen beträgt der Gewinn nur noch 20.000 Euro, und es werden 4.000 Einheiten von Müsli A und keine Mengeneinheit mehr von Müsli B produziert.

Lösung zur Aufgabe 90 (lineares Programm in kanonischer Form)

Kanonische Form bedeutet, dass es sich um eine zu maximierende Zielfunktion handelt, dass alle Nebenbedingungen als Gleichungen vorliegen und dass alle Variablen nichtnegativ sind. Um dies zu erreichen benötigt man eine Überschussvariable s_1 in der ersten bzw. eine Schlupfvariable s_2 in der zweiten Nebenbedingung und setzt:

$$\tilde{z} = -z \quad \text{als neue Zielfunktion sowie} \quad x_2 = x_2' - x_2'' \quad \text{und} \quad \tilde{x}_3 = -x_3 \,.$$

Damit lautet das lineare Programm in kanonischer Form:

$$
\begin{array}{rrrrrrrrrr}
\max & -11x_1 & - & 2x_2' & + & 2x_2'' & - & \tilde{x}_3 \\
\text{u. d. N.} & -3x_1 & + & x_2' & - & x_2'' & + & \tilde{x}_3 & - & s_1 & & & = & 4 \\
& -x_1 & & & & & - & 2\tilde{x}_3 & & & + & s_2 & = & -2 \\
& 4x_1 & - & 3x_2' & + & 3x_2'' & & & & & & & = & 7
\end{array}
$$

mit $x_1, x_2', x_2'', \tilde{x}_3, s_1, s_2 \geq 0$.

Lösung zur Aufgabe 91 (Pivotieren, inverse Basismatrix)

a) Die beiden unbekannten Spalten der Koeffizientenmatrix lassen sich sofort ablesen. Denn die achte Spalte ist gleich der elften mit umgekehrtem Vorzeichen. Ebenso ist die zehnte gleich der siebten Spalte mit umgekehrtem Vorzeichen. Dass dies so ist, erkennt man an der Ausgangsmatrix, in der in den betreffenden Spalten die Einheitsvektoren stehen bzw. die mit -1 multiplizierten Einheitsvektoren.

b) Man betrachte die Ausgangsmatrix. Die Einheitsmatrix, unter Beachtung der richtigen Reihenfolge der Einheitsvektoren, steht verteilt in der neunten, sechsten, zehnten und elften Spalte. In eben diesen Spalten steht in der Ergebnismatrix eine inverse Matrix, die mit Hilfe des Gaußalgorithmus erzeugt wurde. Sie heißt erweiterte inverse Basismatrix. Alle Informationen, wie das Gleichungssystem inklusive Zielfunktionszeile durch das Pivotieren manipuliert wurde, sind in ihr enthalten. Die erweiterte inverse Basismatrix lautet:

$$
B^{-1} = \begin{pmatrix}
1 & 8 & 3 & -5 & 22 \\
0 & 1 & \frac{1}{5} & -\frac{2}{5} & 3 \\
0 & 2 & 1 & -1 & 5 \\
0 & 1 & \frac{3}{5} & -\frac{1}{5} & 3 \\
0 & 0 & 0 & 0 & 1
\end{pmatrix}
$$

Man erhält den neuen Begrenzungsvektor, indem man den Begrenzungsvektor der Ausgangsmatrix mit der inversen Basismatrix multipliziert:

$$
B^{-1} \cdot
\begin{pmatrix} -5 \\ 2 \\ 14 \\ 2 \\ 5 \end{pmatrix}
=
\begin{pmatrix}
1 & 8 & 3 & -5 & 22 \\
0 & 1 & \frac{1}{5} & -\frac{2}{5} & 3 \\
0 & 2 & 1 & -1 & 5 \\
0 & 1 & \frac{3}{5} & -\frac{1}{5} & 3 \\
0 & 0 & 0 & 0 & 1
\end{pmatrix}
\cdot
\begin{pmatrix} -5 \\ 2 \\ 14 \\ 2 \\ 5 \end{pmatrix}
=
\begin{pmatrix} 153 \\ 19 \\ 41 \\ 25 \\ 5 \end{pmatrix}
$$

Damit sieht das abschließende Tableau, ergänzt um alle Spalten, wie folgt aus:

0	0	0	0	0	3	5	−22	8	−5	22	153
0	0	0	0	1	$\frac{1}{5}$	$\frac{2}{5}$	−3	1	−$\frac{2}{5}$	3	19
−1	1	0	0	0	1	1	−5	2	−1	5	41
0	0	1	0	0	$\frac{2}{5}$	$\frac{1}{5}$	−3	1	−$\frac{1}{5}$	3	25
0	0	0	1	0	0	0	−1	0	0	1	5

Lösung zur Aufgabe 92 (kanonische Form)

Die Zielfunktion ist bereits zu maximieren. Ferner ist dafür zu sorgen, dass alle Variablen nichtnegativ sind und zudem jede Nebenbedingung als Gleichung vorliegt. Das erreicht man durch Einführung einer nichtnegativen Schlupfvariable sowie der Transformationen:

$$
\tilde{x}_1 = -x_1 \quad \text{und} \quad x_2 = x_2' - x_2''.
$$

Das lineare Programm in kanonischer Form hat folgende Gestalt:

$$
\begin{aligned}
\max \quad & -\tilde{x}_1 & - & \; 7x_2' & + & \; 7x_2'' & & & & \\
\text{u. d. N.} \quad & -4\tilde{x}_1 & - & \; 2x_2' & + & \; 2x_2'' & - & \; s_1 & = & \; 42 \\
& \tilde{x}_1 & + & \; 3x_2' & - & \; 3x_2'' & & & = & \; 17
\end{aligned}
$$

mit $\tilde{x}_1, x_2', x_2'', s_1 \geq 0$.

Lösung zur Aufgabe 93 (lineares Programm mit Parameter)

Es handelt sich um ein lineares Programm, das einen reellen Parameter besitzt. Das Ausgangstableau

$t-1$	0	0	0	1	6
2	0	1	0	−1	3
1*	0	0	1	−1	1
1	1	0	0	1	6

ist optimal für

$$
1 < t < \infty \quad \text{mit} \quad z^* = 6 \quad \text{und} \quad \vec{x}^* = (0, 6, 3, 1, 0).
$$

Liegt der Parameter darunter, so muss wie angegeben pivotiert werden, und man erhält ein zweites Simplextableau der Gestalt:

0	0	0	$1-t$	t	$7-t$
0	0	1	-2	1^*	1
1	0	0	1	-1	1
0	1	0	-1	2	5

Für $t = 1$ ist das System mehrdeutig lösbar. Es gilt zusammengefasst:

$$t = 1 \quad \text{mit} \quad z^* = 6 \quad \text{und} \quad \vec{x}^* = \lambda \cdot (0, 6, 3, 1, 0) + (1 - \lambda) \cdot (1, 5, 1, 0, 0) \quad \text{für} \quad \lambda \in [0, 1].$$

Danach ist das System für positive Parameter bis zur 1 wieder eindeutig lösbar:

$$0 < t < 1 \quad \text{mit} \quad z^* = 7 - t \quad \text{und} \quad \vec{x}^* = (1, 5, 1, 0, 0).$$

Für nichtpositive t muss mittels Primal-Simplexverfahren weiter pivotiert werden. Das Pivotelement ist die 1 in der zweiten Zeile, fünfte Spalte.

0	0	$-t$	$1+t$	0	$7-2t$
0	0	1	-2	1	1
1	0	1	-1	0	2
0	1	-2	3^*	0	3

Man erhält eine Konvexkombination als Lösungsmenge für

$$t = 0 \quad \text{mit} \quad z^* = 7 \quad \text{und} \quad \vec{x}^* = \lambda \cdot (1, 5, 1, 0, 0) + (1 - \lambda) \cdot (2, 3, 0, 0, 1) \quad \text{für} \quad \lambda \in [0, 1].$$

Wieder ergibt sich eine eindeutige Lösung, falls

$$-1 < t < 0 \quad \text{mit} \quad z^* = 7 - 2t \quad \text{und} \quad \vec{x}^* = (2, 3, 0, 0, 1) \text{ gilt.}$$

Pivotiert man wie angegeben weiter, dann gelangt man zu folgendem Tableau:

0	$-\frac{1+t}{3}$	$\frac{2-t}{3}$	0	0	$6-3t$
0	$\frac{2}{3}$	$-\frac{1}{3}$	0	1	3
1	$\frac{1}{3}$	$\frac{1}{3}$	0	0	3
0	$\frac{1}{3}$	$-\frac{2}{3}$	1	0	1

Es liegen unendlich viele Lösungen für den Fall

$$t = -1 \quad \text{mit} \quad z^* = 9 \quad \text{und} \quad \vec{x}^* = \lambda \cdot (2, 3, 0, 0, 1) + (1 - \lambda) \cdot (3, 0, 0, 1, 3) \quad \text{für} \quad \lambda \in [0, 1]$$

vor. Für noch kleinere Parameter lautet die Lösung abschließend:

$$-\infty < t < -1 \quad \text{mit} \quad z^* = 6 - 3t \quad \text{und} \quad \vec{x}^* = (3, 0, 0, 1, 3).$$

Lösung zur Aufgabe 94 (Primal-Simplexverfahren, spezielles Maximumproblem)

a) Wir formulieren das Problem als spezielles Maximumproblem:

$$
\begin{array}{rcrcrcrcrcl}
\max & - & 6x_1 & + & 12x_2' & - & 12x_2'' & + & 9x_3 & & \\
\text{u. d. N.} & & x_1 & + & x_2' & - & x_2'' & + & 2x_3 & \leq & 2 \\
& - & x_1 & + & 2x_2' & - & 2x_2'' & + & x_3 & \leq & 1
\end{array}
$$

mit $x_2 = x_2' - x_2''$ und $x_1, x_2', x_2'', x_3 \geq 0$.

b) Anschließend soll mit Hilfe des Primal-Simplexverfahrens eine optimale Lösung berechnet werden. Dazu führen wir zwei nichtnegative Schlupfvariablen ein, um aus den beiden Nebenbedingungen, die als Ungleichungen vorliegen, Gleichungen zu machen:

6	−12	12	−9	0	0	0	$+6 \cdot$ III
1	1	−1	2	1	0	2	$-\frac{1}{2} \cdot$ III
−1	2^*	−2	1	0	1	1	$\cdot \frac{1}{2}$

0	0	0	−3	0	6	6	$+6 \cdot$ III
$\frac{3}{2}$	0	0	$\frac{3}{2}$	1	$-\frac{1}{2}$	$\frac{3}{2}$	$-3 \cdot$ III
$-\frac{1}{2}$	1	−1	$\frac{1}{2}^*$	0	$\frac{1}{2}$	$\frac{1}{2}$	$\cdot 2$

−3	6	−6	0	0	9	9	$+2 \cdot$ II
3	−3	3^*	0	1	−2	0	$\cdot \frac{1}{3}$
−1	2	−2	1	0	1	1	$+\frac{2}{3} \cdot$ II

3	0	0	0	2	5	9
1	−1	1	0	$\frac{1}{3}$	$-\frac{2}{3}$	0
1	0	0	1	$\frac{2}{3}$	$-\frac{1}{3}$	1

Das vierte Tableau ist optimal, und die zugehörige optimale Lösung lautet:

$$
x_1^* = 0, \quad x_2^* = 0, \quad x_3^* = 1, \quad s_1^* = s_2^* = 0 \quad \text{mit} \quad z^* = 9.
$$

c) Unterscheidet man die Variablen in Basis- und Nichtbasisvariablen, so gilt:

Basisvariablen: x_2, x_3

Nichtbasisvariablen: x_1, s_1, s_2

Da die Zielfunktionskoeffizienten der Nichtbasisvariablen im letzten Tableau alle größer Null sind, ist die optimale Lösung eindeutig bestimmt.

Lösung zur Aufgabe 95 (Zulässigkeitsbereich, optimale Lösungsmenge, konvexe Menge)

Seien $\vec{x}_1$ und $\vec{x}_2$ zwei zulässige bzw. $\vec{x}_1^*$ und $\vec{x}_2^*$ zwei optimale Lösungen. Ferner sei A die Koeffizientenmatrix des Systems sowie $\vec{c}$ der Zeilenvektor der Zielfunktionskoeffizienten.

$$
A \cdot (\lambda \cdot \vec{x}_1 + (1 - \lambda) \cdot \vec{x}_2) = \lambda \cdot A \cdot \vec{x}_1 + (1 - \lambda) \cdot A \cdot \vec{x}_2 = \lambda \cdot \vec{b} + (1 - \lambda) \cdot \vec{b} = \vec{b}
$$

Mit anderen Worten, die Konvexkombination der beiden zulässigen Lösungen liefert wieder den Begrenzungsvektor. Zudem ist die Konvexkombination in jeder Komponente größergleich Null, da jeder Ausgangsvektor als zulässige Lösung diese Eigenschaft besitzt. Man geht bei all diesen Betrachtungen ohne Beschränkung der Allgemeinheit von einem linearen Programm in kanonischer Form aus. Es gilt analog

$$c \cdot (\lambda \cdot \vec{x}_1^* + (1 - \lambda) \cdot \vec{x}_2^*) = \lambda \cdot c \cdot \vec{x}_1^* + (1 - \lambda) \cdot c \cdot \vec{x}_2^* = \lambda \cdot z^* + (1 - \lambda) \cdot z^* = z^*$$

bezüglich der optimalen Lösungen im Hinblick auf den optimalen Zielfunktionswert. Damit sind beide Aussagen gezeigt. Sowohl der Zulässigkeitsbereich als auch die Menge aller optimalen Lösungen sind konvex.

Lösung zur Aufgabe 96 (Dual-Simplexverfahren, spezielles Minimumproblem)

a) Das lineare Programm als spezielles Minimumproblem formuliert hat die Form:

$$
\begin{array}{llllllll}
\min & 80x_1 & + & 20x_2 & + & 45x_3' \\
\text{u. d. N.} & 20x_1 & + & 4x_2 & + & 6x_3' & \geq & 16 \\
& 10x_1 & + & 5x_2 & + & 15x_3' & \geq & 32
\end{array}
$$

mit $x_3' = -x_3$ und $x_1, x_2, x_3' \geq 0$. Es kann mit Hilfe des Dual-Simplexverfahrens, wie im folgenden Aufgabenteil dargestellt, gelöst werden.

b) Durch Einfügen der beiden Überschussvariablen $s_1, s_2 \geq 0$ und Multiplikation der Nebenbedingungen mit -1 folgt:

80	45	0	0	0	0	$+3 \cdot \text{III}$
-20	-4	-6	1	0	-16	$-\frac{2}{5} \cdot \text{III}$
-10	-5	-15^*	0	1	-32	$\cdot(-\frac{1}{15})$

50	5	0	0	3	-96	$+\frac{5}{2} \cdot \text{II}$
-16	-2^*	0	1	$-\frac{2}{5}$	$-\frac{16}{5}$	$\cdot(-\frac{1}{2})$
$\frac{2}{3}$	$\frac{1}{3}$	1	0	$-\frac{1}{15}$	$\frac{32}{15}$	$+\frac{1}{6} \cdot \text{II}$

10	0	0	$\frac{5}{2}$	2	-104
8	1	0	$-\frac{1}{2}$	$\frac{1}{5}$	$\frac{8}{5}$
-2	0	1	$\frac{1}{6}$	$-\frac{2}{15}$	$\frac{8}{5}$

Damit lautet die optimale Lösung:

$$x_1^* = 0, \quad x_2^* = \frac{8}{5}, \quad x_3^* = -\frac{8}{5}, \quad s_1^* = s_2^* = 0 \quad \text{mit} \quad z^* = 104.$$

c) Alle Zielfunktionskoeffizienten der Nichtbasisvariablen x_1, s_1 und s_2 im letzten Tableau sind mit den Werten 10, $5/2$ bzw. 2 alle größer 0, weshalb die oben angegebene optimale Lösung eindeutig bestimmt ist.

Lösung zur Aufgabe 97 (Dual-Simplexverfahren, spezielles Minimumproblem)

a) Das spezielle Minimumproblem lautet:

$$
\begin{array}{llllll}
\min & 36x_1 & + & 72x_2 & + & 24\tilde{x}_3 \\
\text{u. d. N.} & x_1 & + & 2x_2 & + & \tilde{x}_3 & \geq & 0 \\
& 2x_1 & + & 3x_2 & & & \geq & 6 \\
& 4x_1 & - & x_2 & + & \tilde{x}_3 & \geq & -9 \\
& -x_1 & + & x_2 & + & \tilde{x}_3 & \geq & 15
\end{array}
$$

mit $\tilde{x}_3 = -x_3$ und $x_1, x_2, \tilde{x}_3 \geq 0$.

b) Mit Hilfe des Dual-Simplexverfahrens berechnet man die Lösung:

36	72	24	0	0	0	0	0	$+24 \cdot V$
-1	-2	-1	1	0	0	0	-6	$-V$
-2	-3	0	0	1	0	0	-3	
-4	1	-1	0	0	1	0	9	$-V$
1	-1	-1^*	0	0	0	1	-15	$\cdot(-1)$

60	48	0	0	0	0	24	-360	$+16 \cdot III$
-2	-1	0	1	0	0	-1	9	$-\frac{1}{3} \cdot III$
-2	-3^*	0	0	1	0	0	-3	$\cdot(-\frac{1}{3})$
-5	2	0	0	0	1	-1	24	$+\frac{2}{3} \cdot III$
-1	1	1	0	0	0	-1	15	$+\frac{1}{3} \cdot III$

28	0	0	0	16	0	24	-408	
$-\frac{4}{3}$	0	0	1	$-\frac{1}{3}$	0	-1	10	
$\frac{2}{3}$	1	0	0	$-\frac{1}{3}$	0	0	1	
$-\frac{19}{3}$	0	0	0	$\frac{2}{3}$	1	-1	22	
$-\frac{5}{3}$	0	1	0	$\frac{1}{3}$	0	-1	14	

Man liest die optimale Lösung ab:

$$x_1^* = 0, \quad x_2^* = 1, \quad x_3^* = -\tilde{x}_3^* = -14 \quad \text{mit} \quad z^* = 408.$$

c) Weil die Zielfunktionskoeffizienten der Nichtbasisvariablen x_1, s_2 und s_4 im optimalen Tableau alle von 0 verschieden sind, ist die Lösung eindeutig bestimmt.

Lösung zur Aufgabe 98 (Zweiphasen-Simplexverfahren)

Man bringt das lineare Programm unter Hinzunahme zweier Schlupfvariablen auf eine kanonische Form. Anschließend addiert man zur zweiten sowie zur dritten Nebenbedingung je eine künstliche Variable, um das Starttableau zu erhalten. Die Hilfszielfunktion lautet:

$$\min h = k_1 + k_2 = (4 - 2x_1 - x_2 + s_2) + (6 + 2x_1 - 3x_2) = 10 - 4x_2 + s_2.$$

In der ersten Phase des Verfahrens wird die Hilfszielfunktion zunächst mit Hilfe des Primal-Simplexverfahren minimiert:

-1	-1	0	0	0	0	0	$+\frac{1}{3}\cdot\text{IV}$
2	3	1	0	0	0	18	$-\text{IV}$
2	1	0	-1	1	0	4	$-\frac{1}{3}\cdot\text{IV}$
-2	3^*	0	0	0	1	6	$\cdot\frac{1}{3}$
0	-4	0	1	0	0	-10	$+\frac{4}{3}\cdot\text{IV}$

$-\frac{5}{3}$	0	0	0	0	$\frac{1}{3}$	2	$+\frac{5}{8}\cdot\text{III}$
4	0	1	0	0	-1	12	$-\frac{3}{2}\cdot\text{III}$
$\frac{8}{3}^*$	0	0	-1	1	$-\frac{1}{3}$	2	$\cdot\frac{3}{8}$
$-\frac{2}{3}$	1	0	0	0	$\frac{1}{3}$	2	$+\frac{1}{4}\cdot\text{III}$
$-\frac{8}{3}$	0	0	1	0	$\frac{4}{3}$	-2	$+\text{III}$

0	0	0	$-\frac{5}{8}$	$\frac{5}{8}$	$\frac{1}{8}$	$\frac{13}{4}$
0	0	1	$\frac{3}{2}$	$-\frac{3}{2}$	$-\frac{1}{2}$	9
1	0	0	$-\frac{3}{8}$	$\frac{3}{8}$	$-\frac{1}{8}$	$\frac{3}{4}$
0	1	0	$-\frac{1}{4}$	$\frac{1}{4}$	$\frac{1}{4}$	$\frac{5}{2}$
0	0	0	0	1	1	0

Der Zielfunktionswert der Hilfsfunktion ist gleich 0, die erste Phase ist beendet. Damit werden die Zeile der Hilfszielfunktion sowie die beiden Spalten der künstlichen Variablen vernachlässigt, und man beginnt, die ursprüngliche Zielfunktion zu optimieren:

0	0	0	$-\frac{5}{8}$	$\frac{5}{8}$	$\frac{1}{8}$	$\frac{13}{4}$	$+\frac{5}{12}\cdot\text{II}$
0	0	1	$\frac{3}{2}^*$	$-\frac{3}{2}$	$-\frac{1}{2}$	9	$\cdot\frac{2}{3}$
1	0	0	$-\frac{3}{8}$	$\frac{3}{8}$	$-\frac{1}{8}$	$\frac{3}{4}$	$+\frac{1}{4}\cdot\text{II}$
0	1	0	$-\frac{1}{4}$	$\frac{1}{4}$	$\frac{1}{4}$	$\frac{5}{2}$	$+\frac{1}{6}\cdot\text{II}$
0	0	0	0	1	1	0	

0	0	$\frac{5}{12}$	0	0	$-\frac{1}{12}$	7
0	0	$\frac{2}{3}$	1	-1	$-\frac{1}{3}$	6
1	0	$\frac{1}{4}$	0	0	$-\frac{1}{4}$	3
0	1	$\frac{1}{6}$	0	0	$\frac{1}{6}$	4
0	0	0	0	1	1	0

Die optimale Lösung lautet

$$x_1^* = 3 \quad \text{und} \quad x_2^* = 4$$

mit $z^* = 7$ als maximaler Zielfunktionswert. Sie ist eindeutig bestimmt.

Lösung zur Aufgabe 99 (Zweiphasen-Simplexverfahren)

a) Als erstes werden die Variablen deklariert:

Seien x_1 und x_2 die zu produzierenden Stückzahlen von Produkt E1 bzw. E2.

Wenn doppelt soviel von E1 wie von E2 produziert werden soll, muss gelten:

$$x_1 = 2x_2 \quad \Longleftrightarrow \quad x_1 - 2x_2 = 0.$$

Zusammen lautet das lineare Programm demnach:

$$
\begin{array}{rrcrcl}
\max & 3x_1 & + & x_2 & & \\
\text{u. d. N.} & 3x_1 & + & 2x_2 & \leq & 24 \\
& 4x_1 & - & x_2 & \geq & 8 \\
& x_1 & - & 2x_2 & = & 0
\end{array}
$$

mit $x_1 \geq 0$ und $x_2 \in \mathbb{R}$.

b) Setzt man $x_1 = 2x_2$ in die beiden ersten Nebenbedingungen ein, so erhält man:

$$7x_2 \geq 8 \quad \Longleftrightarrow \quad x_2 \geq \tfrac{8}{7} \quad \text{bzw.}$$

$$8x_2 \leq 24 \quad \Longleftrightarrow \quad x_2 \leq 3.$$

Der Zielfunktionswert wird maximal, wenn man x_1 und x_2 so groß wie möglich wählt:

$$x_2^* = 3 \quad \text{und} \quad x_1^* = 6 \quad \text{mit} \quad z^* = 21.$$

c) Um für das Zweiphasen-Simplexverfahren ein Starttableau zu finden, fügt man je eine Schlupf- und Überschuss- sowie zwei künstliche Variablen ein. Die Hilfszielfunktion

$$\min h = k_1 + k_2 = (8 - 4x_1 + x_2 + s_2) + (-x_1 + 2x_2) = 8 - 5x_1 + 3x_2 + s_2$$

ist zu minimieren. Spaltet man zudem $x_2 = x_2' - x_2''$ auf, so ergibt sich in der 1. Phase mittels Primal-Simplexverfahren:

x_1	x_2'	x_2''	s_1	s_2	k_1	k_2		
-3	-1	1	0	0	0	0	0	$+3 \cdot \text{IV}$
3	2	-2	1	0	0	0	24	$-3 \cdot \text{IV}$
4	-1	1	0	-1	1	0	8	$-4 \cdot \text{IV}$
1^*	-2	2	0	0	0	1	0	
-5	3	-3	0	1	0	0	-8	$+5 \cdot \text{IV}$
0	-7	7	0	0	0	3	0	$+\text{III}$
0	8	-8	1	0	0	-3	24	$-\tfrac{8}{7} \cdot \text{III}$
0	7^*	-7	0	-1	1	-4	8	$\cdot \tfrac{1}{7}$
1	-2	2	0	0	0	1	0	$+\tfrac{2}{7} \cdot \text{III}$
0	-7	7	0	1	0	5	-8	$+\text{III}$

0	0	0	0	-1	1	-1	8
0	0	0	1	$\frac{8}{7}$	$-\frac{8}{7}$	$\frac{11}{7}$	$\frac{104}{7}$
0	1	-1	0	$-\frac{1}{7}$	$\frac{1}{7}$	$-\frac{4}{7}$	$\frac{8}{7}$
1	0	0	0	$-\frac{2}{7}$	$\frac{2}{7}$	$-\frac{1}{7}$	$\frac{16}{7}$
0	0	0	0	0	1	1	0

Die erste Phase ist damit beendet. Die Hilfszielfunktion ist minimiert mit Funktionswert 0, und alle künstlichen Variablen sind Nichtbasisvariablen. Es beginnt die zweite Phase:

0	0	0	0	-1	1	-1	8	$+\frac{7}{8}\cdot\text{II}$
0	0	0	1	$\frac{8^*}{7}$	$-\frac{8}{7}$	$\frac{11}{7}$	$\frac{104}{7}$	$\cdot\frac{7}{8}$
0	1	-1	0	$-\frac{1}{7}$	$\frac{1}{7}$	$-\frac{4}{7}$	$\frac{8}{7}$	$+8\cdot\text{II}$
1	0	0	0	$-\frac{2}{7}$	$\frac{2}{7}$	$-\frac{1}{7}$	$\frac{16}{7}$	$+4\cdot\text{II}$
0	0	0	0	0	1	1	0	

0	0	0	$\frac{7}{8}$	0	0	$\frac{3}{8}$	21
0	0	0	$\frac{7}{8}$	1	-1	$\frac{11}{8}$	13
0	1	-1	$\frac{1}{8}$	0	0	$-\frac{3}{8}$	3
1	0	0	$\frac{2}{8}$	0	0	$\frac{1}{4}$	6
0	0	0	0	0	1	1	0

Die optimale Lösung lautet: $x_1^* = 6$ und $x_2^* = 3$ mit $z^* = 21$. Man muss 6 Stück von Endprodukt E1 sowie 3 Stück von Endprodukt E2 produzieren, um den maximalen Umsatz von 21 Geldeinheiten zu erwirtschaften.

Lösung zur Aufgabe 100 (Zweiphasen-Simplexverfahren)

Man wendet das Zweiphasen-Simplexverfahren an, um optimale Lösungen zu bestimmen:

x_1	x_2'	x_2'	x_3	s_1	s_2	s_3	s_4	k_1		
-9	11	-11	-7	0	0	0	0	0	0	$+7\cdot\text{II}$
1	1	-1	1^*	-1	0	0	0	1	10	
1	-1	1	1	0	1	0	0	0	12	$-\text{II}$
1	1	-1	-1	0	0	1	0	0	2	$+\text{II}$
2	1	-1	1	0	0	0	1	0	12	$-\text{II}$
-1	-1	1	-1	1	0	0	0	0	-10	$+\text{II}$

-2	18	-18	0	-7	0	0	0	7	70	$+9\cdot\text{III}$
1	1	-1	1	-1	0	0	0	1	10	$+\frac{1}{2}\cdot\text{III}$
0	-2	2^*	0	1	1	0	0	-1	2	$\cdot\frac{1}{2}$
2	2	-2	0	-1	0	1	0	1	12	$+\text{III}$
1	0	0	0	1	0	0	1	-1	2	
0	0	0	0	0	0	0	0	1	0	

Ab hier beginnt die zweite Phase, in der die ursprüngliche Zielfunktion minimiert wird:

-2	0	0	0	2	9	0	0	-2	88	$+2 \cdot V$
1	0	0	1	$-\frac{1}{2}$	$\frac{1}{2}$	0	0	$\frac{1}{2}$	11	$-V$
0	-1	1	0	$\frac{1}{2}$	$\frac{1}{2}$	0	0	$-\frac{1}{2}$	1	
2	0	0	0	0	1	1	0	0	14	$-2 \cdot V$
1^*	0	0	0	1	0	0	1	-1	2	
0	0	0	0	0	0	0	0	1	0	

0	0	0	0	4	9	0	2	-4	92
0	0	0	1	$-\frac{3}{2}$	$\frac{1}{2}$	0	-1	$\frac{3}{2}$	9
0	-1	1	0	$\frac{1}{2}$	$\frac{1}{2}$	0	0	$-\frac{1}{2}$	1
0	0	0	0	-2	1	1	-2	2	10
1	0	0	0	1	0	0	1	-1	2
0	0	0	0	0	0	0	0	1	0

Die optimale Lösung mit Zielfunktionswert $z^* = -92$ beträgt

$$x_1^* = 2, \quad x_2^* = -1 \quad \text{und} \quad x_3^* = 9.$$

Da alle Zielfunktionskoeffizienten der Nichtbasisvariablen ungleich Null sind, ist die Lösung eindeutig bestimmt.

Bei den sich anschließenden Lösungen zu den Klausuraufgaben ist darauf zu achten, dass zuweilen auch Alternativlösungen mit angegeben sind. Dies ist immer dann der Fall, wenn sich im Laufe der Klausurkorrektur herausgestellt hat, dass sich die Aufgabenstellung völlig richtig und gleichwertig auch auf eine andere Weise beantworten bzw. lösen lässt als in der Musterlösung vorgesehen. Vor diesem Hintergrund sollte allgemein eher auch von „Lösungsvorschlägen" als von „Musterlösungen" gesprochen werden. Die eigentlich angedachte Lösung ist dabei immer als erstes genannt. Die Lösungswege sind überall dort besonders ausführlich dargestellt, wo die Studenten bei der Bearbeitung der Aufgaben offenbar auf Probleme stießen. Teilweise finden sich in diesem Zusammenhang dann auch Querverweise auf die entsprechenden Stellen im Lehrbuchteil. Anhand derer können die theoretischen Grundlagen nachgeschlagen werden.

Generell werden Rechenfehler mit einem Punkt Abzug bestraft. Modellfehler sind teurer und kosten mehr Punkte. Bei Rechenfehlern wird mit den falschen Ergebnissen weitergerechnet, sofern der Fehler die Aufgabenstellung nicht signifikant vereinfacht. Dadurch können Folgepunkte erzielt werden. Zwischenergebnisse sind exakt zu berechnen, um Rundungsfehler zu vermeiden. Bei Endergebnissen, insbesondere Zinssätze und Geldbeträge, genügt eine Angabe auf zwei Nachkommastellen genau.

Durch die Umstellung von Diplom- auf Bachelor- und Masterstudiengänge wurden zum Sommersemester 2007 letztmalig Prüfungen im Diplomstudiengang angeboten. Bis dahin sind alle Klausuren sowohl für Diplom als auch für den Bachelor mit aufgeführt.

5.4 Lösungen zu den Klausuraufgaben

Klausur Diplom, Sommersemester 2005

Lösung zur 1. Klausuraufgabe

Zu zeigen ist, dass für alle $n \in \mathbb{N}$ gilt:

$$\sum_{k=1}^{n} k^3 = \left(\frac{n \cdot (n+1)}{2} \right)^2 .$$

Wir beweisen die Aussage mittels vollständiger Induktion.

- Induktionsanfang für $n = 1$:

$$\sum_{k=1}^{1} k^3 = 1^3 = 1 = \left(\frac{1 \cdot (1+1)}{2} \right)^2$$

- Induktionsschritt:

  Induktionsannahme: Sei die Formel für ein $n \in \mathbb{N}$ richtig.

  Induktionsbehauptung: So gilt die Formel auch für den Nachfolger $n + 1$ in der Gestalt:

$$\sum_{k=1}^{n+1} k^3 = \left(\frac{(n+1) \cdot (n+2)}{2} \right)^2 .$$

  Beweis der Induktionsbehauptung mittels der Induktionsannahme:

$$\sum_{k=1}^{n} k^3 + (n+1)^3 = \frac{n^2 \cdot (n+1)^2}{4} + (n+1)^3 = \frac{(n+1)^2}{4} \cdot \left[n^2 + 4 \cdot (n+1) \right] = \frac{(n+1)^2}{4} \cdot (n+2)^2$$

Damit ist die Aussage insgesamt bewiesen.

Lösung zur 2. Klausuraufgabe

a) Die gesuchte Matrix lautet:

$$A = \begin{pmatrix} 2 & 1 \\ 1 & 0 \\ 0 & -1 \\ -4 & 3 \end{pmatrix} \in \mathbb{R}^{4 \times 2} .$$

  Man liest sie unmittelbar aus der Abbildungsvorschrift ab.

b) Abbildungen der Form

$$h : \mathbb{R}^n \longrightarrow \mathbb{R}^m \quad \text{mit} \quad h(\vec{x}) = M \cdot \vec{x} \quad \text{und} \quad M \in \mathbb{R}^{m \times n}$$

sind linear. Daher sind auch f und g linear.

c) Für die Hintereinanderausführung gilt $g \circ f : \mathbb{R}^2 \longrightarrow \mathbb{R}^2$ mit $(g \circ f)(\vec{x}) = C \cdot \vec{x}$ und zugehöriger Matrix:

$$C = \begin{pmatrix} -1 & 2 & 0 & 2 \\ 2 & 0 & 1 & -1 \end{pmatrix} \cdot \begin{pmatrix} 2 & 1 \\ 1 & 0 \\ 0 & -1 \\ -4 & 3 \end{pmatrix} = \begin{pmatrix} -8 & 5 \\ 8 & -2 \end{pmatrix}.$$

Die Abbildung ist als Hintereinanderausführung linearer Abbildungen wieder linear.

d) Die drei Werte berechnen sich wie folgt:

$$f(1,2) = \begin{pmatrix} 2 & 1 \\ 1 & 0 \\ 0 & -1 \\ -4 & 3 \end{pmatrix} \cdot \begin{pmatrix} 1 \\ 2 \end{pmatrix} = \begin{pmatrix} 4 \\ 1 \\ -2 \\ 2 \end{pmatrix}$$

$$g(2,0,1,1) = \begin{pmatrix} -1 & 2 & 0 & 2 \\ 2 & 0 & 1 & -1 \end{pmatrix} \cdot \begin{pmatrix} 2 \\ 0 \\ 1 \\ 1 \end{pmatrix} = \begin{pmatrix} 0 \\ 4 \end{pmatrix}$$

$$(g \circ f)(-2,1) = \begin{pmatrix} -8 & 5 \\ 8 & -2 \end{pmatrix} \cdot \begin{pmatrix} -2 \\ 1 \end{pmatrix} = \begin{pmatrix} 21 \\ -18 \end{pmatrix}$$

Lösung zur 3. Klausuraufgabe

a) Für eine Ratentilgung ergibt sich folgender Tilgungsplan bzgl. der ersten 5 Jahre:

Jahr	Restschuld	Zins	Tilgung	Annuität
1	200.000	12.000	10.000	22.000
2	190.000	11.400	10.000	21.400
3	180.000	10.800	10.000	20.800
4	170.000	10.200	10.000	20.200
5	160.000	9.600	10.000	19.600

b) Für den Zins hinsichtlich einer Annuitätentilgung gilt:

$$Z_k = A \cdot (1 - q^{-n+k-1}) \quad \text{mit} \quad A = S_0 \cdot \frac{q-1}{1-q^{-n}}.$$

Gegeben ist laut Aufgabenstellung:

$$k = 13, \quad n = 20, \quad q = 1,06, \quad S_0 = 200.000.$$

Daraus folgt:

$$A = 200.000 \cdot \frac{0,06}{1 - 1,06^{-20}} = 17.436,911 \quad \Longrightarrow \quad Z_{13} = A \cdot (1 - 1,06^{-8}) = 6.496,78 \,.$$

Die Zinszahlung im 13. Jahr hat eine Höhe von 6.496,78 €.

c) Für die Restschuld nach 10 Jahren gilt:

$$S_{10} = S_0 - 10 \cdot T = 200.000 - 10 \cdot 10.000 = 100.000 \,.$$

Demnach beträgt der Barwert:

$$S_{10} \cdot q^{-10} = 100.000 \cdot 1,06^{-10} = 55.839,48 \,€ \,.$$

Lösung zur 4. Klausuraufgabe

a) Multipliziert man die erste Nebenbedingung mit -1 und setzt

$$\tilde{x}_4 = -x_4 \,,$$

dann hat das spezielle Maximumproblem folgende Gestalt:

$$
\begin{array}{rrrrrrrl}
\max & 6x_1 & + & 3x_2 & + & -9x_3 & + & 15\tilde{x}_4 \\
\text{u. d. N.} & x_1 & + & 2x_2 & + & 4x_3 & - & \tilde{x}_4 & \leq & 36 \\
& 2x_1 & + & 3x_2 & - & x_3 & + & \tilde{x}_4 & \leq & 72 \\
& x_1 & & & + & x_3 & + & \tilde{x}_4 & \leq & 24
\end{array}
$$

mit $x_1, x_2, x_3, \tilde{x}_4 \geq 0$.

b) Das Primal-Simplexverfahren ist anzuwenden. Die Zielfunktion lautet zum Eintrag in das erste Simplextableau:

$$z - 6x_1 - 3x_2 + 9x_3 - 15\tilde{x}_4 = 0 \,.$$

Ferner ist jede Nebenbedingung mit einer nichtnegativen Schlupfvariablen zu versehen.

-6	-3	9	-15	0	0	0	0	$+15 \cdot IV$
	2	4	-1	1	0	0	36	$+IV$
2	3	-1	1	0	1	0	72	$-IV$
1	0	1	1^*	0	0	1	24	

9	-3	24	0	0	0	15	360	$+III$
2	2	5	0	1	0	1	60	$-\frac{2}{3} \cdot III$
1	3^*	-2	0	0	1	-1	48	$\cdot \frac{1}{3}$
1	0	1	1	0	0	1	24	

10	0	22	0	0	1	14	408	
$\frac{4}{3}$	0	$\frac{19}{3}$	0	1	$-\frac{2}{3}$	$\frac{5}{3}$	28	
$\frac{1}{3}$	1	$-\frac{2}{3}$	0	0	$\frac{1}{3}$	$-\frac{1}{3}$	16	
1	0	1	1	0	0	1	24	

Das letzte Tableau ist optimal, und es gilt:

$$x_1^* = 0,\ x_2^* = 16,\ x_3^* = 0,\ x_4^* = -\tilde{x}_4^* = -24 \quad \text{und} \quad s_1^* = 28,\ s_2^* = s_3^* = 0,\ z^* = 408.$$

Die optimale Lösung $(0, 16, 0, -24)$ hat einen maximalen Zielfunktionswert von 408.

c) Alle Zielfunktionskoeffizienten zu den Nichtbasisvariablen x_1, x_3, s_2 und s_3 im optimalen Tableau sind ungleich Null. Daher ist die optimale Lösung eindeutig bestimmt.

Lösung zur 5. Klausuraufgabe

Die ersten beiden Ableitungen der Funktion sind gegeben durch:

$$f'(x,y) = (2x - y + 12, -x + 2y - 9) \quad \text{und}$$

$$f''(x,y) = \begin{pmatrix} 2 & -1 \\ -1 & 2 \end{pmatrix} = A.$$

Eine notwendige Bedingung zur Vorlage eines Extremums ist die, dass die erste Ableitung an der Stelle den Nullvektor ergibt.

$$f'(x,y) = \vec{0} \iff 2x - y + 12 = 0 \quad \text{und} \quad -x + 2y - 9 = 0.$$

Man löst die zweite Gleichung nach der Variablen x auf und setzt in die erste Gleichung ein.

$$x = 2y - 9 \implies 2 \cdot (2y - 9) - y + 12 = 3y - 6 = 0.$$

Daraus folgt, dass der Punkt mit den Koordinaten

$$y = 2 \quad \text{und} \quad x = -5$$

Kandidat für die Vorlage einer lokalen Extremstelle ist. Wegen

$$Q_A(x,y) = (x,y) \cdot A \cdot \begin{pmatrix} x \\ y \end{pmatrix} = 2x^2 - 2xy + 2y^2 = x^2 + y^2 + (x-y)^2 > 0$$

für alle $(x,y) \neq \vec{0}$ liegt stets eine positiv definite Hessematrix vor, und $(-5, 2)$ ist eine lokale Minimumstelle. Ein globales Maximum existiert nicht, denn z. B.

$$f(x,0) = x^2 + 12x + 1 \longrightarrow \infty \quad \text{für} \quad x \longrightarrow \infty.$$

Klausur Diplom, Wintersemester 2005/2006

Lösung zur 1. Klausuraufgabe

a) Richtungsableitung, partielle Ableitung und totale Ableitung
b) Induktionsanfang, Induktionsschritt mit Induktionsannahme, Induktionsbehauptung, Beweis der Induktionsbehauptung

c) Eine Menge heißt abgeschlossen, wenn ihr Komplement offen ist.

d) Eine quadratische Matrix besitzt genau dann eine multiplikativ Inverse, wenn ihre Determinante ungleich Null ist.

e) Die Definitheit der folgenden Matrix ist zu untersuchen:

$$A = \begin{pmatrix} -1 & 1 & 0 & 0 \\ 1 & -3 & 0 & 0 \\ 0 & 0 & -1 & 0 \\ 0 & 0 & 0 & 0 \end{pmatrix} \in \mathbb{R}^{4 \times 4}$$

Die Hauptabschnittsdeterminanten lauten:

$$|A^{11}| = -1, \quad |A^{22}| = 3 - 1 = 2, \quad |A^{33}| = -3 + 1 = -2 \quad \text{und} \quad |A^{44}| = |A| = 0.$$

Damit ist mittels der Methode über die Hauptabschnittsdeterminanten keine Aussage über die Definitheit möglich.

Lösung zur 2. Klausuraufgabe

a) Gegeben sind $R = 600$, $n = 11$ und $K_n = 7.050$. Es liegt eine vorschüssige Rente vor. Demnach folgt:

$$K_n = R \cdot \text{REF}_{\text{vor}}(n, i) = R \cdot \frac{q^n - 1}{q - 1} \cdot q$$

$$\Longleftrightarrow \quad 7.050 = 600 \cdot \frac{q^{11} - 1}{q - 1} \cdot q$$

$$\Longleftrightarrow \quad 11,75 \cdot (q - 1) = q^{12} - q$$

$$\Longleftrightarrow \quad f(q) = q^{12} - 12,75q + 11,75 = 0$$

Somit hat man eine Bestimmungsgleichung für den Effektivzinssatz gefunden.

b) Für das Newtonverfahren

$$q_{k+1} = q_k - \frac{f(q_k)}{f'(q_k)} \quad \text{mit} \quad k = 0, 1, 2, \ldots .$$

benötigt man die Ableitung der Bestimmungsgleichung aus dem ersten Aufgabenteil:

$$f'(q) = 12q^{11} - 12,75.$$

Zusammen mit dem Startwert $q_0 = 1,01$ ergibt sich daraus:

$$q_1 = q_0 - \frac{f(q_0)}{f'(q_0)} = 1,01 - \frac{-0,00067497}{0,63802016} = 1,01105791$$

$$q_2 = q_1 - \frac{f(q_1)}{f'(q_1)} = 1,01105791 - \frac{8,1879 \cdot 10^{-5}}{0,793085} = 1,01095467$$

Der Effektivzinssatz beträgt damit rund 1,1 %.

Lösung zur 3. Klausuraufgabe

Gegeben sind das Anfangskapital bzw. der Zinssatz

$$K_0 = 50.000 \quad \text{und} \quad i = 12\,\%.$$

a) Das Unternehmen hätte nach 5 Jahren Schulden in Höhe von

$$K_5 = K_0 \cdot q^5 = 50.000 \cdot 1,12^5 = 88.117,08\,\text{€}.$$

b) Der Ansatz mittels einfacher Verzinsung lautet:

$$K_0 \cdot q = R \cdot \left(1 + \frac{i}{12} \cdot 9\right) + R \cdot \left(1 + \frac{i}{12} \cdot 6\right) + R \cdot \left(1 + \frac{i}{12} \cdot 3\right) + R$$

Demnach erhält man:

$$50.000 \cdot 1,12 = 1,09 \cdot R + 1,06 \cdot R + 1,03 \cdot R + R$$

$$\Longleftrightarrow \quad 56.000 = 4,18R$$

$$\Longleftrightarrow \quad R = \frac{56.000}{4,18} = 13.397,129$$

Die Raten betragen jedes Quartal je 13.397,13 €.

Lösung zur 4. Klausuraufgabe

a) Die Variablendeklaration

x_1 : Anzahl der zu produzierenden Paar Damenschuhe

x_2 : Anzahl der zu produzierenden Paar Herrenschuhe

führt zu folgendem linearen Programm:

$$\max z = 16x_1 + 32x_2$$

unter den Nebenbedingungen:

$$20x_1 + 10x_2 \leq 8.000$$
$$6x_1 + 15x_2 \leq 4.500$$
$$4x_1 + 5x_2 \leq 2.000$$

mit $x_1, x_2 \geq 0$.

b) Für die Zielfunktion gilt:

$$\max z = 16x_1 + 32x_2 \quad \Longleftrightarrow \quad x_2 = -\frac{1}{2} \cdot x_1 + \frac{z}{32}$$

Das bedeutet, dass ein möglichst großer Zielfunktionswert genau dann erreicht wird, wenn der Ordinatenabschnitt größtmöglich gewählt wird. Das Schaubild hat folgende Gestalt, siehe S. 277. Um ein Gefühl für die Lage der Isolinien der Zielfunktion zu bekommen, ist die Isolinie für $z = 4.800$ als Beispiel eingezeichnet.

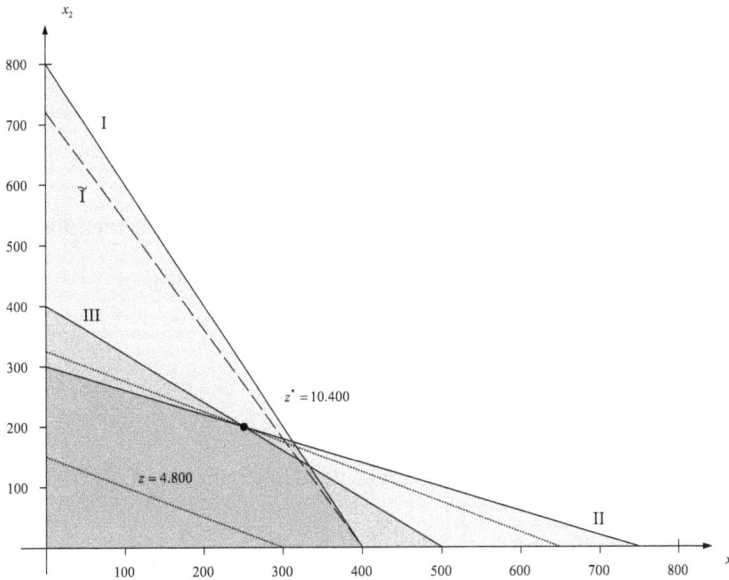

Abb. 5.11: *Aufgabe: Damen- und Herrenschuhe*

c) Der optimale Punkt ist der Schnittpunkt von $6x_1 + 15x_2 = 4.500$ und $4x_1 + 5x_2 = 2.000$.

$$x_1 = -\frac{5}{4} \cdot x_2 + 500$$

$$\implies \quad -\frac{15}{2} \cdot x_2 + 3.000 + 15x_2 = 4.500$$

$$\implies \quad x_2^* = 200, \quad x_1^* = 250, \quad z^* = 10.400$$

Zur Maximierung des Reingewinns sind 250 Paar Damenschuhe und 200 Paar Herrenschuhe zu produzieren. Der maximale Reingewinn beträgt dann $10.400 \, \text{€}$.

d) Eine Erhöhung der Materialkosten für die Herrenschuhe um $11\,\%$, also auf $11{,}10 \, \text{€}$ pro Paar, führt zu einer Veränderung der ersten Nebenbedingung, d. h. die oben angegebene erste Nebenbedingung wird ersetzt durch:

$$20x_1 + 11{,}1 \cdot x_2 \leq 8.000$$

Es ergibt sich ein neuer Schnittpunkt mit der x_2-Achse mit der Komponente

$$x_2 = \frac{8.000}{11{,}1} = 720{,}\overline{720}$$

Die optimale Lösung verändert sich dadurch nicht, siehe gestrichelte Linie in der Graphik.

Lösung zur 5. Klausuraufgabe

Man stellt zunächst die Lagrangefunktion auf:

$$L(x, y, \lambda) = 12x^2 + 12xy + 6y^2 + \lambda \cdot (10x^2 + 12xy + 5y^2 - 1).$$

Darauf aufbauend werden die partiellen Ableitungen berechnet und Null gesetzt:

$$L_x(x,y,\lambda) = 24x + 12y + \lambda \cdot (20x + 12y) = 0$$
$$L_y(x,y,\lambda) = 12x + 12y + \lambda \cdot (12x + 10y) = 0$$
$$L_\lambda(x,y,\lambda) = 10x^2 + 12xy + 5y^2 - 1 = 0$$

Mittels Division durch 4 bzw. 2 können die ersten beiden Gleichungen vereinfacht werden:

$$6x + 3y + \lambda(5x + 3y) = 0 \quad \text{bzw.} \quad 6x + 6y + \lambda(6x + 5y) = 0.$$

Der Punkt $(\frac{1}{\sqrt{10}}, 0)$ erfüllt die dritte Gleichung, da

$$10 \cdot \frac{1}{10} + 0 + 0 - 1 = 0$$

gilt. Setzt man die Werte dagegen in die ersten beiden Gleichungen ein, so erhält man:

$$\frac{6}{\sqrt{10}} + \frac{5}{\sqrt{10}} \cdot \lambda = 0 \quad \text{und} \quad \frac{6}{\sqrt{10}} + \frac{6}{\sqrt{10}} \cdot \lambda = 0.$$

Daraus aber ergibt sich ein Widerspruch, weil dann gleichzeitig

$$\lambda = -\frac{6}{5} \quad \text{und} \quad \lambda = -1$$

gelten müsste. Demnach kann an der Stelle $(\frac{1}{\sqrt{10}}, 0)$ kein lokales Extremum existieren.

Klausur Diplom, Sommersemester 2006

Lösung zur 1. Klausuraufgabe

a) Die Querschnittsfläche setzt sich aus einem Rechteck und zwei Dreiecken zusammen. Die beiden Dreiecke zusammen ergeben wieder ein Rechteck. Die Fläche eines Rechtecks berechnet sich aus Länge mal Breite.

$$f(h) = 1 \cdot h + h \cdot \sqrt{1 - h^2} = h \cdot (1 + \sqrt{1 - h^2}).$$

Dabei ist zu beachten, dass zur Bestimmung der Breite des Rechtecks, das sich aus den beiden Dreiecken zusammensetzt, der Satz von Pythagoras angewandt wurde. Der Definitionsbereich lautet:

$$\mathbb{D} = \{h \in \mathbb{R} \mid 0 \le h \le 1\}.$$

b) Für die erste Ableitung gilt nach der Produktregel:

$$f'(h) = 1 \cdot (1 + \sqrt{1 - h^2}) + h \cdot \left(\frac{1}{2} \cdot \frac{1}{\sqrt{1 - h^2}} \cdot (-2h)\right) = 1 + \sqrt{1 - h^2} - \frac{h^2}{\sqrt{1 - h^2}}.$$

c) Notwendige Bedingung für die Vorlage einer Extremstelle ist, dass der Kandidat eine Nullstelle der ersten Ableitung liefert. Da die beiden Randpunkte des Definitionsbereichs später separat untersucht werden, kann im Folgenden von $0 < h < 1$ ausgegangen werden.

$$1 + \sqrt{1 - h^2} - \frac{h^2}{\sqrt{1 - h^2}} = 0 \iff \sqrt{1 - h^2} + (1 - h^2) - h^2 = 0 \iff \sqrt{1 - h^2} = 2h^2 - 1$$

Quadrieren auf beiden Seiten ergibt:

$$1 - h^2 = 4h^4 - 4h^2 + 1 \iff 4h^4 - 3h^2 = 0 \iff h^2 \cdot (4h^2 - 3) = 0.$$

Daraus folgt:

$$h = 0 \quad \text{oder} \quad 4h^2 - 3 = 0 \iff h^2 = \frac{3}{4} \iff h = \pm \frac{\sqrt{3}}{2}.$$

Im Hinblick auf den Definitionsbereich kommt nur die Lösung $h = \frac{\sqrt{3}}{2} \approx 0{,}866$ in Frage.

d) Die in Teil c) gefundene Lösung ist bereits die globale Maximumstelle, denn es gilt:

$$f(0) = 0, \quad f(1) = 1, \quad \text{aber} \quad f\left(\frac{\sqrt{3}}{2}\right) = \frac{\sqrt{3}}{2} \cdot \left(1 + \sqrt{1 - \frac{3}{4}}\right) = \frac{\sqrt{3}}{2} \cdot \frac{3}{2} = \frac{3\sqrt{3}}{4} \approx 1{,}30.$$

Und stetige Funktionen auf kompakter Menge nehmen ihr Maximum und Minimum an. Die maximal zu fertigende Querschnittsfläche der Dachrinne beträgt 130 cm^2 bei einer Höhe von 8,7 cm.

Lösung zur 2. Klausuraufgabe

a) Zunächst die Variablendeklaration:

x_1: die zu produzierenden Mengeneinheiten von Produkt 1

x_2: die zu produzierenden Mengeneinheiten von Produkt 2

Das lineare Programm lautet:

$$\max z = 7x_1 + 8x_2$$

unter den Nebenbedingungen

$$10x_1 + 20x_2 \leq 2.000, \quad 16x_1 + 5x_2 \leq 2.400 \quad \text{und} \quad 8x_1 + 20x_2 \leq 4.000$$

mit $x_1, x_2 \geq 0$.

b) Der Zulässigkeitsbereich, in dunkelster Farbe markiert, ist anhand der Graphik auf S. 280 zu erkennen. Die Schnittpunkte der Nebenbedingungen mit den beiden Koordinatenachsen lauten jeweils:

$(200, 0)$ bzw. $(0, 100)$ im Fall der ersten,

$(150, 0)$ bzw. $(0, 480)$ im Fall der zweiten und

$(500, 0)$ bzw. $(0, 200)$ im Fall der dritten Nebenbedingung.

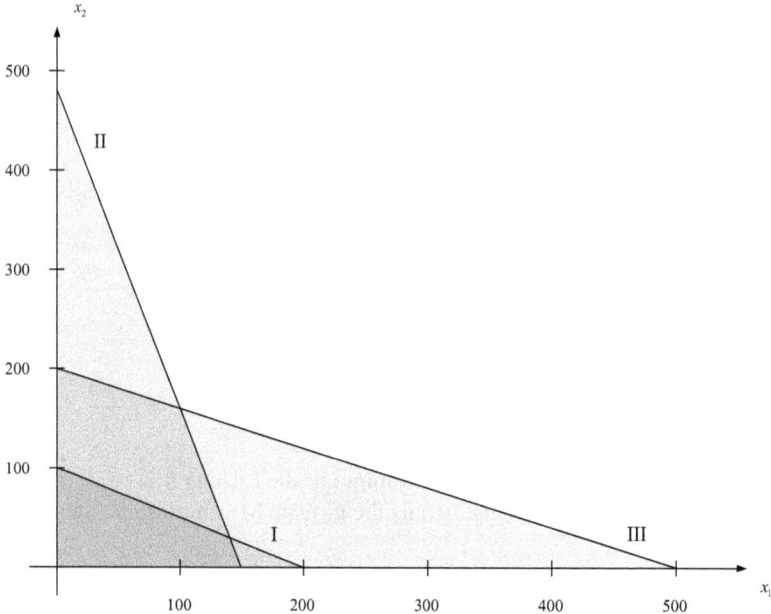

Abb. 5.12: Aufgabe: OR

c) Die dritte Nebenbedingung ist redundant. Man erkennt es am Schaubild, da die dritte Nebenbedingung für die Bildung des Zulässigkeitsbereichs insofern unerheblich ist, als dass
ihre Einhaltung durch Einhaltung der ersten Nebenbedingung gewahrt bleibt. Dass die dritte Nebenbedingung in der ersten enthalten ist, lässt sich auch rechnerisch zeigen:

$$8x_1 + 20x_2 \leq 10x_1 + 20x_2 \leq 2.000 \leq 4.000\,.$$

Die erste Abschätzung gilt, weil die Variablen nichtnegativ sind.

Lösung zur 3. Klausuraufgabe

a) Aufgrund der Ausgangsdaten sind gegeben:

$$k = 7\,, \quad n = 15\,, \quad q = 1{,}06 \quad \text{und} \quad T_7 = 10.000\,.$$

Gesucht ist die Anfangsschuld.

$$S_0 = A \cdot \text{RBF}_{\text{nach}}(n, i) = \frac{T_k}{q^{-n+k-1}} \cdot \text{RBF}_{\text{nach}}(n, i) = \frac{10.000}{1{,}06^{-15+7-1}} \cdot \frac{1 - 1{,}06^{-15}}{0{,}06} \approx 164.086{,}40$$

Die Anfangsschuld beträgt 164.086,40 €.

b) Die Tilgung ist im Hinblick auf eine Ratentilgung konstant.

$$T_7 = \frac{165.000}{15} = 11.000\,.$$

Die Tilgungsleistung im 7. Jahr hat eine Höhe von 11.000 €.

Lösung zur 4. Klausuraufgabe

a) Nicht stetige Funktionen sind nicht differenzierbar. Denn wären sie differenzierbar, dann müssten sie auch stetig sein.

b) Eine Menge des dreidimensionalen Anschauungsraums heißt kompakt genau dann, wenn sie abgeschlossen und beschränkt ist.

c) Jeder Zeitpunkt ist Zinszuschlagstermin. Insbesondere folgt daraus, dass es keine Notwendigkeit für eine gemischte Verzinsung gibt.

d) Eine elastische Preisabsatzfunktion liegt vor, wenn relativ geringe Preisschwankungen vergleichsweise hohe Schwankungen in der Nachfrage hervorrufen. Dies ist in der Regel so, wenn es sich um Luxusgüter handelt bzw. um Güter, die man nicht zum täglichen Leben braucht.

e) Der Punkt wird auf den Wert 6 abgebildet. Bei einer linearen Funktion dürfen Skalarmultiplikation und Funktionswertbildung miteinander vertauscht werden:

$$f\begin{pmatrix}2\\4\end{pmatrix} = f\left(2 \cdot \begin{pmatrix}1\\2\end{pmatrix}\right) = 2 \cdot f\begin{pmatrix}1\\2\end{pmatrix} = 2 \cdot 3 = 6\,.$$

f) Der Wert der Determinante mit Hilfe der Regel von Sarrus berechnet sich wie folgt:

$$\det\begin{pmatrix}0 & 1 & 2\\1 & 3 & 1\\-1 & 0 & 7\end{pmatrix} = 0 \cdot 3 \cdot 7 + 1 \cdot 1 \cdot (-1) + 2 \cdot 1 \cdot 0 - (-1) \cdot 3 \cdot 2 - 0 \cdot 1 \cdot 0 - 7 \cdot 1 \cdot 1 = -2$$

g) Das Gleichungssystem ist stets eindeutig lösbar, weil die Determinante der Koeffizientenmatrix von 0 verschieden ist.

Klausur Bachelor, Sommersemester 2006

Lösung zur 1. Klausuraufgabe

a) Gesucht ist das Anfangskapital bei gegebenem Endkapital. Man hat:

$$i_{nom} = 8\,\%\,, \quad n = 18 \quad \text{und} \quad K_n = 12\,\text{Mio.}\,€\,.$$

Der Periodenzinssatz pro Quartal beträgt:

$$i = \frac{i_{nom}}{4} = 2\,\%\,,$$

und es gibt $18 \cdot 4 = 72$ Zinsperioden. Daraus folgt insgesamt für die Anfangssumme:

$$K_0 = K_n \cdot q^{-72} = 12 \cdot 10^6 \cdot 1{,}02^{-72} \approx 2.883.824{,}85\,,$$

und für den Effektivzinssatz rechnet man:

$$i_{eff} = \left(1 + \frac{i_{nom}}{4}\right)^4 - 1 = 1{,}02^4 - 1 \approx 8{,}24\,\%\,.$$

Das Anfangskapital beträgt $2.883.824{,}85\,€$ bei einer Effektivverzinsung von $8{,}24\,\%$.

b) Gesucht ist der Zeitpunkt bezüglich eines stetigen Zinssatzes, deshalb lautet der Ansatz:

$$50.000 \cdot e^{-3 \cdot 0,07} + 30.000 \cdot e^{-8 \cdot 0,07} = 80.000 \cdot e^{-n \cdot 0,07}.$$

Man löst nach n auf und rechnet aus:

$$\frac{5}{8} \cdot e^{-0,21} + \frac{3}{8} \cdot e^{-0,56} = e^{-0,07n} \quad \Longleftrightarrow \quad n = \ln\left(\frac{5}{8} \cdot e^{-0,21} + \frac{3}{8} \cdot e^{-0,56}\right) \cdot \frac{1}{-0,07} = 4,67668.$$

Die Zahlung ist nach 4 Jahren und 8 Monaten zu leisten.

c) Es handelt sich um eine konstante nachschüssige Rente:

$$K_n = R \cdot \mathrm{REF}_{\mathrm{nach}}(n, i) \quad \Longleftrightarrow \quad R = K_n \cdot \frac{q-1}{q^n - 1} = 80.000 \cdot \frac{0,05}{1,05^{15} - 1} \approx 3.707,38.$$

Eine Umrechnung in vorschüssige monatliche Zahlungen ergibt:

$$3.707,38 = \sum_{k=1}^{12} \tilde{R} \cdot \left(1 + 5\% \cdot \frac{k}{12}\right) = \tilde{R} \cdot \left[12 + \frac{5\%}{12} \cdot \frac{12 \cdot 13}{2}\right] \quad \Longleftrightarrow \quad \tilde{R} \approx 300,80.$$

Die Jahreszahlungen hätten eine Höhe von 3.707,38 €, die monatlichen Zahlungen würden 300,80 € betragen, um den angestrebten Endbetrag zu erreichen.

Lösung zur 2. Klausuraufgabe

a) Ausgehend von der Funktion

$$f(x,y) = \ln(\pi) + \frac{1}{10} \cdot (x^2 + y^2 - 35) \cdot e^{-x}$$

berechnet man den Gradienten

$$f'(x,y) = \left(\frac{x}{5} \cdot e^{-x} - e^{-x} \cdot \frac{1}{10} \cdot (x^2 + y^2 - 35), \frac{y}{5} \cdot e^{-x}\right).$$

Man setzt jede Komponente gleich 0. Da die e-Funktion nicht 0 werden kann, gilt:

$$y = 0 \quad \text{und} \quad 2x - x^2 - y^2 + 35 = 0.$$

Daraus folgt:

$$x^2 - 2x - 35 = 0 \quad \Longleftrightarrow \quad x = 1 \pm \sqrt{36} \quad \Longleftrightarrow \quad x = -5 \quad \text{oder} \quad x = 7$$

Zusammen erhält man die Kandidaten $(-5, 0)$ und $(7, 0)$ für die lokalen Extrema.

b) Die Hessematrix hat die Gestalt:

$$f''(x,y) = \begin{pmatrix} D_1^2 f(x,y) & -\frac{y}{5} \cdot e^{-x} \\ -\frac{y}{5} \cdot e^{-x} & \frac{e^{-x}}{5} \end{pmatrix}$$

mit der partiellen Ableitung der Funktion zweimal nach der ersten Variable:

$$D_1^2 f(x,y) = -\frac{e^{-x}}{5} \cdot \left(x - \frac{x^2 + y^2 - 35}{2}\right) + \frac{e^{-x}}{5} \cdot (1-x)$$

$$= \frac{e^{-x}}{5} \cdot \left(1 - 2x + \frac{x^2 + y^2 - 35}{2}\right)$$

Setzt man die beiden Kandidaten in die zweite Ableitung ein, so ergibt sich:

$$f''(-5,0) = \begin{pmatrix} \frac{e^5}{5} \cdot 6 & 0 \\ 0 & \frac{e^5}{5} \end{pmatrix} \quad \text{bzw.} \quad f''(7,0) = \begin{pmatrix} \frac{e^{-7}}{5} \cdot (-6) & 0 \\ 0 & \frac{e^{-7}}{5} \end{pmatrix}$$

Die Matrix $A = f''(-5,0)$ ist positiv definit, da die Hauptabschnittsdeterminanten

$$|A^{11}| = \frac{6}{5} \cdot e^5 > 0 \quad \text{und} \quad |A| = \frac{6}{25} \cdot e^{10} > 0$$

beide größer 0 sind. Die Matrix $B = f''(-7,0)$ ist indefinit, weil

$$Q_B(x,y) = -\frac{6}{5} \cdot e^{-7} \cdot x^2 + \frac{1}{5} \cdot e^{-7} \cdot y^2$$

positive wie negative Werte annehmen kann, z. B.

$$Q_B(1,0) = -\frac{6}{5} \cdot e^{-7} < 0 \quad \text{und} \quad Q_B(0,1) = \frac{1}{5} \cdot e^{-7} > 0.$$

Während an der Stelle $(-7,0)$ keine Extremstelle vorliegt, handelt es sich bzgl. $(-5,0)$ um eine lokale Minimumstelle mit Wert $\ln(\pi) - e^5 \approx -147{,}27$.

c) Im Inneren der Kreisscheibe kann kein lokales Extremum liegen, da wir in Aufgabenteil a) nachgerechnet haben, dass dort keine kritischen Stellen auftreten. Deshalb ziehen wir uns für die Extremwertberechnung auf den Rand der Kreisscheibe zurück. Die Punkte auf dem Rand genügen der Gleichung:

$$x^2 + y^2 = 6 \quad \Longleftrightarrow \quad y^2 = 6 - x^2.$$

Eingesetzt in die ursprüngliche Funktionsgleichung liefert eine Funktion in nur noch einer Veränderlichen:

$$f(x) = \ln(\pi) - 2{,}9 \cdot e^{-x}.$$

Die Ableitung dieser Funktion lautet:

$$f'(x) = 2{,}9 \cdot e^{-x} > 0 \quad \text{für alle} \quad -\sqrt{6} \le x \le \sqrt{6}.$$

Demnach werden die Extremstellen an den Rändern angenommen, und man hat für

$$x = \sqrt{6}, \quad y = 0$$

eine globale Maximumstelle und für

$$x = -\sqrt{6}, \quad y = 0$$

eine globale Minimumstelle. Die Funktionswerte an den beiden Stellen lauten:

$$f(\sqrt{6},0) = \ln(\pi) - 2{,}9 \cdot e^{-\sqrt{6}} \approx 0{,}89 \quad \text{und} \quad f(-\sqrt{6},0) = \ln(\pi) - 2{,}9 \cdot e^{\sqrt{6}} \approx -32{,}44.$$

Lösung zur 3. Klausuraufgabe

a) Als erstes werden die Variablen deklariert:

$\quad\quad\quad x_1$: die zu verwendende Literanzahl von Grundierung A

$\quad\quad\quad x_2$: die zu verwendende Literanzahl von Grundierung B

Unter Verwendung dieser Variablen hat das lineare Programm folgende Gestalt: Minimiere die Zielfunktion

$$z = 5x_1 + 6x_2$$

unter den Nebenbedingungen:

$$0{,}2x_1 + 0{,}1x_2 \geq 6, \quad 0{,}2x_1 + 0{,}4x_2 \geq 12 \quad \text{und} \quad 0{,}4x_2 \geq 4$$

mit $x_1, x_2 \geq 0$.

b) Der Zulässigkeitsbereich ergibt sich aus folgendem Schaubild:

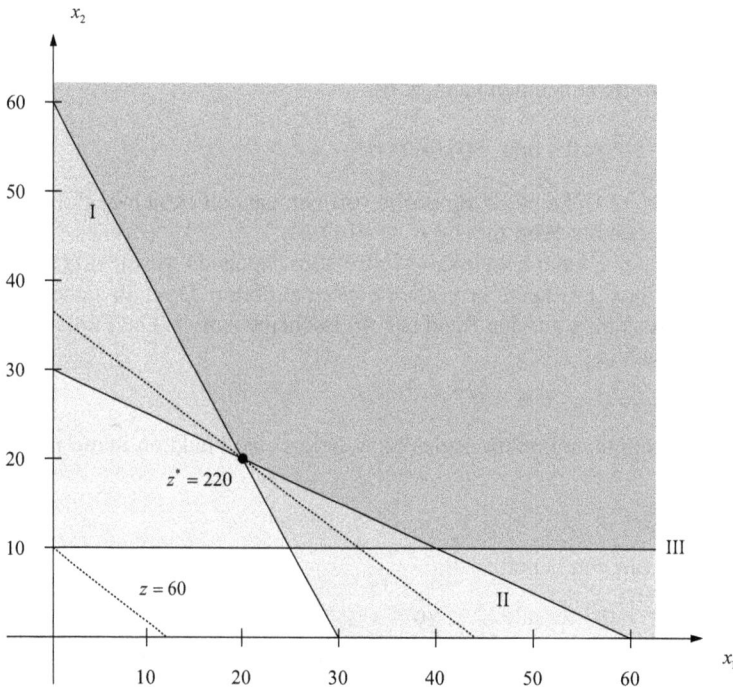

Abb. 5.13: *Aufgabe: Grundierung*

c) Die Zielfunktion in Form einer Geraden lautet:

$$z = 5x_1 + 6x_2 \quad \Longleftrightarrow \quad x_2 = -\frac{5}{6}x_1 + \frac{z}{6}.$$

Um die Lage der Isolinien zu veranschaulichen, zeichnet man z. B. die Isolinie für

$$z = 60 = 5x_1 + 6x_2$$

Die minimale Kostenkombination ergibt sich aus dem Schnittpunkt der Grenzgeraden von Nebenbedingung I und II und ist im Schaubild auf Seite 284 eingezeichnet.

d) Eine Umformung der zweiten Nebenbedingung liefert:

$$x_1 = 60 - 2x_2 .$$

Setzt man den Ausdruck in die erste Nebenbedingung ein, so erhält man:

$$2 \cdot (60 - 2x_2) + x_2 = 60 \quad \Longleftrightarrow \quad 60 = 3x_2 .$$

Daraus folgt die optimale Lösung

$$x_2^* = 20 = x_1^*, \quad z^* = 5 \cdot 20 + 6 \cdot 20 = 220$$

zusammen mit den minimalen Kosten.

Klausur Diplom, Wintersemester 2006/2007

Lösung zur 1. Klausuraufgabe

Wir veranschaulichen den Sachverhalt an einer Zeitachse:

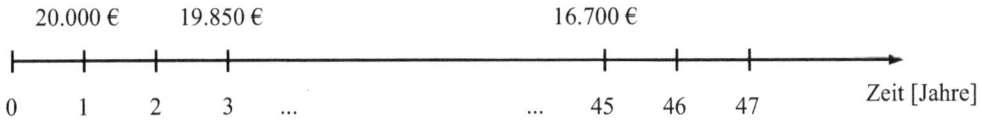

Abb. 5.14: *Aufgabe: Rentenzahlung*

Die Frage nach der Abfindung durch eine Einmalzahlung zu Beginn ist die Frage nach dem Barwert. Der äquivalente Kalkulationszinssatz für Zinsperioden über zwei Jahre beträgt:

$$i = 1{,}04^2 - 1 = 8{,}16\,\% .$$

Es liegt eine vorschüssige arithmetische Rente vor mit:

$$d = -150 , \quad n = 23 \quad \text{und} \quad R = 20.000 .$$

Daraus folgt:

$$K_1 = \left(R \cdot \text{REF}_{\text{vor}}(n, i) + \frac{d}{q - 1} \cdot (\text{REF}_{\text{vor}}(n, i) - n \cdot q)\right) \cdot q^{-n} \approx 208.632{,}21$$

mit Rentenendwertfaktor

$$\text{REF}_{\text{vor}}(n, i) = \frac{q^n - 1}{q - 1} \cdot q = \frac{1{,}0816^{23} - 1}{0{,}0816} \cdot 1{,}0816 = 67{,}26627747 .$$

Um den gesuchten Barwert zu erhalten, muss man mit 4 % um ein weiteres Jahr abzinsen:

$$K_0 = K_1 \cdot 1{,}04^{-1} \approx 200.607{,}90 .$$

Lösung zur 2. Klausuraufgabe

Für die erste Ableitung der Funktion gilt:

$$f'(x,y) = (-y \cdot e^{-xy}, -x \cdot e^{-xy}).$$

Sie ist genau dann gleich dem Nullvektor, wenn beide Variablen $x = y = 0$ sind, weil die Exponentialfunktion nur Werte größergleich 0 annehmen kann. Die zweite Ableitung lautet:

$$f''(x,y) = \begin{pmatrix} y^2 \cdot e^{-xy} & e^{-xy} \cdot (xy-1) \\ e^{-xy} \cdot (xy-1) & x^2 \cdot e^{-xy} \end{pmatrix}.$$

Setzt man den Kandidaten ein, so erhält man:

$$f''(0,0) = \begin{pmatrix} 0 & -1 \\ -1 & 0 \end{pmatrix}.$$

Die Matrix ist indefinit wegen

$$Q_{f''(0,0)}(x,y) = -2xy$$

mit z. B.

$$Q_{f''(0,0)}(1,1) = -2 < 0 \quad \text{und} \quad Q_{f''(0,0)}(1,-1) = 2 > 0.$$

Demnach existieren keine lokalen Extrema.

Lösung zur 3. Klausuraufgabe

a) Die Determinante der Koeffizientenmatrix beträgt:

$$\det \begin{pmatrix} 0 & 1 & 2 \\ 1 & 2 & 0 \\ 2 & 0 & 2 \end{pmatrix} = -8 - 2 = -10 \neq 0.$$

Also ist das lineare Gleichungssystem stets eindeutig lösbar, aber negative Lösungen sind nicht realisierbar, da sich negative Flüssigkeitsmengen nicht ins Glas füllen lassen. So kann etwa wegen

$$\begin{pmatrix} 0 & 1 & 2 \\ 1 & 2 & 0 \\ 2 & 0 & 2 \end{pmatrix} \cdot \begin{pmatrix} -1 \\ 1 \\ 1 \end{pmatrix} = \begin{pmatrix} 3 \\ 1 \\ 0 \end{pmatrix}$$

eine Mischung mit 3 mg Vitamin C und 1 mg Vitamin F nicht hergestellt werden. Aus diesem Grund ergibt sich für jeden Gast, bezogen auf seinen Vitaminbedarf, zwar eine eindeutig bestimmte Mischung, die sich aber nicht in allen Fällen auch tatsächlich realisieren lässt.

b) Die inverse Matrix berechnet sich wie folgt:

$$
\begin{array}{ccc|ccc}
0 & 1 & 2 & 1 & 0 & 0 \\
1 & 2 & 0 & 0 & 1 & 0 \\
2 & 0 & 2 & 0 & 0 & 1
\end{array}
\quad
\begin{array}{l}
\\
\text{Tausch mit I} \\
-2 \cdot \text{II}
\end{array}
$$

$$
\begin{array}{ccc|ccc}
1 & 2 & 0 & 0 & 1 & 0 \\
0 & 1 & 2 & 1 & 0 & 0 \\
0 & -4 & 2 & 0 & -2 & 1
\end{array}
\quad
\begin{array}{l}
-2 \cdot \text{II} \\
\\
+4 \cdot \text{II}
\end{array}
$$

$$
\begin{array}{ccc|ccc}
1 & 0 & -4 & -2 & 1 & 0 \\
0 & 1 & 2 & 1 & 0 & 0 \\
0 & 0 & 10 & 4 & -2 & 1
\end{array}
\quad
\begin{array}{l}
+\frac{2}{5} \cdot \text{III} \\
-\frac{1}{5} \cdot \text{III} \\
: 10
\end{array}
$$

$$
\begin{array}{ccc|ccc}
1 & 0 & 0 & -\frac{2}{5} & \frac{1}{5} & \frac{2}{5} \\
0 & 1 & 0 & \frac{1}{5} & \frac{2}{5} & -\frac{1}{5} \\
0 & 0 & 1 & \frac{2}{5} & -\frac{1}{5} & \frac{1}{10}
\end{array}
$$

Aus dem letzten Tableau liest man die Inverse ab:

$$
\frac{1}{10} \cdot \begin{pmatrix} -4 & 2 & 4 \\ 2 & 4 & -2 \\ 4 & -2 & 1 \end{pmatrix}.
$$

Macht man die Probe, so erhält man:

$$
\frac{1}{10} \cdot \begin{pmatrix} -4 & 2 & 4 \\ 2 & 4 & -2 \\ 4 & -2 & 1 \end{pmatrix} \cdot \begin{pmatrix} 0 & 1 & 2 \\ 1 & 2 & 0 \\ 2 & 0 & 2 \end{pmatrix} = \frac{1}{10} \cdot \begin{pmatrix} 10 & 0 & 0 \\ 0 & 10 & 0 \\ 0 & 0 & 10 \end{pmatrix} = \begin{pmatrix} 1 & 0 & 0 \\ 0 & 1 & 0 \\ 0 & 0 & 1 \end{pmatrix}.
$$

Lösung zur 4. Klausuraufgabe

a) Man löst die Aufgabe mit einem Dreisatz. Der Nettowarenwert entspricht 100 %.

$$
16 \cdot \frac{119}{116} \approx 16{,}41.
$$

Die Ware kostet unter Berücksichtigung der gestiegenen Mehrwertsteuer 16,41 €.

b) Die Spaltenanzahl der ersten Matrix muss gleich der Zeilenanzahl der zweiten sein.

c) Ein einzelner Vektor ist linear abhängig genau dann, wenn er gleich dem Nullvektor ist. Wäre nämlich der Vektor vom Nullvektor verschieden, so könnte nur eine Skalarmultiplikation mit 0 den Nullvektor ergeben. Umgekehrt bleibt es beim Nullvektor, wenn er mit einem beliebigen Skalar multipliziert wird.

d) Die Abkürzung PAngV steht für „Preisangabenverordnung".

e) Die erste Ableitung heißt Gradient, die zweite Hessematrix. Der Gradient ist ein Vektor mit n Komponenten, die Hessematrix ist eine Matrix mit n Zeilen und n Spalten.

Klausur Bachelor, Wintersemester 2006/2007

Lösung zur 1. Klausuraufgabe

Der Sachverhalt wird durch folgenden Zeitstrahl veranschaulicht:

Abb. 5.15: Aufgabe: Studiengebühren

a) Zunächst berechnet man aus den unterjährigen Zahlungen eine äquivalente Jahresrente:

$$150 \cdot (1 + 6{,}4\,\%) + 150 \cdot \left(1 + 6{,}4\,\% \cdot \tfrac{1}{2}\right) = 314{,}40$$

Man hat eine konstante nachschüssige Rente über 5 Jahre. Für den Rentenendwert gilt:

$$K_5 = R \cdot \frac{q^5 - 1}{q - 1} = 314{,}40 \cdot \frac{1{,}064^5 - 1}{0{,}064} = 1.786{,}51.$$

Der Rentenendwert nach 10 Semestern beträgt 1.786,51 €.

b) Wieder rechnet man als erstes die unterjährigen Zahlungen in eine Jahresrente um:

$$10 \cdot \sum_{k=0}^{11} \left(1 + \frac{6{,}4\,\%}{12} \cdot k\right) = 10 \cdot \left[12 + \frac{6{,}4\,\%}{12} \cdot \frac{11 \cdot 12}{2}\right] = 123{,}52$$

Der Endzeitpunkt der ersten Rente ist gleich dem Anfangspunkt der zweiten Rente.

$$1.786{,}51 = 123{,}52 \cdot \mathrm{RBF}_{\mathrm{nach}}(6{,}4\,\%, n) \quad \Longleftrightarrow \quad 1.786{,}51 = 123{,}52 \cdot \frac{1 - 1{,}064^{-n}}{0{,}064}.$$

Man löst nach n auf:

$$1{,}064^{-n} = 1 - \frac{1786{,}51 \cdot 0{,}064}{123{,}52}$$

$$\Longleftrightarrow \quad n = -\ln\left(1 - \frac{1786{,}51 \cdot 0{,}064}{123{,}52}\right) : \ln(1{,}064) = 41{,}8956$$

Nach dem Studium könnte man rund 42 Jahre lang monatlich 10 € mehr konsumieren.

Lösung zur 2. Klausuraufgabe

a) Für $f(x, y) = 2e^{2x} + x^2 y - y^2 e^{-x}$ gilt:

$$f'(x, y) = (4e^{2x} + 2xy + y^2 e^{-x},\ x^2 - 2ye^{-x}) \quad \text{und}$$

$$f''(x, y) = \begin{pmatrix} 8e^{2x} + 2y - y^2 e^{-x} & 2x + 2ye^{-x} \\ 2x + 2ye^{-x} & -2e^{-x} \end{pmatrix}.$$

Setzt man die gegebenen Punkte in die Ableitungen ein, so erhält man:

$$f'(0,1) = (4 + 0 + 1, -2) = (5, -2) \quad \text{und} \quad f''(0,1) = \begin{pmatrix} 9 & 2 \\ 2 & -2 \end{pmatrix}.$$

b) Wenn eine Funktion total differenzierbar ist, dann ist sie auch partiell differenzierbar.

Lösung zur 3. Klausuraufgabe

a) Die Lösung des Gleichungssystems erfolgt mit dem Gaußalgorithmus:

$$
\begin{array}{cccc|cl}
1 & -1 & -1 & -1 & -12 & \\
0 & 5 & 1 & 0 & -3 & \left|-\tfrac{5}{3}\cdot \text{IV}\right. \\
0 & 7 & 2 & 4 & 1 & \left|-\tfrac{7}{3}\cdot \text{IV}\right. \\
0 & 3 & 3 & 9 & 12 & \left|\cdot\tfrac{1}{3} \text{ und Tausch mit II}\right.
\end{array}
$$

$$
\begin{array}{cccc|cl}
1 & -1 & -1 & -1 & -12 & \\
0 & 1 & 1 & 3 & 4 & \\
0 & 0 & -5 & -17 & -27 & \\
0 & 0 & -4 & -15 & -23 & \left|-\tfrac{4}{5}\cdot \text{III}\right.
\end{array}
$$

$$
\begin{array}{cccc|c}
1 & -1 & -1 & -1 & -12 \\
0 & 1 & 1 & 3 & 4 \\
0 & 0 & -5 & -17 & -27 \\
0 & 0 & 0 & -\tfrac{7}{5} & -\tfrac{7}{5}
\end{array}
$$

Daraus folgt:

$$d = 1, \quad c = (-27 + 17) : (-5) = 2 \quad \text{sowie}$$

$$b = 4 - 3 - 2 = -1 \quad \text{und} \quad a = -12 + 1 + 2 - 1 = -10.$$

b) Für die Determinante der Koeffizientenmatrix gilt mit Entwicklung nach der 1. Spalte:

$$\det \begin{pmatrix} 1 & -1 & -1 & -1 \\ 0 & 5 & 1 & 0 \\ 0 & 7 & 2 & 4 \\ 0 & 3 & 3 & 9 \end{pmatrix} = 1 \cdot (-1)^{1+1} \cdot \det \begin{pmatrix} 5 & 1 & 0 \\ 7 & 2 & 4 \\ 3 & 3 & 9 \end{pmatrix} = \det \begin{pmatrix} 5 & 1 & 0 \\ 7 & 2 & 4 \\ 3 & 3 & 9 \end{pmatrix}.$$

Anschließend berechnet man die Ergebnismatrix mit Hilfe der Regel von Sarrus:

$$\det \begin{pmatrix} 5 & 1 & 0 \\ 7 & 2 & 4 \\ 3 & 3 & 9 \end{pmatrix} = 5 \cdot 2 \cdot 9 + 1 \cdot 4 \cdot 3 - 3 \cdot 4 \cdot 5 - 9 \cdot 7 \cdot 1 = -21 \neq 0.$$

Weil die Determinante der Koeffizientenmatrix ungleich 0 ist, kann das zugehörige lineare Gleichungssystem stets eindeutig gelöst werden.

Klausur Diplom, Sommersemester 2007

Lösung zur 1. Klausuraufgabe

a) Man rechnet:

$$S_{10} = A \cdot q^{-n} \cdot \frac{q^n - q^{10}}{q - 1} = S_0 \cdot q^n \cdot \frac{q - 1}{q^n - 1} \cdot q^{-n} \cdot \frac{q^n - q^{10}}{q - 1} = S_0 \cdot \frac{q^n - q^{10}}{q^n - 1} \, .$$

Setzt man die Werte ein, so ergibt sich:

$$S_{10} = S_0 \cdot \frac{q^n - q^{10}}{q^n - 1} = 500.000 \cdot \frac{1{,}06^{20} - 1{,}06^{10}}{1{,}06^{20} - 1} \approx 320.842{,}96.$$

Die Restschuld nach 10 Jahren beträgt 320.842,96 €.

b) Die Restschuld nach 10 Jahren berechnet sich im allgemeinen Fall, vgl. oben, wie folgt:

$$S_{10} = A \cdot q^{-20} \cdot \frac{q^{20} - q^{10}}{q - 1} = A \cdot \frac{1 - q^{-10}}{q - 1} \, .$$

Die Zahlungsfolge der letzten 10 Annuitäten hat zum selben Zeitpunkt denselben Wert:

$$A \cdot \mathrm{RBF}_{\mathrm{nach}}(10, i) = A \cdot q^{-10} \cdot \frac{q^{10} - 1}{q - 1} = A \cdot \frac{1 - q^{-10}}{q - 1} \, .$$

Lösung zur 2. Klausuraufgabe

a) Der Gradient der Funktion lautet:

$$f'(x, y) = (1, 1) \neq (0, 0) \, .$$

Daher kann im Inneren der Kreisscheibe keine Extremstelle existieren.

b) Die partiellen Ableitungen der Lagrangefunktion werden gleich 0 gesetzt:

$$L(x, y, \lambda) = x + y + \lambda \cdot (x^2 + y^2 - 1)$$
$$L_x(x, y, \lambda) = 1 + 2\lambda x = 0$$
$$L_y(x, y, \lambda) = 1 + 2\lambda y = 0$$
$$L_\lambda(x, y, \lambda) = x^2 + y^2 - 1 = 0$$

Aufgrund der ersten Gleichung muss λ ungleich 0 sein, da sonst $1 = 0$ gelten würde. Aus den ersten beiden Gleichungen folgt alsdann: $x = y$. Eingesetzt in die letzte ergibt:

$$2x^2 = 1 \quad \Longleftrightarrow \quad x = \pm\frac{1}{\sqrt{2}} \, .$$

Es gibt zwei Kandidaten für die Extremstellen auf dem Rand der Kreisscheibe:

$$\vec{x}_1 = \left(-\frac{1}{\sqrt{2}}, -\frac{1}{\sqrt{2}}\right) \quad \text{und} \quad \vec{x}_2 = \left(\frac{1}{\sqrt{2}}, \frac{1}{\sqrt{2}}\right) \, .$$

c) Die zweite Ableitung der Lagrangefunktion hat folgende Gestalt:

$$L''(x,y,\lambda) = \begin{pmatrix} 2\lambda & 0 \\ 0 & 2\lambda \end{pmatrix}.$$

Aus Teil b) folgt mit Hilfe der ersten Gleichung nach Angabe der Lagrangefunktion:

$$\lambda = -\frac{1}{2x}.$$

Setzt man $\vec{x}_1$ mit $\lambda = \frac{1}{\sqrt{2}}$ bzw. $\vec{x}_2$ mit $\lambda = -\frac{1}{\sqrt{2}}$ in die Hessematrix ein, so ergibt sich:

$$A = \begin{pmatrix} \sqrt{2} & 0 \\ 0 & \sqrt{2} \end{pmatrix} \quad \text{bzw.} \quad B = \begin{pmatrix} -\sqrt{2} & 0 \\ 0 & -\sqrt{2} \end{pmatrix}.$$

Prüft man die Definitheit mittels Hauptabschnittsdeterminanten:

$$|A^{11}| = \sqrt{2} > 0, \quad |A| = 2 > 0 \quad \text{bzw.} \quad |B^{11}| = -\sqrt{2} < 0, \quad |B| = 2 > 0,$$

so ist die Matrix A positiv und die Matrix B negativ definit. Daher ist $\vec{x}_1$ Minimum- und $\vec{x}_2$ Maximumstelle.

d) 1) Die Anzahl der Variablen ist größer als die Anzahl der Nebenbedingungen: $2 > 1$.

2) Die Nebenbedingung liegt als Gleichungen vor: $g(x,y) = x^2 + y^2 - 1 = 0$.

3) Für den Gradienten der Nebenbedingung gilt:

$$g'(x,y) = \begin{pmatrix} 2x \\ 2y \end{pmatrix} \implies g'(\vec{x}_1) = \begin{pmatrix} -\sqrt{2} \\ -\sqrt{2} \end{pmatrix} \neq \vec{0} \quad \text{bzw.} \quad g'(\vec{x}_2) = \begin{pmatrix} \sqrt{2} \\ \sqrt{2} \end{pmatrix} \neq \vec{0}.$$

Alle Voraussetzungen des Satzes von Lagrange sind erfüllt.

Lösung zur 3. Klausuraufgabe

a) Seien x_1 bzw. x_2 die zu entsorgenden Mengen von Abfallprodukt A bzw. B in Tonnen.

$$\max z = (3-5) \cdot x_1 + (3-6) \cdot x_2 + 13.000 = -2x_1 - 3x_2 + 13.000$$

unter den Nebenbedingungen:

$$x_1 + x_2 \leq 11.000, \quad x_2 \leq 7.000, \quad 2x_1 + x_2 \geq 8.000 \quad \text{und} \quad 3x_1 + 7x_2 \geq 21.000$$

mit $x_1, x_2 \geq 0$.

b) Die graphische Lösung des Problems ergibt sich aus dem Schaubild auf Seite 292. Stellt man die Zielfunktion um, so dass eine Geradengleichung vorliegt, so gilt:

$$\max z = -2x_1 - 3x_2 + 13.000 \iff x_2 = -\frac{2x_1}{3} + \frac{13.000 - z}{3}.$$

Damit impliziert ein großer Zielfunktionswert einen kleinen Ordinatenabschnitt. Als Beispiel nehme man $z = 1.000$ und zeichnet die Isolinie

$$2x_1 + 3x_2 = 12.000.$$

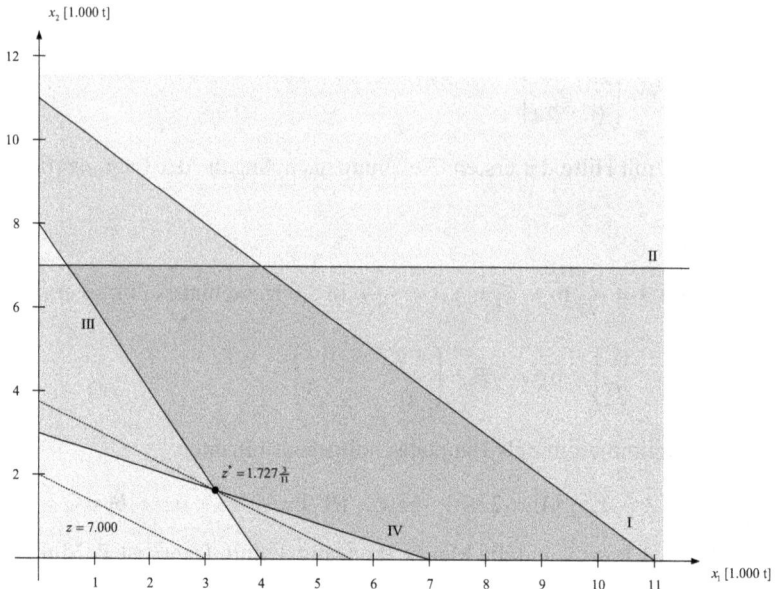

Abb. 5.16: *Aufgabe: Abfallentsorgung*

c) Der optimale Punkt ist der Schnittpunkt der Begrenzungsgeraden der dritten und vierten Nebenbedingung. Aus III folgt:

$$x_2 = 8.000 - 2x_1$$

Eingesetzt in IV liefert:

$$3x_1 + 7 \cdot (8.000 - 2x_1) = 21.000 \quad \Longleftrightarrow \quad -11x_1 = -35.000$$

Damit erhält man:

$$x_1^* = \frac{35.000}{11} \approx 3.181{,}81$$

$$x_2^* = 8.000 - \frac{70.000}{11} = \frac{18.000}{11} \approx 1.636{,}36$$

$$z^* = 13.000 - \frac{70.000}{11} - \frac{54.000}{11} = \frac{143.000 - 124.000}{11} = \frac{19.000}{11} \approx 1.727{,}27$$

Um einen maximalen Überschuss von 1.727,27 GE zu erzielen, müssen 3.181,81 t von Abfallprodukt A sowie 1.636,36 t von Abfallprodukt B entsorgt werden.

Lösung zur 4. Klausuraufgabe

a) Die tatsächliche Ersparnis beträgt

$$\frac{19}{119} = 15{,}97\,\% .$$

b) Aufgrund der dritten binomischen Formel folgt

$$\frac{f(x) - f(x_0)}{x - x_0} = \frac{x^2 - x_0^2}{x - x_0} = \frac{(x + x_0) \cdot (x - x_0)}{x - x_0} = x + x_0 \longrightarrow 2x_0 \quad \text{für} \quad x \longrightarrow x_0.$$

c) Vertauschen von Zeilen, Multiplikation einer Zeile mit einer Zahl ungleich 0, Addition einer Zeile zu einer anderen.

d) Vorschüssige Zinsen beziehen sich auf das Endkapital, nachschüssige Zinsen auf das Anfangskapital.

e) Das finanzmathematische Äquivalenzprinzip handelt von der Gleichheit der Leistungen von Gläubiger und Schuldner. Im Gegensatz dazu kann das versicherungsmathematische Äquivalenzprinzip nicht von den tatsächlichen, sondern nur von den erwarteten Leistungen ausgehen.

Klausur Bachelor, Sommersemester 2007

Lösung zur 1. Klausuraufgabe

a) Man beginnt mit der Variablendeklaration:

x_1 : herzustellende ME von A

x_2 : herzustellende ME von B

Das lineare Programm hat folgende Gestalt:

$$\max z = 4x_1 + x_2$$

unter den Nebenbedingungen:

$$x_1 + 2x_2 \leq 8$$
$$3x_1 + 2x_2 \leq 18$$
$$x_1 : x_2 = 2 : 1 \quad \Longleftrightarrow \quad x_1 - 2x_2 = 0$$

mit $x_1, x_2 \geq 0$.

b) Die Zielfunktion als Geradengleichung geschrieben ergibt:

$$z = 4x_1 + x_2 \quad \Longrightarrow \quad x_2 = -4x_1 + z$$

Der Ordinatenabschnitt bezeichnet den kalkulierten Gewinn.

c) Alle Details der Aufgabe sind in der Graphik auf Seite 294 enthalten.

d) Die optimale Lösung des Problems, siehe Schaubild, liegt als Schnittpunkt der Begrenzungsgeraden der ersten und dritten Nebenbedingung vor. Man löst die dritte Nebenbedingung nach der ersten Unbekannten auf und setzt den berechneten Wert in die erste Nebenbedingung ein. Daraus folgt der optimale Wert für die zweite Unbekannte:

$$x_1 = 2x_2 \quad \Longrightarrow \quad x_1 + 2x_2 = 4x_2 = 8 \quad \Longrightarrow \quad x_2^* = 2, \quad x_1^* = 4.$$

Der maximale Zielfunktionswert beträgt:

$$z^* = 4x_1^* + x_2^* = 16 + 2 = 18.$$

Von Produkt A sind 4 ME und von B 2 ME zu produzieren, um den maximalen Gewinn zu erzielen. Dieser beträgt 18 GE.

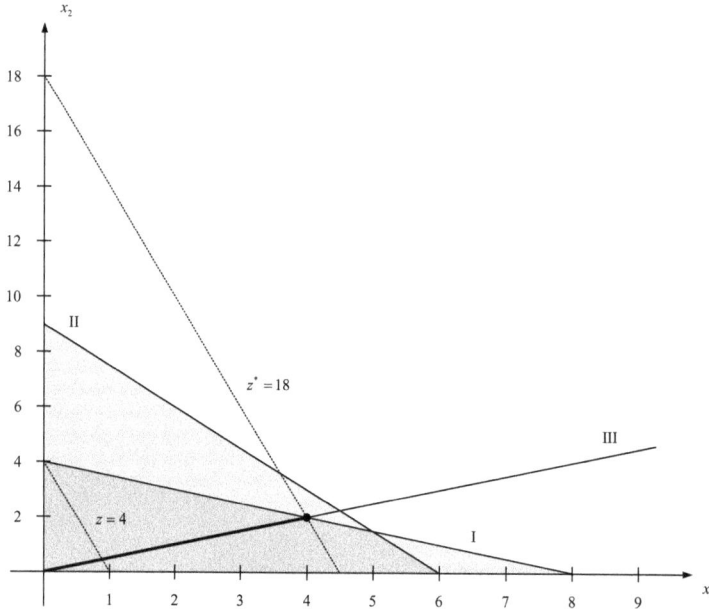

Abb. 5.17: *Aufgabe: Gewinnmaximale Produktionsmenge*

e) Man setzt die optimale Lösung in die erste bzw. in die zweite Nebenbedingung ein:

$$8 - x_1^* - 2x_2^* = 8 - 4 - 2 \cdot 2 = 0 \quad \text{und} \quad 18 - 3x_1^* - 2x_2^* = 18 - 12 - 4 = 2.$$

Demnach bleiben 2 ME von Rohstoff Y übrig. Bezüglich X gibt es keinen Rest.

Lösung zur 2. Klausuraufgabe

a) Man stellt die Lagrangefunktion auf

$$L(x, y, \lambda) = \ln(x + 1) + 3\ln(y + 3) + \lambda \cdot (2x + 3y - 21)$$

und setzt die partiellen Ableitungen gleich Null:

$$L_x(x, y, \lambda) = \frac{1}{x + 1} + 2\lambda = 0 \quad \text{(I)}$$

$$L_y(x, y, \lambda) = \frac{3}{y + 3} + 3\lambda = 0 \quad \text{(II)}$$

$$L_\lambda(x, y, \lambda) = 2x + 3y - 21 = 0 \quad \text{(III)}$$

Dreimal die Gleichung (I) minus zweimal (II) ergibt:

$$\frac{3}{x + 1} - \frac{6}{y + 3} = 0 \quad \Longleftrightarrow \quad y + 3 = 2x + 2 \quad \Longleftrightarrow \quad y = 2x - 1.$$

Die Äquivalenzen gelten, da die Variablen größergleich 0 sind. Eingesetzt in (III) liefert:

$$2x + 6x - 3 - 21 = 0 \quad \Longleftrightarrow \quad 8x = 24.$$

Daraus folgt als Kandidat für die lokale Extremstelle:

$$x^* = 3 \quad \text{und} \quad y^* = 5.$$

b) Die zweite Ableitung lautet:

$$\begin{pmatrix} L_{xx}(x,y,\lambda) & L_{yx}(x,y,\lambda) \\ L_{xy}(x,y,\lambda) & L_{yy}(x,y,\lambda) \end{pmatrix} = \begin{pmatrix} -(x+1)^{-2} & 0 \\ 0 & -3 \cdot (y+3)^{-2} \end{pmatrix}.$$

Demnach ergibt sich an der Stelle des Kandidaten:

$$H = \begin{pmatrix} -\frac{1}{16} & 0 \\ 0 & -\frac{3}{64} \end{pmatrix}.$$

Prüft man die Definitheit mittels Hauptabschnittsdeterminanten, so stellt man fest, dass

$$|H^{11}| = -\tfrac{1}{16} < 0 \quad \text{bzw.} \quad |H| = \tfrac{3}{1024} > 0$$

gilt. Die Matrix ist negativ definit, und in $(3, 5)$ liegt ein lokales Maximum vor.

c) Beide Variablen sind größergleich 0 und erfüllen die Nebenbedingung

$$2x + 3y = 21.$$

das heißt, dass $x \in [0, \tfrac{21}{2}]$ und $y \in [0, 7]$ mit $y = 7 - \tfrac{2}{3}x$ gilt. Am Rand hat man:

$$u(0, 7) = 3 \cdot \ln(10) \approx 6{,}91$$

$$u(\tfrac{21}{2}, 0) = \ln(\tfrac{23}{2}) + 3 \cdot \ln(3) \approx 5{,}74$$

$$u(3, 5) = \ln(4) + 3 \cdot \ln(8) \approx 7{,}62$$

Somit haben die extremen Trainingsformen keinen höheren Nutzen, und das lokale Maximum ist bereits das globale.

d) Der Sportler soll zur Maximierung seines Nutzens 3 Trainingseinheiten Ausdauer trainieren sowie 5 Trainingseinheiten Beweglichkeit. Sein maximaler Nutzen beträgt dann rund 7,62 Nutzeneinheiten.

Lösung zur 3. Klausuraufgabe

a) Es liegt eine konstante nachschüssige Rente mit $R = 600$, $n = 16$ sowie $q = 1{,}06$ vor.

$$K_n = R \cdot \text{REF}_{\text{nach}}(n, i) = R \cdot \frac{q^n - 1}{q - 1} = 600 \cdot \frac{1{,}06^{16} - 1}{0{,}06} \approx 15.403{,}52.$$

Am Ende der Laufzeit kann man mit einer Ablaufleistung von 15.403,52 € rechnen.

b) Sei R der Beitrag in einem ungeraden Jahr, dann zahlt man $1,2 \cdot R$ in einem geraden Jahr. Der Aufzinsungsfaktor in einer 2-Jahres-Periode beträgt:

$$\tilde{q} = 1,06^2 = 1,1236.$$

Man hat es mit zwei Zahlungsfolgen zu tun, die jeweils aus 8 Zahlungen bestehen. Beide Zahlungsfolgen erstrecken sich über zweijährige Zinsperioden. Bezüglich der ersten ist zu beachten, dass sie nach einem Jahr beginnt und nach 17 Jahren endet. Der Endwert muss demnach um ein Jahr abgezinst werden, damit er zum Zeitpunkt 16 vorliegt:

$$K_{n,1} = R \cdot \text{REF}_{\text{vor}}(8, \tilde{q}) \cdot q^{-1} = R \cdot \frac{\tilde{q}^8 - 1}{\tilde{q} - 1} \cdot \tilde{q} \cdot q^{-1} = 13,21013581 \cdot R$$

$$K_{n,2} = 1,2 \cdot R \cdot \text{REF}_{\text{nach}}(8, \tilde{q}) = 1,2 \cdot R \cdot \frac{\tilde{q}^8 - 1}{\tilde{q} - 1} = 14,95487073 \cdot R$$

Daraus folgt:

$$15.403,52 = K_{n,1} + K_{n,2} \quad \Longleftrightarrow \quad R = 546,90 \quad \text{bzw.} \quad 1,2 \cdot R = 656,28.$$

In ungeraden Jahren beträgt der Beitrag 546,90 € und in jedem geraden Jahr 656,28 €.

c) Man vergleicht in diesem Fall den Barwert der Erwartungswerte der Zahlungen.

Klausur Bachelor, Wintersemester 2007/2008

Lösung zur 1. Klausuraufgabe

a) Die Liquiditätsbelastung für Bank A im siebten Jahr beträgt:

$$A = \frac{S_0}{1 - q^{-n}} \cdot i = \frac{110.000}{1 - 1,055^{-30}} \cdot 0,055 = 7.568,59 \, €.$$

Die gesuchte Annuität für Bank B lautet:

$$A_7 = \frac{S_0}{n} \cdot [(n - 7 + 1) \cdot i + 1] = \frac{108.000}{30} \cdot [24 \cdot 0,057 + 1] = 8.524,80 \, €.$$

Bank C zahlt im siebten Jahr nur Zinsen in Höhe von

$$6,5 \, \% \cdot 100.000 = 6.500 \, €.$$

b) Die Restschuld nach zehn Jahren beläuft sich für Bank A auf

$$S_{10} = A \cdot q^{-n} \cdot \frac{q^n - q^{10}}{q - 1} = A \cdot 1,055^{-30} \cdot \frac{1,055^{30} - 1,055^{10}}{0,055} = 90.447,58 \, €.$$

Im Fall der Bank B beträgt die Restschuld

$$S_{10} = S_0 - 10 \cdot \frac{S_0}{n} = 108.000 - 10 \cdot 3.600 = 72.000 \, €.$$

Bank C tilgt bis zum Ende der Laufzeit keine Schulden, daher ist die Restschuld nach zehn Jahren gleich der Anfangsschuld in Höhe von 100.000 €.

c) Es gibt kein Agio, kein Disagio, und es werden keine Tilgungen geleistet. Daher gilt:

$$i_{\text{eff}} = i_{\text{nom}} = 6,5\,\%$$

d) Zum Effektivzinssatz muss die Leistung des Gläubigers gleich der Leistung des Schuldners sein. Ein Vergleich der Barwerte liefert

$$100.000 = A \cdot \text{RBF}_{\text{nach}}(30, i_{\text{eff}}) = A \cdot \frac{1 - q^{-30}}{q - 1}$$

mit der aus Aufgabenteil a) bekannten Annuität. Eine Umformung ergibt die Gleichung

$$\frac{100.000}{A} \cdot (q - 1) = 1 - q^{-30} \quad \Longleftrightarrow \quad \frac{100.000}{A} \cdot q^{31} - \left(\frac{100.000}{A} + 1\right) \cdot q^{30} + 1 = 0$$

Setzt man $q = 1,0639$ mit

$$\frac{100.000}{A} = 13,21249561$$

in die letzte Gleichung ein, so erhält man näherungsweise 0. Demnach ist 6,39 % Nullstelle der Bestimmungsgleichung und somit Effektivzinssatz.

Lösung zur 2. Klausuraufgabe

a) Die Funktionsgleichung beschreibt eine fallende Gerade mit Steigung -2 und Ordinatenabschnitt 10. Definitions- und Bildbereich lauten:

$$\mathbb{D} =]0, 5[\quad \text{bzw.} \quad \mathbb{B} =]0, 10[\,.$$

b) Die Elastizität ist definiert als

$$\varepsilon_x(p) = p \cdot \frac{x'(p)}{x(p)} = p \cdot \frac{-2}{10 - 2p}\,.$$

Daher wird der elastische Bereich charakterisiert durch:

$$|\varepsilon_x(p)| = p \cdot \frac{2}{10 - 2p} > 1 \quad \Longleftrightarrow \quad 2p > 10 - 2p \quad \Longleftrightarrow \quad p > 2,5\,.$$

Die Herleitung ändert sich nicht, wenn man das Ungleichheitszeichen umdreht oder durch ein Gleichheitszeichen ersetzt. Unter Beachtung des Definitionsbereichs ist demnach die Preisabsatzfunktion für Preise größer 2,50 € und kleiner 5 € elastisch, einselastisch für einen Preis von 2,50 € und unelastisch für einen positiven Preis kleiner 2,50 €.

c) Die Frage kann über die Berechnung der Elastizität beantwortet werden:

$$\varepsilon_x(3) = 3 \cdot \frac{-2}{10 - 2 \cdot 3} = -1,5\,.$$

Wenn der Preis um 1 % erhöht wird, nimmt die absetzbare Menge um 1,5 % ab.

d) Setzt man die gegebenen Werte

$$E'(x) = 1 \quad \text{und} \quad \varepsilon_x(p) = -5$$

in die Amoroso-Robinson-Relation ein, so folgt:

$$1 = p \cdot (1 - \tfrac{1}{5}) \quad \Longleftrightarrow \quad p = 1{,}25\,.$$

Der Angebotspreis beträgt $1{,}25 \in$.

e) Erlös ist definiert als Preis mal Menge. Aus der Produktregel differenzierbarer Funktionen schließt man:

$$E(x) = p(x) \cdot x \quad \Longrightarrow \quad E'(x) = p(x) + p'(x) \cdot x\,.$$

Weiter folgert man aus der Definition der Elastizität und dem in der Aufgabenstellung gegebenen Hinweis:

$$E'(x) = p(x) + p'(x) \cdot x = p(x) \cdot \left(1 + x \cdot \frac{p'(x)}{p(x)}\right) = p(x) \cdot (1 + \varepsilon_p(x)) = p(x) \cdot \left(1 + \frac{1}{\varepsilon_x(p)}\right)$$

Damit ist die Amoroso-Robinson-Relation bewiesen.

Lösung zur 3. Klausuraufgabe

a) Seien x_{ij} die Mengeneinheiten Verbandsmaterial, die von Lager i nach Krankenhaus j gebracht werden, wenn i die Werte 1 oder 2 und j die Werte 1, 2 oder 3 annehmen darf. Dann lautet das lineare Programm:

$$\min z = 10x_{11} + 12x_{12} + 15x_{13} + 11x_{21} + 14x_{22} + 20x_{23}$$

unter den Nebenbedingungen

$$
\begin{aligned}
x_{11} + x_{12} + x_{13} & & & = 37 \\
& x_{21} + x_{22} + x_{23} & & = 23 \\
x_{11} & + x_{21} & & = 15 \\
x_{12} & + x_{22} & & = 20 \\
x_{13} & + x_{23} & & = 25
\end{aligned}
$$

mit $x_{ij} \geq 0$ für $i \in \{1, 2\}$ und $j \in \{1, 2, 3\}$.

b) Krankenhaus 1 bekommt seine 10 benötigten ME Verbandsmaterial aus Speicherhalle 1, bzgl. Krankenhaus 2 sind es 15 ME. Die restlichen 2 ME Verbandsmaterial aus Lagerhalle 1 werden zum Krankenhaus 3 transportiert, ebenso alle 23 ME Verbandsmaterial aus Lagerhalle 2. Unter Berücksichtigung der in der Tabelle angegebenen Entfernungen folgt:

$$15 \cdot 10 + 20 \cdot 12 + 2 \cdot 15 + 23 \cdot 20 = 150 + 240 + 490 = 880 \text{ km}.$$

c) Da man in b) die Krankenhäuser 1 und 2 aus dem ihnen am nächsten gelegenen Lager versorgt, muss für die Versorgung von Krankenhaus 3 zwangsläufig ein extrem langer Transportweg gewählt werden. In der Summe ergeben sich 880 Transportkilometer, was nicht optimal ist. Entscheidend ist, dass man nicht partiell, sondern in der Summe die bestmögliche Lösung findet, und diese liegt bei 796 Transportkilometern.

c) Es gibt kein Agio, kein Disagio, und es werden keine Tilgungen geleistet. Daher gilt:

$$i_{\text{eff}} = i_{\text{nom}} = 6{,}5\,\%$$

d) Zum Effektivzinssatz muss die Leistung des Gläubigers gleich der Leistung des Schuldners sein. Ein Vergleich der Barwerte liefert

$$100.000 = A \cdot \text{RBF}_{\text{nach}}(30, i_{\text{eff}}) = A \cdot \frac{1 - q^{-30}}{q - 1}$$

mit der aus Aufgabenteil a) bekannten Annuität. Eine Umformung ergibt die Gleichung

$$\frac{100.000}{A} \cdot (q - 1) = 1 - q^{-30} \quad\Longleftrightarrow\quad \frac{100.000}{A} \cdot q^{31} - \left(\frac{100.000}{A} + 1\right) \cdot q^{30} + 1 = 0$$

Setzt man $q = 1{,}0639$ mit

$$\frac{100.000}{A} = 13{,}21249561$$

in die letzte Gleichung ein, so erhält man näherungsweise 0. Demnach ist 6,39 % Nullstelle der Bestimmungsgleichung und somit Effektivzinssatz.

Lösung zur 2. Klausuraufgabe

a) Die Funktionsgleichung beschreibt eine fallende Gerade mit Steigung -2 und Ordinatenabschnitt 10. Definitions- und Bildbereich lauten:

$$\mathbb{D} =]0, 5[\quad \text{bzw.} \quad \mathbb{B} =]0, 10[\,.$$

b) Die Elastizität ist definiert als

$$\varepsilon_x(p) = p \cdot \frac{x'(p)}{x(p)} = p \cdot \frac{-2}{10 - 2p}\,.$$

Daher wird der elastische Bereich charakterisiert durch:

$$|\varepsilon_x(p)| = p \cdot \frac{2}{10 - 2p} > 1 \quad\Longleftrightarrow\quad 2p > 10 - 2p \quad\Longleftrightarrow\quad p > 2{,}5\,.$$

Die Herleitung ändert sich nicht, wenn man das Ungleichheitszeichen umdreht oder durch ein Gleichheitszeichen ersetzt. Unter Beachtung des Definitionsbereichs ist demnach die Preisabsatzfunktion für Preise größer 2,50 € und kleiner 5 € elastisch, einselastisch für einen Preis von 2,50 € und unelastisch für einen positiven Preis kleiner 2,50 €.

c) Die Frage kann über die Berechnung der Elastizität beantwortet werden:

$$\varepsilon_x(3) = 3 \cdot \frac{-2}{10 - 2 \cdot 3} = -1{,}5\,.$$

Wenn der Preis um 1 % erhöht wird, nimmt die absetzbare Menge um 1,5 % ab.

d) Setzt man die gegebenen Werte

$$E'(x) = 1 \quad \text{und} \quad \varepsilon_x(p) = -5$$

in die Amoroso-Robinson-Relation ein, so folgt:

$$1 = p \cdot (1 - \tfrac{1}{5}) \quad \Longleftrightarrow \quad p = 1{,}25\,.$$

Der Angebotspreis beträgt $1{,}25\,€$.

e) Erlös ist definiert als Preis mal Menge. Aus der Produktregel differenzierbarer Funktionen schließt man:

$$E(x) = p(x) \cdot x \quad \Longrightarrow \quad E'(x) = p(x) + p'(x) \cdot x\,.$$

Weiter folgt man aus der Definition der Elastizität und dem in der Aufgabenstellung gegebenen Hinweis:

$$E'(x) = p(x) + p'(x) \cdot x = p(x) \cdot \left(1 + x \cdot \frac{p'(x)}{p(x)}\right) = p(x) \cdot (1 + \varepsilon_p(x)) = p(x) \cdot \left(1 + \frac{1}{\varepsilon_x(p)}\right)$$

Damit ist die Amoroso-Robinson-Relation bewiesen.

Lösung zur 3. Klausuraufgabe

a) Seien x_{ij} die Mengeneinheiten Verbandsmaterial, die von Lager i nach Krankenhaus j gebracht werden, wenn i die Werte 1 oder 2 und j die Werte 1, 2 oder 3 annehmen darf. Dann lautet das lineare Programm:

$$\min z = 10x_{11} + 12x_{12} + 15x_{13} + 11x_{21} + 14x_{22} + 20x_{23}$$

unter den Nebenbedingungen

$$
\begin{aligned}
x_{11} + x_{12} + x_{13} & & & = 37 \\
& x_{21} + x_{22} + x_{23} & & = 23 \\
x_{11} & + x_{21} & & = 15 \\
x_{12} & + x_{22} & & = 20 \\
x_{13} & + x_{23} & & = 25
\end{aligned}
$$

mit $x_{ij} \geq 0$ für $i \in \{1, 2\}$ und $j \in \{1, 2, 3\}$.

b) Krankenhaus 1 bekommt seine 10 benötigten ME Verbandsmaterial aus Speicherhalle 1, bzgl. Krankenhaus 2 sind es 15 ME. Die restlichen 2 ME Verbandsmaterial aus Lagerhalle 1 werden zum Krankenhaus 3 transportiert, ebenso alle 23 ME Verbandsmaterial aus Lagerhalle 2. Unter Berücksichtigung der in der Tabelle angegebenen Entfernungen folgt:

$$15 \cdot 10 + 20 \cdot 12 + 2 \cdot 15 + 23 \cdot 20 = 150 + 240 + 490 = 880 \text{ km.}$$

c) Da man in b) die Krankenhäuser 1 und 2 aus dem ihnen am nächsten gelegenen Lager versorgt, muss für die Versorgung von Krankenhaus 3 zwangsläufig ein extrem langer Transportweg gewählt werden. In der Summe ergeben sich 880 Transportkilometer, was nicht optimal ist. Entscheidend ist, dass man nicht partiell, sondern in der Summe die bestmögliche Lösung findet, und diese liegt bei 796 Transportkilometern.

Lösung zur 4. Klausuraufgabe

a) Der Preis vor der Rabattierung ergibt sich aus anschließender Rechnung:

$$0,8 \cdot x = 76 \,€ \quad \Longrightarrow \quad x = \tfrac{5}{4} \cdot 76 \,€ = 95 \,€ \,.$$

b) Sie muss symmetrisch sein.

c) Alle Lösungen des inhomogenen Systems ergeben sich aus der Addition einer speziellen Lösung des inhomogenen Systems zu allen Lösungen des homogenen Systems.

d) Newtonverfahren oder Regula Falsi sind Verfahren zur Nullstellenbestimmung.

Klausur Bachelor, Sommersemester 2008

Lösung zur 1. Klausuraufgabe

a) Die in dem Betrag enthaltene Mehrwertsteuer beträgt

$$300 \cdot \frac{19}{119} = 47{,}90 \,€ \,.$$

b) Vier Männer brauchen

$$2 \text{ Stunden } \cdot \frac{3}{4} = 1{,}5 \text{ Stunden } = 90 \text{ Minuten} \,.$$

c) Der Gaußalgorithmus erlaubt es, Gleichungen zu vertauschen, eine Gleichung mit einer Zahl ungleich 0 zu multiplizieren sowie eine Gleichung zu einer anderen Gleichung hinzuzuaddieren.

d) Die Determinante hat den Wert 0, weil die dritte Spalte das Doppelte der ersten Spalte ist. Alternativ kann die Determinante berechnet werden. Dazu empfiehlt sich eine Entwicklung nach der zweiten Spalte:

$$\det(A) = 1 \cdot (-1)^{2+2} \cdot \det \begin{pmatrix} 1 & 2 & 0 \\ 3 & 6 & 1 \\ 2 & 4 & 0 \end{pmatrix} = 4 - 4 = 0 \,.$$

Lösung zur 2. Klausuraufgabe

a) Die Funktionsgleichung der Lagrangefunktion lautet:

$$L(x, y, \lambda) = xy^2 + \lambda \cdot (x^2 + y^2 - 1) \,.$$

b) Die partiellen Ableitungen haben folgende Gestalt:

$$L_x(x, y, \lambda) = y^2 + 2\lambda x \,,$$
$$L_y(x, y, \lambda) = 2xy + 2\lambda y = 2y \cdot (x + \lambda) \,,$$
$$L_\lambda(x, y, \lambda) = x^2 + y^2 - 1 \,.$$

c) Die Anzahl der Problemvariablen ist mit zwei größer als die Anzahl der Nebenbedingungen, da lediglich eine Nebenbedingung vorliegt. Die Nebenbedingung liegt in Form einer Gleichung vor. Und auch die dritte Voraussetzung ist erfüllt, denn setzt man die optimalen Werte in den Gradienten der Nebenbedingung

$$g'(x, y) = (2x, 2y)$$

ein, so erhält man den Vektor

$$g'(x^*, y^*) = \frac{1}{\sqrt{3}} \cdot (2, 2\sqrt{2}) \neq (0, 0).$$

Er ist ungleich dem Nullvektor und damit linear unabhängig.

d) Aus den zweiten partiellen Ableitungen ergibt sich die Hessematrix:

$$H = \begin{pmatrix} 2\lambda^* & 2y^* \\ 2y^* & 2(x^* + \lambda^*) \end{pmatrix} = \frac{1}{\sqrt{3}} \cdot \begin{pmatrix} -2 & 2\sqrt{2} \\ 2\sqrt{2} & 0 \end{pmatrix}.$$

Über die Hauptabschnittsdeterminanten kann bzgl. der Definitheit keine Aussage getroffen werden, da man direkt erkennt, dass die beiden Hauptabschnittsdeterminanten negativ sind. Die quadratische Form

$$Q_H(a, b) = -\frac{2}{\sqrt{3}} \cdot a^2 + \frac{4\sqrt{2}}{\sqrt{3}} \cdot ab = \frac{2a}{\sqrt{3}} \cdot \left(2\sqrt{2} \cdot b - a\right)$$

kann sowohl positive als auch negative Werte annehmen. Allerding sind zur Prüfung nur solche Punkte zugelassen, für die

$$g'(x^*, y^*) * (a, b) = 0$$

gilt. Dies ist genau dann der Fall, wenn

$$\frac{2}{\sqrt{3}} \cdot a + \frac{2\sqrt{2}}{\sqrt{3}} \cdot b = 0 \quad \Longleftrightarrow \quad b = -\frac{1}{\sqrt{2}} \cdot a.$$

Die letzte Gleichung ist die einer fallenden Ursprungsgeraden, weshalb a und b nur beide gleichzeitig gleich 0 sein können. Für $(a, b) \neq \vec{0}$ folgt daraus insgesamt:

$$Q_H(a, b) = \frac{2a}{\sqrt{3}} \cdot (-3a) = -\frac{6a^2}{\sqrt{3}} < 0.$$

Die Hessematrix ist unter der gegebenen Einschränkung negativ definit, weshalb nach dem Satz von Lagrange an der Stelle des Kandidaten ein lokales Maximum vorliegt.

e) Die beiden Problemvariablen x und y sind als Länge und Breite des Balkens positiv. Aufgrund der Nebenbedingung

$$x^2 + y^2 = 1$$

sind sie zudem kleiner 1, und wenn die eine Variable gegen 1 konvergiert, dann strebt
die andere gegen 0 und umgekehrt. Deshalb geht die Biegefestigkeit des Balkens an den
Rändern des Definitionsbereichs gegen 0. Da

$$f(x^*, y^*) = \frac{2\sqrt{3}}{9} > 0$$

gilt, ist das lokale Maximum schon das globale.

Lösung zur 3. Klausuraufgabe

Die Aufgabe ist identisch mit Aufgabe 87 von S. 157. Die Lösung kann daher auf S. 257 nachgelesen werden. Die Aufstellung des linearen Programms ergab 6 Punkte, ebenso die Graphik.
Herleitung und Angabe der Ergebnisse wurden mit 3 Punkten bewertet.

Lösung zur 4. Klausuraufgabe

a) Der nachschüssige Zins ist größer, da er sich mit dem Anfangskapital im Vergleich zum
   Endkapital auf das kleinere Kapital bezieht bei gleichem Endergebnis.
b) Zur Effektivverzinsung ist die Leistung des Gläubigers gleich der Leistung des Schuldners.
c) Der zu entrichtende Preis bei Barzahlung, also der Barwert der Zahlungsreihe, ergibt sich
   gemäß folgender Rechnung über die Summenformel der geometrischen Reihe:

$$25{,}66 \cdot \sum_{k=1}^{24} \left(q^{-\frac{1}{12}}\right)^k = 25{,}66 \cdot q^{-\frac{1}{12}} \cdot \sum_{k=0}^{23} \left(q^{-\frac{1}{12}}\right)^k = 25{,}66 \cdot q^{-\frac{1}{12}} \cdot \frac{q^{-\frac{24}{12}} - 1}{q^{-\frac{1}{12}} - 1}$$

Setzt man den mit $q = 1{,}119$ gegebenen Aufzinsungsfaktor in den letzten Term ein, so
erhält man 548,93 €. Das ergibt 549 €, wenn man auf den vollen Eurobetrag rundet.

Klausur Bachelor, Wintersemester 2008/2009

Lösung zur 1. Klausuraufgabe

Die Aufgabe ist mit Aufgabe 87 identisch. Auf Seite 257 findet sich die Lösung.

Lösung zur 2. Klausuraufgabe

Zunächst werden die partiellen Ableitungen berechnet und gleich 0 gesetzt:

$$f_x(x,y) = 2 \cdot (4x + y - 86) \cdot 4 + 2 \cdot (4x + 8y - 128) \cdot 4$$
$$= 8 \cdot (8x + 9y - 214) = 0$$
$$f_y(x,y) = 2 \cdot (4x + y - 86) + 2 \cdot (4x + 8y - 128) \cdot 8$$
$$= 2 \cdot (36x + 65y - 1.110) = 0$$

Die erste Gleichung nach x aufgelöst liefert:

$$x = \frac{214 - 9y}{8}$$

Das Ergebnis wird in die zweite Gleichung eingesetzt:

$$36 \cdot \frac{214 - 9y}{8} + 65y = 1.110 \iff 9 \cdot 107 - \frac{81}{2}y + 65y = 1.110.$$

Daraus folgt

$$y = \frac{2}{49} \cdot (1.110 - 963) = \frac{2 \cdot 147}{49} = 6$$

und somit für die zweite Variable

$$x = \frac{214 - 54}{8} = 20.$$

Die zweiten partiellen Ableitungen formen die konstante Hessematrix:

$$f''(x, y) = \begin{pmatrix} 64 & 72 \\ 72 & 130 \end{pmatrix} = f''(20, 6) = A.$$

Mittels der Hauptabschnittsdeterminanten

$$\det(A^{11}) = 64 > 0$$

und

$$\det(A) = 64 \cdot 130 - 72^2 = 8.320 - 5.184 = 3.136 > 0$$

stellt sich heraus, dass A positiv definit ist. Daher liegt ein lokales und damit nach Aufgabenstellung schon ein globales Minimum vor.

Lösung zur 3. Klausuraufgabe

a) Zum Beispiel sind die Vektoren $(1, 1)$ und $(2, 2)$ linear abhängig, denn es gilt:

$$\det \begin{pmatrix} 1 & 1 \\ 2 & 2 \end{pmatrix} = 2 - 2 = 0.$$

b) Es gilt:

$$\sqrt{(128)^{-256} \cdot 128^{258}} = \sqrt{128^2} = 128.$$

c) Der Teufel verdoppelt drei Mal mit anschließendem 8 Taler ins Wasser werfen. Danach ist kein Geld mehr übrig, weshalb der Ansatz lautet:

$$2 \cdot (2 \cdot (2 \cdot x - 8) - 8) - 8 = 0.$$

Dieser Ausdruck wird ausgerechnet:

$$2 \cdot (2 \cdot (2 \cdot x - 8) - 8) - 8 = 2 \cdot (4x - 24) - 8 = 8x - 56 = 0.$$

Daraus folgt $x = 7$ als Anzahl der Taler, die der Mann anfangs hatte.

Lösung zur 4. Klausuraufgabe

a) Für die ersten vier Jahre ergibt sich im Hinblick auf eine Ratentilgung der Tilgungsplan:

Jahr	Restschuld	Zins	Tilgung	Annuität
1	1.000.000	90.000	50.000	140.000
2	950.000	85.500	50.000	135.500
3	900.000	81.000	50.000	131.000
4	850.000	76.500	50.000	126.500

b) Im Fall einer Annuitätentilgung wird zu Beginn die Annuität ermittelt:

$$A = S_0 \cdot \frac{i}{1 - q^{-n}} = 1.000.000 \cdot \frac{0{,}09}{1 - 1{,}09^{-20}} = 109.546{,}48.$$

Demnach lautet der Tilgungsplan für die ersten drei Jahre:

Jahr	Restschuld	Zins	Tilgung	Annuität
1	1.000.000	90.000	19.546,48	109.546,48
2	980.453,52	88.240,82	21.305,66	109.546,48
3	959.147,86	86.323,31	23.223,17	109.546,48

c) Die Folge der Tilgungsleistungen bildet im Fall einer Annuitätentilgung eine geometrische Zahlenfolge mit dem Aufzinsungsfaktor q als Multiplikator.

d) Für die Annuitäten im Rahmen einer Annuitäten- bzw. Ratentilgung gilt:

$$A = S_0 \cdot \frac{i}{1 - q^{-n}} \quad \text{bzw.} \quad A_k = \frac{S_0}{n} \cdot [(n - k + 1) \cdot i + 1]$$

Durch den Ansatz $A \geq A_k$ findet sich die gesuchte Formel anhand der Umformungen:

$$\frac{n \cdot i}{1 - q^{-n}} \geq (n - k + 1) \cdot i + 1 \iff \frac{n}{1 - q^{-n}} - \frac{1}{i} \geq n - k + 1$$

$$\iff n + 1 + \frac{1}{i} - \frac{n}{1 - q^{-n}} \leq k$$

Anmerkung:
Die entwickelte Formel auf das Zahlenbeispiel der Aufgabe angewandt, was nicht verlangt war, ergäbe für einen Zinssatz von 9 % p. a. und einer Laufzeit von 20 Jahren:

$$n + 1 + \frac{1}{i} - \frac{n}{1 - q^{-n}} = 21 + \frac{1}{0{,}09} - \frac{20}{1 - 1{,}09^{-20}} = 7{,}77 \leq k$$

Somit wäre erstmals im achten Jahr die Annuität der Ratentilgung mit 108.500 Euro niedriger als die Annuität der Annuitätentilgung in Höhe von 109.546,48 Euro, siehe oben. Im siebten Jahr hätte sie mit 113.000 Euro noch darüber gelegen.

Klausur Bachelor, Sommersemester 2009

Lösung zur 1. Klausuraufgabe

Aus dem Artikel können 150.000 Euro Darlehenssumme, 4,35 % Zinssatz und eine anfängliche Tilgung von 1 % bzw. 2 % entnommen werden. Entsprechend berechnet sich die Annuität:

$$A = 150.000 \cdot (4{,}35\,\% + 1\,\%) = 8.025.$$

Als Bestimmungsgleichung für die Anzahl der Jahre dient die Formel

$$S_0 = A \cdot \frac{1 - q^{-n}}{q - 1}$$

für die Anfangsschuld im Fall einer Annuitätentilgung. Hierin werden die Werte eingesetzt:

$$\frac{S_0}{A} = \frac{1 - q^{-n}}{q - 1} \iff \frac{150.000}{8.025} = \frac{1 - 1{,}0435^{-n}}{0{,}0435}$$

$$\iff 1 - \frac{2.000}{107} \cdot 0{,}0435 = 1{,}0435^{-n}$$

Ein Umstellen nach der unbekannten Größe liefert:

$$n = -\frac{\ln\left(1 - \frac{2.000}{107} \cdot 0{,}0435\right)}{\ln(1{,}0435)} = 39{,}38$$

Demnach gilt gerundet $a = 39$ Jahre. Für 2 % anfängliche Tilgung erhält man analog

$$A = 150.000 \cdot (4{,}35\,\% + 2\,\%) = 9.525$$

und darauf aufbauend mit derselben Formel:

$$n = -\frac{\ln\left(1 - \frac{150.000}{9.525} \cdot 0{,}0435\right)}{\ln(1{,}0435)} = 27{,}13$$

Daraus folgt eine Verringerung der Rückzahlungsdauer um $b = 39{,}38 - 27{,}13 = 12{,}25$ Jahre.

Lösung zur 2. Klausuraufgabe

a) Der Break-Even-Punkt ist durch eine Gleichheit der Gesamtkosten charakterisiert.

$$K = 19 + 0{,}05x = 16 + 0{,}06x \iff x = 300 \quad \text{mit} \quad K = 34$$

b) Die Gleichungen der Kosten können wie folgt umgeformt werden:

$$\begin{aligned} K &= 19 + 0{,}05x \\ K &= 16 + 0{,}06x \end{aligned} \iff \begin{aligned} -0{,}05x + K &= 19 \\ -0{,}06x + K &= 16 \end{aligned}$$

Dementsprechend kann das Gleichungssystem als Matrizenprodukt geschrieben werden:

$$\begin{pmatrix} -0{,}05 & 1 \\ -0{,}06 & 1 \end{pmatrix} \cdot \begin{pmatrix} x \\ K \end{pmatrix} = \begin{pmatrix} 19 \\ 16 \end{pmatrix}$$

Der Begrenzungsvektor besteht aus den Grundgebühren.

c) Die unter a) berechnete Lösung löst das Gleichungssystem aufgrund der Übereinstimmung:

$$\begin{pmatrix} -0{,}05 & 1 \\ -0{,}06 & 1 \end{pmatrix} \cdot \begin{pmatrix} 300 \\ 34 \end{pmatrix} = \begin{pmatrix} -15 + 34 \\ -18 + 34 \end{pmatrix} = \begin{pmatrix} 19 \\ 16 \end{pmatrix}$$

d) Die inverse Matrix wird mit dem Gaußalgorithmus berechnet.

$$\begin{array}{cc|cc|l} -0{,}05 & 1 & 1 & 0 & \cdot(-20) \\ -0{,}06 & 1 & 0 & 1 & -\frac{6}{5} \cdot \mathrm{I} \end{array} \quad \Longrightarrow \quad \begin{array}{cc|cc} 1 & -20 & -20 & 0 \\ 0 & -\frac{1}{5} & -\frac{6}{5} & 1 \end{array}$$

Die Einheitsmatrix auf der linken Seite entsteht abschließend wie folgt:

$$\begin{array}{cc|cc|l} 1 & -20 & -20 & 0 & -100 \cdot \mathrm{II} \\ 0 & -\frac{1}{5} & -\frac{6}{5} & 1 & \cdot(-5) \end{array} \quad \Longrightarrow \quad \begin{array}{cc|cc} 1 & 0 & 100 & -100 \\ 0 & 1 & 6 & -5 \end{array}$$

Damit hat die Inverse der Koeffizientenmatrix die Gestalt:

$$A^{-1} = \begin{pmatrix} 100 & -100 \\ 6 & -5 \end{pmatrix}$$

e) Durch Anwendung der Cramerschen Regel wird der neue Break-Even-Punkt bestimmt:

$$A^{-1} \cdot \begin{pmatrix} 20 \\ 17 \end{pmatrix} = \begin{pmatrix} 2.000 - 1.700 \\ 120 - 85 \end{pmatrix} = \begin{pmatrix} 300 \\ 35 \end{pmatrix}$$

Lösung zur 3. Klausuraufgabe

a) Die Aufgabe hat den sogenannten **Goldenen Schnitt** zum Thema. Wird die Länge der großen Teilstrecke mit g bezeichnet und mit k die Länge der kleinen Teilstrecke, dann gilt:

$$\frac{k}{g} = \frac{g}{100} \quad \Longleftrightarrow \quad \frac{100 - g}{g} = \frac{g}{100} \quad \Longleftrightarrow \quad 100 \cdot (100 - g) = g^2$$

Die entstehende quadratische Gleichung wird gelöst, wobei nur die positive Lösung interessiert, da es sich um Längen handelt.

$$g = -50 + \sqrt{2.500 + 10.000} = 61{,}8 \quad \text{und damit} \quad k = 38{,}2.$$

b) Das Produkt der beiden angegebenen Matrizen berechnet sich folgendermaßen:

$$\begin{pmatrix} 1 \\ 2 \end{pmatrix} \cdot (-3, 4, 7) = \begin{pmatrix} -3 & 4 & 7 \\ -6 & 8 & 14 \end{pmatrix}$$

c) Nach den Potenzrechenregeln gilt:

$$\sqrt{169^{-4.711} \cdot 13^{9.424}} = \sqrt{13^{-9.422} \cdot 13^{9.424}} = \sqrt{13^2} = 13.$$

Lösung zur 4. Klausuraufgabe

Gewinn ist definiert als Erlös minus Kosten. Und Erlös bzw. Umsatz ist Verkaufspreis mal abgesetzte Menge. Draus folgt der Ansatz:

$$G(x_1, x_2) = p_1 \cdot x_1 + p_2 \cdot x_2 - K(x_1, x_2)$$

Die Funktionsgleichungen laut Aufgabenstellung eingesetzt liefert:

$$G(x_1, x_2) = (10 - x_1) \cdot x_1 + (20 - x_2) \cdot x_2 - 20 - 0{,}5x_1^2 - 0{,}5x_2^2 - x_1 x_2$$

Nach Potenzen zusammengefasst, ergibt sich daraus:

$$G(x_1, x_2) = -20 - x_1 x_2 - 1{,}5x_1^2 - 1{,}5x_2^2 + 10x_1 + 20x_2$$

Anschließend werden die beiden partiellen Ableitungen berechnet und durch Nullsetzen die Kandidaten für die lokalen Extremstellen bestimmt:

$$G_{x_1}(x_1, x_2) = -x_2 - 3x_1 + 10 = 0 \quad \text{und} \quad G_{x_2}(x_1, x_2) = -x_1 - 3x_2 + 20 = 0.$$

Aus der ersten Gleichung folgt unmittelbar:

$$x_2 = 10 - 3x_1$$

Dieses Ergebnis wird dann in die zweite Gleichung eingesetzt:

$$-x_1 - 3 \cdot (10 - 3x_1) + 20 = 8x_1 - 10 = 0 \quad \Longleftrightarrow \quad x_1 = 1{,}25.$$

Damit ergibt sich die maximale Absatzmenge für das Haarshampoo

$$x_2 = 10 - 3{,}75 = 6{,}25$$

und die dazugehörigen optimalen Stückpreise lauten:

$$p_1 = 10 - 1{,}25 = 8{,}25 \quad \Longleftrightarrow \quad p_2 = 20 - 6{,}25 = 13{,}75.$$

Daraus ergibt sich ein maximaler Gewinn in Höhe von:

$$G(x_1, x_2) = -20 - 1{,}25 \cdot 6{,}25 - 1{,}5 \cdot \left(1{,}25^2 + 6{,}25^2\right) + 10 \cdot 1{,}25 + 20 \cdot 6{,}25 = 48{,}75.$$

Die Hessematrix belegt, dass es sich tatsächlich um das Maximum handelt:

$$G''(x_1, x_2) = \begin{pmatrix} -3 & -1 \\ -1 & -3 \end{pmatrix} = A$$

Denn die Hauptabschnittsdeterminanten der symmetrischen Matrix lauten:

$$\det(A^{11}) = -3 < 0 \quad \text{und} \quad \det(A) = 9 - 1 = 8 > 0.$$

Daher ist die Hessematrix negativ definit. Es liegt also ein lokales und nach Hinweis bzw. aufgrund der konstanten Hessematrix bereits ein globales Maximum vor.

Klausur Bachelor, Wintersemester 2009/2010

Lösung zur 1. Klausuraufgabe

a) Ein Vergleich der Jahresendwerte bei monatlicher Zahlung einerseits und Jahreszahlung andererseits führt zu einer Bestimmungsgleichung für den Effektivzinssatz. Die am Monatsanfang geleisteten Zahlungen haben am Jahresende den Wert

$$\sum_{k=1}^{12} 335 \cdot \left(1 + k \cdot \frac{i}{12}\right) = 335 \cdot \left(12 + \frac{i}{12} \cdot \frac{12 \cdot 13}{2}\right) = 4.020 + 2.177{,}5 \cdot i$$

Dieser Jahresendwert der Monatszahlungen muss zum Effektivzinssatz dem Jahresendwert der Einmalzahlung entsprechen:

$$4.020 + 2.177{,}5 \cdot i = 3.650 \cdot (1 + i)$$

Durch einfache Umformung lässt sich daruas der Effektivzinssatz berechnen:

$$370 = 1.472{,}5 \cdot i \quad \Longleftrightarrow \quad i = 25{,}13\,\%$$

b) Für den äquivalenten nominellen Jahreszinssatz gilt per Definition des Effektivzinssatzes

$$i_{\text{nom}} = i_{\text{eff}} = 25{,}13\,\%\,.$$

Äquivalenter stetiger sowie vorschüssiger Jahreszinssatz ergeben sich gemäß

$$i_{\text{stet}} = \ln(1 + i_{\text{eff}}) = 22{,}42\,\% \quad \text{bzw.} \quad i_{\text{vor}} = \frac{i_{\text{eff}}}{1 + i_{\text{eff}}} = 20{,}08\,\%\,.$$

Lösung zur 2. Klausuraufgabe

a) Seien x bzw. y die herzustellenden Stückzahlen der ersten bzw. zweiten Art Notebooks. Dann ist der Gewinn wie folgt zu maximieren:

$$\begin{array}{llrcrcr} \max & & 6x & + & 18y & & \\ \text{u. d. N.} & & x & + & 2y & \leq & 18 \\ & & 4x & + & 2y & \leq & 32 \end{array}$$

mit $x, y \geq 0$.

b) Für die Skizze siehe anschließende Graphik oder Quelle: vgl. Christian Bauer et al. [6], Aufgabe 4 und 5, S. 248 f. sowie S. 309.
Der optimale Punkt $(0,9)$ lässt sich unmittelbar aus der Graphik ablesen. Demzufolge beträgt der maximale Gewinn in Geldeinheiten:

$$z^* = 6 \cdot 0 + 18 \cdot 9 = 162.$$

c) Nein, durch die Beschäftigung von mehr Personal (zweite Nebenbedingung) lässt sich der Gewinn kurzfristig nicht erhöhen, denn der limitierende Produktionsfaktor sind die Speicherbausteine (erste Nebenbedingung).

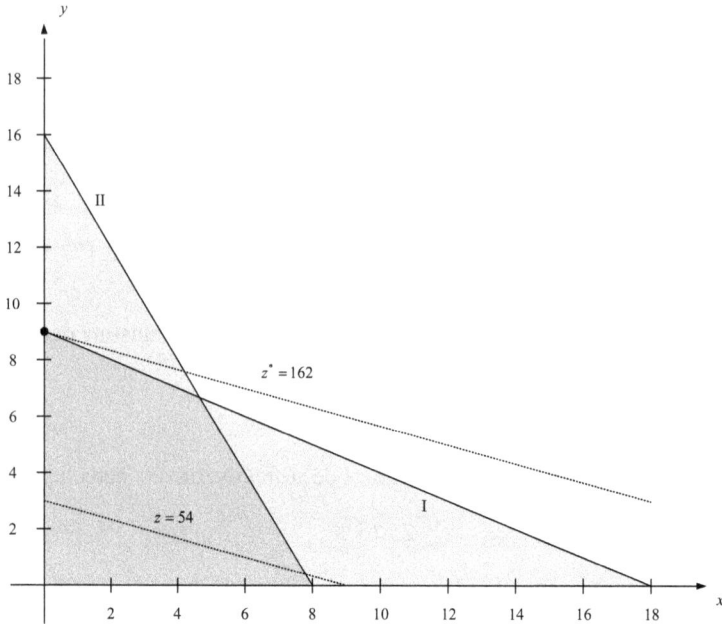

Abb. 5.18: *Aufgabe: Notebooks*

Lösung zur 3. Klausuraufgabe

a) Die enthaltene Mehrwertsteuer in Euro beträgt:

$$\frac{57}{119} \cdot 19 = 9{,}10$$

b) Der Anteil resultiert aus dem Verhältnis von Schadstoffanteil zur Gesamtmenge:

$$\frac{0{,}02x + 0{,}06y}{x + y}$$

c) Die Betragsfunktion auf $\mathbb{R}$ ist im Ursprung nicht differenzierbar.

d) Sie sind elastisch, da bereits relativ kleine Preisschwankungen zu vergleichsweise großen Nachfrageschwankungen führen, da das Gut durch ein anderes ersetzt werden kann.

e) Die Effektivverzinsung wird durch die exponetielle Verzinsung approximiert.

f) Nach den Potenzrechenregeln gilt:

$$\sqrt[3]{10^{3.729} \cdot 10^{-3.723}} = 10^{\frac{6}{3}} = 100$$

Lösung zur 4. Klausuraufgabe

Seien a die Länge und b die Breite des Bildschirms jeweils in Zoll. Dann lautet die Fläche:

$$f(a,b) = a \cdot b \quad \text{mit} \quad a,b \in [0,17]$$

Zusätzlich gilt nach dem Satz des Pythagoras für die Bildschirmdiagonale:

$$a^2 + b^2 = 17^2 \quad \Longleftrightarrow \quad b = \sqrt{289 - a^2}$$

Zusammen ergibt sich dadurch ein Extremwertproblem in einer Veränderlichen:

$$f(a) = a \cdot \sqrt{289 - a^2}$$

Die erste Ableitung hat gemäß Produkt- und Kettenregel anschließende Gestalt:

$$f'(a) = \sqrt{289 - a^2} + a \cdot \frac{1}{2 \cdot \sqrt{289 - a^2}} \cdot (-2a)$$

Die Ableitung gleich 0 gesetzt und mit der Wurzel durchmultipliziert führt zu:

$$289 - a^2 - a^2 = 0 \quad \Longleftrightarrow \quad a = \sqrt{144{,}5} \approx 12{,}02$$

Daraus folgt $a = b$ im optimalen Fall. Das flächenmaximale Rechteck ist also ein Quadrat. Da eine stetige Funktion auf kompaktem Definitionsbereich vorliegt, nimmt die Funktion ihr globales Maximum und Minimum an. An den Randstellen gilt:

$$f(0) = f(17) = 0$$

Die maximale Fläche von 144,5 Quadratzoll ergibt sich demnach bei einem quadratischen Bildschirm der Kantenlänge 12,02 Zoll.

Klausur Bachelor, Sommersemester 2010

Lösung zur 1. Klausuraufgabe

a) Der vervollständigte Tilgungsplan lautet:

Jahr	Schuld am Anfang	Annuität	Zins	Tilgung	Schuld am Ende
1	10.000	1.000	1.000	0	10.000
2	10.000	2.000	1.000	1.000	9.000
3	9.000	3.000	900	2.100	6.900
4	6.900	4.000	690	3.310	3.590
5	3.590	3.949	359	3.590	0

b) Die Annuität im 17. Jahr ist hinsichtlich einer Annuitätentilgung so groß wie die Annuität in jedem anderen Jahr auch.

$$A_{17} = A = \frac{S_0}{1 - q^{-n}} \cdot i = \frac{300.000}{1 - 1{,}08^{-30}} \cdot 0{,}08 = 26.648{,}23$$

Die Restschuld im 18. Jahr beträgt:

$$S_{18} = A \cdot q^{-n} \cdot \frac{q^n - q^k}{q - 1} = A \cdot 1{,}08^{-30} \cdot \frac{1{,}08^{30} - 1{,}08^{18}}{0{,}08} = 200.823{,}14$$

Für die Tilgung im 19. Jahr gilt:

$$T_{19} = A \cdot q^{-n+k-1} = A \cdot 1{,}08^{-30+19-1} = A \cdot 1{,}08^{-12} = 10.582{,}38$$

Und im 20. Jahr sind an Zinsen zu zahlen:

$$Z_{20} = A \cdot (1 - q^{-n+k-1}) = A \cdot (1 - q^{-11}) = 15.219{,}26$$

c) Es handelt sich um eine nachschüssige arithmetische Rente bei bekanntem Rentenendwert, für die der Rentenzuwachs d gesucht ist. Die Formel lautet:

$$K_n = R \cdot \mathrm{REF}_{\mathrm{nach}}(n, i) + \frac{d}{q - 1} \cdot (\mathrm{REF}_{\mathrm{nach}}(n, i) - n) \quad \text{mit} \quad \mathrm{REF}_{\mathrm{nach}}(n, i) = \frac{q^n - 1}{q - 1}$$

Nach d umgestellt:

$$d = \frac{K_n - R \cdot \mathrm{REF}_{\mathrm{nach}}(n, i)}{\mathrm{REF}_{\mathrm{nach}}(n, i) - n} \cdot i = \frac{100.000 - 5.000 \cdot \mathrm{REF}_{\mathrm{nach}}(20, 5\,\%)}{\mathrm{REF}_{\mathrm{nach}}(20, 5\,\%) - 20} \cdot 5\,\% = -250$$

Als Nebenrechnung wird dabei zunächst der Rentenendwertfaktor berechnet und eingesetzt:

$$\mathrm{REF}_{\mathrm{nach}}(20, 5\,\%) = \frac{1{,}05^{20} - 1}{0{,}05} = 33{,}065954.$$

Lösung zur 2. Klausuraufgabe

Die Preisabsatzfunktion wird in die Gewinnfunktion eingesetzt:

$$G_1 = p \cdot x_1 - c \cdot x_1 = (a - b \cdot (x_1 + x_2)) \cdot x_1 - c \cdot x_1$$

Darauf aufbauend ist eine Nullstelle der ersten Ableitung nach der für den ersten Anbieter relevanten Variablen x_1 gesucht:

$$\frac{\partial G_1}{\partial x_1} = a - 2bx_1 - bx_2 - c = 0 \quad \Longleftrightarrow \quad x_1 = \frac{a - bx_2 - c}{2b}$$

Tauschen x_1 und x_2 die Rollen, dann gilt analog:

$$x_2 = \frac{a - bx_1 - c}{2b}$$

Der letzte Ausdruck wird für x_2 in die Bestimmungsgleichung für x_1 eingesetzt. Daraus folgt

$$x_1 = \frac{1}{2b} \cdot \left(a - b \cdot \frac{a - bx_1 - c}{2b} - c\right) = \frac{1}{2b} \cdot \frac{a + bx_1 - c}{2} = \frac{a - c}{4b} + \frac{x_1}{4}$$

für den optimalen Kandidaten. Die Gleichung wird nach x_1 umgestellt:

$$x_1 = \frac{4}{3} \cdot \frac{a-c}{4b} = \frac{a-c}{3b}$$

Anhand der zweiten Ableitung wird deutlich, dass es sich tatsächlich um das Maximum handelt:

$$\frac{\partial^2 G_1}{\partial x_1^2} = -2b < 0$$

Für x_2 erfolgt die Herleitung genauso, weshalb zusammenfassend gilt, dass

$$x_1 = x_2 = \frac{4}{3} \cdot \frac{a-c}{4b} = \frac{a-c}{3b}$$

die optimalen Angebotsmengen für das Problem liefern. Der zugehörige Marktpreis lautet:

$$p = a - b \cdot (x_1 + x_2) = a - 2b \cdot \frac{a-c}{3b} = a - \frac{2}{3} \cdot (a-c) = \frac{a+2c}{3}$$

Lösung zur 3. Klausuraufgabe

a) Der Punkt $(3,3)$ liegt im Innern des Zulässigkeitsbereichs, da alle Nebenbedingungen als echte Ungleichungen erfüllt sind:

$$3x_1 + 2x_2 = 15 < 18, \quad x_1 + x_2 = 6 < 7 \quad \text{und} \quad 2x_1 + 3x_2 = 15 < 18.$$

Allerdings können nur Punkte auf dem Rand des Zulässigkeitsbereichs optimal sein, weil ansonsten die Kapazitätsgrenzen noch nicht erreicht sind.
Der Punkt $(1,7)$ ist nicht zulässig und somit nicht optimal, da z. B. die zweite Nebenbedingung nicht erfüllt ist:

$$x_1 + x_2 = 8 > 7.$$

Auch $(0,6)$ ist nicht optimal, da $(3,3)$, siehe oben, zulässig ist und einen größeren Zielfunktionswert besitzt:

$$z(3,3) = 5 \cdot 3 + 4 \cdot 3 = 27 > 24 = 5 \cdot 0 + 4 \cdot 6 = z(0,6).$$

b) Die optimale Lösung ergibt sich als Schnittpunkt der Begrenzungsgeraden der ersten und zweiten Nebenbedingung:

$$x_2 = 7 - x_1 \quad \Longrightarrow \quad 3x_1 + 2 \cdot (7 - x_1) = 18 \quad \Longrightarrow \quad x_1 = 4 \quad \text{und} \quad x_2 = 3$$

Und der maximale Zielfunktionswert beträgt:

$$z = 5 \cdot x_1 + 4 \cdot x_2 = 5 \cdot 4 + 4 \cdot 3 = 32$$

c) Alle Nebenbedingungen werden als Gleichungen nach x_2 umgestellt. Dies liefert die Geradengleichungen:

$$x_2 = -\tfrac{3}{2} \cdot x_1 + 9, \quad x_2 = -x_1 + 7 \quad \text{und} \quad x_2 = -\tfrac{2}{3} \cdot x_1 + 6$$

Daraus lassen sich die Steigungen $-\frac{3}{2}$ bzw. -1 und $-\frac{2}{3}$ direkt ablesen. Die Steigung der neuen Zielfunktion

$$x_2 = -1{,}5 \cdot x_1 + z$$

ist mit der Steigung der Begrenzungsgeraden der ersten Nebenbedingung identisch. Daraus folgt die neue optimale Lösungsmenge als Konvexkombination:

$$X^* = \left(\vec{x} \in \mathbb{R}^2 \mid \vec{x} = \lambda \cdot \begin{pmatrix} 4 \\ 3 \end{pmatrix} + (1 - \lambda) \cdot \begin{pmatrix} 0 \\ 6 \end{pmatrix} \quad \text{mit } 0 \le \lambda \le 1 \right).$$

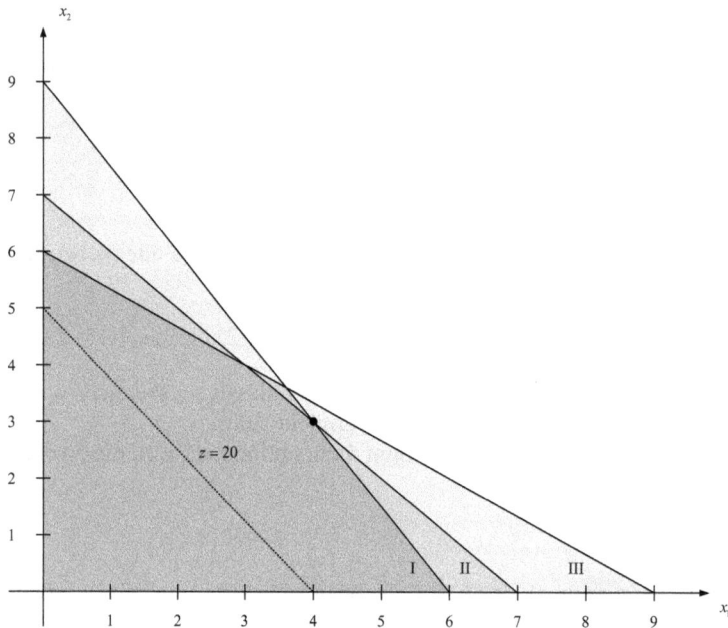

Abb. 5.19: Aufgabe: Maximierungsproblem

Lösung zur 4. Klausuraufgabe

a) Ein Rabatt in Höhe von 19 % ist größer und damit besser, da er sich auf den Bruttopreis bezieht, die 19 % Mehrwertsteuer hingegen auf den Nettopreis.

b) Es handelt sich mit $1/37$ um den Kehrwert, da $\det(A) \cdot \det(A^{-1}) = \det(E) = 1$ gilt.

c) Der angegebene Bruch mit den Fakultäten lässt sich wie folgt vereinfachen:

$$\frac{101!}{99!} = 101 \cdot 100 = 10.100$$

d) Es handelt sich um eine Zahlenfolge, bei der sich zwei direkt aufeinander folgende Zahlen nur um eine multiplikative Konstante unterscheiden.

e) Der Bildbereich ist eine Teilmenge des Wertebereichs. Es handelt sich um die Zusammenfassung der Werte in einer Menge, die tatsächlich von der Funktion angenommen werden.

f) Zwei Matrizen können miteinander multipliziert werden. Dazu muss die Spaltenanzahl der ersten Matrix gleich sein der Zeilenanzahl der zweiten Matrix.

Klausur Bachelor, Wintersemester 2010/2011

Lösung zur 1. Klausuraufgabe

a) Vor dem Hintergrund einer Annuitätentilgung beträgt die Annuität:

$$A = \frac{S_0}{\text{RBF}_{\text{nach}}(n,i)} = \frac{S_0 \cdot i}{1 - q^{-n}} = \frac{125.000 \cdot 0,07}{1 - 1,07^{-8}} = 20.933,47$$

b) Die Annuität im 12. Jahr im Hinblick auf eine Ratentilgung lautet:

$$A_k = \frac{S_0}{n} \cdot [(n - k + 1) \cdot i + 1] = \frac{350.000}{17} \cdot [(17 - 12 + 1) \cdot 0,08 + 1] = 30.470,59$$

c) Für den Rentenbarwert der vorschüssigen geometrischen Rente gilt:

$$K_0 = q^{-n} \cdot K_n = q^{-n} \cdot n \cdot R \cdot q^n = n \cdot R$$

Daraus folgt:

$$R = \frac{K_0}{n} = \frac{100.000}{20} = 5.000$$

d) Wenn sich das Kapital nach neun Jahren verdoppelt hat, muss für einen nachschüssigen Zinssatz bei jährlichem Zinszuschlag gelten:

$$K_9 = 2K_0 = K_0 \cdot q^9$$

Demzufolge ist der gesuchte Zinssatz wie folgt zu berechnen:

$$2 = q^9 \quad \Longleftrightarrow \quad i = \sqrt[9]{2} - 1 = 8,01\,\%$$

Lösung zur 2. Klausuraufgabe

Für die Lösung der Aufgabe vgl. Spindler [64], S. 506, Aufg. 95.2.

a) Die beiden partiellen Ableitungen werden berechnet und gleich 0 gesetzt:

$$f_x(x,y) = 4x^3 - 4x = 0 \quad \text{und} \quad f_y(x,y) = 2y = 0$$

Aus der zweiten Gleichung folgt sofort $y = 0$. Aufgrund der ersten Gleichung gilt:

$$4x \cdot (x^2 - 1) = 0 \quad \Longleftrightarrow \quad x = -1, \quad x = 0, \quad x = 1$$

Die Kandidaten lauten demnach: $(-1,0)$, $(0,0)$ und $(1,0)$.

b) Die erste Ableitung im Punkt $(-1,0)$ verschwindet, wodurch die notwendige Bedingung zur Vorlage eines lokalen Extremums erfüllt ist. Die zweite Ableitung hat die Gestalt:

$$f''(x,y) = \begin{pmatrix} 12x^2 - 4 & 0 \\ 0 & 2 \end{pmatrix} \quad \Longrightarrow \quad f''(-1,0) = \begin{pmatrix} 8 & 0 \\ 0 & 2 \end{pmatrix} = H$$

Die Matrix H ist positiv definit, denn die Hauptabschnittsdeterminanten sind positiv:

$$\det(H^{11}) = 8 > 0 \quad \text{und} \quad \det(H^{22}) = \det(H) = 16 > 0$$

Demnach liegt ein lokales Minimum vor mit Wert:

$$f(-1,0) = (-1)^4 - 2 \cdot (-1)^2 = 1 - 2 = -1.$$

Lösung zur 3. Klausuraufgabe

a) Durch Gleichsetzen der Kosten mit dem Wert der erstellten Leistungseinheiten gemäß Hinweis entstehen vier Gleichungen: (vgl. Führer [27], S. 211 und S. 255)

$$9 + b + c + d = 20a, \quad 117 + a + c = 40b, \quad 28 + 2a + 2d = 20c \quad \text{und} \quad 51 + a + 4c = 10d.$$

b) Folgende Manipulationen werden an der Ausgangstabelle durchgeführt:

0	1	-1.909	0	-3.815	$\lvert +1.909 \cdot \text{II}$
0	0	1	0	2	
0	0	-10	1	-14	$\lvert +10 \cdot \text{II}$
1	0	-96	0	-191	$\lvert +96 \cdot \text{II}$

Dementsprechend ist das lineare Gleichungssystem anschließend entschlüsselt:

0	1	0	0	3
0	0	1	0	2
0	0	0	1	6
1	0	0	0	1

Dadurch können die Variablen unmittelbar abgelesen werden:

$$a = 1, \quad b = 3, \quad c = 2 \quad \text{und} \quad d = 6.$$

Die innerbetrieblichen Verrechnungspreise der Leistungen der Abteilungen A, B, C und D betragen 1, 3, 2 und 6 Geldeinheiten pro Leistungseinheit.

Lösung zur 4. Klausuraufgabe

a) Das Verhältnis von Absatzeinbruch zur Vortagesmenge ist zu berechnen:

$$\frac{50 - 40}{50} = \frac{1}{5} = 20\,\%$$

Somit ist der Absatz um 20 % eingebrochen.

b) Fünf Schuhfabriken produzieren in drei Wochen 1.500 Paar Damenschuhe. Dann produziert eine Fabrik in einer Woche

$$\frac{1.500}{5 \cdot 3} = 100$$

Paar Damenschuhe. Und in zwei Fabriken gleicher Art werden demzufolge in vier Wochen

$$100 \cdot 2 \cdot 4 = 800$$

Paar Damenschuhe produziert.

c) Die vorgegebene Wurzel hat den Wert:

$$\sqrt[2.340]{4^{1.170}} = 4^{\frac{1.170}{2.340}} = 4^{\frac{1}{2}} = \sqrt{4} = 2.$$

d) Die Tilgungsleistungen steigen im Laufe der Zeit, da die Annuitäten bei einer Annuitätentilgung konstant bleiben, während die Zinsleistungen fallen.

e) Ein lineares Programm befindet sich in der kanonischen Form, wenn die Zielfunktion zu maximieren ist, wenn alle Nebenbedingungen als Gleichungen vorliegen und wenn alle Variablen nichtnegativ sind.

f) Zwei Matrizen können genau dann miteinander multipliziert werden, wenn die Spaltenanzahl der ersten gleich ist der Zeilenanzahl der zweiten Matrix.

Klausur Bachelor, Sommersemester 2011

Lösung zur 1. Klausuraufgabe

a) Die Aufgabe samt Lösung stammt aus dem Lehrbuchteil, siehe Seite 25.

b) Die Lösung steht auf Seite 18 oben.

c) Gesucht ist ein äquivalenter nachschüssiger Jahreszinssatz, woraus der Ansatz folgt:

$$K_0 \cdot q^7 = K_0 \cdot 1{,}03 \cdot 1{,}045 \cdot 1{,}055 \cdot 1{,}06 \cdot 1{,}06 \cdot 1{,}0625 \cdot 1{,}0625$$

Daraus ergibt sich durch Umstellen:

$$i = \sqrt[7]{1{,}03 \cdot 1{,}045 \cdot 1{,}055 \cdot 1{,}06 \cdot 1{,}06 \cdot 1{,}0625 \cdot 1{,}0625} - 1 = 0{,}053512$$

Demnach kann die Rendite der Bundesschatzbriefe mit ca. 5,35 % angegeben werden.

Lösung zur 2. Klausuraufgabe

Zum Auffinden der lokalen Extremstellen werden die partiellen Ableitungen gleich 0 gesetzt:

$$f_x(x,y) = 4(x-1) = 0 \quad \text{und} \quad f_y(x,y) = -3y^2 - 2y = -y \cdot (3y+2) = 0$$

Die erste Gleichung ist für $x = 1$ erfüllt, die zweite liefert $y = 0$ und $y = -2/3$ als Ergebnisse. Demzufolge gibt es zwei Kandidaten für die Extremstellen:

$$\vec{k_1} = (1,0) \quad \text{und} \quad \vec{k_2} = (1, -\tfrac{2}{3})$$

Diese werden in die Hessematrix

$$f''(x,y) = \begin{pmatrix} 4 & 0 \\ 0 & -6y-2 \end{pmatrix}$$

eingesetzt, wodurch folgende beiden Matrizen entstehen:

$$A = f''(\vec{k}_1) = \begin{pmatrix} 4 & 0 \\ 0 & -2 \end{pmatrix} \quad \text{und} \quad B = f''(\vec{k}_2) = \begin{pmatrix} 4 & 0 \\ 0 & 2 \end{pmatrix}$$

Matrix A ist indefinit und es liegt kein Extremum, sondern ein Sattelpunkt vor. Dies gilt aufgrund der quadratischen Form:

$$Q_A(a,b) = 4a^2 - 2b^2$$

Sie kann sowohl positive als auch negative Werte annehmen:

$$\text{z. B.} \quad Q_A(1,0) = 4 > 0 \quad \text{und} \quad Q_A(0,1) = -2 < 0.$$

Matrix B ist positiv definit. Dies folgt aus dem Umstand, dass alle Hauptabschnittsdeterminanten größer als 0 sind:

$$\det(B^{11}) = 4 > 0 \quad \text{und} \quad \det(B) = 8 > 0.$$

Daher liegt in diesem Punkt ein ein lokales Minimum vor.

Lösung zur 3. Klausuraufgabe

a) Mit a, b, c und d wird jeweils die Anzahl der herzustellenden Spiegelschränke, Konsolen, Highboards und Wandschränke bezeichnet. Dann lautet das lineare Programm wie folgt:

$$\begin{array}{rrrrrrrrrl}
\max & 60a & + & 20b & + & 80c & + & 70d & & \\
\text{u. d. N.} & 1{,}7a & + & 0{,}1b & + & 3{,}1c & + & 4d & \leq & 500 \\
& 0{,}7a & + & 1{,}1b & + & 1{,}3c & + & 0{,}3d & \leq & 300 \\
& 3a & + & 0{,}5b & + & 5c & + & 10d & \leq & 800 \\
& & & & & & & d & \leq & 10
\end{array}$$

mit $a \geq 40$, $b \geq 130$, $c \geq 30$ und $d \geq 0$.

b) Für die Graphik siehe unten oder auch Luderer/Würker [49], S. 217 f.

Die optimale Lösung ergibt sich als Schnittpunkt der Begrenzungsgeraden der ersten und zweiten Nebenbedingung:

$$x_1 + x_2 = 60 \quad \text{und} \quad x_2 = 45 \quad \Longrightarrow \quad x_1 = 15$$

Der Zielfunktionswert berechnet sich damit folgendermaßen:

$$z^* = 50 \cdot x_1 + 150 \cdot x_2 = 50 \cdot 15 + 150 \cdot 45 = 7.500.$$

Mit der optimalen Lösung $(15, 45)$ wird ein maximaler Zielfunktion von 7.500 erreicht.

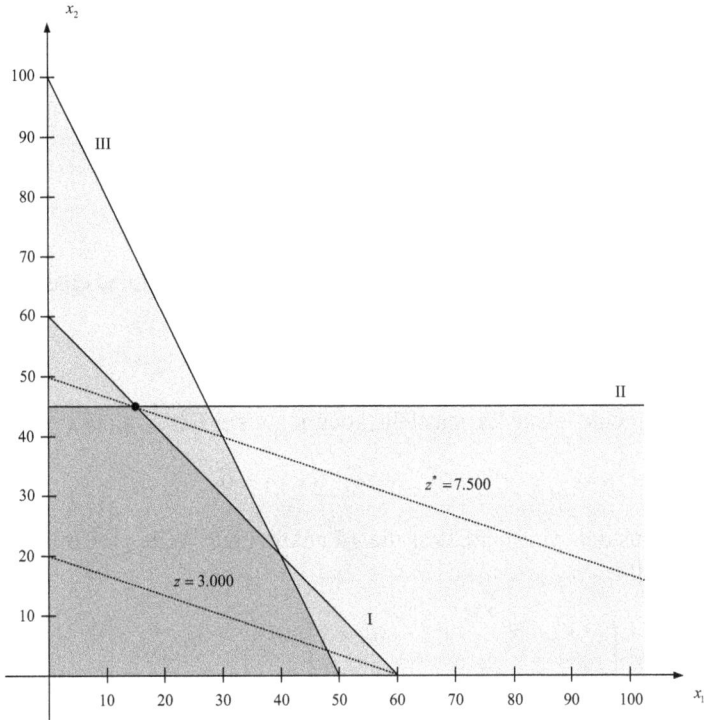

Abb. 5.20: *Aufgabe: Getränkeproblem*

Lösung zur 4. Klausuraufgabe

a) Die Funktion auf kompakter Menge nimmt ihr globales Maximum und Minimum an.

b) Eine Teilmenge des $\mathbb{R}^n$ heißt kompakt, wenn sie beschränkt und abgeschlossen ist.

c) Die Rechenregeln für Wurzeln liefern folgendes Resultat:

$$\sqrt[3.693]{27^{1.231}} = 27^{\frac{1.231}{3.693}} = 27^{\frac{1}{3}} = 3.$$

d) Die gemischte Verzinsung vereinigt die einfache Verzinsung mit der Zinseszinsrechnung.

e) Man spricht von linearer Programmierung bzw. linearen Programmen, weil sowohl die Ziel-funktion als auch die Nebenbedingungen mit Hilfe linearer Funktionen modelliert werden.

f) Es handelt sich um eine quadratische Matrix, die heranmultipliziert an die Ausgangsmatrix die Einheitsmatrix ergibt.

Klausur Bachelor, Wintersemester 2011/2012

Lösung zur 1. Klausuraufgabe

a) Unter dem Zeitwert des Geldes ist zu verstehen, dass das Kapital als eine Funktion in Ab-hängigkeit von der Zeit aufgefasst werden kann.

b) Zinsen werden vernachlässigt, d. h. es wird ein Zinssatz von 0 % angenommen, die monatliche Miete sei vorschüssig und die Rente geometrisch. Dann resultiert aus monatlich 500 Euro eine gleichwertige Jahresmiete in Höhe von 6.000 Euro. Diese Jahremiete liegt am Jahresende vor. Daher handelt es sich um eine nachschüssige geometrische Rente, für deren Rentenendwert gilt:

$$K_n = R \cdot \frac{q^n - z^n}{q - z} = 6.000 \cdot \frac{1 - 1,012^{30}}{1 - 1,012} = 215.130,63$$

mit einer Laufzeit von 30 Jahren, einem Aufzinsungsfaktor $q = 1$ und einem Zuwachsfaktor $z = 1,012$ aufgrund von Mietpreissteigerungen.

Lösung zur 2. Klausuraufgabe

a) Als Kandidat für eine lokale Extremstelle kommt nur der Ursprung in Frage:

$$f'(x, y) = (y \cdot e^{xy}, x \cdot e^{xy}) = \vec{0} \quad \Longleftrightarrow \quad (x, y) = \vec{0}$$

Letzeres folgt aus dem Umstand, dass die e-Funktion nur Werte größer 0 annehmen kann. Des Weitern gilt:

$$f''(x, y) = \begin{pmatrix} y^2 \cdot e^{xy} & e^{xy} + xy \cdot e^{xy} \\ e^{xy} + xy \cdot e^{xy} & x^2 \cdot e^{xy} \end{pmatrix} \quad \Longrightarrow \quad f''(\vec{0}) = \begin{pmatrix} 0 & 1 \\ 1 & 0 \end{pmatrix} = M$$

Die quadratische Form $Q_M(a, b) = 2ab$ kann positive wie negative Werte annehmen, z. B.

$$Q_M(1,1) = 2 > 0 \quad \text{und} \quad Q_M(-1,1) = -2 < 0$$

Damit liegt im Ursprung ein Sattelpunkt vor, und die Funktion besitzt weder lokale Maxima noch lokale Minima.

b) Die Funktion ist auf ganz $\mathbb{R}^2$ definiert. Daher ist der Definitionsbereich offen, da mit jedem Punkt auch der Kreis um diesen Punkt mit Radius 1 wieder komplett in $\mathbb{R}^2$ liegt. Er ist abgeschlossen, weil mit jeder konvergenten Folge auch der Grenzwert in $\mathbb{R}^2$ liegt. Der Raum ist nicht beschränkt, da die Koordinatenwerte über alle Grenzen hinaus wachsen können. Da $\mathbb{R}^2$ nicht beschränkt ist, kann er auch nicht kompakt sein.

Lösung zur 3. Klausuraufgabe

a) Mit der im Aufgabentext enthaltenen Variablendeklaration folgt:

$$
\begin{array}{rrcrcr}
\max & 3x & + & 4y & & \\
\text{u. d. N.} & 15x & + & 30y & \leq & 2.400 \\
& 30x & + & 15y & \leq & 2.400 \\
& x & & & \geq & 40 \\
& 15x & + & 30y & \geq & 1.200
\end{array}
$$

mit $x, y \geq 0$.

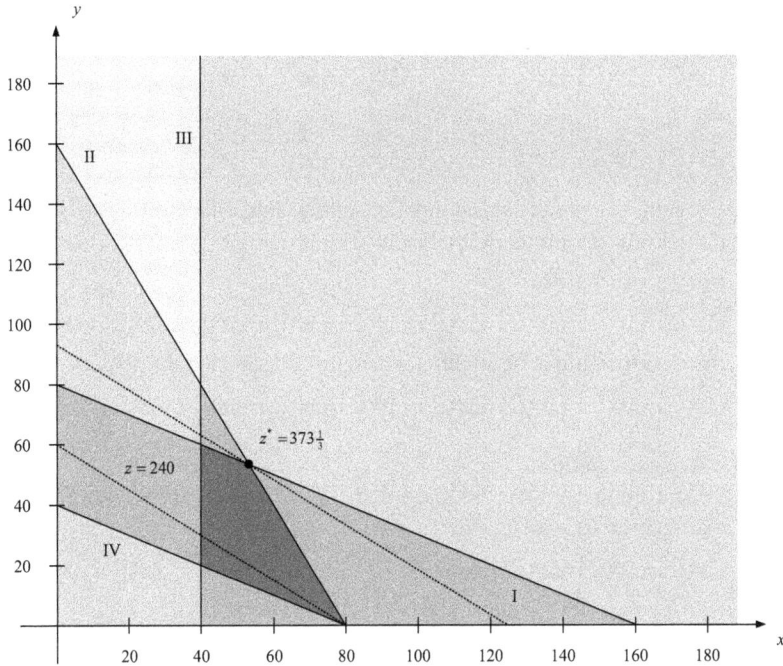

Abb. 5.21: *Aufgabe: Güterproduktion mit Gewinnmaximierung*

b) Zur Bestimmung der optimalen Lösung ist der Schnittpunkt der Begrenzungsgeraden der ersten und zweiten Nebenbedingung zu berechnen:

$$15x + 30y = 2.400 \quad \text{und} \quad 30x + 15y = 2.400.$$

Aus der zweiten Gleichung folgt

$$y = -2x + 160.$$

Das Ergebnis wird für y in die erste Gleichung eingesetzt:

$$15x + 30 \cdot (-2x + 160) = -45x + 4.800 = 2.400 \quad \Longrightarrow \quad x^* = \frac{2.400}{45} = 53\tfrac{1}{3}$$

Dann aber hat auch schon y denselben Wert

$$y^* = -2x + 160 = -2 \cdot 53\tfrac{1}{3} + 160 = 53\tfrac{1}{3}$$

und im Hinblick auf die Zielfunktion gilt:

$$z^* = 3x + 4y = 7 \cdot 53\tfrac{1}{3} = 373\tfrac{1}{3}$$

Pro Woche beträgt der maximale Gewinn 373,33 Euro, der bei der Produktion von je 53,33 Stück der beiden Güter realisiert wird.

c) Die optimale Lösungsmenge ändert sich nicht, da die dritte Nebenbedingung ersetzt wird durch eine Parallele zur Ordinate durch den Punkt (50,0). Die optimale Lösung bleibt erhalten, da der optimale Wert für x größer 50 ist.

Lösung zur 4. Klausuraufgabe

a) Man stößt auf die geometrische Summenformel:

$$x + \frac{x}{2} + \frac{x}{4} + \ldots = x \cdot \sum_{k=0}^{\infty} \left(\tfrac{1}{2}\right)^k = x \cdot \frac{1}{1 - \frac{1}{2}} = 2x$$

Demzufolge hat Ingo Uwe nach der doppelten Entfernung eingeholt.

b) Man rechnet die Potenzen folgendermaßen aus:

$$\sqrt{4^{4.713} \cdot 16^{-2.356}} = \left(4^{4.713} \cdot 4^{-4.712}\right)^{\frac{1}{2}} = \sqrt{4} = 2.$$

c) Sei die gegebene Matrix mit A bezeichnet. Dann gilt für die Hauptabschnittsdeterminanten:

$$\det(A^{11}) = -1 < 0, \quad \det(A^{22}) = 5-4 = 1 > 0 \quad \text{und} \quad \det(A) = -15+1+12 = -2 < 0$$

Demnach ist A negativ definit.

d) Mittels Gaußalgorithmus ist sofort klar, dass die Matrix mit ihrer Inversen identisch ist.

e) Das Newton-Verfahren liefert den Wert:

$$x_2 = x_1 - \frac{f(x_1)}{f'(x_1)} = 1,5 - \frac{1,5^2 - 2}{2 \cdot 1,5} = 1,41\bar{6}.$$

f) Die kanonische Form des linearen Programm lautet:

$$
\begin{array}{rrrrrrrrcr}
\max & -7x & - & 2y & + & z & & & & \\
\text{u. d. N.} & -3x & + & y & - & z & - & s_1 & & = & 4 \\
& -x & & & + & 5z & & & + s_2 & = & -2 \\
& 4x & - & 3y & & & & & & = & 7
\end{array}
$$

mit x, y, z, s_1 und $s_2 \geq 0$.

Klausur Bachelor, Sommersemester 2012

Lösung zur 1. Klausuraufgabe

a) Der Rentenbarwert wird berechnet. Dabei sind der Einfachheit halber die Geldbeträge wie in der Aufgabenstellung in 1.000€ angegeben.

$$K_0 = -1.000 + 300 \cdot 1,1^{-1} + 500 \cdot 1,1^{-2} + 400 \cdot 1,1^{-3} + 200 \cdot 1,1^{-4} = 123,07902$$

Damit ist die Investition vorteilhaft, da der Rentenbarwert größer als 0 ist.

b) Der Ansatz folgt aus der Rentenrechnung für konstante vorschüssige Renten:

$$K_0 = R \cdot \frac{1 - q^{-n}}{q - 1} \cdot q \quad \Longrightarrow \quad R = \frac{K_0 \cdot i}{(1 - q^{-n}) \cdot q} = \frac{123.079,02 \cdot 0,1}{(1 - 1,1^{-4}) \cdot 1,1} = 35.298,04$$

Es müssen jährlich jeweils 35.298,04 Euro vorschüssig gezahlt werden, um denselben Rentenbarwert zu erhalten.

c) Die Barwerte der beiden Investitionsalternativen werden verglichen:

$$123{,}07902 < x + 400 \cdot 1{,}1^{-1} + 600 \cdot 1{,}1^{-2} + 300 \cdot 1{,}1^{-3}$$

Dies führt zu:

$$123{,}07902 < x + 1.084{,}8986 \quad \Longleftrightarrow \quad -961{,}81955 < x$$

Die Anfangsauszahlung darf damit maximal 961.819,54€ betragen, damit das zweite Investitionsobjekt im Vergleich zum ersten einen größeren positiven Rentenbarwert liefert und darurch vorteilhaft wäre.

Lösung zur 2. Klausuraufgabe

a) Aus der ersten Ableitung ergeben sich die beiden Bestimmungsgleichungen für die Kandidaten, die als Extremstellen in Frage kommen:

$$f'(x,y) = (6y - 6x^2, 6x - 6y) = (0,0)$$

Aus der zweiten Gleichung $6x - 6y = 0$ folgt $x = y$. Diese Erkenntnis wird in der ersten Gleichung verwendet:

$$6y - 6x^2 = 6x - 6x^2 = 6x \cdot (1-x) = 0 \quad \Longleftrightarrow \quad x = 0 \quad \text{oder} \quad x = 1.$$

Somit sind die beiden Kandidaten

$$\vec{k_1} = (0,0) \quad \text{und} \quad \vec{k_2} = (1,1)$$

zu prüfen, indem man sie in die Hessematrix

$$f''(x,y) = \begin{pmatrix} -12x & 6 \\ 6 & -6 \end{pmatrix}$$

einsetzt. Dadurch entstehen zwei Matrizen, deren Definitheit bestimmt werden muss:

$$A = f''(\vec{k_1}) = \begin{pmatrix} 0 & 6 \\ 6 & -6 \end{pmatrix} \quad \text{und} \quad B = f''(\vec{k_2}) = \begin{pmatrix} -12 & 6 \\ 6 & -6 \end{pmatrix}$$

Die quadratische Form von A kann sowohl positive als auch negative Werte annehmen:

$$Q_A(a,b) = 12ab - 6b^2 \quad \Longrightarrow \quad Q_A(0,1) = -6 < 0 \quad \text{und} \quad Q_A(2,1) = 18 > 0.$$

Demnach ist Matrix A indefinit und $(0,0)$ kein Extrempunkt. Anschließend wird anhand der Hauptabschnittsdeterminanten die Definitheit von Matrix B untersucht:

$$\det(B^{11}) = -12 < 0 \quad \text{und} \quad \det(B) = 36 > 0.$$

Somit ist B negativ definit und in $(1,1)$ liegt ein lokales Maximum vor.

b) Globale Extremstellen existieren nicht, denn:

$$f(x,0) = -2x^3$$

strebt für $x \longrightarrow \infty$ gegen $-\infty$ und für $x \longrightarrow -\infty$ gegen ∞. Daher kann die Funktion beliebig große und beliebig kleine werte annehmen.

Lösung zur 3. Klausuraufgabe

a) Seien x die zu produzierende Stückzahl von Produkt X und y die zu produzierende Stückzahl von Produkt Y. Dann lautet das lineare Programm:

$$
\begin{array}{llrcrcr}
\max & 5x & + & 3y & & \\
\text{u. d. N.} & x & + & 2y & \leq & 8 \\
& 3x & + & 2y & \leq & 20 \\
& x & - & 2y & = & 0
\end{array}
$$

mit $x, y \geq 0$. Die letztgenannte Nebenbedingung resultiert aus der Forderung

$$
\frac{x}{y} = \frac{2}{1} = 2 \quad \Longleftrightarrow \quad x = 2y
$$

und entsprechender Umstellung.

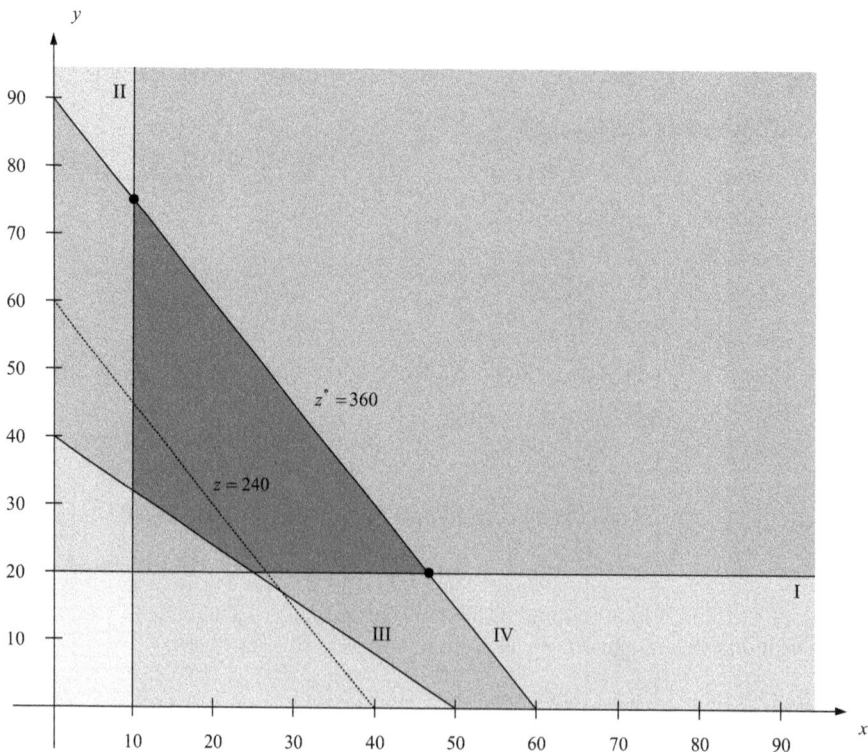

Abb. 5.22: *Aufgabe: Lineares Entscheidungsproblem*

b) Die Steigung der Zielfunktion sowie die Steigung der Begrenzungsgeraden der vierten Nebenbedingung ist mit $-3/2$ identisch. Daher sind insgesamt zwei Ecken und alle Punkte auf

der Strecke dazwischen optimal. Für die erste Ecke gilt:

$$x^* = 10 \quad \text{und} \quad y^* = \frac{180 - 30}{2} = 75 \quad \implies \quad (10, 75)$$

Und für die zweite Ecke ergibt sich:

$$y^* = 20 \quad \text{und} \quad x^* = \frac{180 - 40}{3} = \frac{140}{3} \quad \implies \quad (\tfrac{140}{3}, 20)$$

In beiden Fällen hat man die Geradengleichung der Begrenzungsgeraden der vierten Nebenbedingung ausgenutzt. Die optimale Lösungsmenge ist daher eine Konvexkombination der beiden Eckpunkte:

$$X^* = \left(\vec{x} \in \mathbb{R}^2 \mid \vec{x} = \lambda \cdot \begin{pmatrix} 10 \\ 75 \end{pmatrix} + (1 - \lambda) \cdot \begin{pmatrix} \frac{140}{3} \\ 20 \end{pmatrix} \quad \text{mit } 0 \leq \lambda \leq 1 \right).$$

Für den maximalen Wert der Zielfunktion gilt:

$$z^* = 6x + 4y = 6 \cdot 10 + 4 \cdot 75 = 360.$$

Lösung zur 4. Klausuraufgabe

a) Die Rechnung lautet:

$$\frac{100\,\%}{90\,\%} = 1,\bar{1}$$

Die Aktie müsste also um 11,11 % steigen.

b) Ein lineares Programm befindet sich in der kanonischen Form, wenn die Zielfunktion zu maximieren ist, alle Nebenbedingungen als Gleichungen vorliegen und wenn alle Variablen nichtnegativ sind.

c) Über das Newton-Verfahren wird der gesuchte Wert ermittelt:

$$x_2 = x_1 - \frac{f(x_1)}{f'(x_1)} = 1,75 - \frac{1,75^2 - 3}{2 \cdot 1,75} = 1,732143.$$

Zum Vergleich: $\sqrt{3} = 1,7320508$.

d) Die Restschulden sinken, da getilgt wird. Die Zinsen fallen, weil die Restschulden sinken. Die Annuitäten bleiben konstant, da es sich um eine Annuitätentilgung handelt. Und die Tilgungsanteile steigen, da die Annuität die Summe aus Zins und Tilgung ist und Satz zwei und drei gilt.

e) Mengen können offen, abgeschlossen, beschränkt und kompakt sein.

f) Eine Matrix ist invertierbar genau dann, wenn ihre Determinante von 0 verschieden ist. Wird mit M die vorgelegte Matrix bezeichnet. Dann gilt:

$$\det(M) = a \cdot 1 + 0 \cdot b = a$$

Demnach kann b beliebig und $a \neq 0$ sein.

Klausur Bachelor, Wintersemester 2012/2013

Lösung zur 1. Klausuraufgabe

a) Im ersten Schritt wird aus den monatlichen vorschüssigen Zahlungen eine äquivalente nachschüssige Jahreszahlung berechnet:

$$R = r \cdot \left(m + i \cdot \frac{m+1}{2} \right) = 100 \cdot \left(12 + 0{,}05 \cdot \frac{13}{2} \right) = 1.232{,}50.$$

Nun liegt eine konstante nachschüssige Rente vor, deren Rentenendwert bestimmt wird:

$$K_n = R \cdot \mathrm{REF}_{\mathrm{nach}}(n, i) = 1.232{,}5 \cdot \frac{1{,}05^{10} - 1}{1{,}05 - 1} = 15.502{,}25.$$

Der Kontostand nach 10 Jahren beträgt demnach 15.502,25 Euro.

b) Über den Ansatz

$$a + (a + d) + (a + 2d) + \ldots + (a + (n-1) \cdot d)$$

gelangt man zu folgender Formel:

$$\sum_{k=0}^{n-1} (a + k \cdot d) = n \cdot a + d \cdot \sum_{k=0}^{n-1} k = n \cdot a + d \cdot \frac{(n-1) \cdot n}{2}$$

Im letzten Schritt wurde die Gaußformel angewandt.

Lösung zur 2. Klausuraufgabe

Der Gesamtumsatz beträgt in Einheiten zu 100€ nach Aufgabenstellung:

$$U(x, y) = x \cdot f_1(x, y) + y \cdot f_2(x, y) = x \cdot (395 - 10x + 4y) + y \cdot (65 + 3x - 8y)$$

Durch Ausmultiplizieren und Ordnen nach Potenzen hat somit die Umsatzfunktion die Gestalt:

$$U(x, y) = -10x^2 + 395x + 7xy + 65y - 8y^2$$

Die erste Ableitung wird berechnet und gleich dem Nullvektor gesetzt:

$$U'(x, y) = (-20x + 395 + 7y, \, 7x + 65 - 16y) = (0, 0)$$

Die erste Gleichung mal 7 plus die zweite Gleichung mal 20 ergibt:

$$7 \cdot 395 + 20 \cdot 65 + 49y - 320y = 4.065 - 271y = 0 \quad \Longleftrightarrow \quad y = 15$$

Aus der zweiten Gleichung läßt sich daraus das x bestimmen:

$$x = \frac{-65 + 16y}{7} = \frac{-65 + 16 \cdot 15}{7} = \frac{175}{7} = 25$$

Mit (25,15) folgt daraus der Kandidat für ein Extremum.

Die zweite Ableitung beträgt konstant

$$U''(x,y) = \begin{pmatrix} -20 & 7 \\ 7 & -16 \end{pmatrix} = A$$

Die beiden Hauptabschnittsdeterminanten haben alternierendes Vorzeichen:

$$\det(A^{11}) = -20 < 0 \quad \text{und} \quad \det(A) = 320 - 49 > 0$$

Daher ist die Matrix negativ definit und in (25,15) liegt ein Maximum vor. Ferner gilt:

$$U(25,15) = -10 \cdot 25^2 + 395 \cdot 25 + 7 \cdot 25 \cdot 15 + 65 \cdot 15 - 8 \cdot 15^2 = 542.500$$

Mit 25€ für Sorte 1 und 15€ für Sorte 2 pro ME ist der Umsatz mit 542.500€ maximal.

Lösung zur 3. Klausuraufgabe

a) Der kostenminimale Produktionsplan lautet:

$$
\begin{array}{rrrrrl}
\max & 2a & + & 6b & & \\
\text{u.d.N.} & a & + & b & \leq & 14 \\
 & 2a & + & 5b & \geq & 40 \\
 & & & 7b & \geq & 28 \\
 & 12a & + & 5b & \geq & 65
\end{array}
$$

mit $a, b \geq 0$.

b) Die eindeutig bestimmte optimale Lösung ist der Schnittpunkt der Begrenzungsgeraden der Nebenbedingungen:

$$x_2^* = 100 \quad \text{und} \quad 8x_1 + 4x_2 = 2.400 \quad \Longrightarrow \quad x_1^* = 250.$$

Daraus resultiert ein Zielfunktionswert in Höhe von

$$z^* = 50x_1 + 10x_2 = 50 \cdot 250 + 10 \cdot 100 = 13.500.$$

Die Graphik schließt sich unten an.

Lösung zur 4. Klausuraufgabe

a) Es gilt:

$$\frac{1.000 \text{ m}}{5,5 \text{ min}} = \frac{1 \text{ km}}{5,5 \cdot \frac{1}{60} \text{ h}} = 10,91 \frac{\text{km}}{\text{h}}$$

b) In zwei Fabriken produziert er in vier Monaten

$$1.500 \cdot \tfrac{2}{5} \cdot \tfrac{4}{3} = 800$$

Paar Weißwürste.

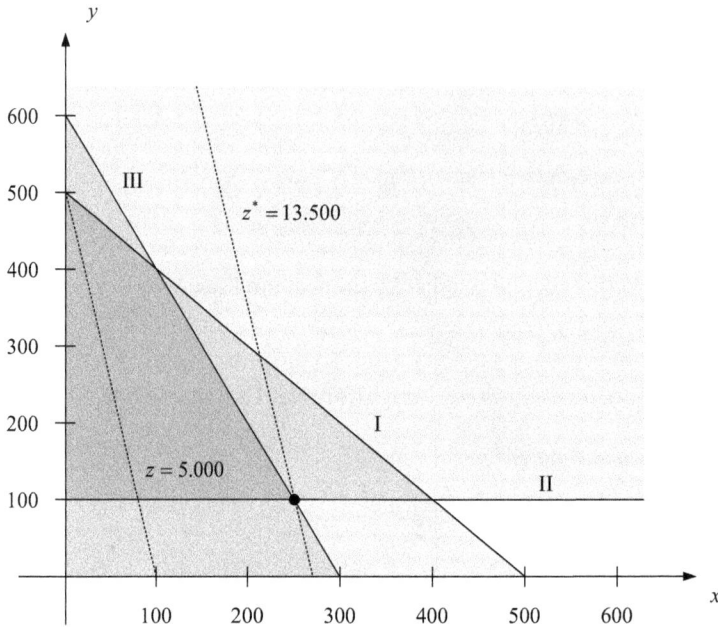

Abb. 5.23: *Aufgabe: Vitaminpräparate*

c) Unter Verwendung der Potenzrechenregeln lautet das Ergebnis:

$$\sqrt[160]{20^{80} \cdot 45^{-80}} = \left(\frac{20}{45}\right)^{\frac{80}{160}} = \left(\frac{4}{9}\right)^{\frac{1}{2}} = \frac{2}{3}$$

d) Der Rentenbarwert K_0 ist der Kapitalwert zu Beginn, der Rentenendwert K_n ist der Kapitalwert zum Ende der Laufzeit. Es gilt der Zusammenhang:

$$K_n = K_0 \cdot q^n$$

Demnach ergibt sich der Rentenend- aus dem Rentenbarwert, indem der Rentenbarwert auf das Ende der Laufzeit aufgezinst wird.

e) Ein praktisches Beispiel für ein lokales und globales Maximum außerhalb der Mathematik ist z. B. Erbeskopf und Mount Everest als höchste Erhebung in Rheinland-Pfalz (lokales Maximum) bzw. höchster Berg der Welt (globales Maximum).

f) Die Inverse wird mittels Gaußalgorithmus wie folgt berechnet:

$$
\left.\begin{array}{cc|cc}
1 & 1 & 1 & 0 \\
1 & 2 & 0 & 1
\end{array}\right|{-\mathrm{I}}
\implies
\left.\begin{array}{cc|cc}
1 & 1 & 1 & 0 \\
0 & 1 & -1 & 1
\end{array}\right|{-\mathrm{II}}
\implies
\begin{array}{cc|cc}
1 & 0 & 2 & -1 \\
0 & 1 & -1 & 1
\end{array}
$$

Die Matrix $\begin{pmatrix} 2 & -1 \\ -1 & 1 \end{pmatrix}$ ist demnach zur Matrix $\begin{pmatrix} 1 & 1 \\ 1 & 2 \end{pmatrix}$ multiplikativ invers.

Klausur Bachelor, Sommersemester 2013

Lösung zur 1. Klausuraufgabe

Für die Ratentilgung gilt:

$$A_8 = \frac{S_0}{n} \cdot [(n-k+1) \cdot i + 1] = \frac{100.000}{10} \cdot [(10-8+1) \cdot 0,02 + 1] = 10.000 \cdot 1,06 = 10.600$$

Demgegenüber rechnet man im Fall einer Annuitätentilgung:

$$A = S_0 \cdot \frac{i}{1-q^{-n}} = 100.000 \cdot \frac{0,02}{1-1,02^{-10}} \approx 100.000 \cdot \frac{0,02}{0,2} = 10.000$$

Die Annuität im achten Jahr ist für die Ratentilgung größer.

Lösung zur 2. Klausuraufgabe

a) Die Darlehensschuld beträgt:

$$\tfrac{1}{2} \cdot 1.000 \cdot 6 \cdot 8 = 24.000.$$

b) Hinsichtlich Alternative 1 müsste der Absolvent

$$\frac{24.000}{4 \cdot 600} = 10$$

Jahre tilgen, um seine Schulden vollständig abzubezahlen.

c) Die Jahresrente für Alternative 1 lautet:

$$600 \cdot (4 + 0,02 \cdot \tfrac{3}{2}) = 600 \cdot 4,03 = 2.400 + 18 = 2.418$$

Daraus resultiert ein Rentenbarwert in Höhe von

$$2.418 \cdot \frac{1-1,02^{-10}}{0,02} \approx 2.418 \cdot \frac{0,2}{0,02} = 24.180$$

Für Alternative 2 hingegen ergibt sich folgender Rentenbarwert:

$$\tfrac{3}{4} \cdot 24.000 = 18.000 < 24.180$$

Demnach wird sich der Absolvent für Alternative 2 entscheiden.

Lösung zur 3. Klausuraufgabe

Mit Hilfe der ersten Ableitung folgt:

$$f'(x,y) = (-30 + y, -20 + x) = (0,0) \quad \Longleftrightarrow \quad x = 20 \quad \text{und} \quad y = 30$$

Die zweite Ableitung ist konstant:

$$f''(x,y) = \begin{pmatrix} 0 & 1 \\ 1 & 0 \end{pmatrix} = f''(20,30) = M$$

Die quatratische Form kann positive wie negative Werte annehmen:

$$Q_M(a, b) = 2ab \quad \Longrightarrow \quad Q_M(1,1) = 2 > 0 \quad \text{und} \quad Q_M(-1,1) = -2 < 0$$

Damit ist M indefinit und es liegt in (20,30) ein Sattelpunkt und somit kein lokales Extremum vor. Was das Verhalten am Rand angeht, so genügt es, die Funktionswerte in Richtung der Abszisse zu betrachten:

$$f(x,0) = 1.200 - 30x$$

Dieser Ausdruck wird für x gegen $-\infty$ beliebig groß und fällt für x gegen ∞ unter alle Grenzen. Demzufolge gibt es keine globalen Extrema.

Lösung zur 4. Klausuraufgabe

a) Die erste Gleichung wird umgestellt: $x = 4 - 2y$ und in die zweite Gleichung eingesetzt:

$$x + 3y = 4 - 2y + 3y = 4 + y = -1 \quad \Longleftrightarrow \quad y = -5$$

Damit folgt: $x = 4 + 10 = 14$.

b) Das Ergebnis der Matrizenmultiplikation ergibt die Einheitsmatrix:

$$\begin{pmatrix} 1 & 2 \\ 1 & 3 \end{pmatrix} \cdot \begin{pmatrix} 3 & -2 \\ -1 & c \end{pmatrix} = \begin{pmatrix} 1 & -2+2c \\ 0 & -2+3c \end{pmatrix} \overset{!}{=} \begin{pmatrix} 1 & 0 \\ 0 & 1 \end{pmatrix}$$

Demnach muss $c = 1$ gelten.

c) Mit Hilfe der Inversen kann das Gleichungssystem erneut gelöst werden:

$$\begin{pmatrix} 3 & -2 \\ -1 & c \end{pmatrix} \cdot \begin{pmatrix} 4 \\ -1 \end{pmatrix} = \begin{pmatrix} 14 \\ -5 \end{pmatrix}$$

d) Die Matrix ist genau dann invertierbar, wenn ihre Determinate von 0 verschieden ist:

$$\det \begin{pmatrix} 1 & 2 \\ 1 & a \end{pmatrix} = a - 2 \neq 0 \quad \Longleftrightarrow \quad a \neq 2.$$

Lösung zur 5. Klausuraufgabe

a) Das lineare Programm gemäß Aufgabentext lautet:

$$\begin{array}{llrcrcl} \min & 0{,}6x & + & 0{,}3y & & & \\ \text{u. d. N.} & x & + & y & \geq & 10 & \\ & 0{,}6x & + & 0{,}3y & \leq & 1{,}5 & \end{array}$$

mit $x, y \geq 0$.

b) Man will mindestens 10 g Tee in der Warenprobe haben. Der billigste Tee, der schwarze, kostet 0,30€ pro Gramm. Das macht 3€ mindestens. Es sollen aber nicht mehr als 1,50€ ausgegeben werden. Daher ist das Problem unlösbar.

Lösung zur 6. Klausuraufgabe

a) Der interne Zinsfuß muss nicht existieren. Noch muss er eindeutig bestimmt sein, wenn er denn existiert.

b) Zu einer mathematischen Funktion gehören Definitions- und Wertebereich sowie die Abbildungsvorschrift.

c) Eine Rechnung mittels Zinseszins ergibt:

$$200 \cdot 1{,}1^2 = 220 \cdot 1{,}1 = 242.$$

d) Die e-Funktion stimmt mit ihrer Ableitung überein.

e) Die Rechtecke haben nacheinander folgende Maße:

$$192 \, x \, 84, \ \ 108 \, x \, 84, \ \ 24 \, x \, 84, \ \ 24 \, x \, 60, \ \ 24 \, x \, 36, \ \ 24 \, x \, 12, \ \ 12 \, x \, 12$$

Die Kanten des kleinsten Quadrats sind somit 12 mm lang.

f) Der Anteil wird durch den Ansatz Alkohol pro Gesamtmenge berechnet:

$$\frac{\frac{1}{5} \cdot 5\,\% + \frac{3}{4} \cdot 40\,\%}{0{,}2 + 0{,}75 + 0{,}05} = 31\,\%$$

6   Anhang

6.1   Ableitungen elementarer Funktionen

Die folgende Tabelle enthält eine Auswahl elementarer Ableitungen:

Funktion	Ableitung
$f(x) = c = \text{const.}$	$f'(x) = 0$
$f(x) = a \cdot x + b$	$f'(x) = a$
$f(x) = x^n$	$f'(x) = n \cdot x^{n-1}$
$f(x) = \dfrac{1}{x^n}$	$f'(x) = -\dfrac{n}{x^{n+1}}$
$f(x) = \sqrt{x}$	$f'(x) = \dfrac{1}{2\sqrt{x}}$
$f(x) = \ln(x)$	$f'(x) = \dfrac{1}{x}$
$f(x) = \log_a(x)$	$f'(x) = \dfrac{1}{x \cdot \ln(a)}$
$f(x) = e^x$	$f'(x) = e^x$
$f(x) = a^x$	$f'(x) = a^x \cdot \ln(a)$
$f(x) = x^x$	$f'(x) = x^x \cdot [1 + \ln(x)]$
$f(x) = \sin(x)$	$f'(x) = \cos(x)$
$f(x) = \cos(x)$	$f'(x) = -\sin(x)$
$f(x) = \tan(x)$	$f'(x) = (\cos(x))^{-2} = \tan^2(x) + 1$
$f(x) = \cot(x)$	$f'(x) = -(\sin(x))^{-2}$

6.2   Formelsammlung

Bei meinen Klausuren ist es üblich, dass sich der Student ein selbst erstelltes DIN-A4-Blatt zum Termin mitbringen darf. Das Blatt kann auf Vorder- und Rückseite mit allem beschriftet sein, was dem Studenten dienlich erscheint. Die einzige Voraussetzung ist, dass es sich um ein handbeschriebenes Blatt handelt. Aufgrund der Umstellung von Diplom auf Bachelor und Master war es im Zuge zusammengefasster Modulprüfungen nicht mehr möglich, eine eigene handgeschriebene Formelsammlung zuzulassen. Aus diesem Grund hat der Jahrgang Bachelor Wintersemester 06/07, bestehend aus ca. 250 Hörern, im Vorfeld der Klausur eigenständig eine Formelsammlung zusammengestellt, die von mir in gedruckter Form der späteren Klausur beigelegt wurde. Diese Formelsammlung ist hier wiedergegeben.

Finanzmathematik

Nachschüssige Rentenzahlungen

Konstant

$$K(n) = R \cdot \mathrm{REF}_{\mathrm{nach}}(n, i) \quad \text{mit} \quad \mathrm{REF}_{\mathrm{nach}}(n, i) = \frac{q^n - 1}{q - 1}$$

$$K(0) = R \cdot \mathrm{RBF}_{\mathrm{nach}}(n, i) \quad \text{mit} \quad \mathrm{RBF}_{\mathrm{nach}}(n, i) = \frac{1 - q^{-n}}{q - 1}$$

Geometrisch

$$K(n) = \begin{cases} R \cdot \frac{q^n - z^n}{q - z}, & \text{falls } q \neq z \\ n \cdot R \cdot q^{n-1}, & \text{falls } q = z \end{cases}$$

Arithmetisch

$$K(n) = R \cdot \mathrm{REF}_{\mathrm{nach}}(n, i) + \tfrac{d}{q-1} \cdot (\mathrm{REF}_{\mathrm{nach}}(n, i) - n)$$

Vorschüssige Rentenzahlungen

Konstant

$$K(n) = R \cdot \mathrm{REF}_{\mathrm{vor}}(n, i) \quad \text{mit} \quad \mathrm{REF}_{\mathrm{vor}}(n, i) = \frac{q^n - 1}{q - 1} \cdot q$$

$$K(0) = R \cdot \mathrm{RBF}_{\mathrm{vor}}(n, i) \quad \text{mit} \quad \mathrm{RBF}_{\mathrm{vor}}(n, i) = \frac{1 - q^{-n}}{q - 1} \cdot q$$

Geometrisch

$$K(n) = \begin{cases} R \cdot \frac{q^n - z^n}{q - z} \cdot q, & \text{falls } q \neq z \\ n \cdot R \cdot q^n, & \text{falls } q = z \end{cases}$$

Arithmetisch

$$K(n) = R \cdot \mathrm{REF}_{\mathrm{vor}}(n, i) + \tfrac{d}{q-1} \cdot (\mathrm{REF}_{\mathrm{vor}}(n, i) - n \cdot q)$$

Nützliche Summenformeln

Geometrische Reihe

$$\sum_{i=0}^{n} q^i = \frac{q^{n+1} - 1}{q - 1}$$

Formel von Gauß

$$\sum_{i=1}^{n} i = \frac{n \cdot (n + 1)}{2}$$

Ratentilgung

$$T = \frac{S_0}{n}, \; S_k = S_0 - k \cdot T, \; Z_k = \frac{S_0}{n} \cdot (n - k + 1) \cdot i, \; A_k = \frac{S_0}{n} \cdot [(n - k + 1) \cdot i + 1]$$

Annuitätentilgung

$$A = \frac{S_0}{\mathrm{RBF}_{\mathrm{nach}}(n, i)}, \; T_k = A \cdot q^{-n+k-1}, \; Z_k = A \cdot (1 - q^{-n+k-1}), \; S_k = A \cdot q^{-n} \cdot \frac{q^n - q^k}{q - 1}$$

Zinsen

Einfach, nachschüssig

$$K(t) = K(s) \cdot [1 + (t - s) \cdot i_{\mathrm{nach}}]$$

Einfach, vorschüssig

$$K(s) = K(t) \cdot [1 - (t - s) \cdot i_{\mathrm{vor}}]$$

Stetig

$$K(t) = K(s) \cdot \exp((t - s) \cdot i_{\mathrm{stet}})$$

Extremwertberechnung

Ableitungsregeln

Summenregel

$$(\alpha \cdot f + \beta \cdot g)'(\vec{x}) = \alpha \cdot f'(\vec{x}) + \beta \cdot g'(\vec{x}) \in \mathbb{R}^{m \times n}$$

Produktregel

$$(f \cdot g)'(\vec{x}) = g(\vec{x}) \cdot f'(\vec{x}) + f(\vec{x}) \cdot g'(\vec{x}) \in \mathbb{R}^n$$

Quotientenregel

$$\left(\frac{f}{g}\right)'(\vec{x}) = \frac{f'(\vec{x}) \cdot g(\vec{x}) - f(\vec{x}) \cdot g'(\vec{x})}{g^2(\vec{x})} \in \mathbb{R}^{m \times n}$$

Kettenregel

$$(g \circ f)'(\vec{x}) = g'(f(\vec{x})) \cdot f'(\vec{x}) \in \mathbb{R}^{k \times n}$$

Laplacescher Entwicklungssatz

$$\det(A) = \sum_{k=1}^{n} (-1)^{k+1} \cdot a_{1k} \cdot \det(A_{1k})$$

Optimierung

Gradient

$$f'(\vec{x}) = (D_1 f(\vec{x}), \ldots, D_n f(\vec{x})) \in \mathbb{R}^n$$

Hessematrix

$$f''(\vec{x}) = \begin{pmatrix} D_1 D_1 f(\vec{x}) & D_2 D_1 f(\vec{x}) & \ldots & D_n D_1 f(\vec{x}) \\ D_1 D_2 f(\vec{x}) & D_2 D_2 f(\vec{x}) & \ldots & D_n D_2 f(\vec{x}) \\ \vdots & \vdots & \ddots & \vdots \\ D_1 D_n f(\vec{x}) & D_2 D_n f(\vec{x}) & \ldots & D_n D_n f(\vec{x}) \end{pmatrix} \in \mathbb{R}^{n \times n}$$

6.3 Repetitorium Schulmathematik

In den nachfolgenden Abschnitten soll an einfache Rechenregeln erinnert werden. Der Leser findet Erläuterungen und Beispiele zur Bruchrechnung, Prozentrechnung, zum Ausklammern und Ausmultiplizieren, zu den Logarithmusrechenregeln und zum Lösen quadratischer Gleichungen.

6.3.1 Bruchrechnung

Das Teilen durch 0 ist nicht definiert. Zwei Brüche werden miteinander multipliziert, indem man Zähler mit Zähler und Nenner mit Nenner malnimmt.

$$\frac{a}{b} \cdot \frac{c}{d} = \frac{a \cdot c}{b \cdot d}$$

Beispiel:

$$\frac{2}{3} \cdot \frac{5}{7} = \frac{2 \cdot 5}{3 \cdot 7} = \frac{10}{21}$$

Ein Bruch wird erweitert, indem Zähler und Nenner mit derselben Zahl multipliziert werden. Ein Bruch wird gekürzt, indem man Zähler und Nenner durch dieselbe Zahl teilt.

$$\frac{a}{b} = \frac{a \cdot c}{b \cdot c}$$

Beispiel:

$$\frac{2}{3} = \frac{2 \cdot 5}{3 \cdot 5} = \frac{10}{15}$$

Durch einen Bruch wird geteilt, indem man mit dem Kehrwert multipliziert.

$$\frac{a}{\frac{c}{d}} = \frac{a \cdot d}{c} \quad \text{bzw.} \quad \frac{\frac{a}{b}}{\frac{c}{d}} = \frac{a \cdot d}{b \cdot c}$$

Beispiele:

$$\frac{2}{\frac{5}{7}} = \frac{2 \cdot 7}{5} = \frac{14}{5} \quad \text{bzw.} \quad \frac{\frac{2}{3}}{\frac{5}{7}} = \frac{2 \cdot 7}{3 \cdot 5} = \frac{14}{15}$$

Zwei Brüche werden addiert, indem man sie zunächst gleichnamig macht, d. h. durch Erweitern auf denselben Nenner bringt, und danach die Zähler addiert und den Nenner beibehält.

$$\frac{a}{b} + \frac{c}{d} = \frac{a \cdot d}{b \cdot d} + \frac{c \cdot b}{d \cdot b} = \frac{a \cdot d + c \cdot b}{b \cdot d}$$

Beispiel:

$$\frac{2}{11} + \frac{3}{5} = \frac{2 \cdot 5}{11 \cdot 5} + \frac{3 \cdot 11}{5 \cdot 11} = \frac{10}{55} + \frac{33}{55} = \frac{10 + 33}{55} = \frac{43}{55}$$

6.3.2   Prozentrechnung

Prozent heißt „von Hundert". Es handelt sich weniger um eine Einheit, sondern mehr um eine Rechenoperation, die besagt, dass die angegebene Zahl durch 100 zu teilen ist. Beispiel:

$$3\% = \frac{3}{100} = 0,03$$

Somit kann die Prozentrechnung auf die Bruchrechnung zurückgeführt werden. Man beachte, dass das umgangssprachliche „von" als „mal" übersetzt wird, so ist z. B. die Hälfte von einem Viertel gleich einem Achtel:

$$\frac{1}{2} \cdot \frac{1}{4} = \frac{1}{8}.$$

6.3.3   Ausklammern und Ausmultiplizieren

Die mathematische Regel, die sich mit „Ausklammern" und „Ausmultiplizieren" beschäftigt, nennt man Distributivgesetz.

$$a \cdot b + a \cdot c = a \cdot (b + c) \quad \text{bzw.} \quad a \cdot c + b \cdot c = (a + b) \cdot c$$

Beispiele:

$$17 \cdot 2 + 17 \cdot 3 = 17 \cdot (2 + 3) = 17 \cdot 5 = 85 \quad \text{bzw.} \quad 11 + 5 \cdot 11 = (1 + 5) \cdot 11 = 6 \cdot 11 = 66$$

6.3.4   Potenzrechenregeln

Eine Potenz(-zahl) besteht aus einer Basis sowie einem Exponenten. Man beachte, dass für einen rationalen Exponenten i. a. nur positive Zahlen als Basis zugelassen sind. Zum Beispiel kann durch 0 nicht geteilt werden, ebenso ist die Wurzel aus einer negativen Zahl nicht definiert, siehe unten. Aus technischen Gründen setzt man häufig:

$$a^0 = 1.$$

Zwei Potenzen mit gleicher Basis werden multipliziert, indem man die Exponenten addiert und die Basis beibehält.

$$a^b \cdot a^c = a^{b+c}$$

Beispiel:

$$2^3 \cdot 2^4 = 2^{3+4} = 2^7 = 128$$

Bildet man den Kehrwert einer Potenz, so wechselt der Exponent das Vorzeichen.

$$a^{-b} = \frac{1}{a^b}$$

Beispiel:

$$10^{-3} = \frac{1}{10^3} = \frac{1}{1.000}$$

Zwei Potenzen mit gleicher Basis werden dividiert, indem man die Exponenten subtrahiert und die Basis beibehält.

$$\frac{a^b}{a^c} = a^{b-c}$$

Beispiel:

$$\frac{3^7}{3^5} = 3^{7-5} = 3^2 = 9$$

Eine Potenz wird potenziert, indem man die Exponenten multipliziert. Die Basis bleibt dabei erhalten.

$$(a^b)^c = a^{b \cdot c}$$

Beispiel:

$$(2^{0,5})^4 = 2^{0,5 \cdot 4} = 2^2 = 4$$

Die Wurzel kann nur aus nichtnegativen Zahlen gezogen werden. Die (Quadrat-)Wurzel einer Zahl ist die positive Zahl, die als Quadratzahl die Zahl unter der Wurzel ergibt. Man kann die Wurzel als Potenz schreiben:

$$\sqrt{a} = a^{\frac{1}{2}} \quad \text{bzw. allgemein} \quad \sqrt[n]{a} = a^{\frac{1}{n}} \quad \text{für } n \in \mathbb{N}.$$

Beispiel:

$$\sqrt{4} = 4^{\frac{1}{2}} = 2 \quad \text{bzw.} \quad \sqrt[3]{a} = a^{\frac{1}{3}}$$

6.3.5 Logarithmusrechenregeln

Der Logarithmus ist nur für positive Zahlen x definiert. Für die Basis a ist eine positive Zahl ungleich 1 zugelassen. Der Logarithmus

$$\log_a(x)$$

ist die Zahl, die als Exponent zur Basis a das Argument x ergibt. Besondere Logarithmen sind die zur Basis e (Eulersche Zahl) bzw. zur Basis 10. Im ersten Fall spricht man vom natürlichen Logarithmus, im zweiten vom dekadischen oder vom Zehnerlogarithmus. Häufig finden sich ihre Symbole auf dem Taschenrechner.

$$\ln(x) \quad \text{bzw.} \quad \log(x)$$

Für den Logarithmus gibt es drei Rechenregeln, die stellvertretend für den natürlichen Logarithmus formuliert werden.

$$\ln(x \cdot y) = \ln(x) + \ln(y)$$

$$\ln(\tfrac{x}{y}) = \ln(x) - \ln(y)$$

$$\ln(x^y) = y \cdot \ln(x)$$

Beispiele:

$$\ln(6) = \ln(2 \cdot 3) = \ln(2) + \ln(3)$$

$$\ln(\tfrac{5}{3}) = \ln(5) - \ln(3)$$

$$\ln(8) = \ln(2^3 = 3 \cdot \ln(2)$$

Logarithmus- und Potenzfunktion zur selben Basis heben sich gegenseitig auf. Man spricht von Umkehrfunktionen. Beispiel:

$$\ln(e^x) = e^{\ln(x)} = x$$

6.3.6   Lösen quadratischer Gleichungen

Zur Lösung einer quadratischen Gleichung der Form

$$x^2 + p \cdot x + q = 0$$

gibt es folgende Lösungsformel:

$$x = -\frac{p}{2} \pm \sqrt{(\tfrac{p}{2})^2 - q} \, .$$

Es kann keine, genau eine oder aber zwei reelle Lösungen geben je nachdem, welche Zahl unter der Wurzel steht. Es gibt genau dann keine reelle Lösung, wenn die Zahl unter der Wurzel negativ ist. Beispiel:

$$x^2 + 2x - 15 = 0 \quad \Longleftrightarrow \quad x = -\frac{2}{2} \pm \sqrt{(\tfrac{2}{2})^2 - (-15)} = -1 \pm \sqrt{16} = -1 \pm 4$$

Demnach lösen $x = -5$ und $x = 3$ die angegebene Gleichung.

6.4   Griechische Buchstaben

In der anschließenden Tabelle findet man eine Auflistung aller griechischen Buchstaben in Groß- und Kleinschreibung zusammen mit ihrem Namen.

Großbuchstabe	Kleinbuchstabe	Name	Großbuchstabe	Kleinbuchstabe	Name
A	α	Alpha	N	ν	Ny
B	β	Beta	Ξ	ξ	Xi
Γ	γ	Gamma	O	o	Omikron
Δ	δ	Delta	Π	π	Pi
E	ε	Epsilon	P	ρ	Rho
Z	ζ	Zeta	Σ	σ	Sigma
H	η	Eta	T	τ	Tau
Θ	ϑ	Theta	Υ	υ	Ypsilon
I	ι	Iota	Φ	φ	Phi
K	κ	Kappa	X	χ	Chi
Λ	λ	Lambda	Ψ	ψ	Psi
M	μ	My	Ω	ω	Omega

Abbildungsverzeichnis

Literaturverzeichnis

[1] Adams, Gabriele: *Mathematik zum Studieneinstieg, Grundwissen der Analysis für Wirtschaftswissenschaftler, Ingenieure, Naturwissenschaftler und Informatiker*, 4. Auflage, Springer 2002

[2] Adelmeyer, Moritz; Warmuth, Elke: *Finanzmathematik für Einsteiger. Eine Einführung für Studierende, Schüler und Lehrer*, Vieweg 2003

[3] Akkerboom, Hans; Peters, Horst: *Wirtschaftsmathematik – Übungsbuch*, Kohlhammer 2008

[4] Barz, Stefanie; Grieger, Kerstin; Tritsch, Verena: *Didaktisch animative Aufbereitung einzelner Kapitel aus der Numerik – Lineare Optimierung*, Seminararbeit an der Universität Mainz 2004

[5] Barner, Martin; Flohr, Friedrich: *Analysis II*, de Gruyter 1983

[6] Bauer, Christian; Clausen, Michael; Kerber, Adalbert; Meier-Reinhold, Helga: *Mathematik für Wirtschaftswissenschaftler*, Schäffer-Poeschel 2008

[7] Becker, Hans: *Investition und Finanzierung*, Gabler 2007

[8] Biermann, Bernd: *Taschenlexikon Finanzmathematik*, Schäffer-Poeschel 1999

[9] Bosch, Karl: *Mathematik für Wirtschaftswissenschaftler*, 15. Auflage, Oldenbourg 2011

[10] Bosch, Karl: *Übungs- und Arbeitsbuch Mathematik für Ökonomen*, 8. Auflage, Oldenbourg 2011

[11] Bronstein, Ilja; Semendjajew, Konstantin; Musiol, Gerhard: *Taschenbuch der Mathematik*, 6. Auflage, Harri Deutsch 2005

[12] Chiang Alpha; Wainwright, Kevin: *Fundamental Methods of Mathematical Economics*, 4. Auflage, Mc Graw-Hill Publishing Company 2005

[13] Corsten, Hans; Corsten, Hilde; Sartor, Carsten: *Operations Research. Eine problemorientierte Einführung (WiSo-Kurzlehrbücher)*, Vahlen 2005

[14] Czech, Walter: *Analysis, Aufgaben mit Lösungen*, 2. Auflage, Stark Verl.-Ges. 1995

[15] Dinkelbach Werner: *Operations Research. Ein Kurzlehr- und Übungsbuch mit zahlreichen Übersichtsdarstellungen*, Springer 1992

[16] Dobbener, Reinhard: *Analysis – Ein Studienbuch für Ökonomen*, 4. Auflage, Oldenbourg 2007

344 Literaturverzeichnis

[17] Domschke, Wolfgang; Drexl, Andreas: *Einführung in Operations Research*, 7. Auflage, Springer 2007

[18] Domschke, Wolfgang; Drexl, Andreas; Klein, Robert: *Übungen und Fallbeispiele zum Operations Research*, 6. Auflage, Springer 2007

[19] Drees-Behrens, Christa; Kirspel, Matthias; Schmidt, Andreas: *Aufgaben und Fälle zur Finanzmathematik, Investition und Finanzierung*, Oldenbourg 2001

[20] Eichholz, Wolfgang; Vilkner, Eberhard: *Taschenbuch der Wirtschaftsmathematik*, 4. Auflage, Hanser Fachbuch 2007

[21] Erven, Joachim; Schwägerl, Dietrich: *Übungsbuch zur Mathematik für Ingenieure*, Oldenbourg 2002

[22] Estep, Donald: *Practical Analysis in One Variable*, Springer 2005

[23] Fischer Gerd: *Lineare Algebra. Eine Einführung für Studienanfänger*, 15. Auflage, Vieweg 2005

[24] Fleming, Wendell: *Functions of Several Variables*, 2. Auflage, Springer 1994

[25] Forster, Otto: *Analysis Teil 1*, 8. Auflage, Vieweg 2006

[26] Forster, Otto: *Analysis Teil 2*, 5. Auflage, Vieweg 1999

[27] Führer, Christian: *Kompakt-Training Wirtschaftsmathematik*, 2. Auflage, Kiehl 2008

[28] Geiger, Carl; Kanzow, Christian: *Theorie und Numerik restringierter Optimierungsaufgaben*, Springer 2002

[29] Gohout, Wolfgang: *Operations Research – Einige ausgewählte Gebiete der linearen und nichtlinearen Optimierung*, 2. Auflage, Oldenbourg 2004

[30] Grundmann, Wolfgang; Luderer, Bernd: *Formelsammlung Finanzmathematik, Versicherungsmathematik, Wertpapieranalyse*, 2. Auflage, Teubner 2003

[31] Günther, Peter; Schittenhelm, Frank: *Investition und Finanzierung. Eine Einführung in das Finanz- und Risikomanagement*, Schäffer-Poeschel 2003

[32] Heinrich, Gert: *Basiswissen Mathematik, Statistik und Operations Research für Wirtschaftswissenschaftler*, 4. Auflage, Oldenbourg 2012

[33] Herzberger, Jürgen: *Übungsbuch zur Finanzmathematik*, Vieweg 1999

[34] Hettich, Günther; Jüttler, Helmut; Luderer, Bernd: *Mathematik für Wirtschaftswissenschaftler und Finanzmathematik*, 9. Auflage, Oldenbourg 2006

[35] Heuser, Harro: *Lehrbuch der Analysis Teil 1*, 16. Auflage, Teubner 2006

[36] Heuser, Harro: *Lehrbuch der Analysis Teil 2*, 12. Auflage, Teubner 2002

[37] Hülsmann, Jochen; Gamerith, Wolf; Leopold-Wildburger, Ulrike: *Einführung in die Wirtschaftsmathematik*, 4. Auflage, Springer 2005

[38] Ihrig, Holger; Pflaumer, Peter: *Finanzmathematik – Intensivkurs*, 9. Auflage, Oldenbourg 2003

[39] Jänich, Klaus: *Lineare Algebra*, 9. Auflage, Springer 2002

[40] Kasana, Harvir Singh; Kumar, Krishna Dev: *Introductory operations research theory and applications*, Springer 2004

[41] Kerner, Otto: *Mathematik Lexikon*, 3. Auflage, Vieweg 1995

[42] Königsberger, Konrad: *Analysis 1*, 6. Auflage, Springer 2004

[43] Kruschwitz, Lutz: *Finanzmathematik: Lehrbuch der Zins-, Renten-, Tilgungs-, Kurs- und Renditerechnung*, 3. Auflage, Vahlen 2001

[44] Lamprecht, Erich: *Einführung in die Algebra*, 2. Auflage, Birkhäuser 1994

[45] Lamprecht, Erich: *Lineare Algebra*, 2. Auflage, Birkhäuser 1998

[46] Larek, Emil: *Analytische Methoden in der Wirtschaft*, Lang 2002

[47] Lipschutz, Seyour: *Lineare Algebra. (Schaum's Outline)*, 2. Auflage, Mc Graw-Hill Publishing Company 1999

[48] Luderer, Bernd; Paape, Conny; Würker, Uwe: *Arbeits- und Übungsbuch Wirtschaftsmathematik. Beispiele – Aufgaben – Formeln*, 6. Auflage, Vieweg+Teubner 2011

[49] Luderer, Bernd; Würker, Uwe: *Einstieg in die Wirtschaftsmathematik*, 8. Auflage, Vieweg+Teubner 2011

[50] Merziger, Gerhard; Wirth Thomas: *Repetitorium der höheren Mathematik (über 1.200 Beispiele und Aufgaben)*, Binomi 1999

[51] Ohse, Dietrich: *Mathematik für Wirtschaftswissenschaftler Bd. 1 Analysis*, 6. Auflage, Vahlen 2004

[52] Papatrifon, Marco: *Grundlagen Finanzmathematik – Aufgabensammlung*, Institut für Statistik und Mathematische Wirtschaftstheorie, Universität Augsburg 2005

[53] Papula, Lothar: *Mathematik für Ingenieure und Naturwissenschaftler – Klausur und Übungsaufgaben*, Vieweg 2004

[54] Preckur, Helmuth: *Mathematik Oberstufe. Analysis Bd. 1–3*, Mentor-Verlag 2003

[55] Rommelfanger, Heinrich: *Mathematik für Wirtschaftswissenschaftler. Mit Übungsaufgaben und Lösungen Bd. 1*, 6. Auflage, Spektrum Akademischer Verlag 2004

[56] Rudin Walter, *Principles of Mathematical Analysis*, 2. Auflage, Oldenbourg 2002

[57] Salomon, Ehrenfried; Poguntge, Werner: *Wirtschaftsmathematik, Finanzmathematik, Lineare Algebra, Analysis*, 2. Auflage, Fortis 2001

[58] Schmidt, Reinhard; Terberger, Eva: *Grundzüge der Investitions- und Finanzierungstheorie*, 4. Auflage, Gabler 2006

[59] Schindler, Klaus: *Mathematik für Ökonomen*, 2. Auflage, DUV 1996

[60] Schwarze, Jochen: *Mathematik für Wirtschaftswissenschaftler – Elementare Grundlagen für Studienanfänger mit zahlreichen Kontrolltests, Übungsaufgaben und Lösungen*, Verl. Neue Wirtschafts-Briefe 2003

[61] Schwarze, Jochen: *Aufgabensammlung zur Mathematik für Wirtschaftswissenschaftler*, Verl. Neue Wirtschafts-Briefe 2008

[62] Singl, Peter: *Einstieg in die Mathematik für Fachhochschulen mit über 400 Aufgaben und zugehörigen vollständigen Lösungswegen*, 3. Auflage, Hanser 2007

[63] Spiegel, Murray R.: *Einführung in die höhere Mathematik*, Mc Graw-Hill Publishing Company 1999

[64] Spindler, Karlheinz: *Höhere Mathematik. Ein Begleiter durch das Studium*, Harri Deutsch 2010

[65] Sydsaeter, Knut; Hammond, Peter J.: *Mathematik für Wirtschaftswissenschaftler, Basiswissen mit Praxisbezug* (deutsche Übersetzung, Originaltitel: *Essential mathematics for economic analysis*), Pearson Studium 2004

[66] Tietze, Jürgen: *Einführung in die angewandte Wirtschaftsmathematik*, 13. Auflage, Vieweg 2006

[67] Tietze, Jürgen: *Übungsbuch zur angewandten Wirtschaftsmathematik*, 3. Auflage, Vieweg 2002

[68] Zehfuss, Horst: *Wirtschaftsmathematik in Beispielen: Grundlagen, Finanzmathematik, lineare Algebra, lineare Optimierung, Analysis, Wahrscheinlichkeitsrechnung, Versicherungsmathematik*, 2. Auflage, Oldenbourg 1987

Index

www.ingramcontent.com/pod-product-compliance
Lightning Source LLC
Chambersburg PA
CBHW061759210326
41599CB00034B/6816